普通高等教育“十一五”国家级规划教材

“十三五”全国高等医学院校本科规划教材

供基础、临床、护理、预防、口腔、中医、药学、医学技术类等专业用

计算机应用基础

Computer Application Foundation

（第7版）

主　编　郭永青

副主编　刘　燕　李　燕　齐惠颖

编　委（按姓氏笔画排序）

王　晨（北京大学）

王　静（北京大学）

王路漫（北京大学）

朱彦慧（北京大学）

刘　燕（新乡医学院）

齐惠颖（北京大学）

李　燕（哈尔滨医科大学大庆校区）

张春龙（哈尔滨医科大学大庆校区）

周天亮（湖南医药学院）

侯　艳（佳木斯大学）

郭永青（北京大学）

郭建光（北京大学）

崔莉萍（新乡医学院）

魏　飞（滨州医学院）

北京大学医学出版社

JISUANJI YINGYONG JICHU

图书在版编目（CIP）数据

计算机应用基础 / 郭永青主编．— 7 版．—北京：
北京大学医学出版社，2018. 9（2021. 11 重印）
ISBN 978-7-5659-1818-6

Ⅰ．①计…　Ⅱ．①郭…　Ⅲ．①电子计算机－高等学校－教材　Ⅳ．① TP3

中国版本图书馆 CIP 数据核字（2018）第 133538 号

计算机应用基础（第 7 版）

主　　编： 郭永青
出版发行： 北京大学医学出版社
地　　址：（100191）北京市海淀区学院路 38 号　北京大学医学部院内
电　　话： 发行部 010-82802230；图书邮购 010-82802495
网　　址： http：//www.pumpress.com.cn
E-mail： booksale@bjmu.edu.cn
印　　刷： 中煤（北京）印务有限公司
经　　销： 新华书店
责任编辑： 张其鹏　　**责任校对：** 金彤文　　**责任印制：** 李　啸
开　　本： 850 mm × 1168 mm　1/16　　**印张：** 20.5　　**字数：** 546 千字
版　　次： 2018 年 9 月第 7 版　2021 年 11 月第 6 次印刷
书　　号： ISBN 978-7-5659-1818-6
定　　价： 45.00 元

修订说明

国务院办公厅颁布《关于深化医教协同进一步推进医学教育改革与发展的意见》、以“5+3”为主体的临床医学人才培养体系改革、教育部本科临床医学专业认证等一系列重要举措，对新时期高等医学教育人才培养提出了新的要求，也为教材建设指明了方向。

北京大学医学出版社出版的临床医学专业本科教材，从2001年开始，历经3轮修订、17年的锤炼，各轮次教材都高比例入选了教育部“十五”“十一五”“十二五”国家级规划教材。为了顺应医教协同和医学教育改革与发展的要求，北京大学医学出版社在教育部、国家卫生健康委员会和中国高等教育学会医学教育专业委员会指导下，经过前期的广泛调研、综合论证，启动了第4轮教材的修订再版。

本轮教材基于学科制课程体系，在院校申报和作者遴选、编写指导思想、临床能力培养、教材体系架构、知识内容更新、数字资源建设等方面做了优化和创新。共启动46种教材，其中包含新增的《基础医学概论》《临床医学概论》《诊断学》《医患沟通艺术》4种。《基础医学概论》和《临床医学概论》虽然主要用于非临床医学类专业学生的学习，但须依托于临床医学的优秀师资才能高质量完成，故一并纳入本轮教材中。《诊断学》与《物理诊断学》《实验诊断学》教材并存，以满足不同院校课程设置差异。第4轮教材修订的主要特点如下：

1．为更好地服务于全国高等院校的医学教育改革，对参与院校和作者的遴选精益求精。教材建设的骨干院校结合了研究型与教学型院校，并注重不同地区的院校代表性；由各学科的委员会主任委员或理事长和知名专家等担纲主编，由教学经验丰富的专家教授担任编委，为教材内容的权威性、院校普适性奠定了坚实基础。

2．以“符合人才培养需求、体现教育改革成果、教材形式新颖创新”为指导思想，以深化岗位胜任力培养为导向，坚持“三基、五性、三特定”原则，密切结合国家执业医师资格考试、全国硕士研究生入学考试大纲。

3．部分教材加入了联系临床的基础科学案例、临床实践应用案例，使教材更贴近基于案例的学习、以问题为导向的学习等启发式和研讨式教学模式，着力提升医学生的临床思维能力和解决临床实际问题的能力；适当加入知识拓展，引导学生自学。

4．为体现教育信息化对医学教育的促进作用，将纸质教材与二维码技术、网络教学平台相结合，教材与微课、案例、习题、知识拓展、图片、临床影像资料等融为一体，实现了以纸质教材为核心、配套数字教学资源的融媒体教材建设。

在本轮教材修订编写时，各院校对教材建设提出了很好的修订建议，为第4轮教材建设的顶层设计和编写理念提供了详实可信的数据储备。第3轮教材的部分主编由于年事已高，此次不再担任主编，但他们对改版工作提出了很多宝贵的意见。前3轮教材的作者为本轮教材的日臻完善打下了坚实的基础。对他们的贡献，我们一并表示衷心的感谢。

尽管本轮教材的编委都是多年工作在教学一线的教师，但囿于现有水平，书中难免有不当之处。欢迎广大师生多提宝贵意见，反馈使用信息，以臻完善教材的内容，提高教材的质量。

“十三五”全国高等医学院校本科规划教材评审委员会

序

国务院办公厅《关于深化医教协同进一步推进医学教育改革与发展的意见》（以下简称《意见》）指出，医教协同推进医学教育改革与发展，加强医学人才培养，是提高医疗卫生服务水平的基础工程，是深化医药卫生体制改革的重要任务，是推进健康中国建设的重要保障。《意见》明确要求加快构建标准化、规范化医学人才培养体系，全面提升人才培养质量。要求夯实5年制临床医学教育的基础地位，推动基础与临床融合、临床与预防融合，提升医学生解决临床实际问题的能力，推进信息技术与医学教育融合。从国家高度就推动医学教育改革发展作出了部署、明确了方向。

高质量的医学教材是满足医学教育改革、培养优秀医学人才的核心要素，与医学教育改革相辅相成。北京大学医学出版社出版的临床医学专业本科教材，立足于岗位胜任力的培养，促进自主学习能力建设，成为临床医学专业本科教学的精品教材，为全国高等医学院校教育教学与人才培养工作发挥了重要作用。

在医教协同的大背景下，北京大学医学出版社启动了第4轮教材的修订再版工作。全国医学院校一大批活跃在教学一线的专家教授，以无私奉献的敬业精神和严谨治学的科学态度，积极参与到本轮教材的修订和建设工作当中。相信在全国高等医学院校的大力支持下，有广大专家教授的热情奉献，新一轮教材的出版将为我国高等医学院校人才培养质量的提高和医学教育改革的发展发挥积极的推动作用。

前　言

21世纪是数据信息大发展的时代，近年来，随着互联网、云计算和物联网技术的成熟和发展，医疗健康数据急剧增长，尤其人工智能的迅速发展将深刻改变人类社会生活，改变世界。2018年4月教育部为落实《国务院关于印发新一代人工智能发展规划的通知》，引导高校瞄准世界科技前沿，制定了《高等学校人工智能创新行动计划》，借此推动学校教育教学变革，并指出将人工智能纳入大学计算机基础教学内容。计算机基础教育内容的更新，关系到医学生信息技术素养和能力的培养。《计算机应用基础》第7次改版，其宗旨是把握时代的脉搏，将前沿技术和观念融入的基础课程的教材中。

本书共分为六章，第一章网络信息时代与计算机，从计算机起源到网络发展，从医学信息到智能医疗领域的介绍，并增加了医学信息伦理与安全内容的编写，主要由郭永青、郭建光、侯艳、周天亮、朱彦慧、王静、齐惠颖编写，第二章软件系统，由王静、王晨编写；第三章为常用应用软件介绍，仍保留了常用办公软件以及图像、视频编辑软件的介绍，由刘燕、崔莉萍、魏飞、王晨、王路漫编写；第四章以程序设计为内容，采用目前较流行的Python为语言环境，讲解程序设计的方法，为人工智能基础教学打下基础，由李燕、张春龙编写；第五章数据管理，采用桌面数据库管理系统Access，讲解了从数据获取、组织管理，到数据检索及分析，用一个完整数据处理流程进行讲解，主要由齐惠颖编写；第六章医学大数据分析，从数据的准备、预处理，到模型构建及训练，乃至预测，用浅显易懂的方式诠释了大数据分析的方法和原理，由齐惠颖、王静、王路漫编写。全书之后为每一章节，编写了选择题、思考题和上机练习题，便于读者自测练习和有目的的上机操作练习。全书由郭永青统稿，刘燕、李燕、齐惠颖审稿。

最后，特别感谢北京大学医学部及北京大学医学出版社为计算机基础教学的教材建设所提供的大力支持。

在整个编写过程中，全体老师总结多年的教学经验，尽绵薄之力把基础知识与前沿科技融入到教材中呈现给读者，但毕竟水平和精力有限，书中如有错误之处，敬请读者批评指正。

编者

2018年4月20日

统一说明

文中关于鼠标操作的描述，如无特殊说明，“单击”“双击”分别表示单击、双击鼠标左键；“右击”表示单击鼠标右键。

书中例题和书后习题相关素材资源请扫描右侧二维码下载☞

目 录

网络信息时代与计算机

第1章

信息技术和计算机网络技术的发展，为大数据时代的到来奠定了坚实的技术基础。早上醒来，人们习惯性地拿起智能手机看一下时间、查看天气变化以及路况信息；利用碎片时间，浏览各种新闻报道，用社交软件在“朋友圈”留下痕迹；工作繁忙时通过网络订购午餐；互联网应用已经渗透到人们生活的方方面面：网上购票、网上购物、网上挂号、网上“炒股”、网上支付等，人们可以随时随地方便地根据自己的需要使用互联网，伴随着这过程，产生着大量的数据。通过互联网和社交网络，智能设备等工具，每个人的日常生活正在被数字化。特别是智能移动终端和笔记本电脑的普及，是当前数据量爆炸增长的一个重要原因。信息技术的发展，使得数据的产生、来源、类型变得越来越多，由此产生出的数目庞大且不断急剧增长的结构化数据、非结构化数据、半结构化数据，让整个社会发展进入到了大数据时代。大量智能终端的广泛应用与网络应用的不断增长，为大数据时代的到来奠定了坚实的物质基础。在信息时代，数据已经成为社会资源的重要部分，基于数据的处理、分析、挖掘等服务都被信息服务机构广泛应用和开展，信息的经济价值越来越大，对数据的重视程度也越来越高。

当置身于信息时代，您有没有想过这一切源于1946年第一台电子计算机ENIAC（Electronic Numerical Integrator and Calculator）的问世，它的出现给当今世界带来了巨大变化。可以确切地说，正是电子计算机的研制与开发，开启了信息时代的新篇章。

第一节　电子计算机概述

电子计算机（Electronic Computer）是一种用电能来进行各种信息加工的机器，它可以按照预先编好的程序自动执行各种操作，完成信息的输入、存取、加工处理及输出。在当今信息化时代，计算机是信息自动化处理的最基本、最有效的工具。特别是20世纪40年代以来，以电子、通信、计算机和网络技术为标志的第三次技术革命，计算机技术与通信技术的结合促使计算机网络产生，计算机网络迅速发展，给世界带来了巨大的变化，它已经逐渐成为人们生活和工作不可或缺的部分。在以网络为基础的信息社会里，人们的行为方式、思想方式甚至社会形态都发生了显著的变化，计算机处理能力正在从多方面为科学研究工作打开新局面。

回顾计算机发展历史，自1946年世界第一台电子计算机问世，经历了电子管、半导体、集成电路、大规模集成电路、超大规模集成电路等几代的发展，其性能提高程度以指数形式增长。随着科技与制造技术的不断进步，超级计算机、光计算机、生物计算机、量子计算机等的研制开发取得了显著成果。计算机技术的发展，使人类利用编码技术，来实现对一切声音、文字、图像和数据的编码和解码，使各类信息的采集、处理、储存和传输实现了标准化和高速处理。

一、电子计算机发展史

人类的计算技术有着悠久的历史，比如我国祖先发明的算盘至今在某些领域还在使用。在

图 1-1 Alan Mathison Turing

19 世纪，随着西方国家生产力的发展，使用普通的计算工具已难以完成计算的需要，因此，人类一直在寻求新的计算技术。19 世纪 50 年代，英国数学家乔治·布尔（George Boole）创立了逻辑代数，用二进制进行运算，这是当今电子计算机的数学基础。英国科学家图灵（Alan Mathison Turing）（图 1-1）于 1936 年发表的传世论文《论可计算数及其在判定问题中的应用》，首次提出逻辑机的通用模型，即“图灵机”，建立了算法理论，为计算机的出现提供了重要的理论依据，他因此被称为“计算机之父”。1966 年美国计算机协会（Association for Computing Machinery，ACM）设立了“A.M 图灵奖”，专门奖励在计算机科学研究中做出创造性贡献、推动计算机技术发展的杰出科学家，其设立目的之一就是为了纪念这位现代计算机奠基者。“A.M 图灵奖”是计算机界最负盛名的奖项，有“计算机界诺贝尔奖”之称。

值得一提的是 1950 年，图灵提出关于机器思维的问题，他的论文《计算机和智能》（*Computing machinery and intelligence*），引起了广泛的关注，造成了深远的影响。1950 年 10 月，图灵发表论文《机器能思考吗》，文中提到了著名的图灵测试。图灵测试由计算机、被测试人和观测者组成。计算机和被测试人分别在两个不同的房间里。测试过程由主持人提问，由计算机和被测试人分别做出回答。观测者能通过电传打字机与机器和人联系（避免要求机器模拟人外貌和声音）。被测试人在回答问题时尽可能表明他是一个“真正的”人，而计算机也将尽可能逼真地模仿人的思维方式和思维过程。如果观测者听取他们各自的答案后，分辨不清哪个是人回答的，哪个是机器回答的，则可以认为该计算机具有了智能。这一划时代的测试设计使图灵赢得了“人工智能之父”的桂冠。

1946 年 2 月世界上第一台电子计算机在美国宾夕法尼亚大学诞生，被命名为 ENIAC（Electronic Numerical Integrator and Calculator）即“电子数字积分计算器”。图 1-2 所示的是 ENIAC 的部分场景。它共使用了 18 000 只电子管，耗电 150kw，重约 30 000kg，占地约 170m^2，每秒能进行 5000 次加法运算。ENIAC 的问世表明了电子计算机时代的到来，它的出现具有划时代的意义。然而这台计算机使用起来“很不方便”，比如给它的指令需要通过手工插接线的方式，这个工作量非常大，每次更改程序，都需要重新进行连线，并且要保证连线的准确，否则会导致计算错误。鉴于 ENIAC 的缺点，美籍匈牙利数学家冯·诺依曼（John von Neumann）（图 1-3）于 1946 年 6 月发表了《电子计算机装置逻辑结构初探》的论文，提出三个要点：一是计算机所有数据和程序都采用二进制；二是将程序和指令顺序存放在内存储器，且能自动依次执行指令；三是计算机由输入设备、输出设备、内存储器、运算器和控制器五大部分组成。采用以上结构的计算机，被称为冯·诺依曼结构计算机。至今我们常用的仍是冯·诺依曼结构计算机。

英国剑桥大学威尔克斯（M.V. Wilkes）教授在 1946 年依据冯·诺依曼提出的计算机结构原理，在剑桥大学设计了 EDSAC（Electronic Delay Storage Automatic Computer）计算机，于 1949 年 5 月研制成功并投入运行。它是世界上首台“存储程序”电子计算机。

1951 年 6 月 14 日，第一台商用计算机问市，从此计算机从实验室走向社会，标志着人类进入计算机时代。

从计算机的诞生至今，尤其是晶体管与集成电路的发明，信息技术发生了根本性的变化。21 世纪计算机与通信结合的网络革命，极大地推动了人类社会网络化、信息化的进程。随着移动互联网、物联网等互联网应用不断深入，人们逐渐生活在网络之中。这些进步都离不开科学技术的发展与创新，可以说，科学发现是原始创新的源头。

图 1-2　第一台电子计算机 ENIAC

图 1-3　John von Neumann

我国的计算机发展起步较晚，但发展极为迅速，1956 年国家制定《1956 年至 1967 年科学技术发展远景规划》（简称“十二年科学规划”）时，把发展计算机、半导体等技术定为重点方向。1958 年我国组装调试成功第一台电子管计算机（103 机），1959 年研制成功大型通用电子管计算机（104 机），其运算速度为 10 000 次 / 秒。1964 年我国推出了第一批晶体管计算机，其运算速度为 10 万～20 万次 / 秒。1971 年我国研制成功第三代集成电路计算机。1982 年采用大、中规模集成电路研制成功 16 位计算机 DJS-150。

1983 年长沙国防科技大学推出向量运算速度达 1 亿次的银河 I 巨型计算机。目前世界上只有很少几个国家能生产巨型机，我国是其中之一。我国已形成了相当规模的计算机产业。

2009 年 10 月 29 日，随着我国第一台千万亿次超级计算机——“天河一号”的亮相，中国拥有了历史上计算速度最快的工具，使中国成为继美国之后世界上第二个能够自主研制千万亿次超级计算机的国家。安装在国家超级计算天津中心的天河一号用户单位达到 600 多个，涵盖了石油勘探、地震数据处理、高端装备制造、土木工程设计、航空航天、生物医药、天气预报与气候研究、海洋环境研究、新能源、新材料、基础科学研究、动漫与影视渲染等应用领域。

2013 年 6 月 17 日我国研制成功世界上首台 5 亿亿次（50PFlops）超级计算机——天河二号（图 1-4）。这是“国家 863 计划”在“十二五”高效能计算机重大项目的阶段性成果。天河二号的双精度浮点运算峰值速度已达到了每秒 5.49 亿亿次。天河二号与天河一号相比，不仅应用领域更加广阔，而且在计算规模、计算精度和计算效率等方面也远远超过天河一号。以 500 人规模的全基因组信息关联性分析为例，华大基因利用自建系统需 1 年时间，利用天河二号只需 3 个小时，在有效的运行时间内，天河二号可以满足百万人量级的全基因组分析。

2017 年 7 月 15 日，权威的世界纪录认证机构吉尼斯世界纪录宣布，位于国家超级计算机无锡中心的“神威 · 太湖之光”在德国法兰克福国际超算大会（International Supercomputing Conference，ISC）公布的新一期全球超级计算机 500 强榜单中以 3 倍于第二名的运算速度名列第一，成为世界上“运算速度最快的计算机”。

二、电子计算机的分类

计算机按其用途分类，可分为专用计算机和通用计算机。专用计算机一般用于对其他设备的控制，比如工业自动生产流水线、医疗设备的控制分析等。通用计算机就是我们日常所用的可以对各种数据进行加工处理的计算机。

按其规模分类，计算机分为巨型机、大型机、小巨型机、小型机、工作站以及微型计算机（微机）。巨型机和大型机一般用于尖端科学，它的功能最强，速度和精度也最高。小型机一般用于大中型企业以及较大的科研单位，功能仅次于巨型机和大型机。工作站一般用于计算机辅助设计。在这些机种中，微机的功能最弱，但应用领域最为广泛，大到企、事业单位，小到普通家庭，渗透于各领域。微机又分为台式机、便携机（笔记本电脑），随着移动网络的快速发展，各种平板电脑、与通信技术结合的智能手机等智能便携设备层出不穷。总之，这一类计算机体积越来越小，便于携带甚至穿戴，而功能也越来越多（图 1-5）。

图 1-5　各种可穿戴式计算机

图 1-4　天河二号

三、计算机中采用的计数制

在日常生活中人们习惯使用十进制，对于十进制可以用 0，1，2，……，9 这十个数码表示，把这些数码的个数称为基数，即十进制的基数为十。采用逢基数进一的规则，则称为进位计数制。

除了十进制，人们也使用其他进制，如二进制、八进制等，有时还采用十六进制、六十进制，例如我国在很早以前使用过十六两为一斤的秤，就是采用十六进制。

由于计算机内部使用的是数字电路，即用电脉冲表示信号，而脉冲信号只有两种状态，如电压的高低（即高电平和低电平）、灯光的亮灭（灯泡是否加电），两种状态可以用数码 0、1 来表示。因为两种状态的电路最容易实现，而且稳定、可靠，用开关的开启和关闭即可实现，只不过开关是由电子开关完成，如果出现三种以上的稳定状态，电路上实现起来就复杂了。所以计算机中处理的各种信息都是用二进制代码来表示的，现在对这些计数制作简单介绍。

1．十进制数制（Decimal Number System）

十进制使用 0 ~ 9 十个数码表示，其基数是十，计数规律为逢十进一。

十进制数的书写规则是将该数后面加 D 或在括号外加数字下标 10，例如 237.68D 或 $(237.68)_{10}$，都是表示十进制的 237.68。一般 D 和下标 10 通常都省略。

在十进制中，数值的大小不仅和其所用的代码有关，还与其所在的位置有关，比如 262.84 这个数，六个代码中出现了两个 2，但它的大小是不一样的，小数点左边的 2 代表 2，最左位上的 2 代表 200，同样是数码 2，但在不同的位置它具有不同的值，称之为位权，也称权重（weight）。为便于观察，可以把该数展开，即：

$262.84=2\times10^2+6\times10^1+2\times10^0+8\times10^{-1}+4\times10^{-2}$

10^n、10^{n-1}……10^0……10^{-m+1}、10^{-m} 即所说的位权。可见，位权是数码在该位置所具有的值。

2．二进制数制（Binary Number System）

二进制使用 0、1 两个数码，基数为 2，计数规则为逢二进一。

二进制数的书写规则是将该数后面加 B 或在括号外加数字下标 2，例如 $(1011.101)_2$ 或 1011.101B 都表示该数为二进制数。

与十进制相仿，它的位权为 2 的整数幂。所以一个二进制数也可以将它展开，展开后各项值的和是十进制表示的值。例如：

$101101.11B=1\times 2^5 + 0\times 2^4 + 1\times 2^3 + 1\times 2^2 + 0\times 2^1 + 1\times 2^0 + 1\times 2^{-1} + 1\times 2^{-2}$

二进制相加，遵照逢二进一的规则，如：1011B+101B = 10000B

二进制数书写长，不好读，不好记。计算机中常用十六进制来对二进制进行“缩写”。

3．十六进制（Hexadecimal Number System）

十六进制数基数为十六，使用 0，1，2，3……9，A，B，C，D，E，F 这十六个数码，其规则为逢十六进一。

十六进制的书写方法为将该数后面加 H 或在括号外加数字下标 16，例如 13D2H 或 $(13D2)_{16}$ 都表示该数为十六进制。

与十进制相仿，它的位权为 16 的整数幂。一个十六进制数也可以将它展开，展开后各项值之和是十进制表示的值。例如：$(13D8)_{16}=1\times 16^3 + 3\times 16^2 + 13\times 16^1 + 8\times 16^0$

4．各种进制数之间的转换

（1）二进制数转换为十进制数：将二进制数展开，然后用十进制运算规则计算每一项的值再相加，即可转换为十进制数，例如：

$(1011.101)_2=1\times 2^3 + 0\times 2^2 + 1\times 2^1 + 1\times 2^0 + 1\times 2^{-1} + 0\times 2^{-2} + 1\times 2^{-3}$

$=8 + 0 + 2 + 1 + 0.5 + 0 + 0.125 = (11.625)_{10}$

（2）十进制数转换为二进制数：将整数部分和小数部分分开，整数部分采用除 2 取余逆排法；小数部分采用乘 2 取整顺排法。例如：将 $(13.375)_{10}$ 转换为二进制，方法为：

整数部分：

除数	被除数	余数	位权（↑）
2	13	余 …1	2^0
2	6	余 …0	2^1
2	3	余 …1	2^2
2	1	余 …1	2^3
	0		

小数部分：

运算	取整	位权（↓）
0.375 × 2		
0.750 × 2	取整数 …0	2^{-1}
1.500 × 2	取整数 …1	2^{-2}
1.000	取整数 …1	2^{-3}

即：$(13.375)_{10}$ = $(1101.011)_2$

（3）二进制数转换为十六进制数：通过表 1-1 可以找出规律：一位十六进制数可以用四位二进制数表示，因此二进制的整数部分转换为十六进制时，只需从二进制数的小数点往左，每四位为一组，与一位十六进制数相对应，最后若不够四位，可以在其左端用 0 补齐。二进制小数部分转换为十六进制数时，则以小数点开始往右，每四位一组，最后若不够四位，在其右端用 0 补足。

例如：将二进制数 $(10110101101.10101)_2$ 转换为十六进制数，方法为：

0101	1010	1101	.	1010	1000
5	A	D	.	A	8

因此，$(10110101101.10101)_2$ = $(5AD.A8)_{16}$

（4）十六进制数转换为二进制：将十六进制数的每位用四位二进制表示，转换方法是：对整数部分，小数点以左，每一位十六进制数用相应的四位二进制数表示，不足四位时，在其左端添“0”补足。小数部分则是从小数点开始往右，用四位二进制数表示一个十六进制数。例如：将 $(5A3B.AF)_{16}$ 转换为二进制数，其方法如下：

5	A	3	B	.	A	F
0101	1010	0011	1011	.	1010	1111

因此：$(5A3B.AF)_{16} = (101101000111011.10101111)_2$

表1-1　十进制、二进制和十六进制关系对照表

十进制	二进制	十六进制
0	0000	0
1	0001	1
2	0010	2
3	0011	3
4	0100	4
5	0101	5
6	0110	6
7	0111	7
8	1000	8
9	1001	9
10	1010	A
11	1011	B
12	1100	C
13	1101	D
14	1110	E
15	1111	F

（5）十六进制和十进制数之间的转换：整数部分可以采用除十六取余法，小数部分采用乘 16 取整法，但较为复杂，建议通过二进制作为桥梁进行转换。

四、计算机中的数据信息的表示

1．符号数据的表示

众所周知，计算机不仅可以处理数值数据，还可以处理非数值数据，如字符、汉字、图形图像、音频、视频等，那么计算机是怎么识别、存储和处理这些数据呢？在计算机中，所有的数据都有自己的编码，是用二进制代码表示。以美国信息交换标准码（American Standard Code for Information Interchange，ASCII）为例，比如英文字母“A”的代码为 01000001，“B”的代码为 01000010，就像每个学生有唯一的学号一样。ASCII 码是一种用于信息交换的美国标准代码，使用 7 位二进制数来表示所有的大写和小写字母，数字 0 到 9、标点符号，以及在美式英语中使用的特殊控制字符，一共有 128 种（0-127）组合，见表 1-2。

计算机存储通常用 8 位二进制代码作为一个存储单位，即 8 个二进制位称为一个字节，用 Byte 表示，它就是后面章节要讲到的计算机存储器容量的单位“字节”。8 位二进制代码其中的某一位，不管它是 0 或是 1，我们把它记作 1 个信息单位，称为 1 个比特，用英文 Bit 表示。在计算机的存储单元中，一个 ASCII 值占一个字节。存放一个 ASCII 编码仅需要用 7 位，最高位为空，即 $b_7b_6b_5b_4b_3b_2b_1b_0$，其中 $b_7 = 0$。将空的最高位（b7）设置用作校验位，后 7 位用于字符编码。

在表 1-2 中上横栏为 ASCII 码的高四位，由于 b_7 为校验位，所以未标出，左面竖栏为低四位，ASCII 码可以用十或十六进制表示。比如：数字 0，从表中可以得到其 $b_6b_5b_4$ 为 011，而 $b_3b_2b_1b_0$ 为 0000，所以它的 ASCII 码为 0110000，它的机内码是在 ASCII 码最高位前加校验位 0 构成一个字节，即为 00110000，其十进制表示为 48。

表1-2　英文字符ASCII表

b_3 b_2 b_1 b_0 \ b_6 b_5 b_4	000	001	010	011	100	101	110	111
0 0 0 0	NUL	DLE	SP	0	@	P	`	p
0 0 0 1	SOH	DC1	!	1	A	Q	a	q
0 0 1 0	STX	DC2	〃	2	B	R	b	r
0 0 1 1	ETX	DC3	#	3	C	S	c	s
0 1 0 0	EOT	DC4	$	4	D	T	d	t
0 1 0 1	ENQ	NAK	%	5	E	U	e	u
0 1 1 0	ACK	SYN	&	6	F	V	f	v
0 1 1 1	BEL	ETB	‘	7	G	W	g	w
1 0 0 0	BS	CAN	(	8	H	X	h	x
1 0 0 1	HT	EM	)	9	I	Y	i	y
1 0 1 0	LF	SUB	*	:	J	Z	j	z
1 0 1 1	VT	ESC	+	;	K	[	k	{
1 1 0 0	FF	FS	,	<	L	\	l	|
1 1 0 1	CR	GS	-	=	M	]	m	}
1 1 1 0	SO	RS	.	>	N	↑	n	~
1 1 1 1	SI	US	/	?	O	_	o	DEL

2．汉字编码

英文字符数量相对较少而且它们本身有序，所以对它们进行数字化编码是较为容易的。而对汉字字符进行数字化编码难度要大得多，因为汉字既多又复杂，几千个汉字要对应几千个编码，除了这些，汉字的字形比起其他国家的文字要复杂得多，不同的汉字有不同的形状，即便是同一汉字，又有宋体、楷体等多种字体，每个汉字之间又缺乏关联性，所以对汉字进行编码要考虑很多因素，比如汉字的排列顺序、汉字如何输入以及汉字字形如何在计算机中表示等。

（1）常用的汉字信息编码标准

在汉字信息编码标准中，常用的是简体中文 GB2312、GB18030、繁体中文 Big5 码等。

GB2312 码是中华人民共和国国家汉字信息交换用编码，全称《信息交换用汉字编码字符集基本集》，由国家标准总局 1980 年发布，1981 年 5 月 1 日实施，简称国标码，通行于中国内地，新加坡等地也使用此编码。GB2312 收录简化汉字及符号、字母、日文假名等共 7445 个图形字符，其中汉字占 6763 个。GB2312 规定“对任意一个图形字符都采用两个字节表示，每个字节均采用七位编码表示”，习惯上称第一个字节为“高字节”，第二个字节为“低字节”。该字符集是几乎所有的中文系统和国际化的软件都支持的中文字符集，也是最基本的中文字符集。

由于 GB2312-80（表示 1980 年发布版本）仅收录汉字 6763 个，这大大少于现有汉字。随着计算机的广泛应用，国标 GB2312-80 已不能适应发展需要，为了解决这些问题，以及配合电脑业界组织的 UNICODE 的实施，全国信息技术化技术委员会于 1995 年 12 月 1 日发布了《汉字内码扩展规范》，之后信息产业部和国家质量技术监督局于 2000 年 3 月 17 日发布了两项新的国家标准：GB18030-2000 和 GB18031-2000。GB18030-2000《信息技术信息交换用汉字编码字符集基本集的扩充》（简称 GBK），共收录了 27484 个汉字，具体规定了图形字符的单字节编码和双字节编码，并对四字节编码体系结构做出了规定。该标准是一个强制性标准，与现有的绝大多数操作系统、中文平台在计算机内码一级兼容，能够支持现有的应用系统。

大五码（Big5）是由中国台湾的财团法人资讯工业策进会（Institute for Information Industry，III）于 1984 年策划制订，CNS11643-1992 中文标准交换码（Chinese National

Standard）是其扩展版本。

1995 年，港英政府为方便政府部门之间进行电子通信，发展了一套包含本地特有而政府部门在计算机上需要使用的中文字的字符集，命名为政府通用字库（Government Common Character Set，GCCS），以补充 Big5 字符集的不足，它在 Big5 基础上增加了 3049 个字符；到了 1999 年，中国香港特区政府对 GCCS 进行了扩增，并更名为香港增补字符集（Hong Kong Supplementary Character Set，HKSCS），它包括了 Big5 和 ISO10646 的编码，HKSCS 相当于 GCCS 的增强版。

一般来讲，计算机内汉字编码中包括机内码、输入码和汉字输出码。

（2）机内码

在计算机内，如果直接采用国标码，势必会造成与 ASCII 码混淆，例如：

汉字“大”的国标码为 00110100 01110011，而数字“4”和“s”的 ASCII 码分别为 00110100、01110011，如果不加以指定，计算机会把 0011010001110011 当成两个英文字符 4s 来处理。鉴于以上情况，必须把国标码变成机内码才可以让计算机处理，方法是将每个字节的最高位置为 1。只要每个字节的最高位为 1 即为汉字，这样就构成了汉字机内码。无论是国标码还是机内码，书写时都可用 16 进制。以汉字的“大”为例，它的国标码、机内码和 ASCII 码有如下对应关系：

名称	编码（十六进制）	编码（二进制）	
国标码	3473	00110100　01110011	
机内码	B4F3	10110100　11110011	
ASCII 码	3473	00110100　01110011	代表英文“4s”

由此可见，如果用十六进制表示，将国标码转为机内码只需将国标码加 8080 即可。即：

```
  3473    国标码
+ 8080
--------------
  B4F3    机内码
```

（3）输入码

由于汉字的独立性，使汉字的输入变得较为复杂，常用的汉字输入法基本分为两大类：

1）编码汉字输入：编码汉字输入现基本分为 3 类，以音为主的拼音输入、以形为主的笔形输入、音形结合的输入方法，它们各有特色。拼音易学好记，但同音的汉字太多，重码率高，导致检字困难。典型的拼音输入法有全拼输入法和微软拼音输入法。由于相同形状的汉字很少，所以笔形输入重码率低，但掌握困难，典型的笔形输入是五笔输入编码。无论采用哪一种，它们都称为输入码，也称外码。当向计算机输入外码时，一般都要转换成机内码后才能进行存储和处理，当然这是各种汉字操作系统所要解决的问题，使用者只需输入汉字的外码，剩下的就交由计算机处理。

2）非编码汉字输入：近年人们发明了不少用于汉字输入的设备，如手写板输入和语音输入。计算机自动将手写体识别成可编辑的文本，这种方法只要会写汉字就可以向计算机输入汉字，如果所写汉字不是很潦草，能有较高的识别率。语音输入是指用麦克风按正常的说话速度朗读，计算机通过声卡和识别软件，将语音自动识别成可编辑的文本，但这种方法存在个体差异，即由于每个人的声调、发音均不同，会造成识别错误，因此要对计算机进行训练，让计算机逐渐能够适应使用者的发音，才能有较高的识别率。除上述两种非编码输入之外，用扫描仪将书报上的文稿以图像的形式扫到计算机中，再通过光学字符识别技术（optical character recognition，OCR）进行识别，还原成可编辑的文本，如果原稿比较清楚，其识别率可达 90% 以上。

（4）汉字输出码

汉字输出码是地址码、字形存储码和字形码的统称。

1）地址码：是指汉字字形信息在汉字字模库中存放的首地址。每个汉字在字库中占有一个固定大小的连续区域，其中首地址即是该汉字的地址码。

2）字形存储码：是指存放在字库中的汉字字形点阵码。不同的字体有不同的字库，如黑体、仿宋体等，点阵的点数越多，字形的质量越高，越美观。

由于汉字都是方块字，每个汉字看作是一个有 M 行 N 列点组成的矩阵，称为汉字的点阵字模，简称点阵。如果用二进制数 1 代表点阵中的黑点，用 0 表示无黑点。一个汉字若用 16×16 点阵表示，则共有 256 个点，如图 1-6 所示。

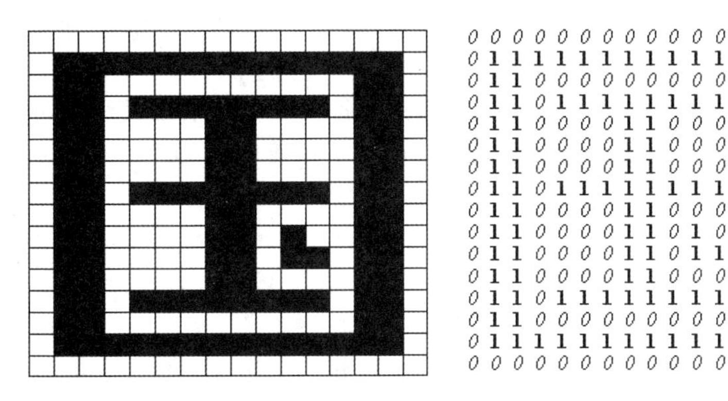

图 1-6　汉字字形码示意图

由图 1-6 可以看出，一个汉字可以用 16 行二进制代码表示，一行为 16 位，正好为 2 个字节，所以一个 16 点阵字库要占 16×2=32 个字节。对于 16 点阵字库要用于打印，其质量可见而知，所以 16 点阵字库主要用于显示，真正用于打印，应采用 24 点阵以上的字库，而 24 点阵字库每个汉字要占 24×3=72 个字节。

汉字字形库直接存储点阵码时占用的存储空间大，为了减少字库所占的容量，采用了数据压缩技术。使用较多的字库压缩方法有哈夫曼树法、矢量法和字根压缩法。近年来开发的新的汉字操作系统中常使用矢量汉字。所谓矢量汉字就是经过矢量法把基本点阵字模进行压缩后得到的汉字。这些汉字信息存在矢量字库中，显示和打印时要经过相应的转换程序进行还原和变换，得到不同的字体，也就是字形码。

3）字形码：指在输出设备上输出汉字时所要送出的汉字字形点阵码。点阵数据的组织是按照输出设备的特性及输出字体的一些特点（如倾斜角度，放大倍数）进行的，是对基本字库中数据进行变换得到的。

以上所介绍的各种汉字编码之间的关系为：

其他系统代码
↑↓
交换码（国标码）
↑↓
输入码（外码）→ 机内码 → 输出码（字库）
↑键盘输入　　　　　　↓显示 / 打印输出
汉字信息　　　　　　汉字信息

知识拓展

信息数字化与数据化

数字化指的是把模拟数据转换成用0和1表示的二进制码，这样就可以使用计算机进行存储和处理。计算机产生的初衷是计算能力的革命，通过计算机来计算原来需要耗费很长时间的项目，比方说导弹弹道表、人口普查结果和天气预报。直到后来才出现了模拟数据的数字化。1995年，美国麻省理工学院媒体实验室的尼古拉斯·尼葛洛庞帝(Nicholas Negroponte)发表他的标志性著作《数字化生存》(*Being Digital*)，他的主题就是“从原子到比特”，推动了信息革命。20世纪90年代，主要对文本进行数字化。随着计算机的存储能力、处理能力和带宽的提高，也能对图像、视频和音乐等类似的内容执行这种转化了。

数据化，数据代表着对某件事物的描述，数据化可以记录分析和重组它。是指把一种现象转变为可制表分析的量化形式的过程，引用维克托.迈尔.舒恩伯格（Viktor Mayer-Schonberge）《大数据时代》(*Big Data*：*A Revolution That Will Transform How We Live*，*Work*，*and Think*）里的话说“量化一切，是数据化的核心。计算机的出现带来了数字测量和存储设备，这样就大大提高了数据化的效率。计算机的应用也使得通过数学分析挖掘出数据更大的价值变成了可能。简而言之，数字化带来了数据化，但是数字化无法取代数据化。数字化是把模拟数据变成计算机可读的数据，和数据化有本质上的不同。”

第二节 计算机的组成

一个完整的计算机系统由硬件系统和软件系统两大部分组成。所谓硬件就是构成计算机实体的所有器件，而软件是指那些看不到、摸不着却又实实在在存在的计算机中存储的数据、程序等。软件系统是计算机的灵魂，是以硬件系统为依托，对硬件设备进行控制和管理。只有硬件、软件系统相互结合，才能发挥计算机系统的强大功能。

一、计算机硬件

1．硬件的逻辑结构

从原理上讲，计算机是由输入设备、输出设备、存储器、控制器和运算器五大部分组成，如图1-7所示。下面简单地讲述各部分的功能。

（1）运算器（Calculator） 运算器也称为算术逻辑运算单元（Arithmetic and Logic Unit，ALU），计算机中所有的算术运算、逻辑运算和信息传送都在这里进行，由加法器、移位电路、逻辑部件、信息传送部件以及寄存器等电路组成。由于任何数学运算最终可以用加法和移位这两种基本操作来完成，因而加法器是ALU的核心部件。寄存器则用来暂时存放参与运算的操作数和运算结果。

（2）控制器（Controller） 控制器也称控制电路（Control Circuit），它就像一个部队的指挥部，是整个计算机的控制中心，其任务是按预定的顺序不断取出指令进行分析，然后根据指令的要求向运算器、存储器等各部分发出控制信号让其完成指令所规定的操作。指令是一条命令，就是让计算机做什么，它是由一串二进制代码组成，不同的代码表示不同的命令。控制电

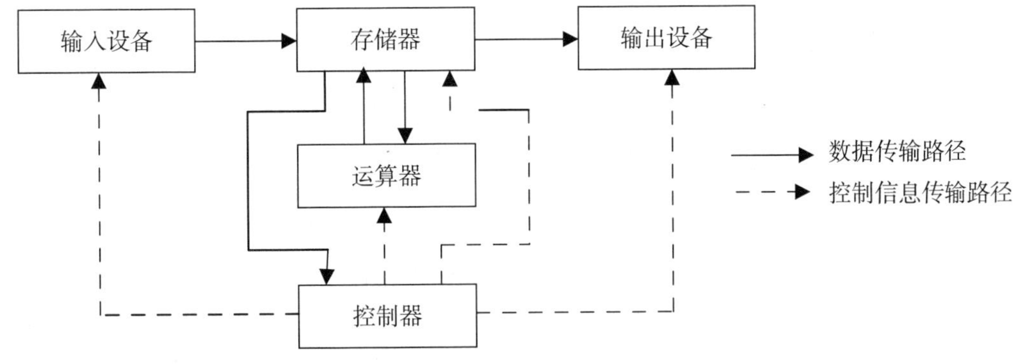

图 1-7　计算机硬件的基本组成

路由指令计数器、指令寄存器、指令译码器和操作控制部件等组成。指令计数器用于提供指令的存放地址。指令寄存器可以把从存储器取出的指令暂存起来。指令译码器是把取到的指令译成操作控制部分所能识别的信号，使其完成指令所规定的操作。

（3）存储器（Memory）　存储器是计算机存放数据的地方，它由一片片连续的存储单元组成，每个单元都赋有编号，称为地址，就像楼房的房间号一样，每个单元都可以存放一组二进制代码，就像房间里住的是谁。信息存入内存的过程称为写入，取出的过程称为读出。存储器的基本指标是容量和读写速度。存储器分内部存储器和外部存储器，内部存储器可以由中央处理器（CPU）直接访问，内部存储器的读写速度快但其存储空间较小，外部存储器作为内部存储器的扩展存储，存储容量大但读写速度相对较慢。存储器的计量单位是字节（Byte），由于计算机存储器容量很大，所以用字节很不方便，一般用千字节（KB）、兆字节（MB）等表示，其换算如下：

1KB=1024Byte（2^{10}）

1MB=1024KB（2^{20}）

1GB=1024MB（2^{30}）

1TB=1024GB（2^{40}）

（4）输入设备（Input Device）　用于将数据和信息输入到计算机的设备称为输入设备，键盘和鼠标是最基本的输入设备，此外还有扫描仪、数码相机、磁卡读入机等。

（5）输出设备（Output Device）　用于将计算机内的数据输出的设备称为输出设备，显示器、打印机是计算机最基本的输出设备，其他输出设备还有绘图仪等。

2．中央处理器

把控制器和运算器集成在一块集成电路上，合称中央处理器（Central Processing Unit，CPU），用来执行程序指令，完成各种运算和控制功能，是速度最快的硬件设备。

图 1-8　CPU 芯片

图 1-8 所示就是计算机的 CPU，硬件系统的核心部件。研究计算机历史的人们称计算机的发展过程，主要就是 CPU 从低级向高级、从简单向复杂发展的过程。其设计、制造和处理技术的不断更新换代以及处理能力的不断增强，使微型计算机系统的应用领域越来越广泛。CPU 发展到今天已使微机在整体性能、处理速度、3D 图形图像处理、多媒体信息处理及通信等诸多方面达到甚至超过了传统的小型机，而且正加速向功能更强大、计算速度更快的方向发展。

知识拓展

CPU 性能相关的一些知识

主频：是衡量 CPU 性能的主要技术指标，主频是指脉冲信号发生器每秒发出的电脉冲次数，频率越高，同样结构的计算机运算速度也就越快。主频也叫时钟频率，单位是 MHz，用来表示 CPU 的运算速度。CPU 的主频＝外频 × 倍频系数。

外频：CPU 必须与主板的总线相连，才能与其他设备传送数据。与 CPU 相连的总线的工作频率即 CPU 的外频。早期 486 处理器以前的 CPU 并没有“倍频”这个概念，那时主频和系统总线的速度是一样的，CPU 的主频一般都等于外频，现在的 CPU 外频一般远远低于 CPU 的主频。

倍频：是指 CPU 主频与外频之间的相对比例关系。在相同的外频下，倍频越高 CPU 的频率也越高。但实际上，在相同外频的前提下，高倍频的 CPU 本身意义并不大。这是因为 CPU 与系统之间数据传输速度是有限的。此外，为了一味追求倍频，使 CPU 电路电压增大，对 CPU 的性能和寿命都会有影响。

字长：是指 CPU 在单位时间内能一次处理的二进制数的位数。它是由 CPU 对外的数据总线的位数决定的。根据字长的不同 CPU 也分为 4 位、8 位、16 位、32 位、64 位 CPU。目前 PC 机中使用的 CPU 多为 64 位 CPU，部分较老型号 PC 机仍使用 32 位 CPU。在性能较好的服务器中通常使用处理 64 位的 CPU。

缓存：缓存大小也是 CPU 的重要指标之一，而且缓存的结构和大小对 CPU 速度的影响非常大，CPU 内缓存的运行频率极高，一般是和 CPU 同频运作，工作效率远远大于系统内存和硬盘。实际工作时，CPU 往往需要重复读取同样的数据块，而缓存容量的增大，可以大幅度提升 CPU 内部读取数据的速率，而不用再到内存或者硬盘上寻找，以此提高系统性能。根据 CPU 读取顺序和容量大小，缓存可分为一级缓存、二级缓存、三级缓存。其中，一级缓存和 CPU 集成在一块电路板上。二级缓存是 CPU 性能表现的关键之一，在 CPU 核心不变化的情况下，增加二级缓存容量能使性能大幅度提高，一般只有一些高端计算机的 CPU 采用三级缓存技术。

随着人们对计算机的需求越来越多，为了满足人们在各方面的应用需求，CPU 的性能也在不断提高，采用的新技术层出不穷。提到 CPU 的新技术，我们应该认识一下，世界著名的两大 CPU 厂商英特尔（Inter）和 AMD，它们几乎占有了整个计算机市场，他们的产品各自有独特的技术，如何进行选择，要根据微机的整体设计。2003 年 3 月英特尔正式发布了迅驰移动计算技术，即我们常说的无线上网功能，迅驰（Centrino）是 Centre（中心）与 Neutrino（中微子）两个单词的缩写。迅驰平台包括 CPU、芯片组、无线模块 3 个组成部分。同样，AMD 携手 NVIDIA、Broadcom 公司，全面展示了其新一代移动平台在 3D 和无线技术上的优势。现在，无线技术被广泛地应用在笔记本电脑中。随着 CPU 集成度的不断提高，集成电路中传输线路宽度越来越窄，已经接近纳米级，一旦传输线路宽度达到纳米数量级，每次能够通过的电子个数只有几十个甚至于只有几个，这时的电路将产生量子效应，造成集成电路无法正常工作。因此一味降低传输电路宽度并不能一直提高 CPU 的集成度进而提高 CPU 的速度。另一方面，当集成电路的集成不断升高时，单位面积的功耗和发热量也在不断升高，这是 CPU 向更高频率迈进的另一大障碍。为了能够继续提高 CPU 的速度，一些硬件厂商提出了在一个处理器上集成两个运算核心的方案，这就是所谓的双核技术，在此基础上，又逐步发展出集成多个运算核心的多核 CPU。多核处理器可以在处理器内部共享缓存，提高缓存利用率，同时简化多处理器系统设计的复杂度。但这并不是说明核心越多，性能越高，若不能合理进行分配，反而会导致运算速度减慢。CPU制造工艺又叫做CPU制程，它的技术水平决定了CPU的性能优劣。CPU的制造是一项极为复杂的过程，当今世上只有少数几家厂商具备研发和生产CPU的能力。CPU的发展史也可以看做是制作工艺的发展史。几乎每一次制作工艺的改进都能为CPU发展带来最强大的动力。

3．内部存储器

内存储器又称主存、内存，是由半导体器件构成的，计算机用来临时存放数据的部件，它由连续的存储单元组成，每个单元都赋有编号，称为地址。每个单元都可以存放一组二进制代码，CPU可以直接访问。信息存入内存的过程称为写入，取出的过程称为读出。存储器的基本指标是容量、读写速度。

内存容量的计量单位是字节（Byte），由于计算机存储器容量很大，一般用千字节（KB）、兆字节（MB）等表示。

在计算机中，内部存储器按其功能特征可分两种，一种叫只读存储器，另一种叫随机读取存储器。

（1）只读存储器（Read Only Memory，ROM）

只读存储器简称ROM，CPU对它的数据只能读取，不允许擦写，它里面存放的信息一般由计算机制造厂写入并经固化处理，一般用户是无法修改的。即使关机，ROM中的数据也不会丢失。比如，主板上的BIOS芯片就是ROM，它存储有开机时检测、设置及启动系统的指令程序。

（2）随机存取存储器（Random Access Memory，RAM）

RAM主要用来存放各种设备的输入输出数据、指令和中间计算结果，它的存储单元根据具体需要可以读出，也可以写入或刷新。把用于存储的元件都焊接在一小条电路板上，称为内存条（图1-9）。内存条插在计算机主板的内存插槽上。

图1-9　台式机内存条（RAM）

RAM分为静态和动态两种，静态RAM（SRAM）速度快，成本高，主要用于高速缓存（Cache）。动态RAM（DRAM）速度比静态低，其特点是功耗低，集成度高，成本低。但是为了保持存储器的数据不丢失，必须对RAM进行周期性的刷新。微机中的主存就是动态RAM，也就是常说的内存。

另外，RAM是一个临时的存储单元，机器断电后，里面存储的数据将全部丢失，如果要进行长期保存，数据必须保存在外存（移动存储卡、硬盘等）中。

知识拓展

（1）高速缓冲存储器（Cache，简称：高速缓存）

高速缓存是计算机中读写速率最快的存储设备。由于CPU的主频越来越高，而内存的读写速率达不到CPU的要求，所以在内存和CPU之间引入高速缓存，用于暂存CPU和内存之间交换的数据，CPU首先访问Cache中的信息，Cache可以充分利用CPU忙于运算的时间和RAM交换信息，这样避免了时间上的浪费，起到了缓冲作用，以此来充分利用CPU资源，提高运算速度。

Cache一般采用静态存储器（SRAM），它是由双稳态电路来保存信息的，因此不用进行周期性的刷新，只要不断电，信息就不会丢失，SRAM 的优点是与 CPU 接口简单，使用方便，速度快。缺点是功耗大，集成度低，成本高。

（2）SDRAM、DDR 技术

SDRAM 是“Synchronous Dynamic Random Access Memory”的缩写，意思是“同步动态随机存储器”，就是我们平时所说的“同步内存”，这种内存采用 168 线结构。从理论上说，SDRAM 与 CPU 频率同步，共享一个时钟周期。SDRAM 内含两个交错的存储阵列，当 CPU 从一个存储阵列访问数据的同时，另一个已准备好读写数据，通过两个存储阵列的紧密切换，读取效率得到成倍提高。DDR 英文原意为“Double Data Rate”，顾名思义，就是双数据传输模式。是一种继 SDRAM 后产生的内存技术，我们日常所使用的 SDRAM 都是“单数据传输模式”，这种内存的特性是在一个内存时钟周期中，只在一个方波上升沿时进行一次操作（读或写），而 DDR 则引用了一种新的设计，其在一个内存时钟周期中，在方波上升沿时进行一次操作，在方波的下降沿时也做一次操作，所以在一个时钟周期中，DDR 则可以完成 SDRAM 两个周期才能完成的任务，所以理论上同速率的 DDR 内存与 SDRAM 内存相比，性能要超出一倍。

由于前端总线（Front Side Bus，FSB）对内存带宽的要求是越来越高，出现了拥有更高、更稳定运行频率的 DDR2、DDR3 内存，拥有更高的预读取能力，目前已经广泛应用。

4．外部存储器

外存储器简称外存，也称辅存，通常以磁介质、光介质、磁光介质等形式来保存数据，不受断电的限制，可以长期保存数据。如软盘、硬盘、光盘、U 盘（又称：闪存、优盘）、TF 卡、SD 卡、MMC 卡、SM 卡、记忆棒（Memory Stick）、XD 卡、CF 卡等。它们存储容量的计量单位也是字节。硬盘至今仍是台式机最重要的外存储器，硬盘的特点是容量大、存取速度快、可靠性高。随着磁盘存储技术的发展，硬盘在存储介质和读写技术上出现了多种形式，按介质分为以下几类：

（1）机械硬盘（Hard Disk Drive，HDD）是最原始的计算机硬盘，诞生于 20 世纪中期，又称 HD（Hard Disk）、温氏盘（Winchester 盘）。涂有磁性材料的盘面被密封在金属外壳中，又被固定在计算机机箱内部，相对来讲价格便宜，如图 1-10 所示。对于机械硬盘来说，有如下几种主要技术指标：①转数：是硬盘内电机主轴的旋转速度，也就是硬盘盘片在 1 分钟内所能完成的最大转数，硬盘的转速越快，硬盘寻找文件的速度也就越快。现在常见的有 7200 RPM（转 / 分），10000 RPM、15000 RPM。②缓存：（Cache Memory）是硬盘控制器上的一块内存芯片，具有极快的存取速度，它是硬盘内部存储和外界接口之间的缓冲器。由于硬盘的内部数据传输速度和外界介质表面传输速度不同，缓存在其中起到一个缓冲的作用。③传输速率：它标称的是系统总线与硬盘缓冲区之间的数据传输率，外部数据传输率与硬盘接口类型和硬盘缓存的有关，硬盘接口是硬盘与主机系统间的连接部件，分为 IDE、SATA、SCSI、光纤通道和 SAS 共 5 种，其中 IDE 与 SATA 接口常用于个人计算机中。SATA 接口，又称为串行接口，具有结构简单、支持热插拔的优点，相比 IDE 接口，电缆数目减少，效率提高，同时还能降低系统能耗，减小系统复杂性，现在已经基本取代了 IDE，成为微型计算机硬盘的主流。其余形式的硬盘接口常用于高端服务器、专业级存储设备中以存储海量的重要数据。

图 1-10　机械硬盘

硬盘容量：硬盘内多个盘面中，每个盘面对应一个磁头来读写数据，每个盘面被划分为若干磁道，而每一盘面的同一磁道形成一个圆柱面，称为柱面，它是硬盘的一个常用指标。硬盘容量的计算：存储容量 = 磁头数 × 磁道数（柱面数）× 扇区数 × 每扇区字节数（512Byte）。从第一块 5MB 的硬盘发展到如今的 1T（$1TB=2^{10}GB=1024GB=2^{40}B$）、4T、8T 等，硬盘技术还在继续向前发展，更大容量的硬盘还将不断出现。

（2）固态硬盘（Solid State Disk，SSD）是由控制单元和存储单元（FLASH 芯片）组成，简单地说就是用固态电子存储芯片阵列而制成的硬盘。固态硬盘的接口规范和定义、功能及使用方法上与普通硬盘的完全相同，由于固态硬盘没有普通硬盘的旋转介质，因而抗震性极佳，同时工作温度很宽，扩展温度的电子硬盘可工作在 -45℃ ~ +85℃，被广泛应用于军事、车载、工业控制、视频监控、网络监控、网络终端、电力、医疗、航空、导航设备等领域。

固态硬盘采用闪存作为存储介质，读取速度相对机械硬盘更快，由于内部没有类似器械硬盘的马达等机械装置，还具有体积小、低噪音、节能、防震等优点，缺点是制造成本较高、容量小。

（3）混合硬盘（Hybrid Hard Disk，HHD）混合硬盘是把机械硬盘和闪存集成到一起的一种硬盘，是处于机械硬盘和固态硬盘中间的一种解决方案。可将系统软件与应用软件安装等不同类型的文件，按需存放在固态部分或机械硬盘部分，提升系统程序的启动速度。

混合硬盘与传统机械硬盘相比，大幅提高了读写性能、数据安全性；同时又能够以较低成本存储较大量的数据。

现在的微机几乎都采用大容量的硬盘，装载不同的计算机设备可以配置不同尺寸的硬盘，如台式机一般为 3.5 英寸硬盘，笔记本电脑所使用的硬盘一般是 2.5 英寸或者更小的硬盘。

（4）可移动外存储器

除以上各种外存设备外，还有 U 盘（闪存、优盘）、SD 卡（Secure Digital Memory Card）、CF 卡、记忆棒（Memory Stick）、MO 磁光盘（Magneto Optical Disk）等，它们是近年来迅速发展起来的性能很好又具有可移动性的存储产品。

例如，U 盘，体积仅大拇指大小，仅重 10 多克，容量可从 32MB 至 128GB，甚至更大容量。使用 USB 接口，即插即用，使用极其方便。在计算机支持 USB 模式启动的主板，通过 CMOS 设置为允许 USB 启动，可以在 U 盘上装载系统文件，直接引导系统启动，用于系统救援，备份文件使用。

U 盘的构造非常简单，其关键元件就是 IC 控制芯片、闪存芯片、PCB 板及 USB 接口。IC 芯片是闪存的核心，也是 U 盘是否能够当做驱动盘使用的关键，U 盘具有掉电后仍可以保留信息、在线写入等优点，并且其读写速度比较快。

二、计算机软件

计算机软件是指在硬件设备上运行的各种程序和有关资料。程序是计算机完成指定任务指令的集合。用户使用程序时不仅需要程序，还需要关于它的说明和其他资料，这些资料通常称为文档，因此，软件包括程序和文档。

软件分系统软件和应用软件两大类。

1．系统软件　用于管理、监控和维护计算机硬件资源和软件资源的软件称为系统软件。系统软件包括操作系统、语言处理系统和数据库管理系统，如常用的 Windows 操作系统、Linux 操作系统、MacOS 操作系统等。

2．应用软件　应用软件是针对某一个专门目的而开发的软件，如文字处理软件、电子表格处理软件、图形处理软件、财务管理系统、教学辅助软件、用于各种科学计算的软件包等。

目前广泛使用的应用软件有：办公软件 WPS，文字处理软件 Word、电子表格软件 Excel、图形处理软件 Photoshop、计算机辅助设计软件 AutoCAD、动画处理软件 3DS MAX 和 Flash5、多媒体制作软件 Authorware、统计分析软件包 SAS 和 SPSS 等。

智能移动通信设备相应的应用软件（Application，常被简称为 App）更多，此外，还有一些常用的工具软件，使用起来很方便。关于更多的软件知识，将在专门章节介绍。

第三节　网络应用基础

一、网络基础知识

1．网络概述

计算机网络是指将地理位置不同的具有独立功能的多台计算机及其外部设备，通过通信线路连接起来，在网络通信协议的管理和协调下，实现资源共享和信息传递的计算机系统。计算机网络的最简单定义是：一些相互连接的、以共享资源为目的的、自治的计算机的集合。计算机网络是计算机技术与通信技术相结合的产物。计算机网络示意图如图 1-11 所示。

追溯计算机网络的发展可分为四个阶段：

第一阶段：以单个计算机为中心的远程联机系统，构成面向终端的计算机网络。它由多台终端设备通过通信线路连接到一台中央计算机上而构成，称为面向终端的计算机网络。20 世纪 60 年代初美国航空公司建成的由一台计算机与分布在全美国的 2000 多个终端组成的航空订票系统 SABRE-1 就是这种计算机通信网络。

第二阶段：多个主机互联，各主机相互独立，无主从关系的计算机网络。随着计算机应用的发展，人们需要将多台具有独立处理功能的计算机通过网络互联在一起，即计算机通过通信线路互联成为计算机网络，以达到计算机资源共享的目的。真正成为计算机网络里程碑的是建于 1969 年的美国国防部高级研究计划局（Advanced Research Projects Agency，ARPA）的首创有线、无线与卫星通信线路连接美国本土到欧洲与夏威夷等广阔地域的 ARPAnet（通常称为 ARPA 网）。人们通常认为它就是互联网（Internet，又称因特网）的起源。

第三阶段：具有统一的网络体系结构，遵循国际标准化协议的计算机网络。在解决计算机联网与网络互联标准化问题的背景下，提出开放系统互联参考模型与协议，促进了符合国际标准的计算机网络技术的发展；计算机网络发展的第三阶段是加速体系结构与协议国际标准化的研究与应用。国际标准化组织（International Standards Organization，ISO）公布开放式系统互

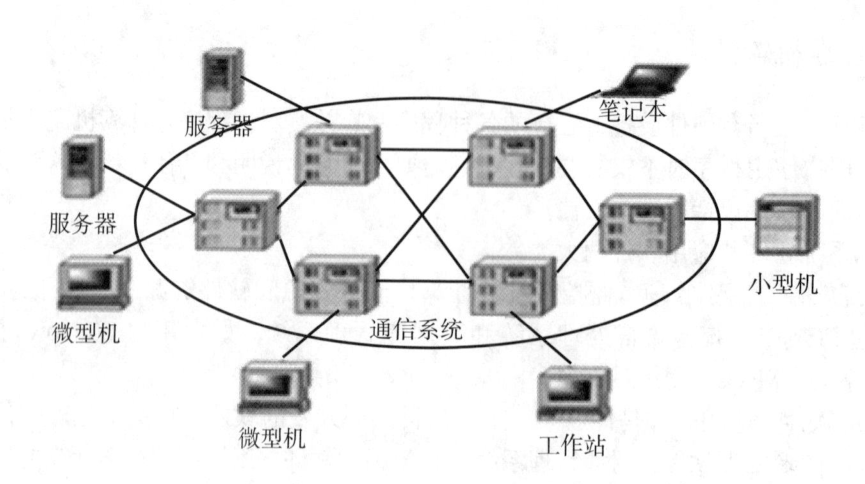

图 1-11　计算机网络示意图

联标准，即OSI(Open System Interconnection）标准，经过多年卓有成效的工作,ISO正式制订、颁布了“开放系统互联参考模型”（Open System Interconnection Reference Model，OSI RM)，即ISO/IEC 7498国际标准。1989年我国在《国家经济信息系统设计与应用标准化规范》中也明确规定选定OSI标准作为我国网络建设标准。

第四阶段：网络互联与高速网络。计算机网络向互联、高速、智能化方向发展，并获得广泛的应用。

2．网络的组成和分类

（1）计算机网络的组成

完整的计算机网络系统是由网络硬件系统和网络软件系统组成。

网络硬件是计算机网络系统的物质基础。要构成一个计算机网络系统，首先要将计算机及其附属硬件设备与网络中的其他计算机系统连接起来。网络硬件主要包括网络节点与通信链路。网络节点又分为端节点如计算机、服务器等和中间节点如交换机、路由器等。通信链路是信息传输的介质，比如铜线、光纤、无线媒介等。

网络软件是网络的组织者和管理者。网络软件包括：网络协议、网络服务软件、网络管理与通信软件、网络工具软件等。网络操作系统（如Novell公司的Netware，微软公司的Windows 2003 Server，中文版本的Linux，如RedHat、红旗Linux等）也属于网络软件的范畴。网络软件研究的重点是如何实现网络通信、资源管理、网络服务和交互式操作的功能。

计算机网络具有数据处理和数据通信的能力，因此计算机网络也可以从逻辑上划分成两个子网，即资源子网和通信子网。

资源子网主要负责全网的信息处理，为网络用户提供网络服务和资源共享等功能。主要包括网络中所有的计算机、I/O设备和终端，各种网络协议、网络软件和数据库等。

通信子网主要负责全网的数据通信，为网络用户提供数据传输、转接、加工和转换等通信处理工作。主要包括通信线路（即传输介质)、网络连接设备（如网络接口设备、路由器、交换机、网关、调制解调器和卫星地面接收站等)、网络通信协议和通信控制软件等。

（2）计算机网络的分类

计算机网络有多种分类方法。不同的分类原则，可以定义不同类型的计算机网络。下面介绍常用的按网络覆盖的地理范围分类的方法。根据计算机网络覆盖的地理范围不同，可将计算机网络分为局域网、城域网和广域网。

①局域网（Local Area Network，LAN)：局域网是一个通信系统，允许一些彼此独立的计算机在一定的范围内，通常为几公里内，以较快的传输速率和低误码率直接进行传输的数据通信系统。

根据采用的技术和协议标准的不同，局域网分为共享式局域网与交换式局域网。局域网技术的应用十分广泛，是计算机网络中最活跃的领域之一。

②城域网（Metropolitan Area Network，MAN)：城域网的技术与局域网类似，一般指覆盖范围为一个城市的网络。

城域网的设计目的是满足几十公里范围内的大型企业、机关、公司共享资源的需要，从而可以使大量用户之间进行高效的数据、语音、图形图像以及视频等多种信息的传输。城域网可视为数个局域网相连而成。

③广域网（Wide Area Network，WAN)：广域网又称远程网，由结点交换机以及连接这些交换机的链路组成。它可跨越城市、地区、国家，甚至联通全世界。广域网常借用现有的公共传输网络进行计算机之间的信息传递。网络上的计算机称为主机，主机通过通信子网连接。通信子网的功能是把信息从一台主机传输到另一台主机。常用的通信网络有：电报电话网、公共分组交换网、卫星通信网、无线分组交换网和有线电视网。

由于广域网传输距离远，而且又是依靠公共传输网传递信息，所以广域网上数据传输速率较低，误码率较高。

3．计算机网络的拓扑结构

计算机网络的拓扑结构是指网络中通信线路和站点（计算机或设备）的几何排列形式。拓扑设计是建设计算机网络的第一步，也是实现各种网络协议的基础。它对网络的性能、系统可靠性以及通信费用都有着重大的影响。

网络的拓扑结构主要有以下几种：

（1）总线拓扑

将各个计算机或其他设备均接到一条公用的总线上，各个结点共用这一总线，这就形成了总线型的计算机网络结构。图 1-12 表示总线网络拓扑。

在总线结构中，所有网上计算机都通过相应的硬件接口直接连在总线上，任何一个结点的信息都可以沿着总线向两个方向传输扩散，并且能被总线中任何一个结点所接收。由于其信息向四周传播，类似于广播电台，故总线网络也被称为广播式网络。

（2）环形拓扑

环形网络是将各个计算机与公共的缆线连接，缆线的两端连接起来形成一个封闭的环，数据包在环路上以固定的方向传送。图 1-13 表示环形网络结构。

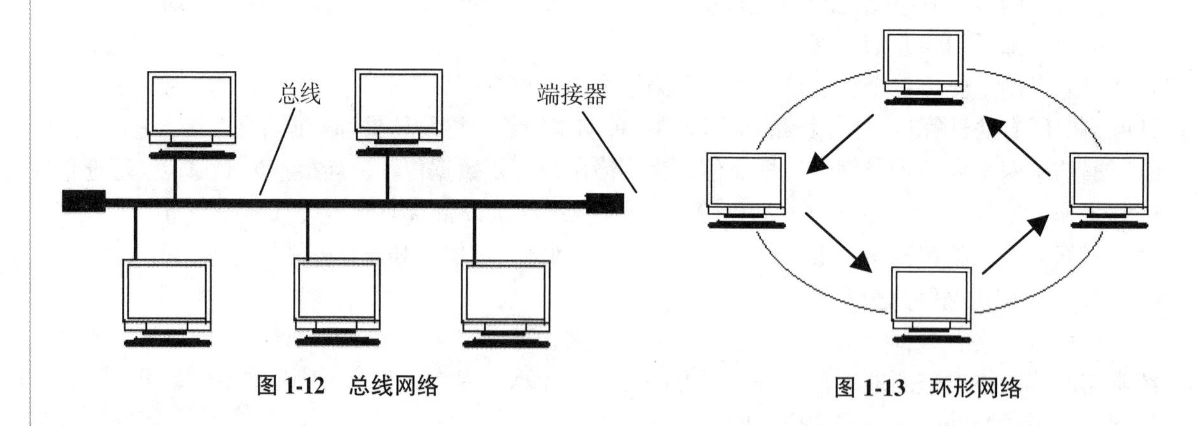

图 1-12　总线网络　　**图 1-13　环形网络**

（3）星形拓扑

由各站点通过点到点链路连接到中央节点上而形成的网络结构。中央结点控制全网的通信，任何两点之间的通信都要经过中央结点。图 1-14 表示星形网络结构。

（4）网状拓扑

使用单独的电缆将网络上的站点两两相连，从而提供了直接的通信途径，图 1-15 表示网状拓扑网络结构。

应该指出，在实际组网中，拓扑结构不一定是单一的，通常是几种结构的混用构造。

4．网络体系结构与网络协议

（1）网络体系结构

计算机网络的最大特点之一是网络通信，网络通信的层次标准和协议规定，就构成计算机网络体系结构。体系结构包括三个内容：分层结构与每层的功能、服务与层间接口、协议。

（2）网络协议

在计算机网络分层结构体系中，把每一层在通信中用到的规则与约定称为协议。网络协议主要有三个组成部分：

语义：语义规定通信双方彼此“讲什么”，即确定协议元素的类型。如规定通信双方要发

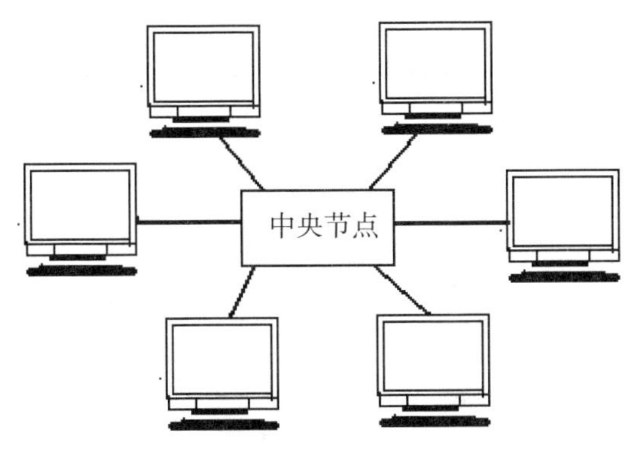

图 1-14　星形网络

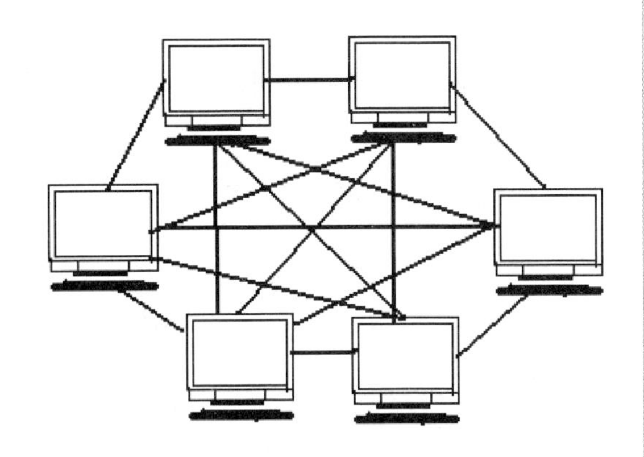

图 1-15　网状网络

出什么控制信息、执行的动作和返回的应答。

语法：语法规定通信双方彼此“如何讲”，即确定协议元素的格式，如数据和控制信息的格式。

时序：规定了信息交流的次序。

由此可以看出，协议（protocol）实质上是网络通信时所使用的一种语言。

（3）ISO/OSI 参考模型

国际标准化组织 ISO 于 1979 年提出了著名的开放系统互联参考模型，即：ISO/OSI model（Open Systems Interconnection，OSI）。在这一系统标准中规定了 OSI 系统的整个体系结构框架，定义了一个描述网络通信所需要的全部功能的总模型。OSI 共分七层，又称七层协议，图 1-16 表示的就是 OSI 参考模型（OSI RM）。

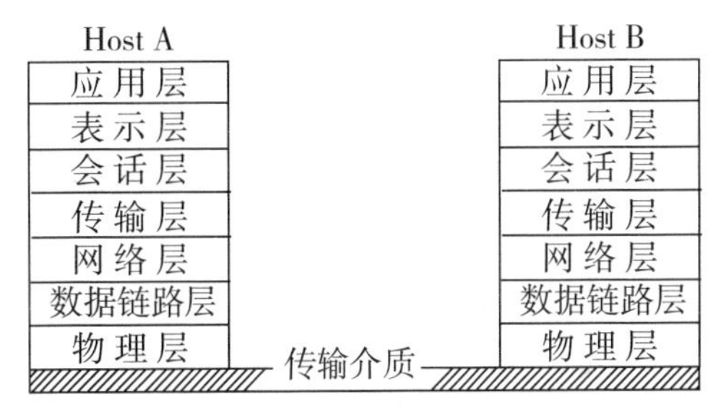

图 1-16　OSI 参考模型

开放系统参考模型 OSI RM 各层的主要功能：

物理层：在物理信道上传输比特流，处理与物理传输介质有关的机械、电气、功能和过程特性的接口。物理层协议主要解决的是主机、工作站等数据终端设备与通信线路上的通信设备之间的接口问题。

数据链路层：在相邻两节点间提供无差错地传输数据帧的功能和过程，提供数据链路的流量控制、检测校正物理链路产生的差错。

网络层：根据传输层要求选择服务质量，将数据从物理连接的一端传到另一端，实现点到点的通信。主要功能是路径选择及与之相关的流量控制和拥挤控制。

传输层：负责数据在传送过程中错误信息的确认和恢复，以确保信息的可靠传递。

会话层：为两个主机上的用户进程建立会话链接，并使用这个链接进行通信，使双方操作相互协调。

表示层：为应用层提供可以选择的各种服务，主要是对双方的语法和数据格式等提供转换和协调服务。

应用层：为用户进程提供访问开放系统互联环境的界面。它使整个网络的应用程序能够很好地工作。应用程序（如电子邮件、信息浏览等）都利用应用层传送信息。

5．网络传输媒介

网络上数据的传输需要有“传输媒体”，这好比是车辆必须在公路上行驶一样，道路质量的好坏会影响到行车的安全舒适。同样，网络传输媒介的质量好坏也会影响数据传输的质量，包括速率、数据丢失等。

常用的网络传输媒介可分为两类：一类是有线的，一类是无线的。有线传输媒介主要有同轴电缆（图 1-17）、双绞线（图 1-18）及光纤（图 1-19）；无线媒介有微波、无线电、激光和红外线等。

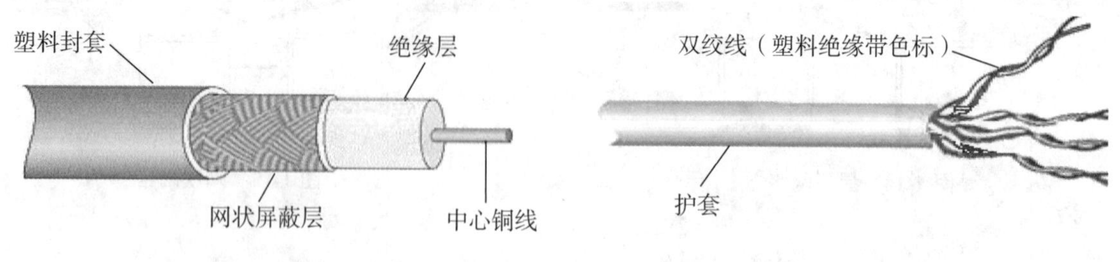

图 1-17　同轴电缆

图 1-18　双绞线

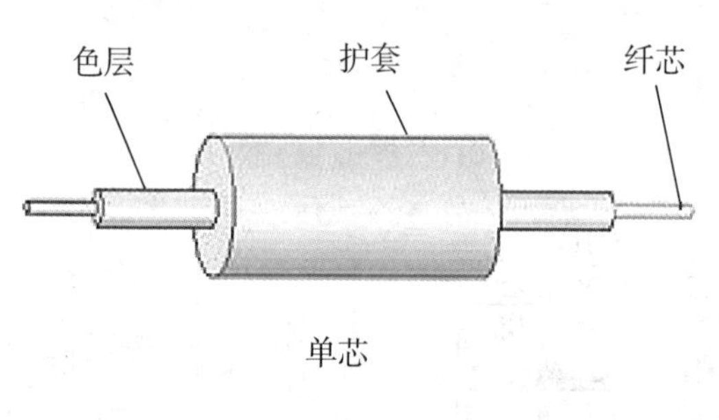

图 1-19　光纤

双绞线的英文名字叫 Twist-Pair。由两根具有绝缘保护层的铜导线组成。它既可以用于传输模拟信号，也可以用于传输数字信号。

双绞线是局域网最基本的传输介质，由具有绝缘保护层的 4 对共 8 线芯组成，每两条按一定规则缠绕在一起，称为一个线对。两根相互绝缘的铜导线按一定密度互相绞在一起，可降低信号干扰的程度，每一根导线在传输中辐射的电波会被另一根线上发出的电波抵消。不同线对具有不同的扭绞长度，从而能够更好地降低信号的辐射干扰。双绞线一般用于星形拓扑网络的布线连接，两端安装有 RJ45 头，用于连接网卡与交换机，最大网线长度为 100m。

双绞线分为屏蔽双绞线（Shielded Twisted Pair，STP）和非屏蔽双绞线（Unshielded Twisted Pair，UTP）。UTP 五类与超五类线，以及最新的六类线是目前网络应用的主流。

UTP 在传输期间，信号的衰减比较大，并且会产生波形畸变。采用 UTP 的局域网带宽取决于所用导线的质量、长度及传输技术。一般五类以上 UTP 的传输速率可以达到 1000Mbit/s，而最新的屏蔽超六类双绞线传输速率可达 10Gbit/s。

双绞线采用的接口定义有两种：T568A 和 T568B，接口的具体定义如下（图 1-20）：

当两端都采用 T586B 的时候适用于主机与网络设备进行连接，而一端使用 T568A 另一端使用 T568B 时适用于同种设备间连接，也就是主机与主机连接或设备与设备之间连接。

光纤是目前发展最迅速、应用广泛的一种传输介质。它是一种能够传输光束的通信介质。

光纤的结构一般是双层或多层的同心圆柱体，由透明材料做成的纤芯和在它周围采用比纤芯的折射率稍低的材料做成的包层。其中纤芯位于光纤的中心部位，由非常细的玻璃（或塑料）制成。包层位于纤芯的周围，是一个玻璃（或塑料）涂层。光纤的最外层为涂覆层，包括一次涂覆层、缓冲层和二次涂覆层，由分层的塑料及其附属材料制成。

由于纤芯的折射率大于包层的折射率，故光波可以在界面上形成全反射，使光只能在纤芯中传播，以达到通信的目的。

目前组网在室内主要使用 UTP，室外主要使用光纤。无线媒介作为一些特殊场合的补充。

6．网络设备

计算机网络由各种不同功能的网络设备构成。应用这些基本的网络设备我们可以灵活地组

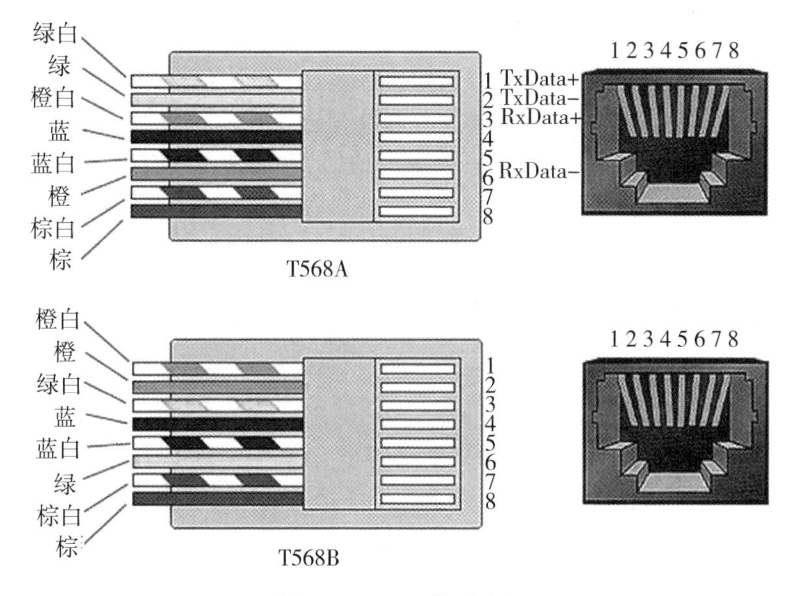

图 1-20　RJ45 接口定义

成各种结构的网络。这里介绍局域网和部分广域网的网络设备。

（1）网卡

网卡又称网络适配器（Network Adapter）。它是计算机与物理传输介质之间的连接设备，每块网卡都有一个唯一的编号来标识它在网络中的位置。该编号称作网卡地址，又称为 MAC 地址（media access control address，MAC Address），用 12 位 16 进制数表示，比如 00-20-Ed-1D-74-35，由生产厂家设定，一般不可更改。

（2）交换机

交换机（Switch）是目前局域网组网的主要设备。用交换机组成的网络称为交换式网络。在交换式网络中，交换机提供给每个用户专用的信道，根据所传递信息包的目的地址，将每一信息包独立地从源端口送至目的端口，避免了和其他端口发生冲突。

交换机的基本工作方式是交换机检测到某一端口发来的数据包，根据其目标 MAC 地址，查找交换机内部的“端口 - 地址”表，找到对应的目标端口，打开源端口到目标端口之间的数据通道，将数据包发送到对应的目标端口上。当不同的源端口向不同的目标端口发送信息时，交换机就可以同时互不影响地传送这些信息包，并防止传输碰撞，隔离冲突域，有效地抑制广播风暴，提高网络的实际吞吐量（图 1-21）。

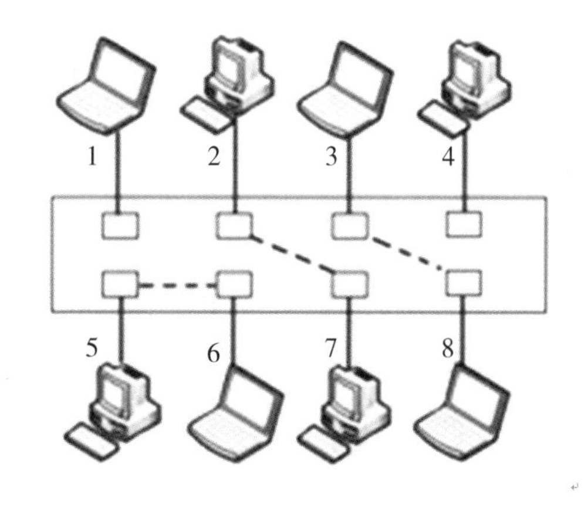

图 1-21　交换机的工作原理示意图

（3）路由器

用路由器（Router）连接局域网和广域网，或广域网和广域网。它支持 OSI 参考模型中网络层传输协议，即支持具有不同物理介质的网络互联。

路由器是在网络层将数据存储转发，具有路由选择功能。

路由器与交换机的区别在于：交换机独立于高层协议，它把几个物理网络互联之后，提供给用户的仍然是一个逻辑网络，路由器则利用互联网协议将网络分成几个逻辑子网。

（4）网关

在一个计算机网络中，当连接不同类型而协议差别又较大的网络时，则要选用网关设备。网关（Gateway）是高层上的一种互联设备，它具有协议转换，数据重新分组的功能，以便在不同类型（不同格式、协议、结构）的网之间通信，可以概括为能够连接不同网络的软件和硬件的结合产品。

网关可以用于广域网互联与局域网互联。网关是一种充当转换重任的计算机系统或设备。在使用不同的通信协议、数据格式或语言，甚至体系结构完全不同的两种系统之间，网关是一个翻译器。网关对收到的信息要重新打包，以适应目的系统的需求。同时，网关也可以提供过滤和安全功能。

（5）天线访问接入点

无线访问接入点（Access Point，AP）就是传统有线网络中的集线器（HUB），也是组建小型无线局域网时最常用的设备。AP 相当于一个连接有线网和无线网的桥梁，其主要作用是将各个无线网络客户端连接到一起，然后将无线网络接入局域网。

大部分的无线路由器是由路由器和 AP 组合而成。

二、互联网（Internet）基础

Internet 是全球最大的由世界范围内众多网络互联形成的计算机互联网（图 1-22）。Internet 事实上并非具有独立形态的网络，而是将计算机网络汇合而形成的一个网络集合体。它把全球各种各样的计算机网络和计算机系统连接起来，无论是局域网还是广域网，无论是大中型机还是微型计算机，无论它们在世界上什么地方，只要遵循 TCP/IP 协议就可以联入 Internet。

Internet 提供了资源共享和信息交流的平台。从通信协议的角度看，Internet 是一个以 TCP/IP 协议连接不同国家、地区、机构的计算机网络的数据通信网；从信息资源的角度看，Internet 是一个集各个领域、各个部门的各种信息资源为一体，供网上用户共享的信息资源网。

1．TCP/IP 协议

TCP/IP（Transmission Control Protocol/Internet Protocol，传输控制协议 /Internet 协议）是一组用于实现网络互联的通信协议，是 Internet 最基本的协议和互联网络的基础。TCP/IP 是一组协议的代名词，它包括许多不同功能且互为关联的协议，组成了 TCP/IP 协议簇。TCP/IP 协议簇为互联网提供了基本的通信机制，已经成为一个事实上的工业标准。

TCP/IP 协议簇是目前流行最为广泛的网络互联协议，今天所熟悉的绝大多数 Internet 服务都是架构在该协议簇之上。

为了解决不同网络设备之间的互联问题，国际标准化组织（ISO）在 20 世纪 80 年代初提出了著名的开放系统互连参考模型（Open Systems Interconnection Reference Model，OSI RM）。

TCP/IP 与 OSI RM 的体系结构都是采用分层结构，结构中的下层向上层提供服务。这种分层结构具有模块划分清晰，扩展性好等优点，所以被 TCP/IP 和 OSI RM 所采用。虽然 TCP/IP 和 OSI RM 都是采用分层结构，它们之间还是存在着许多重要的区别。

OSI RM 具有完整的七层架构，而 TCP/IP 则只定义了 3 种层次的服务。TCP/IP 应用服务层，对应到 OSI 架构中的应用层、表示层以及会话层。两者之间最大的不同点在于：OSI RM 考虑到开放式系统互联而设定了数据表示层，而 TCP/IP 的网络层与传输层，则分别与 OSI RM 的网络层和传输层的功能大致相同。此外，TCP/IP 本身并没有提供物理层与数据链路层的服务，所以一般是架在 OSI RM 的第一、二层上运作。图 1-23 给出了 TCP/IP 参考模型与 OSI RM 的层次对应关系。

由于 OSI 标准大而全，实现过于复杂，效率低。而 TCP/IP 参考模型并不是作为国际标准开发的，它只是对一种已有标准的概念性描述，其设计目的单一，协议简单高效，可操作性强。

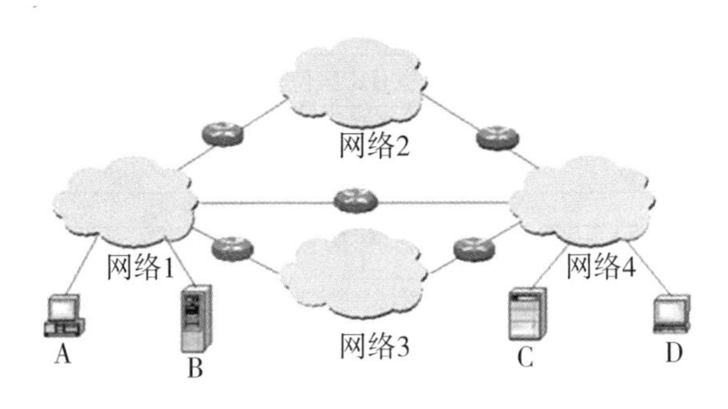

图 1-22　Internet

OSI RM	TCP/IP 参考模型
应用层	应用层
表示层	
会话层	
传输层	传输层
网络层	互联层
数据链路层	主机 - 网络层
物理层	

传输介质

图 1-23　TCP/IP 参考模型与 OSI RM 的层次对应关系

因此，在信息爆炸、网络迅速发展的近二十多年里，TCP/IP 成为“既成事实”的国际标准。

TCP/IP 协议一共出现了 6 个版本。目前使用较多的是版本 4，它的网络层 IP 协议一般记作 IPv4，版本 6 的网络层 IP 协议一般记作 IPv6（或 IPng，IP next generation），IPv6 也称为下一代的 IP 协议。

TCP/IP 参考模型各层所提供的服务：

主机 - 网络层：又称网络接口层，包含各种链路层协议，支持多种传输介质。TCP/IP 对 IP 层下未加定义，但可以使用包括以太网、令牌环网、FDDI 网、ISDN 等多种数据链路层协议。

互联层（IP）：分组交换服务、分组的路径选择是本层的主要工作。其任务是允许主机将分组放到网上，让每个分组独立地到达目的地。分组到达的顺序可能不同于分组发送的顺序，由高层协议负责对分组重新进行排序。IP 层提供数据报服务，报文分组也称 IP 数据报。

传输层（TCP）：传输层定义了两个端对端协议，对应两种不同的传输机制：① TCP：可靠的面向连接的协议，保障某一机器的字节流准确无误地投递到互联网上的另一个机器。② UDP（User Datagram Protocol）：提供无连接的传输层协议，提供面向事务的简单不可靠信息传送服务，无重发和纠错功能，不保证数据的可靠传输，特别适用于快速交付重于准确交付的应用中。

应用层：常用的应用程序，主要有网络终端协议（Telnet）、电子邮件协议（SMTP）、文件传送协议（FTP）、简单网络管理协议（SNMP）、简单文件传输协议（TFTP）和域名服务（DNS）等。

2．IP 地址与域名

（1）IP 地址

IP 地址是网络互联层的逻辑地址，用于标识主机在网络中的位置。Internet 上的主机通过 IP 地址来标识，在 Internet 中一个 IP 地址可唯一地标识出网络上的主机。

目前普遍使用的 IPv4（IP 第 4 版）中的 IP 地址是一个 32 位二进制数。为方便记忆，将 32 位 IP 地址中的每 8 位二进制数用其对应的十进制数字表示，十进制数之间用“.”分开，比如 202.114.18.9 就是一个合法的 IP 地址表示方法。

IP 地址由网络 ID 和主机 ID 两部分组成（图 1-24）。

国际互联网络信息中心（InterNIC）将 IP 地址分为 A、B、C、D、E 共 5 类，可分配给用户使用的是前 3 类地址，A 类地址一般分配给具有大量主机的网络使用，B 类地址通常分配给规模中等的网络使用，C 类地址常分配给小型局域网使用，D 类地址称为多播地址，而 E 类地址尚未使用，保留给将来的特殊用途使用，如图 1-25 所示。

子网掩码是一个应用于 TCP/IP 网络的 32 位二进制数，与 IP 地址一样也是用点分十进制数表示的，如 255.255.255.0，它的作用是识别子网和判别主机属于哪一个网络。当主机之间通信时，通过子网掩码与主机的 IP 地址进行逻辑与运算，可分离出网络地址。子网掩码设置的规

图 1-24 IP 地址结构

图 1-25 IP 地址的分类

律是，对应网络地址的部分，子网掩码设置成 1，对应于主机地址的部分，子网掩码设置为 0。

表 1-3 列出了各类地址中缺省的子网掩码。

表1-3 缺省子网掩码

地址类	缺省子网掩码（二进制）	缺省子网掩码（二进制）
A	11111111.00000000.00000000.00000000	255.0.0.0
B	11111111.11111111.00000000.00000000	255.255.0.0
C	11111111.11111111.11111111.00000000	255.255.255.0

（2）域名

在遵循 TCP/IP 协议的网络中，IP 地址完全由数字序列的形式来表示，其“易记性”很差。因此，人们构造了域名（Domain Name）和域名系统（Domain Name System，DNS）。

域名是对一个 Internet 站点（Site）的完整描述。它包括主机名（Host Name），子域（Sub Domain）和域（Domain），它们之间用圆点来分隔。

顶级域名分为两大类：地域性域名和机构性域名。地域性域名是由两个字母组成的国家或地区代码，代表不同国家或地区的顶级域名。机构性域名表示主机所属的机构的性质，最初只有 6 个域，后来又增加了一个为国际组织使用的顶级域名 int，常见的地域性域名和机构性域名如表 1-4 所示。

表1-4 常见的地域性域名和机构性域名

地域性域名		机构性域名	
cn	中国（China）	com	商业组织（commercial organization）
us	美国（United States）	edu	教育机构（educational institution）
uk	英国（United Kingdom）	net	网络服务提供者（networking organization）
ca	加拿大（Canada）	gov	政府部门（government）
fr	法国（France）	mil	军事部门（military）
in	印度（India）	int	国际组织（international organization）
au	澳大利亚（Australia）	org	非营利组织（non-profit organization）
de	德国（Germany，Deutschland）		
ru	俄罗斯（Russia）		
jp	日本（Japan）		

在TCP/IP中实现层次型管理的机制叫做域名系统。它维护域名地址（Domain Name Address）与数字的IP地址（IP Address）之间的关联。

域名系统将整个Internet解析为一系列域，而域又可进一步解析为子域，这种结构类似于树，如图1-26所示。

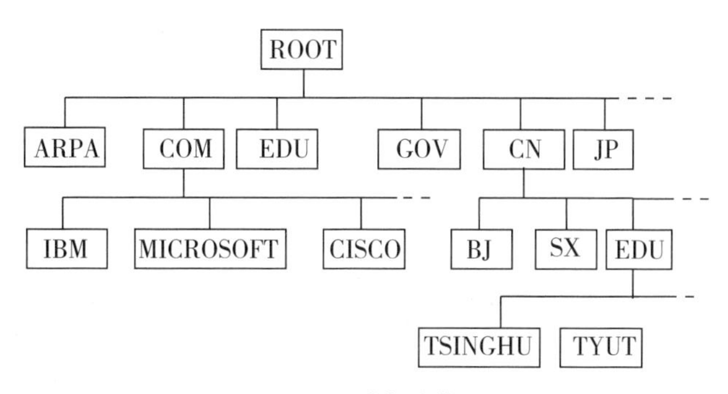

图1-26 域名结构图

在我国，域名体系的最高级为cn。二级域名分为两类。一类为“类别域名”，包括ac（科研院所及科技管理部门）、com（工、商、金融等企业）、edu（教育机构）、gov（政府部门）、net（互联网络、接入网络的信息中心和运行中心）、org（各种非营利性组织），全国任何单位都可以作为三级域名登记在相应的二级域名之下。另一类为“行政区域名”，包括直辖市和省、自治区的名称缩写（采用国家技术监督局规定的省、市、自治区名称两字母缩写），如北京为bj，山西为sx，湖北为hb，省、自治区、直辖市所属的单位可以在这类域名下注册三级域名。

3．Internet接入方式

（1）普通电话线拨号接入方式

最简单的接入方式就是通过电话线接入。由于电话网非常普及，用户终端设备Modem很便宜，只要家里有电脑，把电话线接入Modem就可以直接上网，这种方式的最高速率为56kbps，已经达到仙农定理确定的信道容量极限，这种速率远远不能够满足宽带多媒体信息的传输需求，随着宽带的发展和普及，这种接入方式已被淘汰。

（2）ADSL上网方式

ADSL是中国电信力推的接入方式，是一种不对称数字用户实现宽带接入互联网的技术。采用目前电话的双绞线入户，免去了重新布线的问题，ADSL作为一种传输层的技术，充分利用现有的铜线资源，在一对双绞线上提供上行640Kbps下行8Mbps的带宽，从而克服了传统用户在“最后一公里”的“瓶颈”，实现了真正意义上的宽带接入。

ADSL采用星形结构，保密性好，安全系数高，可提供512K到2M的接入速率。其劣势是出线率低，不能传输模拟电视信号，这种模式还受制于用户端和电话局端的线路长度，应小于5000米，否则无法享用服务。

（3）DDN专线接入

China DDN也叫中国公用数字数据网，主要为用户提供永久或半永久租用电路服务，传输带宽2.4Kbs ~ 2048Kbps，可提供点对点专用电路、点到多点广播、数据轮询和多点桥接电路业务。到1996年10月，DDN已通达全国地、市以上的城市及光纤通达的县以上城市2148个，建成数据端口18.4万个，用户超过12万。采用DDN专线方式接入Internet具有通信效率高，误码率低等优点，比较适合大业务量的网络用户使用。用户需向当地电信部门申请一条DDN专线，并且用户端还需配一台路由器、一台基带Modem。入网后，局域网上的所有终端和工作站都可享有所有Internet服务（图1-27）。

(4) 卫星通信的接入方式

卫星通信接入方式是又一种被大用户所普遍采用的接入方式。原北京吉通通信有限公司(CHINAGBN 的经营者)就提供卫星通信的接入服务。吉通公司使用泛美二号卫星，采用 Ku 波段，提供 54MHz 转发器带宽，该带宽可再分为从 128Kbps ~ 2Mbps 的频道，供多个用户复用。用户端除路由器外，需建立卫星小站，卫星小站分室内单元和室外单元，用户接入又有共享和专线两种方式。在共享方式下，若干分站共享一个频道的带宽与主站进行通信，专线方式下，一个分站独占一个频道带宽(图 1-28)。

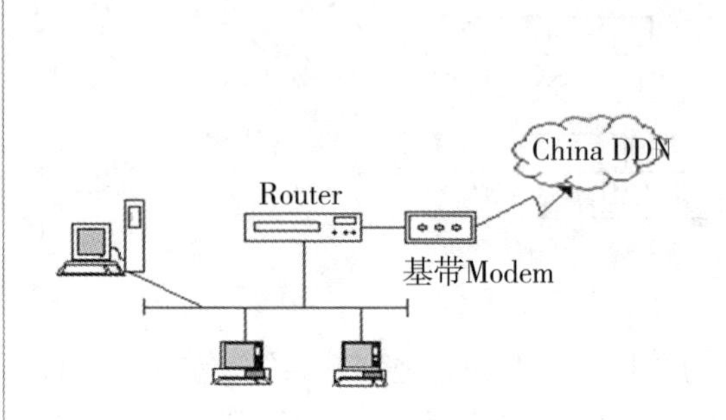

图 1-27 通过 DDN 接入 Internet

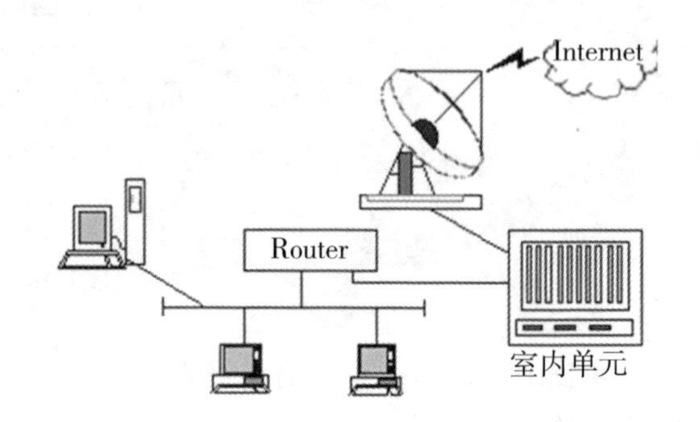

图 1-28 建立卫星小站接入 Internet

(5) 有线电视电缆作为接入介质

有线电视电缆有很好的带宽，可提供很好的通信质量，通信速率可达到 10Mbps 以上。在这种接入方式中，关键设备是 Cable Modem(线缆调制解调器)，该设备已有多家著名厂商供货，国内也有企业投资从事这方面的工作。

(6) LAN 上网方式

LAN 接入主要是针对小区或集团用户提供的一种宽带接入方式，该接入方式首先需要在各个房间内布置好网线插头，汇总到小区或集团交换机后通过光纤接入宽带互联网，与 ADSL 上网方式相比，LAN 用户无须添置 Modem 和分离器，准备一台带有网卡的普通电脑，申请开通该服务就可以了，具有稳定性好、速度快的优点。

(7) 无线局域网上网方式

无线局域网 WLAN 是另一种方便的上网方式，目前中国电信、中国移动和中国联通等运营商均在机场酒店、会议中心和展览馆等商旅人士经常出入的场所，铺设了无线局域网，用户只需要使用内置了 WLAN 网卡的电脑或者移动终端，在 WLAN 覆盖的地方(俗称“热点”)，就可以上网。如果家里已经用有线方式接入 Internet，则可以购置无线路由器，通过无线路由器共享接入 Internet。

三、互联网应用

Internet 中蕴藏了丰富的资源，通过各种服务方式提供给用户，应用于各领域和社会生活的各个方面。

在我国互联网应用发展经历了 3 阶段。第一阶段互联网应用的主要特征是：提供远程登录、电子邮件、文件传输、电子公告牌与网络新闻组等基本的网络服务功能。第二阶段互联网应用的主要特征是：Web 技术的出现，以及基于 Web 技术的电子政务、电子商务、远程医疗与远程教育应用，以及搜索引擎技术的发展。第三阶段互联网应用的主要特征是：新的网络应用快速增长，并迅速取代传统网络应用，成为新的主流的应用类型，如即时通信、网络音乐、网络购物、网络视频、微博、社交网络等（图 1-29）。

Internet 信息服务功能分 3 类：信息获取、通信和资源共享。每种服务都有相应的工具软件和网络协议支撑。

基本的网络服务	基于Web的网络服务	新的网络服务
· TELNET · E-Mail · FTP · BBS	· Web · 电子商务 · 电子政务 · 远程教育 · 远程医疗 · 搜索引擎	· 即时通信 · 网络音乐 · 网络购物 · 网络视频 · 微博 · 博客 · 网络电视 · 网络游戏 · 社文网络 · 网络新闻

图 1-29　互联网应用的三个阶段

1. WWW 与浏览器

WWW 是 Internet 上一个获取信息和建立信息资源的工具，是英文 World Wide Web 的缩写，简称为 3W、W3 或 Web，中文名字叫做万维网。它是基于超文本技术，方便用户在 Internet 上搜索和浏览信息的超媒体信息服务系统。

WWW 提供信息的基本单位是网页，每一个网页可包含文字、声音、图像、动画、三维（3D）多媒体等多种信息。以网页形式储存信息的计算机称为 WWW 服务器，亦称 Web 站点。WWW 就是通过 WWW 服务器来提供服务的。目前 Internet 上有分布于世界各地的上亿个 WWW 服务器，因此，我们可以从全球任何地方的 WWW 服务上去浏览、查询和获取信息。关于 WWW 有以下几个重要的概念。

（1）超文本与超媒体

含有超链接的文本称为超文本。超文本是在普通的菜单基础上作了重大的改进，它将菜单集成于文本信息之中，可以看做是集成化的超链接菜单系统。

超媒体是指超文本中链接的信息不仅有文本信息，还有声音、图像等多媒体信息，这种超文本称之为超媒体。通常所指的超文本一般也包含超媒体的概念。

超链接是指在网页中具有特殊格式的文字或图像，这些文字和图像是其他信息资源的指针。通过“超链接”可以将浏览器的浏览内容跳转到另外一个网页或当前网页中某些有特殊格式的文字或图像，而这些用超链接连接的网页文档，可以位于同一个 Web 站点上，也可以位于相距万里的不同的站点上。要激活一个超链接，只需要用鼠标单击它即可。

（2）Web 页面与主页

具有超文本链接的文本，称为 Web 页面。主页（Home Page）即若干 Web 页面的起始页，是用户使用 WWW 浏览器访问 Internet 上 Web 站点所看到的第一个页面，通常被看做是 Web 站点的入口。它包含了到同一站点上其他网页和其他站点的链接，用户可以通过主页访问有关的信息资源。

（3）WWW 的基本工作过程

WWW 系统采用浏览器 / 服务器（Browser/Server，B/S）网络模式，它是客户机 / 服务器（C/S）模式的深化和发展。在 Browser/Server 模式中，客户端只需安装操作系统和 Web 浏览器，数据的查询、处理和表示都由服务器完成。浏览器在用户计算机上运行，负责向 WWW 服务器发出请求，并将服务器传来的信息显示在用户计算机的屏幕上。

（4）WWW 协议

WWW 协议是实现 WWW 服务不可缺少的通信协议，包括统一资源定位器 URL、超文本传输协议 HTTP 和超文本标记语言 HTML。

① URL 地址：在 WWW 上，任何一个信息资源都有统一的并且在网上唯一的地址，这个地址就叫做 URL（Uniform Resource Locators），称为统一资源定位器，用来表示 Internet 节点的地址。Web 使用 URL 确定 Internet 上不同的服务器和服务器中文件的地址，它是标准的编址机制，可用来检索 Web 上任何地方的文件。

URL 的地址区分大小写，由 3 部分组成：资源类型（应用协议类型）、存放资源的主机域名和资源文件名。其格式为：

资源类型：// 信息资源所在的主机名（域名或 IP 地址）/ 路径名 / … / 文件名

如表 1-5 所示。

表1-5 URL地址表示的资源类型

URL资源类型	功能
http	多媒体资源，由 Web 访问
ftp	与 anonymous 文件服务器连接
telnet	与主机建立远程登录连接
mailto	提供 E-mail 功能
wais	广域信息服务
News	新闻阅读与专题讨论
Gopher	通过 Gopher 访问

例如：http：//www.pku.edu.cn/students/index.htm

http 代表通过 HTTP 协议可访问的 Web 多媒体资源，pku.edu.cn 代表北京大学的域名，students/index.htm 表示 Web 服务器 students 目录下一个名为 index.htm 的文件。

② HTTP 协议：HTTP（Hyper Text Transport Protocol），称为超文本传输协议，是 Web 用作进行点到点数据传输的系统。使用 HTTP 传输时，需要 URL 代码来识别每一台与 Internet 相连的 Web 服务器中的每一个文件的位置。HTTP 属于 TCP 上的应用层协议，缺省端口号为 80。

与其他协议相比，HTTP 协议简单，通信速度快，而且允许传输任意类型的数据，包括多媒体文件，因而在 WWW 上可方便地实现多媒体浏览。

③ HTML 超文本标记语言：HTML（Hyper Text Markup Language）是编写 Web 网页最基本的文本格式语言。

（5）浏览器

浏览器是查询和浏览 Web 上的信息的客户端工具软件。通过它才能方便地看到 Internet 上提供的网站（Web）、远程登录（Telnet）、电子邮件（E-mail）、文件传输（FTP）、网络新闻组（NetNews）。常用的网页浏览器有 Microsoft 的 Internet Explorer（IE）、FireFox、chrome、360 安全浏览器等。

① IE 浏览器：IE 是微软公司开发的基于超文本传输技术的浏览器，并捆绑在所有出售的 Windows 操作系统中。主要特点有：提供浏览 Web 的捷径；可以进行个性化设置；提供浏览 Web 时的安全与隐私的设置；可以用不同的语言显示网页。

② FireFox 火狐浏览器：基于非 IE 核心的，在插件的配合下扩展性能极为强大。可以实现基本上所有浏览器的功能。

③ Google Chrome 浏览器：Chrome 是搜索巨头 Google 开发的浏览器，功能全面，界面简约、漂亮。

④ 360 安全浏览器：是奇虎 360 开发的浏览器，该浏览器在全球首次采用“沙箱”技术，以避免木马病毒从网页上对用户的计算机发起攻击，并拥有中国最大的恶意网址库，采用云查杀引擎，可自动拦截挂马、欺诈、网银仿冒等恶意网址。独创的“隔离模式”，让用户在访问木马网站时也不会感染。无痕浏览，能够最大限度保护用户的上网隐私。360 安全浏览器体积小巧、速度快、极少崩溃，并拥有翻译、截图、鼠标手势、广告过滤等几十种实用功能，是目

前市面上最安全的浏览器之一。

2．搜索引擎与文献检索

（1）搜索引擎的基本概念

搜索引擎是对互联网上的信息资源进行搜集整理、查询的系统，它包括信息搜集、信息整理和用户查询 3 部分。它像一本书的目录，Internet 各个站点的网址就像是页码，可以通过关键词或主题分类的方式来查找感兴趣的信息所在的 Web 页面。在互联网发展初期，网站相对较少，信息查找比较容易。伴随互联网爆炸性发展，普通网络用户想找到所需的资料如同大海捞针，这时为满足大众信息检索需求的专业搜索网站便应运而生了。

搜索引擎按其工作方式主要可分为 3 种，分别是全文搜索引擎（Full Text Search Engine）、目录索引类搜索引擎（Search Index/Directory）和元搜索引擎（Meta Search Engine）。

全文搜索引擎是名副其实的搜索引擎，国外具有代表性的有 Google、Fast/AllTheWeb、AltaVista、Inktomi、Teoma、WiseNut 等，国内著名的有百度（Baidu）。它们都是通过从互联网上提取的各个网站的信息（以网页文字为主）而建立的数据库中，检索与用户查询条件匹配的相关记录，然后按一定的排列顺序将结果返回给用户，因此他们是真正的搜索引擎。

目录索引虽然有搜索功能，但在严格意义上算不上是真正的搜索引擎，仅是按目录分类的网站链接列表而已。用户可以不用进行关键词（keywords）查询，仅靠分类目录也可找到需要的信息。目录索引中最具代表性的 Yahoo 雅虎。其他著名的还有 Open Directory Project（DMOZ）、LookSmart、About 等。国内的搜狐、新浪、网易搜索也都属于这一类。

元搜索引擎也叫做 Multiple Search Engine，它的特点是本身并没有存放网页信息的数据库，当用户查询一个关键词时，它把用户的查询请求转换成其他搜索引擎能够接受的命令格式，并行地访问数个搜索引擎来查询这个关键词，并把这些搜索引擎返回的结果经过处理后再返回给用户。对于返回的结果系统会进行重复排除、重新排序等处理后，作为自己的结果返回给用户。著名的元搜索引擎有 InfoSpace.com、Dogpile、Vivisimo 等（元搜索引擎列表），中文元搜索引擎中具代表性的有搜星搜索引擎。在搜索结果排列方面，有的直接按来源引擎排列搜索结果，如 Dogpile，有的则按自定的规则将结果重新排列组合，如 Vivisimo。

（2）搜索引擎的使用技巧

1）使用双引号进行精确查找

搜索引擎大多数会默认对检索词进行拆词搜索，并会返回大量无关信息。解决方法是将检索词用双引号括起来（使用英文输入状态下的双引号。有些搜索引擎对双引号不进行区分，中文的和英文的都可以，如 Sougou 等），这样返回的查询结果较少也较精确。

2）使用多词检索（空格检索）

要获得更精确的检索结果的简单方法就是添加尽可能多的检索词，检索词之间用一个空格隔开。例如：想了解大学计算机基础的案例的相关信息，在搜索框中输入“计算机基础 课程案例”会获得较为理想的检索结果。这里的空格的作用相当于布尔逻辑“与”的作用。

3）使用“-”去掉无关资料

如果要避免搜索某个词语，可以在这个词前面加上一个减号（“-”，英文字符）。在减号之前必须留一空格，但“-”和检索词之间不能留空格。

4）指定网站内搜索（使用 site 语法）

格式为：检索词 + 空格 +site：网址。

例如：公开课 site：google.com 。

注意：site：和站点名之间不要带空格。

5）指定文档类型搜索

表达式为：查询词 + 空格 +filetype：格式。

文档格式可以是DOC、PDF、PPT、XLS、ALL（全部文档）等类型。

例如：filetype：doc 市场分析

语法中的冒号中英文皆可，但检索词和filetype之间一定要加一个空格。

在部分搜索引擎中，如百度，filetype语法可以与site语法混用。例如在中国农业大学网站内搜索有关“中国”的文档，就可以用：site：www.cau.edu.cn filetype：all 中国

6）限定在标题中搜索（TITLE：or INTITLE：）

“TITLE：和“INTITLE：”都用于针对标题进行搜索。

格式：TITLE：(INTITLE：) 检索词

例如：TITLE：北京奥运会闭幕式

7）使用“《》”进行精确查找

例如，使用检索式“《旗袍》”，可以精确查找到《旗袍》这部电视剧的相关信息，而不是旗袍信息。

8）把搜索范围限定在URL链接中

格式：inurl：检索词

例如：photoshop inurl：jiqiao，它表示“photoshop”是可以出现在网页的任何位置，而“jiqiao”则必须出现在网页URL中。百度、Google等都支持该语法。

注意，inurl：语法和后面所跟的检索词间不要有空格。

3．云计算与云存储

（1）云计算

随着新一代计算机网络技术以及通信技术的不断进步，特别是Web2.0技术体系发展，包括协同计算、数字媒体点播、基于3G、4G的移动计算在内的各种应用已经把日常生活与互联网紧密相连。这些应用在带给人们便捷的同时也使得互联网数据量急剧增长，不断增加的数据量与互联网数据处理能力相对不足的矛盾日益明显。

用户往往通过购置更多数量和更高性能的终端设备或服务器来增加计算和存储能力，但是不断提高的技术更新速度和似乎无限扩充的外界需求让用户在购置昂贵设备的过程中倍感压力。与此同时，互联网上却存在着大量处于闲置状态的计算设备和存储资源，如果能够将这些相对闲置的资源聚合起来统一调度提供服务，使得用户能够根据需要进行租用，则可以大大提高其利用率，减少人们对自有硬件资源的依赖，让更多的人从中受益。

云计算带来的就是这样一种变革——由专业网络公司来搭建计算机存储、运算中心，用户通过一根网线借助浏览器就可以很方便地访问所需的资源和服务。

云计算的内涵是一种将集群计算能力通过互联网向内外部用户提供服务的互联网新业务，实质是“计算即服务”。云计算将计算变成了大众用得上和用得起的“水和电”。云计算是网格计算、分布式计算、并行计算、效用计算、网络存储、虚拟化、负载均衡等传统计算机和网络技术发展融合的产物。这是一种革命性的举措，这就好比是从古老的单台发电机模式转向了电厂集中供电的模式。意味着计算能力也可以作为一种商品进行流通，就像煤气、水电一样，取用方便，费用低廉。与“水、电、煤”最大的不同在于，它是通过互联网进行传输的。

云计算的主要特点是：具有规模超大的数据存储和处理能力，提供虚拟化技术和高可靠性和数据容错安全性，并且通用性强、按需服务、易于使用。云计算还有廉价，高性价比的优势。

（2）云存储

云存储是一个以数据存储和管理为核心的云计算系统。云计算系统可以认为是以数据处理、数据运算为中心的系统。云计算系统不但能对数据进行处理和运算，系统中还有大量的存储阵列设备，以实现对计算数据的保存和管理。在云计算系统中配置相应的存储设备，该计算

系统即拥有了云存储系统功能。

相对于用户来说，云存储的优势体现在：

①按实际所需空间租赁使用，按需付费，有效降低企业实际购置设备的成本；

②无须增加额外的硬件设施或配备专人负责维护，减少管理难度；

③将常见的数据复制、备份、服务器扩容等工作交由云提供商执行，从而将精力集中于自己的核心业务；

④随时可以对空间进行扩展增减，存储空间更加灵活可控。

云存储服务可以分为个人级应用和企业级应用两个方面。个人级云存储主要有网络硬盘和在线文档编辑。企业级云存储主要有存储空间的租赁、数据备份和视频监控系统等。

比如百度网盘就是一个基于云计算的个人云数据中心，提供专业、稳定数据存储服务。用户可以通过网页、PC 客户端及移动客户端随时随地地把照片、音乐、视频、文档等轻松地保存到网络，无须担心文件丢失。通过百度网盘，多终端上传和下载、管理、分享文件变得轻而易举。

4．社交网络

社交网络是一个系统，系统中的主体是用户，用户可以公开或半公开个人信息；用户还可以创建和维护与其他用户之间的连接关系及个人要分享的内容信息，如日志或照片等；用户通过连接关系也可以浏览和评价朋友分享的信息。

互联网产生与发展在很大程度上改变了人们之间的交流方式。在线社交网络作为现实社交在互联网上的扩展极大拓展了人们交流的范围。比如我国面向大学生的在线社交网络——人人网的注册用户数也超过数亿人。

社交网络按照其功能属性分类，大致可分为：

（1）交友网络：这类社交网络是现实社交圈的映射，其朋友关系的真实性和关系维护的便捷性吸引了大量用户的参与。这类网站在国际上比较流行的有 Facebook、Myspace 等；国内比较流行的有人人网（www.renren.com）、陌陌等。

（2）博客网络：博客站点提供了博客发布和用户关注服务，用户之间的关注关系就形成了社交网络。近几年迅速兴起的微博客引发了人们对信息传播的关注。较大的博客站点有谷歌博客、新浪博客、腾讯 Qzone 和推特（Twitter）等。

（3）即时通信网络：即时通信系统是一种实时交流工具，系统中的每个用户都有自己的联系人（或好友）列表。根据用户之间的好友关系可以构建即时通信系统中的社交网络。代表性的即时通信系统有国外有 Facebook 与 Twitter，国内有 QQ 和微信等。

5．物联网

（1）物联网的定义

物联网的英文名称为“The Internet of Things”，简称 IOT。由该名称可见，物联网就是“物物相连的互联网”。物联网是通过射频识别（Radio Frequency Identification，RFID）装置、红外感应器、全球定位系统（Global Positioning System，GPS）、激光扫描器等信息传感设备，按约定的协议，把物品与互联网相连接，进行信息交换和通信，以实现智能化识别、定位、跟踪、监控和管理的一种网络。定义包含了两层含义：其一，物联网的核心和基础仍然是互联网，是在互联网基础之上延伸和扩展的一种网络；其二，用户端延伸和扩展到物品与物品之间进行信息交换和通信。

（2）物联网的技术架构

物联网的技术架构分为感知层、网络层和应用层。

感知层：感知层包括条码标签和识读器、RFID 标签和读写器、摄像头、GPS、传感器、终端、传感器网络等，主要功能是识别物体，采集信息，与人体结构中皮肤和五官的作用相似。

网络层：网络层包括通信与互联网的融合网络、网络治理中心、信息中心和智能处置中心等。网络层将感知层获取的信息进行传递和处置，相似于人体结构中的神经中枢和大脑。

应用层：应用层是物联网与行业专业技术的深度融合，与行业需求结合，完成行业智能化，这相似于人的社会分工，最终构成人类社会。

物联网用途广泛，“感知任何领域，智能任何行业”。国内典型应用有：第二代身份证项目；城市公交一卡通项目；2005 年北京帕瓦罗蒂演唱会门票防伪系统；2008 年北京奥运会门票及食品安全追溯系统；2009 年中国科技馆新馆的门票及被参观展项的人数自动统计系统；2009 年 RFID 防入侵系统在上海浦东国际机场和上海世博会被成功应用；2010 年上海世博会门票等。

6．移动互联网

移动互联网是网络经济发展的新纪元。是将移动通信和互联网二者结合成为一体。移动通信和互联网成为当今世界发展最快、市场潜力最大、前景最诱人的两大业务，它们的增长速度都是任何预测家未曾预料到的，所以可以预见移动互联网将会创造经济神话。移动互联网的优势不仅决定于其用户数量庞大，还因为其应用具有小屏幕、位置信息、呈现漫游等方面的一系列新特点，其核心是能够真正实现用户在任何时间、以任何方式应用互联网。云计算、物联网、3G/4G、触摸技术等代表了移动互联时代的新技术；3G/4G 手机、3D 电视、电子阅读器、平板电脑等新生事物代表了移动互联时代的新终端。越来越多的人希望在移动的过程中高速地接入互联网，获取信息，完成需要完成的工作。

目前，移动互联网正逐渐渗透到人们生活、工作的各个领域，短信、铃图下载、移动音乐、手机游戏、视频应用、手机支付、位置服务等丰富多彩的移动互联网应用迅猛发展，正在深刻改变信息时代的社会生活。

移动互联网带来的挑战是移动行业现有的垄断性、封闭性将被打破，更多的新业务将出现；不同终端、不同业务实施不同流量、路由控制策略及计费；更加严峻的网络安全问题。

7．Peer-to-Peer

最近十几年，对等计算（Peer-to-Peer，简称 P2P）迅速成为计算机界关注的热门话题之一，P2P 给互联网的分布、共享精神带来了无限的遐想，在应用领域和学术界获得了广泛的重视，被称为改变互联网的新一代网络技术。P2P 可以定义为：网络的参与者共享他们所拥有的一部分硬件资源（处理能力、存储能力、网络连接能力、打印机等），这些共享资源通过网络提供服务和内容，能被其他对等节点（Peer）直接访问而无须经过中间实体。在此网络中的参与者既是资源（服务和内容）提供者（Server），又是资源获取者（Client）。

P2P 技术的特点主要有以下几个方面：

（1）非中心化：非中心化也带来了其在可扩展性、健壮性等方面的优势。

（2）可扩展性：在 P2P 网络中，随着用户的加入，不仅服务的需求增加了，系统整体的资源和服务能力也在同步地扩充，始终能比较容易地满足用户的需要。例如在传统的通过 FTP 的文件下载方式中，当下载用户增加之后，下载速度会变得越来越慢，然而 P2P 网络正好相反，加入的用户越多，P2P 网络中提供的资源就越多，下载的速度反而越快。

（3）健壮性：P2P 架构天生具有耐攻击、高容错的优点。P2P 网络通常都是以自组织的方式建立起来的，并允许结点自由地加入和离开。

（4）负载均衡：P2P 网络环境下由于每个节点既是服务器又是客户机，减少了对传统 C/S 结构服务器计算能力、存储能力的要求，同时因为资源分布在多个节点，更好地实现了整个网络的负载均衡。

目前，Internet 上各种 P2P 应用软件层出不穷，用户数量急剧增加。比如多媒体传输中的 Skype（语音）、PPLive（视频）；实时通信中的 QQ、微信都采用了 P2P 技术。

第四节　医学信息学

进入 21 世纪后，社会和谐发展、人民健康水平的提高与进步使人们更加关注生命科学，关注社会卫生工作。同时，医药院校、科研单位、医院和医疗保健机构，逐渐使用计算机进行信息处理工作。于是，一门新兴的医学分支学科——医学信息学应运而生了。

一、信息与信息学

在现代信息社会里，信息无处不在，且时刻影响着人们的工作与生活。随着信息作用不断增强，它自身的含义也在不断发展，人们对信息的研究和认识也在不断加深。

1．信息的定义

“信息”一词在英语、法语、德语、西班牙语中均是“information”（注：拼写略有区别），日语中为“情报”，我国台湾称之为“资讯”，我国古代的“消息”一词与其含义有某些相通之处。信息作为科学术语最早出现在哈特莱（R. V. Hartley）于 1928 年撰写的《信息传输》一文中。1948 年，信息学的奠基人香农（C. E. Shannon）给出了“信息是用来消除随机不确定性的东西”的明确定义，这一定义常被当做信息的经典定义加以引用。自此以后的 60 多年来，在信息科学的形成和发展过程中，人们对信息的具体含义、基本性质、信息的效用等问题进行了多方面的研究，其研究成果可以概括如下：信息是反映客观世界中各种事物的特征和变化并可以借助某种载体进行传递的有用知识。此定义包含 4 层意思：

（1）信息是对客观事物变化和特征的反映；

（2）信息是可以传递的。人们在信息传递的过程中得以获得知识；

（3）信息是有价值的。其有用性是针对某些特定的接受者而言；

（4）信息是知识。掌握有用的信息是人们正确决策的科学依据。

2．信息的性质

尽管从不同的角度、不同学科出发，对信息有不同的理解，但是对信息的一些基本性质人们还是达成了共识。

（1）普遍性：只要有事物的地方，就必然存在信息。信息在自然界和人类社会活动中广泛存在。

（2）客观性：信息是客观现实的反映，不随人的主观意志而改变。如果人为地篡改信息，那么信息就会失去它的价值，甚至不能称之为“信息”了。

（3）动态性：事物是在不断变化发展的，信息也必然随之变化发展，其内容、形式、容量都会随时间而改变。

（4）时效性：由于信息的动态性，一个固定信息的使用价值必然会随着时间的流逝而衰减。时效性实际上是与信息的价值性联系在一起的，如果信息没有价值也就无所谓时效了。

（5）识别性：通过感觉器官和科学仪器等方式可以获取、整理、认知信息，这是人类利用信息的前提。

（6）传递性：信息可以通过各种媒介在人 - 人，人 - 物，物 - 物之间传递。

（7）共享性：信息与物质、能量不同，信息在传递过程中并不是“此消彼长”，同一信息可以在同一时间被多个主体共有，而且还能够无限的复制、传递。

（8）依附性：信息不能独立存在，需要依附于一定的载体，而且，同一个信息可以依附于不同的载体。

（9）价值性：信息有价值，主要体现在两方面：

1）可以满足人们精神领域的需求，如学习材料、娱乐信息等；

2）可以促进物质能量的生产和使用，如通过获取有效的供销信息提高产品流通效率等。

（10）增值性：在加工与使用信息的过程中，选择、重组、分析、统计以及其他方式处理，可以获得更重要的信息，使原有信息增值。从而更有效地服务于不同的对象和不同的领域。

3．信息学

信息学（Informatics）是指研究应用信息技术来优化信息管理的科学，包括信息管理与信息技术。

（1）信息管理

信息管理是确保正确的信息在恰当的时间、地点以合理的价格被所需的人获取和应用。其内容包括：信息的效力和价值、数据的模型与标准、信息的分类与编码、数据的分析和统计、系统分析和设计、信息的来源和资源，涵盖从数据、信息到智慧的整个过程。

（2）信息技术

信息技术（Information Technology，IT）是研究信息的获取、存储、传输、处理和输出的所有技术的总称，由计算机技术、通信技术、微电子技术、传感技术等相关技术结合而成，包括涉及数据处理和交换的技术。

4．信息系统

人类在生产、生活中出于交流的需要，构建了各种各样的信息传输系统，如古代的皇家驿站、报警烽火台及现代社会的电话系统等。在这些信息系统中，人是主体，工具是千里马、烽火台、电话机和交换机等，载体是竹简、电线和光纤传输线路等。所以，信息系统是将信息从信息源传递给有关用户的职能系统。

一般来说，信息系统是由人、信息处理硬件、软件、数据资源、规则和目的等要素组成的有机整体，是具有收集、整理、加工、存储、传递、交流功能的人工系统。

二、医学信息

医学信息是有关医学的信息的统称，医学信息学（Medical Informatics）则是研究医学信息、数据和知识的存储、检索并有效利用之，以便在卫生管理、临床控制和知识分析过程中作出决策和解决问题的科学。它是信息技术学与医疗卫生科学的交叉学科，前者是其方法学，后者是其应用领域。它的研究领域涉及医疗卫生的各个方面，大体可分为基础研究和应用研究两大范畴，其中基础研究包括医学信息的方法、技术和理论等方面，而应用研究包括公共卫生信息学、临床信息学、护理信息学、医学图像信息学等。

1．医学信息的分类与编码

为了对医学信息进行处理必须对所包含的信息进行数据准备，即利用分类、编码的方法编写各类数据字典，常用的分类、编码标准有：

（1）国际疾病分类标准

国际疾病分类（International Classification of Diseases，ICD）是根据疾病的某些特征，按照一定的规则将疾病分门别类，并用编码的方法来表示的系统。1900 年出版了第一版，约十年进行一次修订，自第六版后，便被逐步应用于临床诊断与手术操作的分类、检索和统计等方面。目前全世界通用的是 1989 年出版、1993 年正式生效的第十次修订本，即 ICD-10。

（2）HL7 标准

HL7 是基于开放系统互联参考模型（Open System Interconnect，OSI）第七层的医学信息交换协议。HL7 标准涉及信息交换、软件组件、文档与记录架构、医学逻辑等，是一系列标准的集合。

（3）DICOM 标准

医学图像与通信标准（Digital Imaging and Communications in Medicine，DICOM）是由

美国放射学会（American College of Radiology，ACR）和美国国家电子制造商协会（National Electrical Manufacturers Association，NEMA）组成的标准委员会共同制订的，目的是使不同的诊断和治疗设备之间以及不同制造商系统之间，可以进行基于网络的影像信息交换、显示与存储，是详细规定医学图像及其相关信息的交换方法和交换格式的标准。目前使用版本的是 DICOM 3.0。

（4）医学主题词表

医学主题词表（Medical Subject Headings，MeSH）是由美国国家医学图书馆（National Library of Medicine，NLM）开发和维护的，它常用于世界医学文献的索引和检索，为医学领域描述性自然语言的结构化以及电子病历的实现提供了方便。

（5）LOINC

LOINC（Logical Observation Identifiers Names and Codes），即观测指标逻辑命名与代码系统，是一套用于标识实验室和临床检测项目结果的通用名称和标识代码。其作用是促进结果信息的交换、整合与共享。LOINC 数据库实验室部分所收录的术语涵盖了化学、血液学、血清学、微生物学（包括寄生虫学和病毒学）以及毒理学等常见领域，还有与药物相关的检测指标以及在全血计数或脑脊髓液细胞计数中的细胞计数指标等类别的术语。

（6）SNOMED CT

SNOMED CT（Systematized Nomenclature of Medicine–Clinical Terms），即临床医学术语系统，是美国病理学会编著出版的当今世界上最庞大的医学术语集，2013 年 1 月发布的新版本，包括 31 万多个具有唯一含义并经过逻辑定义的概念，90 万多个有效描述，136 多万个已定义的关系。每个术语都有自己的概念身份（concept ID）和描述身份（description ID）。

SNOMED CT 的核心内容包括概念表、描述表、关系表、历史表、ICD 映射表和 LONIC 映射表等。概念表包含临床发现、操作与干预、可视实体、身体结构、有机体、物质、药物 / 生物制品、标本、限定值、人工记录、物理物体、物理力、事件、环境 / 地理位置、社会语境、语境信赖分类、分段法和比例、连接概念、特殊概念共 19 个顶层概念轴。描述表是与一个 SNOMED CT 概念相关的术语或命名。同一个医学概念，可能存在几个甚至十几个与之对应的术语，SNOMED CT 中用描述表来指定术语与概念的关系，这也是考虑到每个临床医师使用的术语可能存在一定的个性化特征。关系表用来连接 SNOMED CT 中的概念，有 4 种类型的关系，分别是定义、使具有资格、历史、附加，最常见的是定义关系，用于模型化概念和建立他们的逻辑定义。在 SNOMED CT 中，每一个概念都是通过与其他概念的关系来逻辑定义的。

SNOMED CT 采用层次结构的网络编码体系，强调了名词概念之间的相互联系，系统性强，用途广泛。SNOMED CT 数据库结构支持多种系统间的交叉联系和检索，也是医院信息管理、计算机化病案管理、医学科学研究、医学信息管理等国内外系统联网的基础数据库。

（7）UMLS

1986 年，美国国立卫生院开发了 UMLS（Unified Medical Language System），即一体化医学语言系统，它包含 4 个组成部分：元叙词表、语义网络、专家词典与相关词典项目、支持软件工具。UMLS 拥有 17 个语言版本，总共 100 多万个概念，500 多万个名称。

UMLS 是计算机化的情报检索语言集成系统，它不仅是语言翻译、自然语言处理及语言规范的工具，而且是实现跨数据库检索的词汇转换系统。它可以帮助用户在连接情报源，包括计算机化的病案记录、书目数据库、事实数据库以及专家系统的过程中对其中的电子式生物医学情报作一体化检索。一体化医学语言系统为全球使用者搜索文献提供方便。

UMLS 的词汇源于 100 多个词典，比如 SNOMED CT、ICD-10、MeSH、NCBI taxonomy、RxNorm 等。其中 SNOMED CT、ICD-10 分别归丹麦 IHTSDO 和世界卫生组织所有，MeSH、

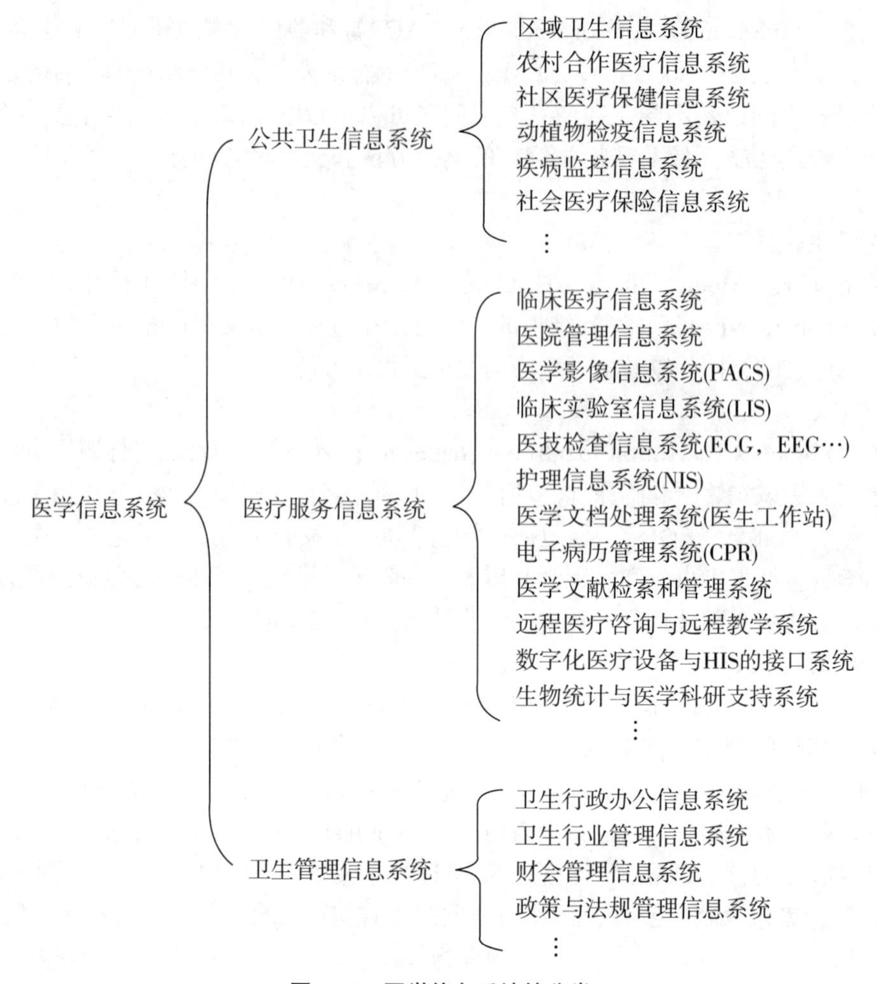

图 1-30　医学信息系统的分类

NCBI taxonomy、RxNorm 归美国国立卫生院所有。

2．医学信息系统

按照信息系统的定义，医学信息系统是进行与医学相关的业务信息系统。而当今医疗卫生服务已不仅局限于医院，医疗活动的概念已经从医院延伸拓展到社区卫生保健，尤其是区域卫生信息化系统连接着上至国家卫生健康委员会下至社区卫生服务中心、社会保障数据中心、各个医院的信息系统，从而构成了庞大的、全民的医疗卫生计算机网络体系。因此，从广义上讲，医学信息系统应该包含公共卫生、医疗服务和卫生管理三大类信息系统，而每一大类系统在其应用领域内又可分为若干个相关子信息系统，如图 1-30 所示。

医学信息系统有以下 8 个特点：

① 医学信息的数据量大，复杂性高；

② 医学信息的应用面广，影响大；

③ 医学信息的标准化程度低；

④ 医学信息的处理难度大；

⑤ 医学信息的私密性强，涉及个人、家庭、民族、地方甚至国家的相关信息；

⑥ 医学信息的连续性、时效性显著；

⑦ 医学信息系统的市场化、商品化产品少；

⑧ 医学信息系统的开发技术难度大、周期长、投入多、维护难。

三、医疗服务类信息系统

医疗服务一般在医院实现。目前，数字化医院（e-Hospital）建设已经成为一种趋势，它把最先进的 IT 技术充分应用于医疗保健行业，其核心围绕每一个享受医疗保健服务的人，将整个社会的医疗保健资源和各种医疗保健服务，如医院、专家、远程服务、社会保险、医疗保险、社区医疗、药品供应厂商、数字医疗设备供应商等连接在一起，整合为一个系统，以提高整个社会医疗保健服务的工作效率，降低运行成本，更好地为社会服务。数字化医院通过宽带网络把数字化医疗设备、数字化医学影像系统和数字化医疗信息系统等全部临床作业过程纳入到数字化网络中，实现临床作业的"无纸化"和"无片化"运行。

一个完整的数字化医院包括许多与医院相关的信息系统，其中医院信息系统（Hospital Information System，HIS）是其他医学信息系统的基础，它作为其他医学信息系统的资料源，为医疗活动提供支持，而其他医学信息系统则是医院信息系统的外延。

四、图像处理在医学中的应用

1895 年伦琴发现了 X 线，这一发现使医学诊断方式发生了翻天覆地的变化。随着各种各样医疗图像设备不断出现，现代医学已经越来越离不开医学图像处理技术。目前医院中常见的医学影像包括 B 超扫描图像、彩色多普勒超声图像、CT 图像、磁共振成像（MRI）图像、功能性磁共振成像（fMRI）图像、PET 图像、PET-CT、SPECT 图像、数字 X 线（DX）图像、X 线透视图像、胃镜、肠镜以及显微镜下的切片图像等。医学图像使医生看到了肉眼看不到的人体的各种信息，提高了医院临床的诊疗水平，促进了医学教学及科研的发展。

医学图像处理和分析是近十几年兴起的交叉学科。借助图形图像技术的有力手段，医学影像的质量和显示方式得到了极大的提高，从而促进了医学临床诊断水平，为医学培训、医学教学研究、计算机辅助临床外科手术等提供了数字实现手段。

医学图像处理涉及的研究内容包括：医学图像数据获取、医学图像预处理、医学图像分割、医学图像配准、医学图像融合、3D 可视化技术、PACS 系统与图像引导手术、医学图像辅助诊断。

（1）医学图像获取与 DICOM 标准

目前医学图像数据的获取基本上通过正电子放射层成像技术（PET）、磁共振成像技术（MRI）、超声、X 线技术等途径获取。研究这些设备的成像原理对提高医学影像的显示质量有重要意义。

每种医学影像设备出于保密的目的都有自己的格式，并且格式不公开，造成图像通信、图像的后期处理和研究不便。DICOM（Digital Imaging Communications in Medicine）是医疗设备的国际标准通信协议，可以实现各种医学图像设备、图像归档和通信信息系统以及其他信息系统之间的图像及相关数据的交换，为后期研究及应用的开发打下基础。

（2）医学图像预处理

医学图像预处理技术对图像数据进行各种处理，以期得到最好的显示效果。常用的预处理技术包括：图像滤波、图像增强、图像复原以及缩放、旋转、平移等几何变换技术。图像滤波、增强、复原等操作可以减少影像数据的噪声提高图像的质量。

（3）医学图像分割

为了对医学图像特定区域进行定量定性分析，就需要对医学图像进行分割。医学图像分割是提取医学图像中特殊区域的定量信息不可缺少的手段。例如要想准确分辨医学影像中的正常组织和异常病变，就可以通过图像分割的方法把医学影像中病变区域分割出来。常用的分割方法有：基于阈值的图像分割、基于梯度算子的边缘检测度的图像分割、基于区域增长技术的图像分割、基于聚类的图像分割、基于形态学运算的图像分割和基于边界追踪的图像分割等。

（4）医学图像配准和融合

不同医学影像成像原理不同，所提供的人体信息类型也不相同。根据医学影像所提供的信息类型不同，分为两大类：解剖图像和功能图像。解剖图像可以提供人体的生理解剖结构信息，例如：X 线平片，CT，MRI 和超声等。功能图像可以提供人体在不同状态下组织器官的功能活动状态，例如：fMRI，PET，SPECT 等。不同图像模态提供信息不同。例如 CT 与 MRI 能够精确地显示人体的解剖结构信息，但提供的功能信息却很少；而 PET 和 SPECT 能够提供大量功能信息，但反映解剖结构信息较少。同种类型的图像提供信息也不同，例如 CT 图像中可以很清楚地显示骨骼信息，但不能很好地显示软组织信息；而 MRI 图像可以很清楚地显示软组织信息，但对骨骼成像不是很清晰。因此有必要将不同模态的图像信息结合起来，从而得到更多的信息，以利于医生诊断。

将不同模态图像结合起来的过程称为图像融合。图像融合以前，首先要使不同图像在空间中的排列保持一致，这个过程就是图像配准。

图像配准和融合在以下方面获得广泛应用：

1）图像引导神经外科手术。通过图像配准，可将标准的解剖图像（Atlas）叠加到患者数据上，可以帮助医师进行外科手术规划。

2）对脑功能的研究。在心理、药理学等一些实验中，需要观察大脑在某一刺激下某些区域的变化情况。该项试验需要参与的人达到一定数量，以便于采用统计学的方法进行研究。不同人同一部位会有形状上的差异，研究过程就需要将众多研究对象的形态各异的图像配准到一个共同的参考系统下。

3）对脑结构的研究，由于人的性别、年龄和所患疾病的不同，大脑的解剖结构也存在很大的差别。通过图像的配准，可以对这些差别进行定量分析，有助于从数量上阐明相应机制。

（5）3D 可视化技术

目前的医疗影像设备大多产生人体某一部位的二维断层图像，再由一系列平行的二维图像来记录人体的三维信息。在医学诊断中，医务人员通过观察一组二维断层图像，在大脑中进行三维数据的重建研究病变体的空间结构。这就很难准确确定病变体的空间位置、大小、形状以及与周围组织之间的关系。因此利用计算机进行图像的三维重建和显示具有重要意义。

医学图像的 3D 可视化就是利用一系列的二维切片图像重建三维医学图像模型，进行定性定量分析。该技术可以从二维图像中获得三维结构信息，从而为医生提供更逼真的显示手段和定量分析工具。3D 图像可视化技术作为有力的辅助手段能够弥补影像设备在成像上的不足，能够为用户提供具有真实性的三维医学图像，以便于医生从多角度、多层次进行观察和分析，并且能够使医生有效地参与数据处理和分析的过程，在辅助医生诊断、手术仿真、引导治疗等方面发挥极为重要的作用。

（6）医学图像辅助诊断

计算机辅助诊断（Computer Aided Diagnosis，CAD）是指通过影像学、医学图像处理技术以及其他可能的生理、生化手段，结合计算机的分析计算，辅助发现病灶，提高诊断的准确率。现在常说的 CAD 技术主要是指基于医学影像学的计算机辅助技术。CAD 技术又被称为医生的“第三只眼”，CAD 系统的广泛应用有助于提高医生诊断的敏感性和特异性。

通常医学影像学中计算机辅助诊断分为三个步骤：第一步图像预处理，其目的是去除图像中的噪声，对图像进行分割把病变从正常结构中提取出来。第二步图像特征提取，目的是将第一步提取的病变的特征进行量化，即病变的征象分析量化过程。医学影像常提取 3 种类型的特征：颜色特征、纹理特征和形状特征。第三步：分类识别，将第二步获得的图像特征的数据资料输入人工神经网络（Artificial Neural Network，ANN）等各种分类模型，形成 CAD 诊断系统。运用诊断系统，可以对病变进行分类处理，进而区分各种病变，即实现疾病的诊断。这一步中常用的方法包括贝叶斯分类器、支持向量机、聚类算法、ANN、随机森林法等方法，目前 ANN 应用十分广泛，并取得较好的效果。

第五节 医学信息伦理与安全

生物医学研究和技术的快速发展，现代分子生物学、生物信息学等生物技术在医学研究领域中的应用，提高了人类对重大疾病的对抗能力和患病人群的生活质量。伦理审核在生物医学技术研究和应用中是研究者和受试者双方的保护伞。伦理审核保证了受试者的知情权，在受试者安全的基础上评估风险和收益，尊重和保护受试者的隐私，减轻或者免除受试者在受试过程中因受益而承担的经济负担，并能对弱势人群进行特殊保护。

医学信息技术促进了医学事业的迅猛发展，信息化、数字化已经成为医学各个领域不可或缺的重要手段和工具。信息技术的广泛应用给医学领域带来了新的工作方式，同时也不可避免地给医学领域提出了许多新的伦理问题。如常见的信息与网络安全、知识产权的保护、患者隐私等伦理问题，在健康信息交换的过程中如何保护个人隐私的问题，基因检测中的伦理问题等都是医学信息伦理要考虑的问题。

目前我国尚未建立起完整的患者隐私权法律保护体系，也有没有专门的数据保护机构，涉及健康信息隐私的相关法律，相关政策保障散见于各类法律规章当中。在宏观保护层面有《宪法》和《民法通则》，在直接保护层面有《刑法》《侵权责任法》《互联网信息服务管理办法》和《关于加强网络信息保护的决定》，在特殊保护层面有《执业医师法》和《转染病防治法》等，还有原卫生部 2011 年 11 月印发的《卫生行业信息安全等级保护工作的指导意见》，各个法规制度都含有关于个人数据及隐私概念和范围、数据保护与利用关系等的内容，但是这些法律规章各自为战、缺乏内在统一性。在医学信息化建设如火如荼的今天，具有信息化特色的医学伦理问题层出不穷，如何把握这些问题，提出适应信息化建设的医学伦理法规，值得我们深入的思考。

欧美在医疗信息化的背景下已经出台了多项政策法规并积累了丰富的实践经验，其中最有代表性的是美国的《健康保险携带和责任法案》（Health Insurance Portability and Accountability Act，简称 HIPAA）和欧盟的《通用数据保护条例》（General Data Protection Regulation，简称 GDPR），下面让我们了解下这两种国际医疗数据保护规则概貌。

一、HIPAA

HIPAA 是 1991 年美国卫生与公共服务部（Health and Human Services，HHS）在研究电子数据交换问题时提出的。1996 年克林顿政府签署了 HIPAA 在内的医疗保险改革法案。HIPAA 含有“隐私规则”（HIPAA Privacy Rule）。2000 年 8 月 HHS 公布 HIPAA 的第 1 批标准和实施指南。2000 年 12 月公布了个人健康信息的隐私保护标准和实施指南。最后修正案于 2003 年 8 月生效，开始正式实施（参见：https：//www.hhs.gov/hipaa/）。HIPAA 构建隐私保护机制包括 4 个方面：

1．管辖的主体

主体包括个人在诊疗保健过程中可能涉及的医疗卫生、财务支付和因履行财务、行政职能而处理信息的各部门，还包括与上述部门合作的商业伙伴。

2．隐私信息的界定

隐私信息是指能够识别个人身份的健康诊疗信息。HIPAA 中的隐私信息包括：个人过去、现在及未来身体和精神方面的健康情况；个人接受治疗、卫生保健服务的情况；个人过去、现在及未来为获得诊疗保健进行的财务支付活动的情况；其他能够识别个人身份或以此为基础识别个人身份的信息。

3．允许使用隐私信息的情境

（1）使用隐私信息的对象为当事人本人；

（2）为当事人提供治疗服务、保健服务及相应财务活动；

（3）能够征得隐私信息当事人同意，以及在紧急情况下当事人虽然无法做出回应，但使用隐私信息对当事人最有利；

（4）在采取必要的信息安全措施的前提下，对隐私信息进行偶然性的使用或披露；

（5）为国家安全或社会公众利益而进行的活动；

（6）在去除了个人身份标识信息的受控数据集上进行研究、诊疗、提供公共卫生服务活动。

除此之外，HIPAA 还规定了要求使用隐私信息的情境：

（1）信息当事人（或当事人委托的代表）要求访问、获取或出于审计目的检查个人隐私信息使用情况；

（2）国家卫生主管部门执行合理性检查、审查或开展执法行为。

4．管理和技术机制

管理机制：帮助建立和落实隐私保护策略，包括对于申请、获取隐私信息的流程制度管理机制，对于如何根据申请进行授权的机制，对信息披露、使用情况进行审计的管理机制，对当事人代表资格的管理要求等。另外，HIPAA 还对违反规定的各类活动处罚机制做出了规定。

技术性要求主要包括：①认证技术：提供身份信息以获取访问权；②访问控制技术：获得访问权的主体能访问哪些内容；③审计控制技术：主体访问过哪些内容；④消息验证技术：确保各类信息的完整性和机密性。

HIPAA 的目标是保证劳动者在换工作时其健康保险及各类健康信息可以随之转移；规定患者的病历记录等个人隐私信息的范畴，明确隐私信息的使用范围，确保病患的隐私信息不受侵害；促进建立国家在医疗健康信息电子传输统一标准，避免信息孤岛现象。

在知情同意方面，HIPAA 规定机构必须向潜在的信息主体提供“隐私政策通知书”，浅显易懂地说明机构对第三方披露个人健康信息的情形和方式、机构赋予第三方使用及披露个人健康信息的方式，信息主体的权利、有关请求和投诉渠道等信息。信息主体可以选择书面、电子邮件等方式接收通知。信息主体有权取得披露情况报告书，但涉及国家情报安全、受刑人等特殊利用情况除外。信息主体有权要求取得报告书做成之日前的 6 年内（或是其自行要求较短的期间）个人相关信息被披露的情况。在信息主体提出申请后，机构应在 60 天内提供浅显易懂的报告书，报告内容应包含日期、接收者、披露范围、披露目的等要素。

HIPAA 在个人信息控制方面，除精神疾病的记录、为合理预期民事、刑事或行政诉讼而为的信息收集或临床实验改善等法所禁止的情形，信息主体可以要求查阅自己的个人健康信息，并获取一份副本。机构必须在 30 天内将邮递（发送）副本，如有特殊原因，可延期 30 天。信息主体发现机构所处理的本人的个人信息与事实不符的，有权要求其依照事实予以更正、增补、删除。信息主体若认为个人信息遭受不当披露时，可以向 HHS 民权办公室（Office for Civil Right，OCR）提出申诉。若确有违反规范情形，HHS 部长可依循非正式方式解决此案。若无法解决，HHS 部长应出具书面报告。

二、GDPR

1995 年 10 月，欧盟出台《个人数据保护指令》（简称 95 指令），2002 年第一次修正发布《隐私与电子通信指令》，2011 年 5 月正式实施欧盟通过了《欧洲 Cookie 指令》，2012 年 1

月，欧盟议会公布了《通用数据保护条例》（General Data Protection Regulation，简称 GDPR），2015 年 12 月 15 日，GDPR 正式通过，以欧盟法规的形式确定了对个人数据的保护原则和监管方式。

GDPR 的规则产生于隐私立法，以促进人权保护、统一欧盟数据保护法为主要目标，管理理念相对美国更加严格。机构自由收集、分析和管理用户信息的权限将会被严格限定和监管，相应的成本也显著增加。

GDPR 在知情同意方面，对数据主体的同意设立了新的条件，使其作为数据处理合法性的基础。相比 95 指令，最显著的变化有两个：①同意必须基于数据主体的一个或多个特定目的，并且已经给予控制者处理数据的授权；②数据主体必须自愿给出详细的表明其同意的说明，说明必须是明示的，包括书面声明或明确肯定的行动表示，缄默或不行动不构成同意。当数据主体与控制者之间存在地位不平衡时，如雇佣关系，同意不能被当做数据处理的法律基础，此时必须存在另外的数据处理依据。

欧盟 GDPR 在个人信息控制方面，纳入了数据的被遗忘和删除权，包括主体、客体、适用条件、例外情况及不遵守被遗忘和删除权的处罚措施。故意或过失违反的个人或机构可被处以巨额罚款。专门规定了“特殊类别的个人数据”的处理条件：揭示种族或民族起源、政治意见、宗教信仰、基因或健康数据、性生活、犯罪、安全措施相关的数据处理时应当由数据控制者或者其代理人负责实施数据保护和影响评估（Data Protection Impact Assessments，DPIA），评估结果会直接影响处理数据的条件。此外，与医疗相关的个人数据，雇佣关系中的个人数据以及为历史、统计和科学研究目的的数据处理都有其自身特定的条件，不能被随意处理。

三、我国医学信息伦理与安全的思考

我国的信息化建设，特别是医院管理系统已经初具规模，电子病历系统发展迅速，但目前涉及健康信息隐私的相关法律法规却明显不足。信息共享程度越高，对其隐私性的威胁也就越大，信息化技术在医学领域的广泛应用，使具有信息化背景的医学伦理问题凸显。在患者隐私信息的保护范围及安全标准方面，我国保护患者隐私的法律法规主要约束的是医疗机构和相关工作人员，内容规定非常抽象，在医疗实践过程中缺乏可操作性，对患者的隐私保护也没有立法解释。因此，我们可以借鉴国外成熟的法律法规，例如 HIPAA 制订的医疗信息传输过程中相关安全标准，它规定哪些授权部门参与管理，同时为每一位患者提供一个识别符，用于身份验证与识别，保证他人不会不正当地侵入、拦截、篡改、存储患者隐私信息。HIPAA 同时向患者明确其具有哪些权利，清晰易懂。欧盟的 GDPR 纳入了数据的被遗忘和删除权，包括主体、客体、适用条件、例外情况及不遵守被遗忘和删除权的处罚措施，还规定了特殊数据的处理方式。这些都可以作为我国相关立法的借鉴。

医学信息化的建设是长期的，只有符合伦理要求的医学信息化才具有生命力。我国应该借鉴其他国家已有的立法经验，切实推进相关立法，因此，如何把握具有信息化特色的医学伦理问题，具有十分重要的现实意义和长远意义。

（郭永青　郭建光　侯　艳　周天亮　朱彦慧　王　静　齐惠颖）

第2章 软件系统

如果把整个计算机系统比作人，计算机的硬件就是人的躯体。躯体是人得以生存的物质基础，没有躯体的人就无从存在；而软件类似于支配人们活动的各种思想。没有软件的计算机被称为裸机，即使硬件性能再好，也不能发挥其作用。正是功能丰富、种类齐全的各种各样的软件，才使得计算机在人们的生产生活中发挥着举足轻重的作用，使得人类社会真正进入到信息时代。

第一节　计算机软件概述

一、软件的起源

首先解释什么是计算机语言。计算机一般只能存储和执行由“0”和“1”组成的二进制的数据和指令，人们最终传输给计算机的也只能是二进制的数据和指令，这些二进制的数据指令就是机器语言。在计算机发明之初，人们就是用机器语言来指示计算机工作的，就是写出一串串由“0”和“1”组成的指令序列交由计算机执行。使用机器语言，对编程人员来说非常麻烦，由于只有二进制的“0”和“1”组成的序列，机器语言编写繁琐，容易出错，不易读，而且由于不同类型的计算机的指令系统往往各不相同，所以，可以在一台计算机上执行的程序如果想在另一台计算机上执行，就必须另编程序，造成了重复工作。

后来汇编语言出现了。汇编语言也称符号语言，用能反映指令功能的助记符表达计算机指令，它是符号化了的机器语言，每条汇编语言的指令就对应了一条机器语言的代码。用汇编语言编写的程序叫汇编语言源程序，计算机无法执行，必须用汇编翻译程序把它“翻译”成机器语言目标程序，计算机才能执行。这个翻译过程称为汇编过程。但是汇编语言仍旧是依赖于机器的，不同类型的计算机有不同的汇编语言，不能通用。

再后来，高级语言出现了。高级语言是更容易被人理解和使用的程序设计语言。高级语言的一个语句通常对应若干条机器语言代码。高级语言具有较大的通用性，可移植性好，用高级语言编写的程序基本不需修改或少量修改就能在不同的计算机系统上使用。用高级语言编写的程序叫做高级语言源程序，源程序需经过“翻译”，生成目标程序即机器语言，才可以被计算机执行，“翻译”的方式有两种：“编译”和“解释”。因为高级语言方便实用，开发效率高，才使得形形色色、功能各异的计算机软件得以迅速发展。现在的大部分软件开发都使用高级语言。

高级语言的发展，促进了计算机操作系统的发展。操作系统针对计算机的各种底层硬件资源进行统一管理，并对上层软件提供运行环境，使得上层软件的开发和使用更加便利。20 世纪 80 年代以后，操作系统更加完善，出现了各种各样的操作系统。也促使计算机应用软件迅速发展，计算机应用更加广泛。

二、计算机软件分类

计算机软件是指在硬件设备上运行的各种程序及相关文档的集合。程序是计算机完成指定任务的指令集合，计算机就是在指令的支配下，完成特定任务的。计算机软件是由软件开发人员通过编写程序制作的，除了程序，软件一般还包括相应的文档，即描述程序的内容、组成、设计、功能规格、测试结果及使用方法的文字资料和图表等，如程序设计说明书、流程图、用户手册等。设计说明书和流程图是为了方便对软件进行进一步的开发和维护，用户手册可以帮助软件用户快速学习和使用软件。程序必须装入机器内部才能工作，文档一般是供用户阅读的，不一定装入机器。

软件分为系统软件和应用软件两大类。系统软件指的是用于管理、监控和维护计算机硬件资源和软件资源的软件。而应用软件则是针对某一个专门目的而开发的软件。

系统软件中，一般来讲，包括操作系统、语言处理系统和数据库管理系统。

操作系统是最基本最不可缺少的系统软件，用于协调和控制计算各部分和谐工作，是计算机所有软硬件的组织者和管理者。有了操作系统，用户不必关心硬件细节也可以非常容易地使用计算机。

关于语言处理系统，我们知道普通计算机唯一能接受和执行的语言是由二进制组成的机器语言，所以，其他的高级语言如果想要被计算机识别或执行，就必须通过语言处理系统“编译”或“解释”为机器语言。语言处理系统包括预处理器、编译（解释）器、连接器、调试器。编译器用于把源代码程序编译成目标机器的二进制代码。调试器用于动态跟踪程序执行，查找错误。

关于数据库管理系统，我们知道数据库是按照一定方式组织起来的数据的集合，数据库管理系统则是管理数据库的软件。主要解决数据处理中的非数值计算问题，如数据库定义、查询、更新等操作。常用于事务管理信息系统，如人事管理、病历管理、财务管理等。

关于应用软件，就是大家经常在智能手机和计算机上下载安装各种 APP 和应用软件，包括文字处理软件、图像处理软件、杀毒软件、卫生统计分析软件、游戏软件、社交软件等。应用软件内容非常广泛，几乎涉及社会的各个领域。

第二节　操作系统概述

操作系统是配置在计算机硬件上的第一层软件，在计算机系统中占据了特殊重要地位，其他所有软件，包括汇编程序、编译程序、解释程序、数据库管理系统等系统软件以及大量的应用软件，都将依赖于操作系统的支持。操作系统是最重要、最不可缺少的一种系统软件。有了操作系统，用户才能方便地使用计算机，合理地组织计算机的工作流程，有效地管理和利用计算机的资源。操作系统的出现为计算机的飞速发展和普及创造了条件。

一、操作系统功能

从用户角度来看，操作系统是用户与计算机硬件系统的接口。用户在操作系统的帮助下能够方便、快捷、安全、可靠地操纵计算机硬件工作，运行自己的程序。从资源管理的角度来看，操作系统的主要任务是管理和控制计算机的各种软硬件资源，使计算机系统中所有软硬件资源协调一致，有条不紊地工作。下面主要就资源管理方面，来讨论一下操作系统的功能。

计算机中的资源归纳起来有 4 类：处理器、存储器、输入 / 输出（Input/Output，I/O）设备和文件。相应的，操作系统的功能包括：处理器管理、存储器管理、I/O 设备管理和文件管理。

1．处理器管理 处理器管理主要任务是合理、有效地把 CPU 的时间分配给正在申请使用 CPU 的各个程序。为了提高资源利用率，在许多操作系统中，将程序分成一个或多个进程，以进程（processes）为单位进行资源（包括 CPU、内存等）分配。因此处理器管理可归结为进程管理。当一个作业要运行时，必须先为它创建一个或几个进程，并为其分配必要的资源，当进程运行结束时，要立即撤销该进程。在许多操作系统中可以查看所有已经创建的进程。比如，在 Windows 7 操作系统下，按 Ctrl+Alt+Del 健，打开“Windows 任务管理器”窗口（图 2-1），从中可以看到各个进程对 CPU 及内存的占用情况。

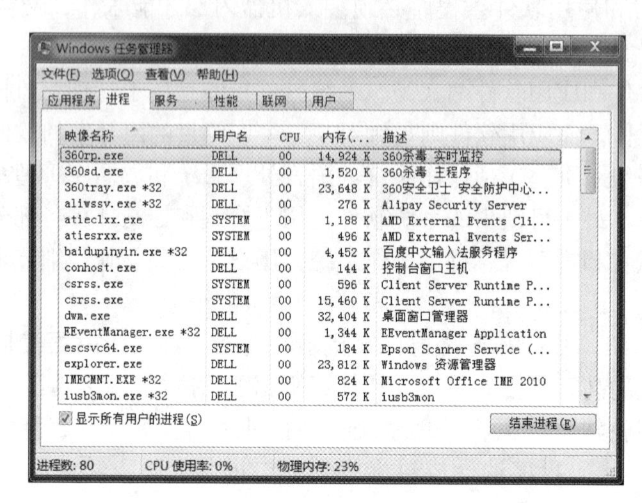

图 2-1 “Windows 任务管理器”窗口

2．存储器管理 存储器是计算机的关键资源之一。如何对存储器进行管理，不仅直接影响到存储器的使用效率，而且还影响整个系统的性能。存储器管理的主要任务是为了解决内存空间的分配问题，为程序和数据分配内存空间，使他们所占用的存储区不发生冲突。在多个程序共享内存的情况下，还必须为每个程序提供保护，使各个程序都能在自己所属的存储区中，互不干扰。

操作系统存储器管理的主要功能有 4 个方面：内存分配、内存保护、地址映射和内存扩充。

（1）内存分配：内存分配的任务是为了解决内存空间的分配问题，为程序和数据分配内存空间，使它们所占用的存储区不发生冲突，提高存储器的利用率。

（2）内存保护：内存保护的主要任务是确保每个用户程序都在自己的内存空间中运行，互不干扰。

（3）地址映射：一个应用程序经过编译后通常形成若干目标程序，这些目标程序再经过连接后，便形成可执行程序，可执行程序中的地址都是相对于起始地址计算的，这样的地址我们称为“逻辑地址”（或“相对地址”）。当程序运行时被调入内存，操作系统要将程序中的逻辑地址变换为存储空间的真实物理地址。

（4）内存扩充：计算机的内存是 CPU 可以直接存取的存储器，其特点是速度快，但价格较贵。因此一般内存容量有限，这势必会影响系统的整体性能。操作系统进行内存扩充并非是增加物理内存的容量，而是借助虚拟存储技术，使用硬盘空间模拟内存，使用户感觉内存比实际内存容量大得多，从而提高系统的整体性能。

虚拟内存的最大容量与 CPU 的寻址能力有关。如果 CPU 的地址线是 20 位，虚拟内存最多是 1MB。Pentium 芯片的地址线是 32 位，所以虚拟内存可以达到 4GB。

虚拟内存在 Windows 系统中又称为页面文件。在 Windows 系统安装时就创建了虚拟内存页面文件（pagefile.sys），默认容量一般为计算机上物理内存的 1.5 倍以上，允许根据实际情况调整。例如在 Windows 7 操作系统中，鼠标右击“计算机”→“属性”，在弹出的对话框中点击“高级系统设置”，弹出“系统属性”对话框。“系统属性”对话框中选择“高级”选项卡，单击“性能”框的“设置”按钮，打开“性能选项”对话框。在“性能选项”对话框中，选择“高级”选项卡，单击“更改”命令按钮，弹出“虚拟内存”对话框。在“虚拟内存”对话框中可以设置和管理虚拟内存，如图 2-2 所示。

图 2-2　设置虚拟内存对话框

3．I/O 设备管理　操作系统可谓是计算机中所有 I/O 设备的管理员，任何程序要想使用任何 I/O 设备，都要向操作系统提出 I/O 请求，操作系统根据设备使用情况合理地为用户进行设备分配，并且在使用中能处理各种中断情况，从而提高了 CPU 和 I/O 设备的使用率，提高了 I/O 速度，方便了用户使用 I/O 设备。常见的 I/O 设备有键盘、鼠标、显示器、打印机等。

打印机是经常要用到的输出设备，可以把一台打印机设置共享为网络打印机，供局域网络中多个用户使用，从而提高其利用率。当一个用户申请打印时，操作系统根据打印机是否空闲来做出不同的反应。若打印机空闲，操作系统就会将打印机分配给该用户使用，完成打印任务；若打印机正在进行其他打印任务，多个用户都在申请使用打印机，操作系统就会按照一定策略分配打印机，比如“先申请先打印”的原则，根据不同用户申请时间的先后顺序来分配打印机。打印过程中可能会出现用户暂停、取消打印或纸张不足等情况，此时操作系统可以根据不同情况处理该中断。

4．文件管理　“文件”是计算机中较为重要的概念之一，它是指被赋予了名称并存储于磁盘上的信息的集合，计算机中文件的含义已经远远超出了日常工作中纸张文件的范畴，任何需要计算机完成的工作，都要围绕文件展开。

文件管理的主要任务是管理文件目录、为文件分配存储空间、执行用户提出的使用文件的各种命令。在操作系统中，负责管理和存取文件信息的那部分称为文件系统或信息管理系统。在文件系统的管理下，用户可以按照文件名访问文件，而不必考虑文件具体存放在外存储器中的具体物理位置及它们是如何存放的。文件系统为用户提供了一个简单、统一访问文件的方法。在后续章节会具体介绍。

二、操作系统的分类

1．按照用户数目分类　按照用户数目分类，操作系统分为：单用户操作系统和多用户操作系统。

（1）单用户操作系统：单用户操作系统是在一个计算机系统内，一次只能有一个用户作业运行，用户占用全部软件、硬件资源。单用户操作系统按同时管理的作业数可分为单用户单任务操作系统和单用户多任务操作系统。单用户单任务操作系统同时只能管理一个作业运行，CPU运行效率低。

（2）多用户操作系统：多用户操作系统允许多个用户通过各自终端使用同一台主机，共享主机中的各类资源。常见多用户操作系统有Windows 2000 Sever、Windows 2003、Windows VISTA、Windows 7、Windows 8、Windows 10、Windows Server 2012/2016、LINUX、UNIX。

2．按照结构和功能分类 按照结构和功能，操作系统可分为以下几类：批处理操作系统、实时操作系统、分时操作系统后网络操作系统和分布式操作系统等。

（1）批处理操作系统：批处理操作系统是用户每次把一批经过合理搭配的作业（程序、数据、命令的集合），通过输入设备提交给系统，一旦提交给系统之后，就完全按照预定流程执行作业，直到运行完毕后才能根据输出结果分析作业运行状况。批处理系统的优点是，系统吞吐量大，资源利用率高，但不便于程序的调试和人机对话。

（2）实时操作系统：实时操作系统是一种时间性强、响应快的操作系统，能够对特定的输入在限定的时间范围内做出准确的响应，也就是系统能在规定的时间内完成对输入的事件的处理。

（3）分时操作系统：分时操作系统的基本思想是基于人的操作和思考速度远比计算机处理速度慢这一事实。如果把处理器时间分成若干时间片（time-slice），并且规定每个作业在运行了一个时间片后暂停运行，而把处理器让给其他作业，那么经过短暂的时间后，所有的作业都轮流运行一个时间片，当处理器被重新分配给第一个作业时，用户感觉不到机器内部发生的变化，感觉不到其他作业的存在，就像独占整个系统一样。整个系统就这样周而复始运行，对每个用户的请求均能给予及时响应，直至作业运行结束。分时系统的这种运行方式使多个用户共享一台计算机成为可能。一个分时系统往往通过许多终端设备与主机相连。每个用户都是通过自己的终端向系统发命令，请求完成某项任务，所以分时系统又称为多用户交互式系统。常用的分时操作系统有UNIX、XENIX、LINUX等。

（4）网络操作系统：提供网络通信和网络资源共享功能的操作系统称为网络操作系统，它是负责管理整个网络资源和方便网络用户使用的软件的集合。

（5）分布式操作系统：分布式系统是由多台计算机通过网络连接在一起而组成的系统，系统中任意两台计算机可交换信息，且无主次之分。一个程序可分布在几台计算机上并行运行，互相协调完成一个共同的任务。分布式操作系统的引入可增加系统的处理能力、节约投资、提高系统的可靠性。用于管理分布式系统资源的操作系统称为分布式操作系统。

另外，还可以按照使用类型可分为桌面操作系统、服务器操作系统、嵌入式操作系统等。桌面操作系统主要用于个人计算机上，比如现在一些常见的操作系统：Linux、Mac OS、Windows。在国内最普及的是Windows。Windows操作系统利用图形界面来完成大部分的操作，所以容易上手。嵌入式操作系统，一般是应用于小型电子装置，比如手机、平板电脑、数码相机等。

三、常见操作系统

1．Windows操作系统

Windows操作系统在国内最普及，从Microsoft公司1985年推出Windows 1.0以来，Windows系统已经历了三十多年的发展变迁。从最初运行在DOS下的Windows 3.X，直至现今流行在个人电脑上的Windows 7、Windows 8、Windows 10和在服务器上的Windows Server 2008、Windows Server 2012、Windows Server 2016，无不影响着信息化社会的发展和我们个人的日常工作和生活。表 2-1 所表示的就是 Windows 操作系统的发展历程。

表2-1　Windows操作系统发展历程

Windows 版本	推出时间	特点
Windows 3.X	1990 年	图形化用户界面，支持 OLE 技术和多媒体技术
Windows 95	1995 年 8 月	脱离 DOS 环境，独立运行，采用 32 位处理技术，引入“即插即用”等许多先进技术，支持 Internet
Windows 98	1998 年 6 月	支持 FAT32 文件系统，增强 Internet 支持，增强多媒体功能
Windows 2000	2000 年	网络操作系统，稳定、安全、易于管理
Windows XP	2001 年 10 月	纯 32 位操作系统，更加安全、稳定、更好的可操作性
Windows 2003	2003 年 4 月	服务器操作系统，易于构建各种服务器
Windows Server 2008	2008 年 2 月	完全基于 64 位技术，高性能、高可靠性，支持虚拟化技术的服务器操作系统
Windows 7	2009 年 10 月	主要供家庭及商业工作环境、笔记本电脑、平板电脑、多媒体中心等使用的非常华丽但节能的 Windows 操作系统
Windows Server 2012	2012 年 9 月	支持重复数据删除、虚拟化、弹性文件系统的 64 位服务器操作系统
Windows 8	2012 年 10 月	更丰富，更完美的用户体验使得该系统让人们的日常电脑操作更加简单和快捷，为人们提供高效易行的工作环境
Windows 10	2015 年 7 月	Windows 10 所新增的 Windows Hello 功能将带来一系列对于生物识别技术的支持。除了常见的指纹扫描之外，系统还能通过面部或虹膜扫描来登入。这些新功能需要 3D 红外摄像头支持

2. UNIX 操作系统

1969 年，UNIX 系统在贝尔实验室诞生，是一个交互式分时操作系统。从用户角度来说，UNIX 系统是一个多用户多任务的操作系统，可以在微型机、工作站、大型机及巨型机上安装运行。由于 UNIX 系统稳定可靠，因此在金融、保险等行业得到广泛应用。

UNIX 操作系统有很多种类，比较知名的有 AIX、Solaris、HP-UX，他们都在大型服务器市场占有主要地位。

AIX 是 IBM 开发的一套 UNIX 操作系统。它符合 Open group 的 UNIX 98 行业标准，通过全面集成对 32 位和 64 位应用的并行运行支持，为这些应用提供了全面的可扩展性。它可以在所有的 IBM p 系列和 IBM RS/6000 工作站、服务器和大型并行超级计算机上运行。

Solaris 是 SUN 公司（现在已经被 Oracle 收购）开发的类 UNIX 操作系统，所以也曾叫 SunOS，它具有图形化的桌面计算环境，以及增强的网络组件部分。Solaris 运行在两种平台上：Intel x86 及 SPARC/UltraSPARC。Solaris 虽然屏蔽了底层平台差异，想为用户提供尽可能一样的使用体验，但是它在 SPARC 上拥有更强大的处理能力和硬件支持。

HP-UX 是惠普科技公司（HP）开发的类 UNIX 操作系统。HP-UX 可以在 HP 的 PA-RISC 处理器、Intel 的 Itanium 处理器的电脑上运行，较早版本的 HP-UX 也能用于后期的阿波罗电脑（Apollo/Domain）系统、HP9000 系列 200 型、300 型、400 型及 500 型电脑（使用 HP 专属的 FOCUS 处理器架构）的系统上。

3. Linux 操作系统

Linux 是由芬兰赫尔辛基大学的一个大学生 Linux B. Torvolds 在 1991 年首次编写的，由于其源代码免费开放，许多人对这个系统进行改进、扩充、完善，一步一步地发展为完整的

Linux 操作系统。Linux 操作系统继承了 UNIX 的优点，并进一步改进，紧跟技术发展潮流。由于 Linux 操作系统廉价、灵活、功能强大，所以许多服务器都采用了 Linux 操作系统。以 Linux 加 Apache，MySQL，Perl/PHP/Python 等技术的组合，已经成为最常用的网站技术平台。

比较常用的 Linux 操作系统有 Debian GNU/Linux、RedHat Linux，SuSE Linux 和 Ubuntu Linux，其中 Ubuntu Linux 主打桌面操作系统市场，能提供类似于 Windows 的图形界面的用户体验。

4．Mac OS 操作系统

Mac OS 是苹果电脑公司（Apple Computer Inc. 2007 年更名为苹果公司 Apple Inc.）为 Mac 系列产品开发的专属操作系统，基于 UNIX 系统开发而成。它具有 UNIX 系统的稳定性，设计简单直观，还提供超强性能图形界面并支持互联网标准，它是最早采用“面向对象”技术的操作系统。“面向对象”操作系统是史蒂夫·乔布斯（Steve Jobs）于 1985 年被迫离开苹果电脑公司后成立的 NeXT 公司所开发的。后来苹果电脑公司收购了 NeXT 公司。史蒂夫·乔布斯重新担任苹果电脑公司首席执行官（Chief Executive Officer，CEO）后，Mac OS 系统得以整合到 NeXT 公司开发的 OPENSTEP 系统上而成为“面向对象”操作系统。Mac OS 采用 C、C++ 和 Objective-C 编程开发的。

5．iOS 苹果手机操作系统

iOS（原名：iPhone OS）是由苹果公司为移动设备所开发的操作系统，支持的设备包括 iPhone、iPod touch、iPad、Apple TV。与 Android 及 Windows Phone 不同，iOS 不支持非苹果公司生产的硬件设备。iOS 属于类 UNIX 的商业操作系统。

6．Android（安卓）操作系统

在 Android 出现之前，各厂商的手机操作系统五花八门。以塞班（Symbian）操作系统为主的诺基亚称霸全球手机市场，更有摩托罗拉、索尼爱立信、三星等国际巨头紧随其后，以各自不同的操作系统开发手机，占据一部分市场份额。

iPhone 出现以后，各手机厂商看到了手机操作系统的发展方向。但是 iPhone 的 iOS 是苹果公司垄断的，不开放、不授权给第三方厂商。所以人们都希望有一种类似 iOS 的手机操作系统来生产和 iPhone 一样的全触摸屏、应用软件丰富的手机。Android 就是这样的手机操作系统，而且成本比较低廉。

Android 操作系统是 2008 年 9 月，由谷歌（Google）公司正式发布的基于 Linux 平台的开源操作系统，主要支持手机和平板电脑，是目前全球智能手机市场占有率最高，增长最快的操作系统，主要原因它是免费的。各手机厂商可以无偿地生产搭载 Android 系统，而且它提供了和 iPhone 类似的功能，可以达到和 iPhone 类似的用户体验。

Android 底层是 Linux，上层应用程序框架都是基于 Java 的，也就是说 Android 的应用软件是用 Java 语言编写的。Google 提供了一整套开发 Android 系统应用软件的软件工具开发包（Software Development Kit，SDK）。任何人，只要懂得 Java 语言就可以免费使用 Android SDK 开发 Android 上手机软件，并且可以发布到 Google Market 等应用市场上。

Android 的出现打破了手机操作系统的战国纷争、百家争鸣的局面。如今手机操作系统是三足鼎立，Android、iOS 和 Windows Phone。Android 占有最大的市场份额。

第三节　Windows 7 操作系统

Microsoft 公司于 2009 年于美国正式发布 Windows 7 操作系统，目前它还是微型计算机常用的桌面操作系统，在本节中将以它为例，简单扼要地介绍 Windows 7 操作系统的常用操作。

一、文件和文件夹

1. 文件名　文件是存储在存储介质上具有名字的一组相关信息的集合，任何程序和数据都是以文件的形式存储在磁盘上。常将数据文件称为“文档”，泛指存储文字、图片、声音、影像等数据的文件。程序文件是许多指令的集合，由这些指令构成具有一定功能的应用程序。

文件名是存取文件的依据。文件的命名有一定的规则，只有按规则命名的文件才能被操作系统所识别。文件名通常是由文件主名和扩展名两部分组成。例如：安装文件的名字一般为“Setup.exe”，其中“Setup”为文件主名，“exe”为扩展名。一般文件主名应该用有意义的词汇或数字来命名，以便用户识别；扩展名表示文件类型，跟在文件主名后面，用圆点“.”分隔。表 2-2 列出了系统常用约定的文件扩展名。

表2-2　系统常用约定的文件扩展名

扩展名	图标及类型说明	扩展名	图标及类型说明
exe	可执行文件（程序文件）	bmp	位图文件，未经压缩的图片文件
com	DOS 下的一种可执行文件	jpg	JPEG 格式图片文件，压缩比高
ppt/pptx	PowerPoint 演示文稿制作软件生成的文档	gif	GIF 格式图片文件，压缩比高，可以制作动画图片
doc/docx	Word 字处理软件生成的文档	wav	声音文件，未经压缩
xls/xlsx	Excel 电子制表软件生成的文档	avi	电影文件
txt	文本文件，无格式	mp3	MP3 声音文件，高度压缩
htm/html	Internet 网页文件	zip	由压缩工具软件生成的压缩文件

不同操作系统文件命名规则有所不同，例如 Windows 操作系统下文件名不区分大小写，而 Linux 操作系统下则区分大小写。

在 Windows 7 中，文件命名规则是：在文件名或文件夹名中，最多可以有 255 个字符，其中包含驱动器和路径名，不能出现以下字符：

\ / : * ? " < > |

文件命名可以用中文文字，也可以用英文字母，键盘上其他英文、数字、空格、句点及特殊符号与汉字皆可使用。

例如：社会实践汇报 _1. 医疗 07-5 班 3 组 . 李红 .doc

在使用英文时保留英文字母的大小写，但在确认文件时并不区分它们，例如：My report 与 MY REPORT 被认为是同一文件。文件除了拥有名字外，每一文件一般都可以有文件扩展名，扩展名跟在文件名后面，用圆点“.”分隔。上例的文件名中用了多个“.”圆点符号时，系统会辨认最后一个圆点后为扩展名。扩展名用以标识文件类型和创建此文件的程序。Windows 系统在默认状态下对常规的文件类型不显示其扩展名，而是用文件图标来表示其类型（表 2-2）。显示隐藏扩展名的设置方法：在打开的“计算机”窗口，选择菜单“组织”→“文件夹和搜索选项”，在“文件夹选项对话框”中，取消“隐藏已知文件类型的扩展名”前的多选项即可（图 2-3）。

Windows 的文件系统是一个基于文件夹的管理系统。“文件夹”可以包含文档文件、应用程序文件以及其他文件夹。文件夹的命名规则与文件名相同，只是文件夹没有扩展名。

2．文件属性 文件除文件名外，还有文件的大小、存放的位置、占用的空间、创建和修改的时间以及所有者信息等，这些信息合称为文件属性（图 2-4）。

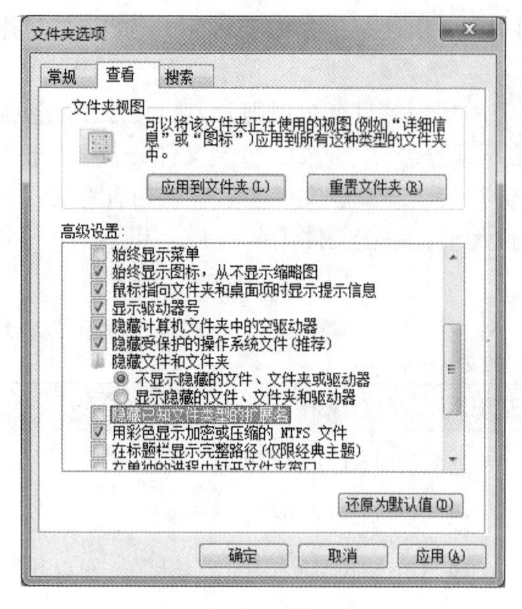

图 2-3 文件夹选项

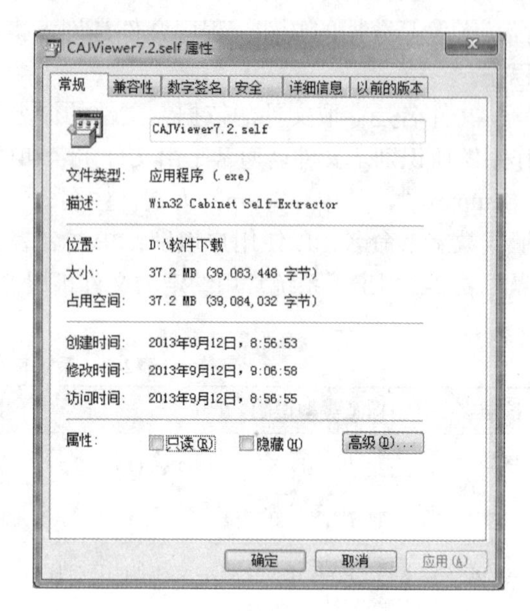

图 2-4 “文件属性”对话框

只读：设置为只读属性的文件表明只允许读，不能改写文件内容。

隐藏：隐藏属性设置文件在正常情况下是否可见。

3．目录结构 由于磁盘容量很大，可以存放很多文件，为了便于查找和使用，必须有一个文件管理系统对文件实行分门别类地存放、管理。大多数文件管理系统允许用户在根目录下建立子目录和文件，子目录下可再建立子目录和文件。在树状结构中，用户可以将相关文件放在同一子目录中，同一目录下不允许有相同文件名。Windows 的文件系统是一个基于文件夹的管理系统。“文件夹”（即文件目录）可以包含文档文件、应用程序文件和其他文件夹。图 2-5 所示是 Windows 下一个典型文件结构。

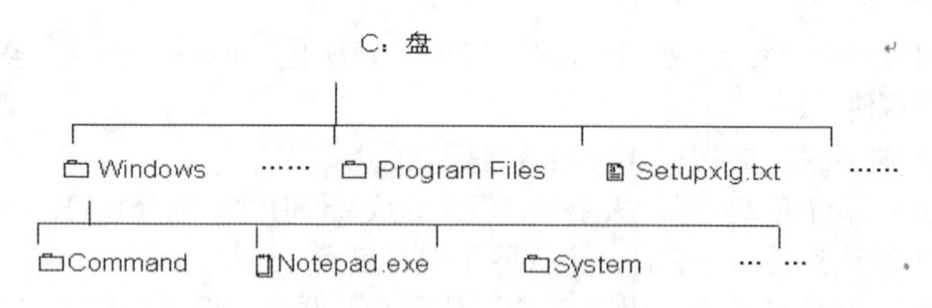

图 2-5 树状结构

4．路径 路径是计算机或网络中描述文件位置的一条通路，这些文件可以是文档或程序。路径通常包含文档所在驱动器，如硬盘驱动器、软盘驱动器、CD-ROM 驱动器或网络上共享文件夹，以及找到此文档应打开的所有文件夹名。

完整的路径是由下述两个部分依序组成的：

①驱动器代码（例如：A：，B：，C：或 D：……）

②反斜线加子文件夹名（例如：\Windows）

例如，图 2-5 所示的结构图中 Notepad.exe 的路径为：

C：\Windows\Notepad.exe

5．常见的文件系统　文件系统是指文件在硬盘上存储的格式。不同的操作系统采用的文件系统也不尽相同，它们各有特点。

在运行 Windows 7 的计算机上，可以有 3 种磁盘分区文件系统供选择，分别是 FAT、FAT32 和 NTFS。

FAT 的全称是 File Allocation Table，即文件分配表，它是 16 位的文件系统，又叫做 FAT16。FAT 是比较简单的文件系统，它的特点是应用广泛，但单一分区最大容量只能 2GB。

FAT32 是从 FAT 改进而来的文件系统，可以兼容 FAT 格式。它更适合大容量硬盘的使用，突破了 FAT 文件系统单一分区 2GB 的限制，单一分区最大支持 2TB。此外，FAT32 采用更小的磁盘簇单位，即每个簇的扇区数比 FAT 少，磁盘空间使用率提高，减少了磁盘空间的浪费。

NTFS 的全称是 New Technology File System，即新技术文件系统，增加了对文件的访问权限控制，磁盘使用率也很高，单一分区最大支持使用空间达 256TB，但具体受分区表、操作系统等因素的限制。

只有使用 NTFS 文件系统，才能充分发挥 Windows 7 的功能，例如压缩硬盘分区、编制索引功能，以及支持文件加密、设置专用文件夹等安全功能。

文件管理是操作系统的主要功能之一，文件系统为用户提供了一个简单、统一访问文件的方法。在 Windows 7 中，用户可以按照文件名访问文件，不仅可用文件管理工具来管理文件和文件夹，还可进行文件和文件夹的查找、文件类型的注册以及备份和还原等操作。

二、文件操作

文件常用的操作有：建立文件、打开文件、写入文件、修改文件、删除文件、复制文件或移动文件、更改文件属性等。

1．选定文件或文件夹

在对文件或文件夹进行操作之前，首先选定要操作的文件或文件夹。单击“开始”按钮，在开始菜单上单击“计算机”，打开“计算机”窗口（图 2-6），单击左侧导航窗格上的磁盘盘符或文件夹，在窗口上会显示出当前被选中的盘符或文件夹下的文件和文件夹。或者右键单击“开始”按钮，选择“打开 Windows 资源管理器”，在打开的文件窗口，进行同样的文件操作即可。

可以通过鼠标来选定这些操作对象。被选定的对象呈蓝色（不同主题风格会有不同）显示。

（1）要选定单个的文件、文件夹或磁盘，直接单击要选定的对象。

（2）要选定连续的文件或文件夹，单击第一个文件或文件夹的图标，按住 Shift 键，单击最后一个文件或文件夹。这时，它们中间的文件和文件夹都会被选定。

（3）要选定多个不连续的文件或文件夹，单击第一个文件或文件夹的图标，按住 Ctrl 键，再依次单击要选定的对象。

（4）全部选中所有文件或文件夹，按 Ctrl+A 组合键将全部选定当前窗口中的文件及文件夹。或者在“资源管理器”窗口选择工具栏上“组织”→“全选”命令，将选定“资源管理器”右窗格的全部内容。

2．复制或移动文件和文件夹

（1）使用鼠标拖动方式来复制或移动文件及文件夹　选定要复制的文件或文件夹，然后按住 Ctrl 键不放，用鼠标将选定的文件或文件夹拖动到目标盘或目标文件夹中，就完成了复制操作；如果按住 Shift 键拖动，则完成移动操作。

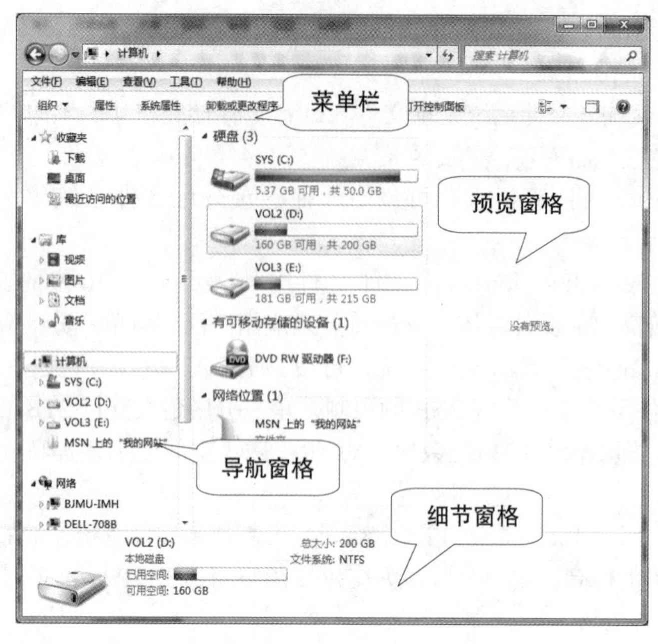

图 2-6 “计算机”窗口

如果在不同驱动器上复制，只要用鼠标拖动文件或文件夹，可以不使用 Ctrl 键。如果在同一驱动器上，直接拖动对象则是移动操作。

注意：Ctrl + 拖动是复制，Shift + 拖动是移动。拖动方式使复制和移动更为灵活，但要注意鼠标指针必须指在被选中的文件或文件夹上，才可以开始拖动，当同时选中多个文件时，只要鼠标指针位于任何一个被选中文件上，即可开始拖动。

如果文件被复制在同一文件夹下，新复制的文件被自动改名为“源文件名 - 副本”。

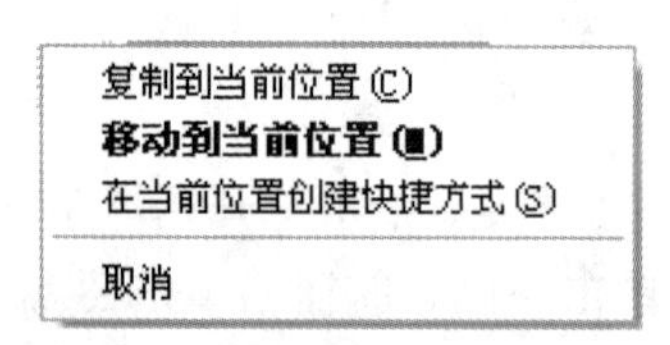

图 2-7 右键拖动快捷菜单

另外还可以使用鼠标右键来复制或移动文件和文件夹，用鼠标右键拖动所选中的文件及文件夹到目标盘或目标文件夹中，松开鼠标右键，这时弹出菜单（图 2-7），可选择是复制还是移动。

（2）使用剪贴板来复制或移动文件及文件夹 剪贴板是一个特殊的共享内存结构，所有的 Windows 应用程序可以访问剪贴板以实现数据共享和交换，也可以说是 Windows 系统中信息交换的重要工具。实际上它是使用内存上一些存储空间，临时保存被复制或被剪切操作的对象内容，粘贴时直接从剪贴板取出内容。

以使用快捷菜单为例，用剪贴板复制文件及文件夹：选定要复制的文件或文件夹（可以是多个对象），右键单击，弹出的快捷菜单，选择“复制”命令，然后再选定目标盘或目标文件夹，右键单击，弹出的快捷菜单，选择“粘贴”命令，复制就完成了。

用剪贴板移动文件及文件夹的步骤同复制的步骤一样，只是在操作时用“剪切”取代“复制”。

注意：使用剪贴板的时候，先“复制”后“粘贴”是复制操作；先“剪切”后“粘贴”是移动操作。

复制文件时，执行完粘贴操作后，剪贴板中的内容并没有清除，依然保留，下一次粘贴时，只需从剪贴板取数据就可以了，不必再执行复制过程。因此，如果需要复制多个副本时，只需按“复制”→“粘贴”→“粘贴”……即可。

移动文件时，在执行剪切命令时，剪贴板同样保留对象的内容，一旦执行“粘贴”命令后，立即清空剪贴板。因此，剪切后，“粘贴”命令只能执行一次。

另外，系统还为“剪切”、“复制”、“粘贴”功能设置了快捷键，“剪切”是 Ctrl+X、“复制”是 Ctrl+C、“粘贴”是 Ctrl+V，使用这些快捷键，操作起来能更迅速。

剪贴板不仅可以把所选中的信息复制到剪贴板中，还可以捕捉屏幕或窗口到剪贴板。

复制整个屏幕：按下 Print Screen 键，整个屏幕被复制到剪贴板上。

复制当前活动窗口：先将窗口选择为活动窗口，然后按 Alt + Print Screen 键。

（3）发送文件　Windows 可以使用“发送”命令，把文件或文件夹直接复制到软盘、移动硬盘、U 盘、光盘、“文档”、“邮件接收者”或“压缩文件夹”等。操作是选定要复制的文件或文件夹，右键单击，弹出快捷菜单，选择“发送到”命令，在其子菜单上选中发送目标。如选中发送目标为“可移动硬盘”，此时，系统开始向可移动硬盘根目录复制文件或文件夹。

3．文件或文件夹的重命名

要更改文件或文件夹的名称，可先选定要更改文件或文件夹，用右键快捷菜单上的“重命名”或对已选定的文件或文件夹，再直接单击该文件或文件夹的名字，该名字会突出显示并有框围起来，键入新名字，按回车键。

要注意的是不要轻易修改文件的扩展名，否则系统可能无法打开改名后的文件。

4．删除文件或文件夹

当某些文件或文件夹不再需要时，可以从磁盘中删除它们。当删除一个文件夹时，其所包含的子文件夹和文件也一并删除。几种删除方法如下：

①选定要删除的文件或文件夹，按 Delete 键。

②选定要删除的文件或文件夹，并单击鼠标右键，在弹出的快捷菜单上选择删除命令。

③选定要删除的文件或文件夹，直接用鼠标将其拖到“回收站”而实现删除。

在上述删除操作，被删除的文件被放入回收站。若想将文件或文件夹将从计算机中彻底删除，而不保存到回收站中，在上述操作同时按下 Shift 键。

5．使用“回收站”

在 Windows 7 默认设置下，删除文件被暂时存放在“回收站”中。用户以后如果要重新使用已删除的文件，可以从回收站中恢复。只有在回收站中被删除或清空回收站时，这些文件才从硬盘中删除。

（1）恢复被删除的文件　在桌面上双击“回收站”图标，打开“回收站”窗口，选定想恢复的文件，单击工具栏上“还原此项目”命令，这些文件就会恢复到原来的位置。

（2）清理回收站

①删除回收站中的某个文件：在“回收站”窗口中选定要删除的文件，右键单击，弹出快捷菜单中选择“删除”命令，屏幕出现一个“确认文件删除”对话框，单击“是”按钮，即可删除所选定的文件。

②清空回收站：在“回收站”窗口的工具栏上，单击“清空回收站”命令，屏幕弹出一个确认删除多个文件的对话框，单击“是”按钮即可删除所有的文件。

6．创建新文件夹

选定要建立的新文件夹所在的窗口或文件夹，单击工具栏上的“新建文件夹”命令，窗口出现一个名为“新建文件夹”的文件夹图标，可以在新文件夹图标下方的文本框中输入新文件夹名；或者在当前窗口的空白处单击鼠标右键，在弹出的快捷菜单上选择“新建文件夹”命令。

7．快捷方式

对经常使用的某些应用程序或文件、文件夹，用户可以把它设置成快捷方式的图标（图 2-8）放在屏幕上最容易看到的地方，每次启动系统时，这些快捷方式图标就会呈现在用户面前，只要双击该快捷方式图标即可启动对应程序。一般可以把快捷方式创建到桌面、开始菜单及其级联菜单、任务栏中的工具栏。

有些程序在安装时能够自动创建快捷方式，用户也可以按照自己的需要创建快捷方式。

（1）在“计算机”或“资源管理器”窗口中，右键单击要建立快捷方式的应用程序或文件及文件夹，弹出快捷菜单（图 2-9），鼠标指向“发送到”选项，选择“桌面快捷方式”，即在桌面上创建了该应用程序或文件的快捷方式图标。或者选择“创建快捷方式”便在当前位置创建了快捷方式。

图 2-8 快捷图标

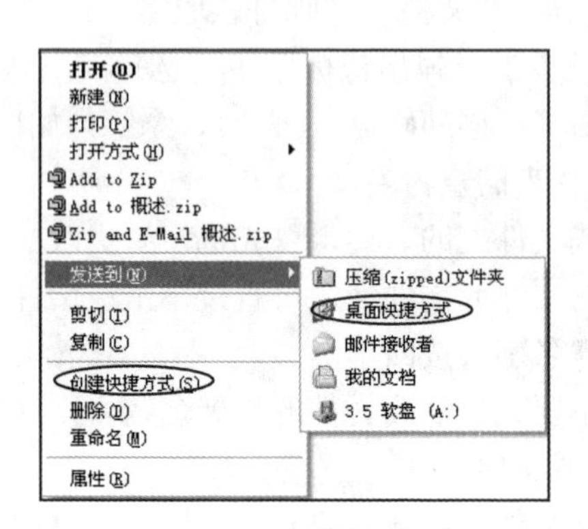

图 2-9 右键快捷菜单

对可执行文件（扩展名为 exe）单击右键弹出的快捷菜单中，有一项命令“附到「开始」菜单”，可以方便地将可执行命令文件的快捷方式添加到“开始”菜单中。

（2）右键单击桌面空白处，弹出桌面快捷菜单，使用“新建”命令建立快捷方式图标，即可创建快捷方式。例如，为记事本应用程序 Notepad. exe 建立快捷图标，右键单击桌面的空白区域，将鼠标指向“新建”，单击“快捷方式”，弹出“创建快捷方式”对话框，在对话框命令行中输入要创建图标的应用程序路径和文件名（c：\Windows\Notepad.exe），也可单击“浏览”按钮，选择所需的应用程序。单击“下一步”按钮，在弹出的“选择程序的标题”对话框中给应用程序图标命名，最后单击“完成”按钮，便在桌面上创建记事本程序的快捷方式。

（3）删除快捷方式　为了有效利用桌面空间或保持桌面整洁美观，通常需要删除某些不常用的快捷方式图标。删除快捷图标的方法与前面所讲的删除文件的方法一样，注意这里删除的仅仅是快捷方式，而不是快捷方式所指向的文件。

8．搜索文件

当磁盘上有了许多文件以后，查找某个文件或某些文件就很有必要。和以往版本相比，Windows 7 操作系统采用索引模式进行搜索，因此搜索性能大幅提高。

Windows 7 操作系统的“开始”菜单、“计算机”和“资源管理器”窗口的工具栏都具有查找文件功能。开始菜单中的搜索是在计算机中所有的索引文件进行检索的，因此无法搜索到未加入索引的文件。另外因为第一次搜索时，需要建立索引文件，因此初次搜索时间较长（图 2-10）。Windows 7 操作系统将搜索功能集成到“计算机”和“资源管理器”窗口的工具栏上，可以及时查找文件，还可以对任意文件夹进行搜索。因此，如果知道要搜索文件所在的目录，通过“计算机”或“资源管理器”窗口工具栏中的搜索（图 2-11）可以缩小搜索的范围，加快搜索的速度。

Windows 7 采用了新的索引搜索模式大大提高了搜索的速度。但是，在这种搜索模式下，文件或文件夹是否建立了索引，将直接影响到搜索的效率。默认情况下，索引选项中有些内容是想要的，有些不是，而有些想要的可能并未加入默认的搜索列表。为了提高搜索的效率，用户可以根据自己的需要定制索引目录，使搜索更为快捷，更为精确。

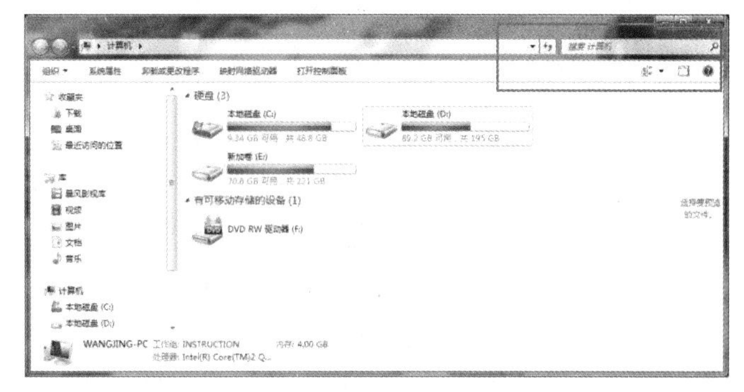

图 2-10　开始菜单中的搜索命令

图 2-11　计算机窗口的搜索工具栏

自定义索引目录，可以在开始菜单的搜索框中输入“搜索选项”（或者打开“控制面板”，以大图标方式显示，再单击“索引选项”按钮），打开“索引选项”设置窗口（图 2-12），该窗口显示了已经建立好的索引目录，点击“修改”命令按钮可以打开“索引位置”对话框（图 2-13），在这个对话框中，可以添加、删除和修改索引位置。

除了在“索引位置”对话框中设置索引目录，当在“计算机”窗口采用工具栏进行搜索时，如果要搜索的目录尚未建立索引，则动态工具栏下方将会显示一条“添加到索引位置”的提示信息，在信息条上单击鼠标右键会出现快捷菜单，在菜单中选择“添加到索引”（图 2-14），就可以将该文件夹添加到索引当中。

在搜索框输入要查找的内容，在使用文件名查找时，可以使用通配符？和 * 表示一批文

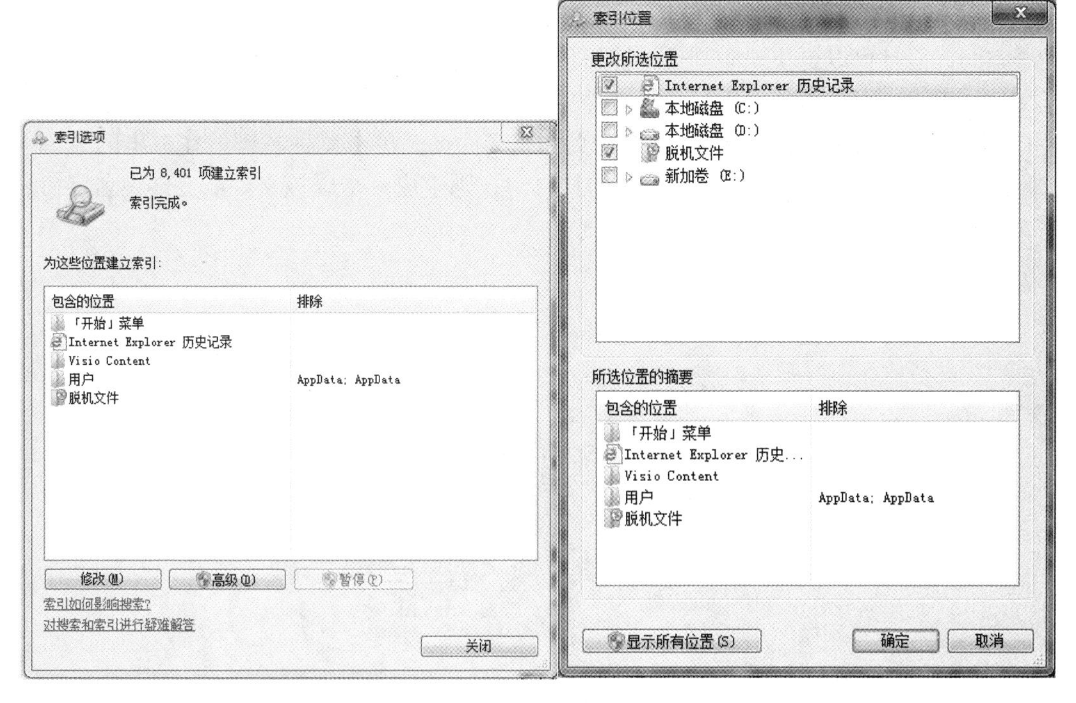

图 2-12　“索引选项”对话框

图 2-13　“索引位置”对话框

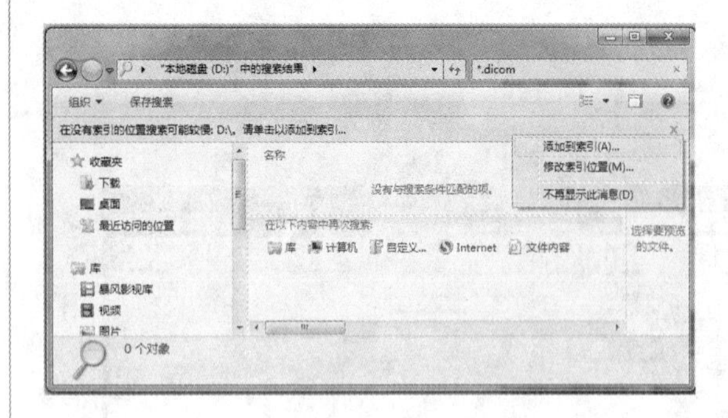

图 2-14 在“计算机”窗口添加索引

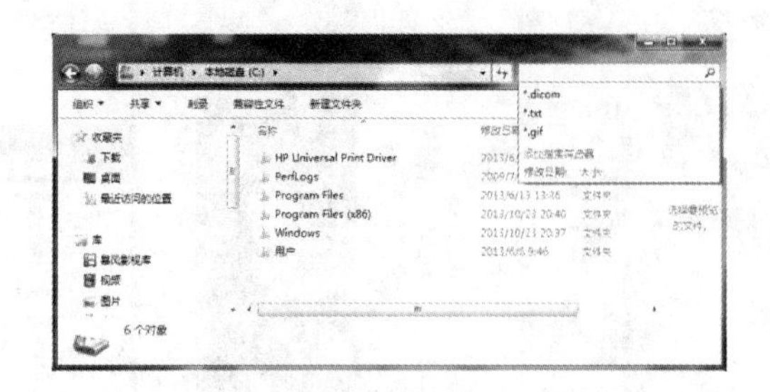

图 2-15 搜索文件的日期及大小设置

件。其中“？”代表在问号的位置上所有可能的字符，一个“？”只能代表一个字符位置；“*”则代表它所在位置上可以是任意多个任何字符。

例如，在搜索文本栏中输入要查找的文件或文件夹名：

输入“txt”后，开始搜索，可找出所有文件名中包含“txt”的文件。

输入“txt*”后，开始搜索，可找出所有文件名以“txt”开头的文件。

输入“*txt”后，开始搜索，可找出所有文件名以“txt”结尾的文件。

输入“txt？”后，开始搜索，可找出所有以“txt”开头，后跟一个任意字符的文件名的文件。

输入“???txt*”后，开始搜索，可找出文件名以三个任意字符后加“txt”开头，后跟任意字符的文件。

输入“*.txt”后，开始搜索，可找出所有扩展名为“txt”的文件。

如果知道更多的信息，如日期、大小，可以单击“搜索”文本框的“搜索”图标，在弹出的对话框中选择“修改日期”或“大小”（图 2-15），可以分别对搜索文件或文件夹的日期或日期范围及文件的大小进行设置，缩小搜索的范围，加快搜索文件的速度。

9．特殊文件夹的管理

（1）使用压缩文件夹功能　使用“压缩文件夹”功能进行压缩的文件夹可以占用较少的驱动器空间，而且可以更快地向其他计算机传输。压缩文件夹可以移动到计算机上的任何驱动器或文件夹中，也可以与其他用户共享文件夹。Windows 7 提供了 Zip 格式压缩功能。

1）创建压缩（zipped）文件夹：选定文件或文件夹，单击鼠标右键，在弹出的菜单中单击“发送”→“压缩（zipped）文件夹”（图 2-16），则生成一个以该文件或文件夹名字命名的压缩文件夹。

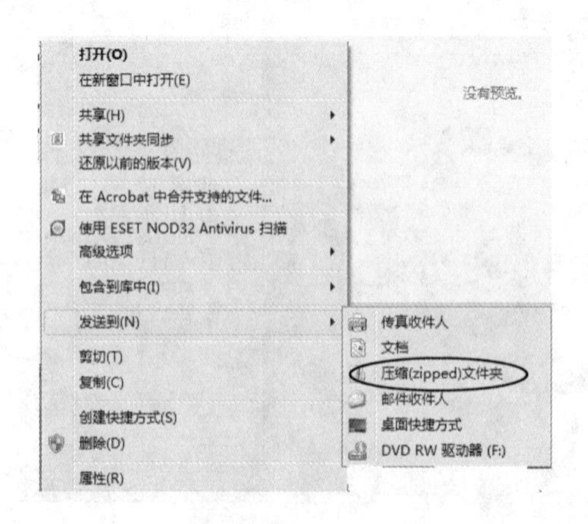

图 2-16 发送到子菜单

2）向压缩文件夹中添加文件或文件夹：只需将要压缩的文件或文件夹用鼠标拖动到压缩文件夹后放开，该文件或文件夹就被添加到压缩文件夹中。被添加到压缩文件夹中的文件或文件夹会被自动压缩。

3）查看压缩文件夹中的内容：双击压缩文件夹图标，可以像未被压缩的文件夹一样查看文件夹中的内容。

4）解压缩文件或文件夹：如果要解开被压缩的单个文件或文件夹，先双击压缩文件夹将该文件夹打开。然后从压缩文件将要解压缩的文件或文件夹拖动到其他新的位置即可，类似于普通文件夹间的文件移动或拷贝操作。

如果要解开被压缩文件夹下的所有文件或文件夹，右键单击该压缩文件夹，在弹出的快捷菜单中单击“全部提取”；还可以在压缩文件夹下，单击“文件夹任务”中的“提取所有文件”；此时系统弹出“提取向导”欢迎界面，用来帮助从压缩文件中提取文件，根据向导提示的步骤，一步一步完成文件解压缩。

（2）多媒体文件的管理　对于专门存放图片、音乐和视频文件的文件夹，可以通过设置文件夹属性来进行管理。右键单击选定的文件夹，在弹出的快捷菜单中选择“属性”，在属性对话框中选择“自定义”选项卡，优化文件夹类型为相应的图片、音乐和视频类型（图 2-17）。例如当打开一个专门存放 WMA、MP3 等歌曲的文件夹时，资源管理器会自动显示出歌曲的名称、参与创作艺术家以及唱片集等相关信息（图 2-18），这可以帮助管理多媒体文件。按照工具栏上的“全部播放”操作向导，很轻松地就可以播放选中的文件。

（3）设置公用文件夹共享　公用文件夹类似于收件箱；当将文件或文件夹复制到公用文件夹时，就可以使该文件或文件夹供一台计算机上的其他用户或网络上的其他用户登录后使用。每个库中均有一个公用文件夹。示例包括公用文档、公用音乐、公用图片和公用视频。默认情况下，公用文件夹共享处于关闭状态。“公用文件夹共享”打开时，登录这台计算机或网络上的任何人均可以访问这些文件夹。在其关闭后，只有在本台计算机上具有用户账户和密码的用户才可以访问。打开或关闭“公共文件夹共享”的步骤：①选中库中要共享的文件或文件夹；②单击工具栏“共享”，选择“高级共享设置”，打开“高级共享设置窗口”（图 2-19）；③在“公用文件共享”下，选择选项之一；④单击“保存更改”。如果系统提示您输入管理员密码或进行确认，请键入该密码或提供确认。

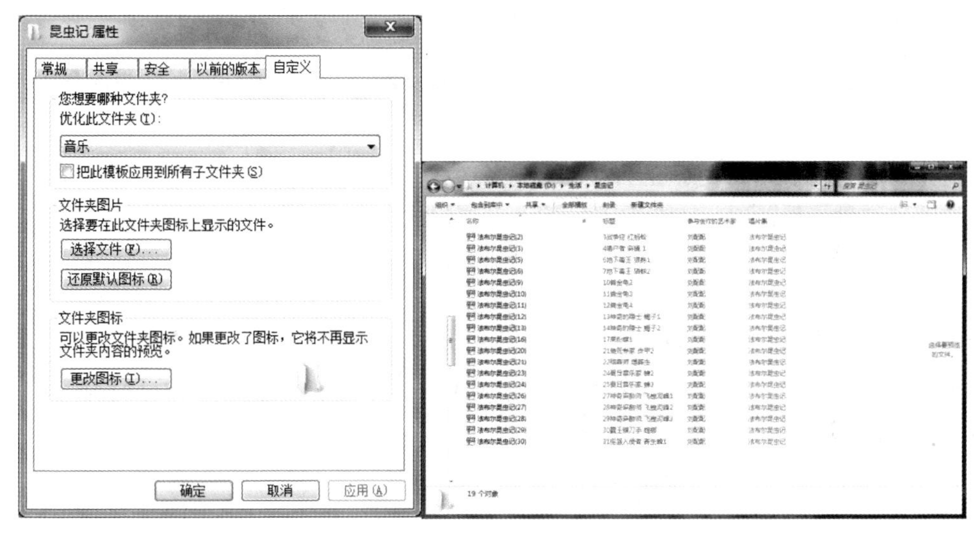

图 2-17　“文件夹属性”对话框　　图 2-18　音频文件夹窗口

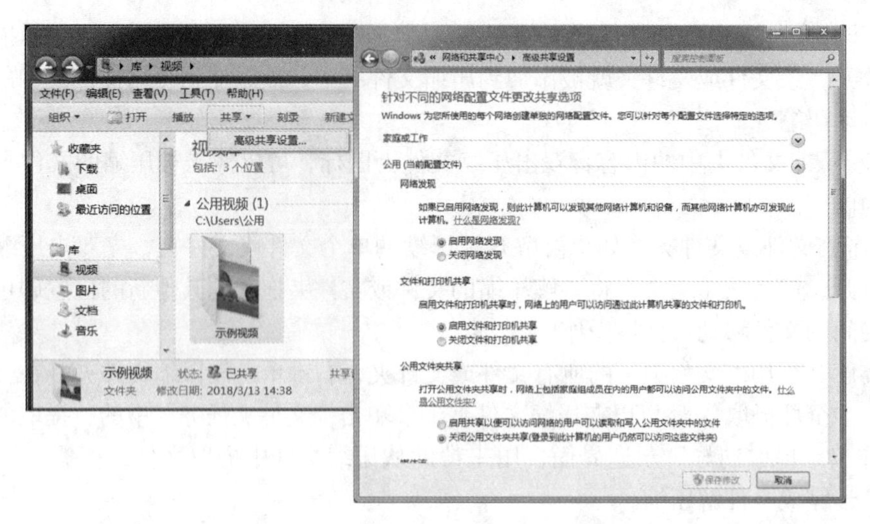

图 2-19　公用文件夹中的“共享”菜单

注意：当与其他人共享计算机上的公用文件夹时，他们能像在自己的计算机上那样打开和查看计算机上保存的文件。如果授予他们更改文件的权限，他们所做的任何更改都将更改当前计算机上的文件；通过在“控制面板”中打开密码保护的共享，可以限制在自己的计算机上具有用户账户和密码的用户才能访问公用文件夹。

三、磁盘管理

一台计算机可以连接多个磁盘驱动器，如软盘、硬盘驱动器和光驱等。每一个硬盘又可分为多个分区，每一个分区代表一个逻辑磁盘。因此，双击桌面图标“计算机”，在打开的窗口中，可以看到多个磁盘驱动器，如图 2-20 所示。

1．查看磁盘属性　每个磁盘都有它的属性，通过查看磁盘属性，可以了解磁盘的总容量、可用空间大小、已用空间大小以及磁盘的卷标等。另外，还有文件系统的信息。

查看磁盘的相关信息：右键单击要查看的磁盘，在弹出的快捷菜单选择“属性”，在弹出的属性对话框的“常规”选项卡上，可以查看磁盘的总容量、可用空间、已用空间、磁盘的卷标和文件系统，对话框上部的输入框中，可以修改磁盘的卷标，它是磁盘的名字（图 2-21）。对话框的下方“压缩驱动器以节约磁盘空间”等选项，只在文件系统为 NTFS 时才会出现，也就是说当磁盘为 NTFS 格式时，才具有可压缩性。

2．磁盘管理工具　磁盘管理工具可以对计算机上的所有磁盘进行综合管理，可以对磁盘进行打开、管理磁盘资源、更改驱动器名和路径、格式化或删除磁盘分区以及设置磁盘属性等操作。

右键单击“计算机”图标，选择“管理”命令，打开“计算机管理”窗口，单击窗口左侧窗格中的“磁盘管理”项，在右边窗口的上方列出所有磁盘的基本信息，包括类型、文件系统、容量、状态等信息，如图 2-22 所示。在窗口右侧窗格下方按照磁盘的物理位置给出了简略的示意图，并以不同的颜色表示不同类型的磁盘。

（1）物理磁盘的管理：物理磁盘是计算机系统中物理存在的磁盘，在计算机系统中可以有多块物理磁盘。在 Windows 7 中分别以“磁盘 0”“磁盘 1”等标注出来。右键单击需要进行管理的物理磁盘，在快捷菜单中选择“属性”命令，打开物理磁盘属性对话框，如图 2-23 所示。

在“常规”标签中可看到该磁盘的一般信息，包括设备类型、制造商、安装位置和设备

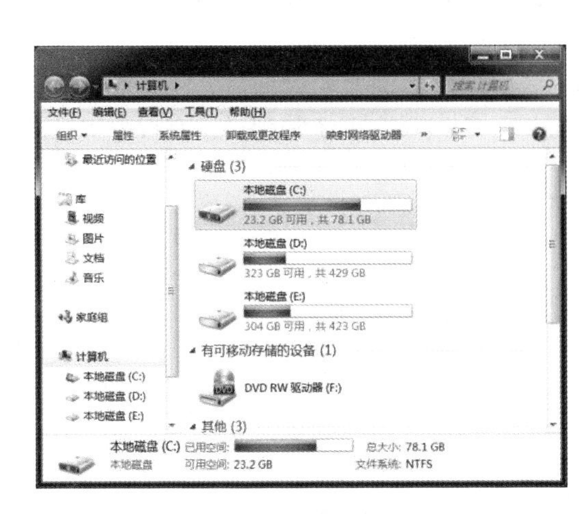

图 2-20 “计算机”窗口

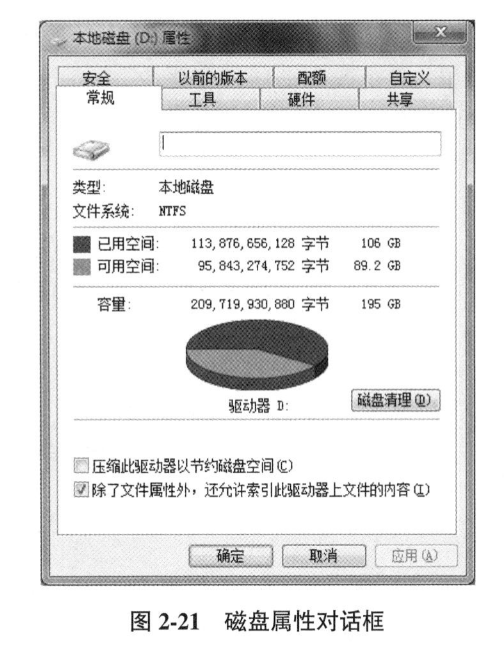

图 2-21 磁盘属性对话框

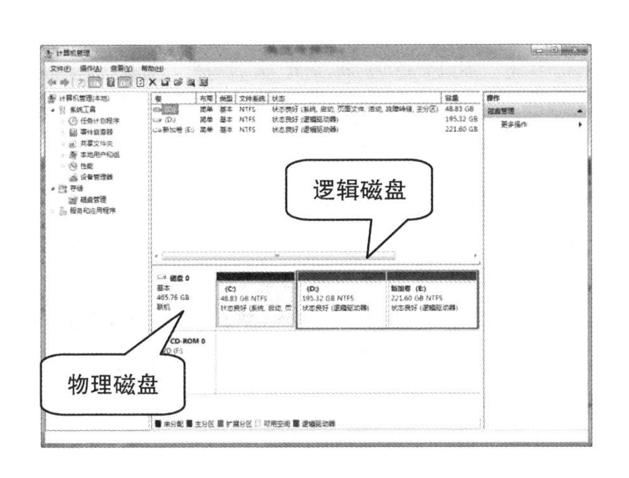

图 2-22 计算机管理窗口

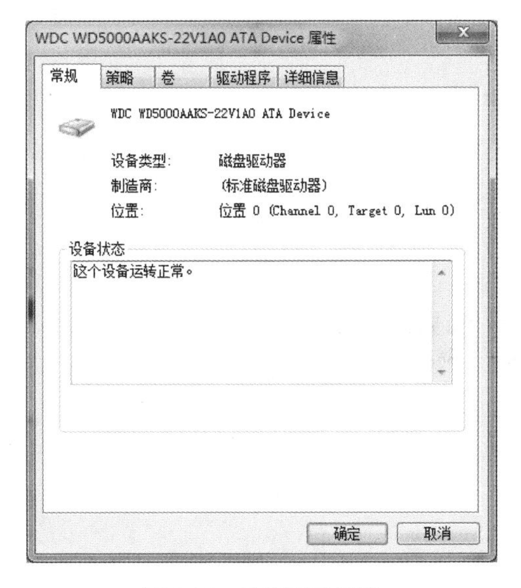

图 2-23 物理硬盘属性

状态等信息。在“设备状态”列表中可以显示该设备是否处于正常工作状态，如果该设备出现异常，可以单击“疑难解答”按钮来加以解决。在“策略”标签中选中“启用写入缓存”复选项，将允许磁盘写入高速缓存，这样可以提高写入的性能；在“卷”标签中列出了该磁盘的卷信息，在下面的“卷”列表框中选择卷，单击“属性”按钮，可以对卷进行设置；在“驱动程序”标签中，用户可以单击“驱动程序详细信息”按钮，查看驱动程序的文件信息。如果需要更改驱动程序，单击“更新驱动程序”按钮，将打开升级驱动程序向导。当新的驱动程序出现异常时，可以单击“返回驱动程序”按钮，恢复原来的驱动程序。单击“卸载”按钮可以将设备从系统中删除。

（2）逻辑磁盘属性设置：逻辑磁盘往往是在安装系统时，对物理磁盘按存储容量大小进行逻辑分区，用 C：、D：、E：等盘符来表示。安装后也可以通过 Windows 7 的磁盘管理工具，对扩展分区进行重新分区及设置单个逻辑磁盘的属性。

（3）更改驱动器和路径：以 E 盘驱动器为例，用鼠标右键单击逻辑驱动器，在弹出的菜单中单击“更改驱动器名和路径”，打开“更改 E:（新加卷）的驱动器号和路径”对话框（图 2-24）。单击“更改”按钮，打开“更改驱动器和路径”对话框，单击“指派以下驱动器号”单选按钮后，选择一个驱动器号。

“磁盘管理”可以对硬盘分区进行一些基础的底层操作，例如划分磁盘分区、格式化驱动器等，由于操作不当会导致磁盘数据丢失或硬件损坏，所以只有系统管理员才有权限进行此操作，对于计算机硬盘分区不精通的用户请谨慎使用这些功能。

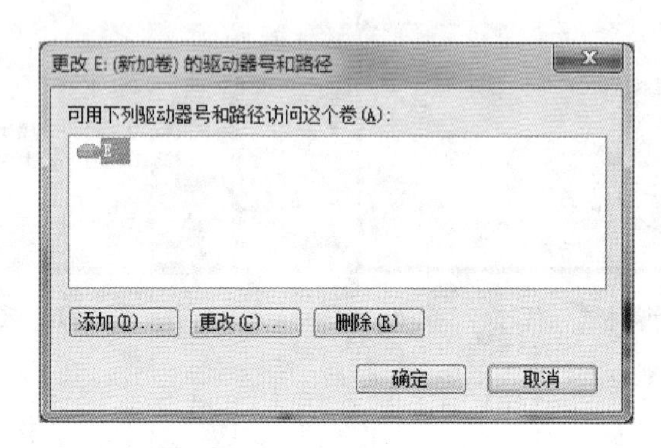

图 2-24　更改驱动器号或路径

3. 刻录光盘　Windows 7 系统支持光盘刻录功能，可以对可刻录光盘直接写入数据，这需要光盘驱动器具有刻录功能。Windows 7 系统将刻录功能集成到了“计算机”窗口或者“资源管理器”的工具栏上。把一张空白光盘放入刻录机，打开“计算机”窗口，选中要刻录的文件或文件夹，单击工具栏上的“刻录”按钮，将要刻录的内容拷贝到光盘驱动器的盘符上，等拷贝结束。打开光盘驱动器窗口，选中要刻录的内容，单击工具栏上“刻录到光盘”的命令按钮，按刻录向导的引导即可完成刻录。其实把文件保存到光盘上之前，Windows 7 会在硬盘上提供一个刻录区域，它的大小与写入光盘的文件大小相同。当把文件移入光盘驱动器图标时，文件并不是真的写入光盘，而是复制到了刻录区域中，之后，用“刻录到光盘”命令向导才真正将整理好的文件内容写入到光盘中。Windows 7 提供的光盘刻录功能有限，如有更多需要可安装一些专用刻录软件。

四、管理运行应用程序

应用程序是在 Windows 操作系统提供的平台上实现各种功能的软件，应用程序种类繁多，功能各异。例如文字处理程序、图形图像处理程序、游戏程序等。正是通过应用程序，使人们可以利用计算机完成各种各样的工作。

1. 安装和卸载应用程序　各种操作系统仅为用户提供了一个人机交互的基础平台，它们都离不开应用程序的支持，正是因为有了各种各样的应用软件，计算机才能够在各个方面发挥出巨大的作用。虽然 Windows 7 操作系统有着非常强大的功能，但它内置的应用程序有限，满足不了用户个性化的实际应用。因此，还要安装符合用户各种需要的各种软件，对不需要的应用软件，也可以及时删除。

（1）安装应用程序：在 Windows 7 中，各种应用程序的安装都变得极为简单。对较正规的软件来说，在软件安装盘上，都会有一个名为“Setup.exe”或“Install.exe”的可执行文件，运行这个可执行文件，然后按照提示一步一步地进行，即可完成程序的安装。这类程序通常都在 Windows 的注册表中进行注册，并自动在“开始”菜单中添加对应的选项，有时还会在桌面上创建快捷方式。

某些程序则是“便携的”（portable，也称为“绿色软件”），常以压缩的形式存在，不用专门安装，用户只需要将其解压缩即使用。

（2）删除应用程序：对于不再使用的应用程序，可以从系统中卸载，留出更多的磁盘空间。删除程序不能像删除文件那样直接删除（绿色软件除外。绿色软件由于没有经过安装过程，所以只需删除解压出来的全部文件即可将其完全删除），因为在安装应用程序时，还会向 Windows 系统目录中安装一些相应的支持文件，如 DLL 链接文件等。此外，应用程序可能还在系统中进行了登记注册，如果这些内容不除去，系统中会保留许多无用的残余文件。所以，必须采用卸载的方法，才能将与应用程序相关的所有内容全部从系统中清除干净。

删除较正规的应用程序操作非常简单，在“控制面板”窗口中单击“卸载程序”图标，打开“卸载或更改程序”对话框（图 2-25）。该窗口列出了在计算机注册表上注册过的所有软件，双击要卸载的程序，根据向导提示可以修复或卸载该应用程序，Windows 会自动做完大部分工作，一步一步做下去就可以了。

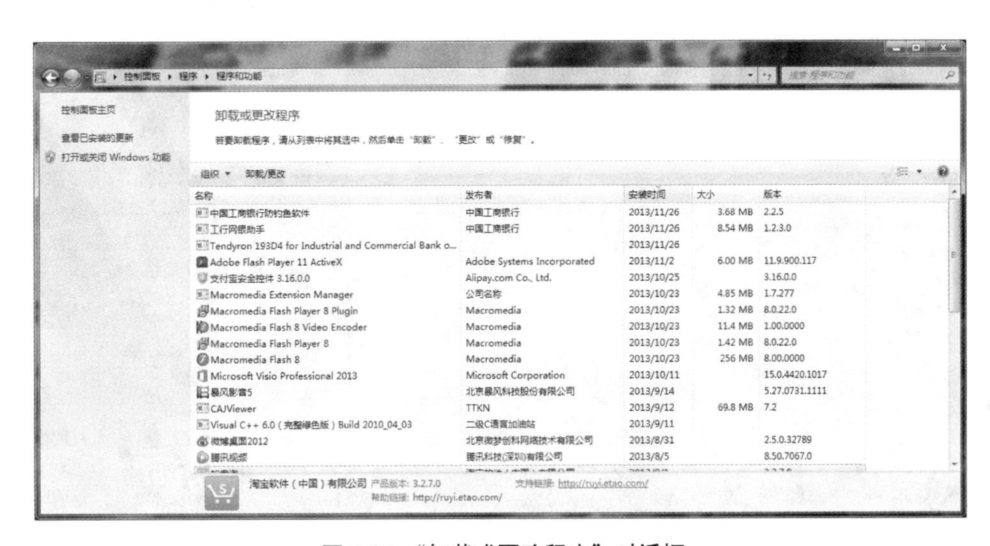

图 2-25　“卸载或更改程序”对话框

还有一些应用程序有自动卸载程序，运行自动卸载程序即可。

但在实际各种应用软件中总有些不太“友好”的软件，在安装时不在 Windows 系统中注册，在“添加或删除程序”选项中找不到它们的信息。此时，如果要删除这些软件的话，只能到软件安装时创建目录，自己手工删除，这样往往不能彻底删除这个软件。

2．应用程序间切换　Windows 7 操作系统的多任务处理机制更为强大、更为完善，系统的稳定性也大大提高，可在多个应用程序之间任意切换。

（1）任务栏上的图标按钮进行任务切换：在任务栏处单击代表窗口的图标按钮，即可将相应的任务窗口切换为当前任务窗口。

（2）使用快捷键切换

1）Alt+Tab 进行切换：同时按下 Alt 和 Tab 键，然后松开 Tab 键，屏幕上出现任务切换栏（图 2-26）。在此栏中，系统当前在打开的程序都以相应图标的形式平行排列出来，按住 Alt 键不放的同时，按一下 Tab 键，则当前选定的为下一个程序图标，当选定要启用的程序图标后，松

图 2-26　任务切换栏

开 Alt 键就切换到当前选定的窗口中了。

2）Alt+Esc 进行切换：系统会按照应用程序窗口图标在任务栏上的排列顺序切换窗口。不过，使用这种方法，只能切换非最小化的窗口，对于最小化窗口，它只能激活，不能放大。

3）还可以通过 Windows 键 +D 进行切换：极小化所打开的任务窗口，直接切换到桌面等。

五、局域网的组建与配置

在 Windows 7 中，用户可以通过局域网实现资料共享和信息的交流。

1．配置局域网

（1）配置网卡：在正确安装完网卡及相应的驱动程序后，Windows 7 将为它检测到的网卡创建一个局域网连接。

1）打开控制面板，“网络和 Internet”项中选择“查看网络状态和任务”，打开的窗口中可以查看到基本网络信息并可以更改网络设置（图 2-27）。

2）单击“本地连接”图标，打开“本地连接状态”对话框（图 2-28），对话框列出了本台计算机的网络连接状态。单击“属性”命令按钮，弹出“本地连接属性”对话框（图 2-29），在对话框的上方将列出连接时使用的网络适配器，单击“配置”按钮，打开相应的对话框，在该对话框中可以对网络适配器进行设置。

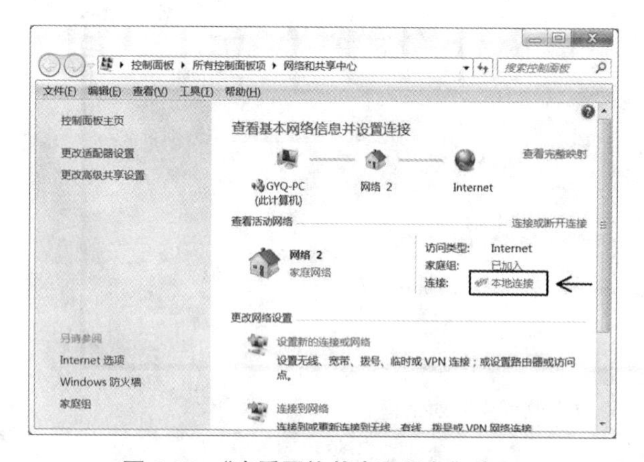

图 2-27 “查看网络状态和任务”窗口

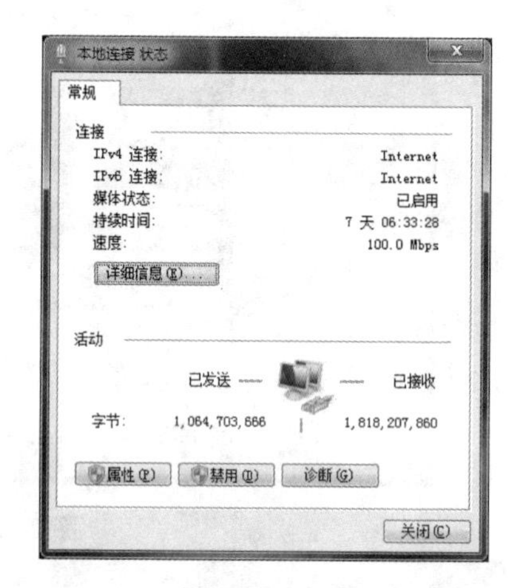

图 2-28 “本地连接状态”对话框

（2）网络组件的设置：网络组件是指当计算机连接到网络时，用来进行通信的客户、服务和协议。

1）安装协议：在图 2-29 也列出了本机允许访问的网络资源。在网络适配器安装正确后，Windows 7 默认安装有“Internet 协议”，即 TCP/IP 协议。如果需要添加其他的协议，请单击“安装”按钮，以打开“选择网络组件类型”对话框，在此对话框中用户可以选择要安装组件的类型。

2）设置 TCP/IP 协议：TCP/IP 协议是 Internet 最重要的通信协议，它提供了远程登录、文件传输、电子邮件和 WWW 等网络服务，是系统默认安装的协议。

在 Windows 7 中除了支持 TCP/IPv4，还支持 TCP/IPv6 协议。在“本地连接属性”对话框中，双击列表中的“Internet 协议版本 6（TCP/IPv6）”或者“Internet 协议版本 4（TCP/IPv4）”项，分别打开“Internet 协议版本 6（TCP/IP6）属性”（图 2-30）或“Internet 协议版本 4（TCP/IP4）属性”对话框（图 2-31）。在这两个对话框中，可以分别设置不同版本的 IP 地址、子网

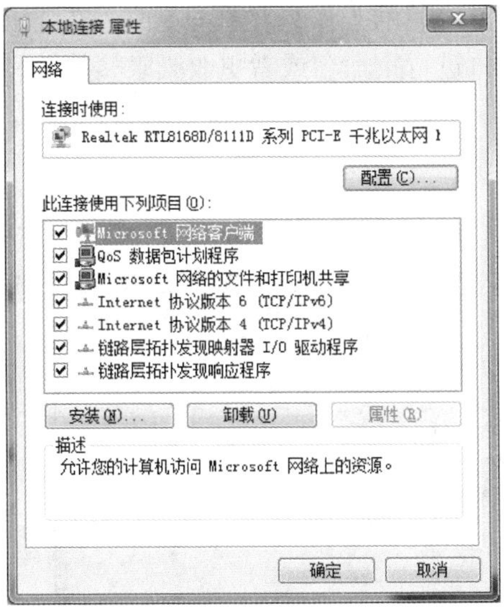

图 2-29 “本地连接属性”对话框

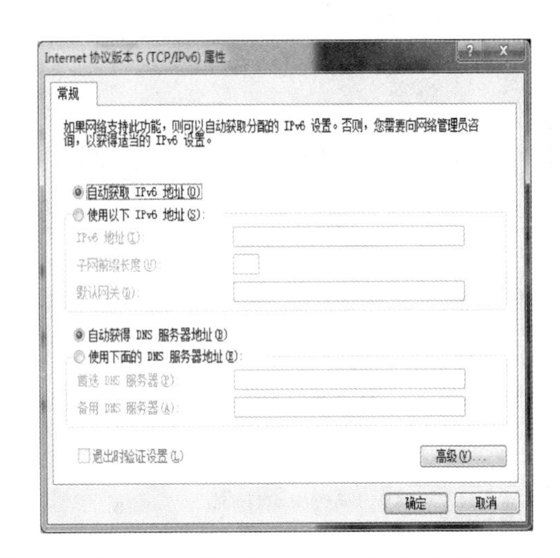

图 2-30 “Internet 协议版本 6（TCP/IP6）属性”窗口

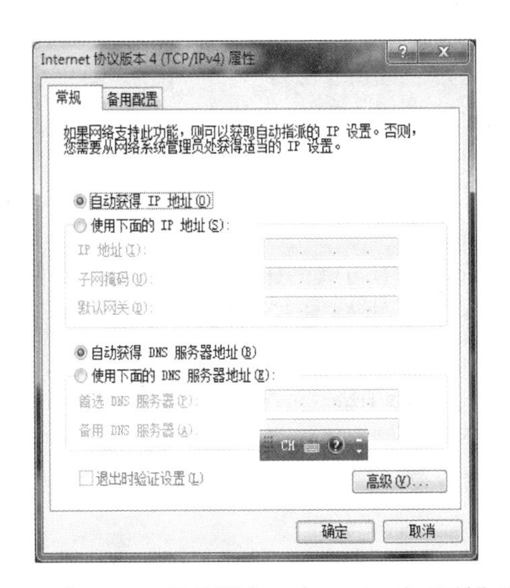

图 2-31 “Internet 协议版本 4（TCP/IP4）属性”窗口

掩码、默认网关等。

IP 地址：在局域网中，IP 地址一般是由网络管理中心分配指定的，比如 192.168.0.72，在局域网中每一台计算机的 IP 地址应是唯一的。也可以选中“自动获得 IP 地址”项，让系统自动在局域网中分配一个 IP 地址。

子网掩码：局域网中该项一般设置为 255.255.255.0。

默认网关：一般是同一网段中的作为网关的服务器或网络设备的 IP 地址，如：192.168.0.1。

上述选项设置完成后，单击“确定”按钮即可。

（3）工作组的设置：局域网中的计算机可以隶属于某一个域，也可属于一个工作组，这里只讨论工作组的设置和属于工作组的计算机之间的互相访问。

① 右键单击“计算机”图标，在快捷菜单中选择“属性”命令，在打开的窗口中显示了计算机的基本信息。

② 单击“计算机名”标签后方“更改设置”命令按钮，打开“系统属性”对话框（图

2-32)。在“计算机名”选项卡中显示了计算机的全名及其隶属的工作组。单击更改，在弹出的“计算机名/域更改”对话框（图 2-33），可以对计算机进行重命名或者更改其隶属的域和工作组。

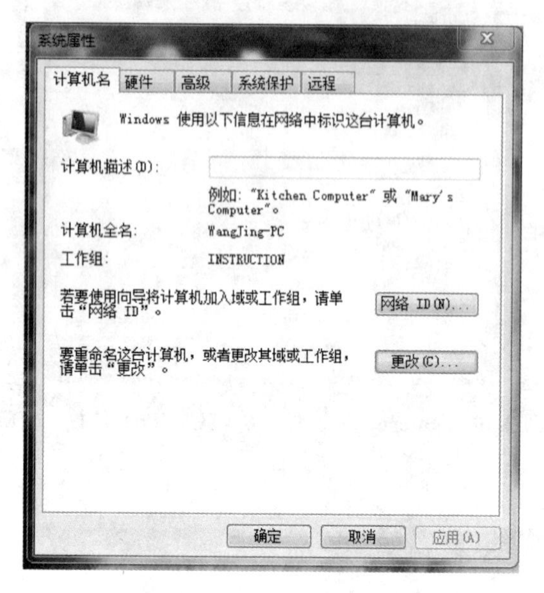

图 2-32 “系统属性”对话框

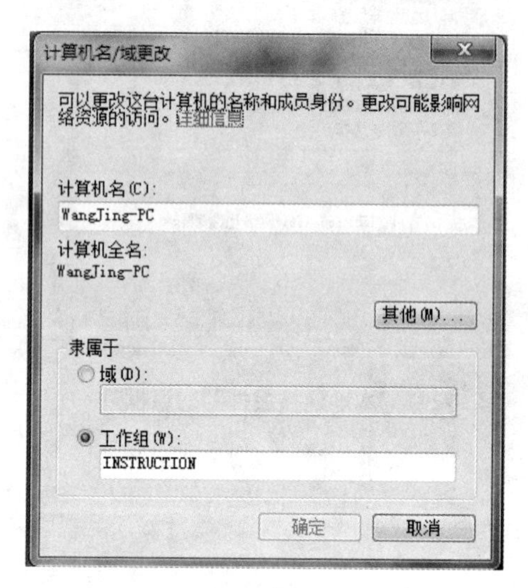

图 2-33 计算机名/域更改

2．局域网应用

（1）查找计算机：在 Windows 7 局域网中，用户如果需要使用其他计算机上的资源，首先必须在局域网中找到该计算机。一般情况下，双击“网络”图标，同一局域网的其他计算机的图标都会显示在“网络”窗口（图 2-34）。如果没有显示出来，可以在“计算机”或“资源管理器”窗口的工具栏的搜索文本框中输入要搜索的计算机名。如果网络配置正确，在右边窗口中将出现搜索的结果。

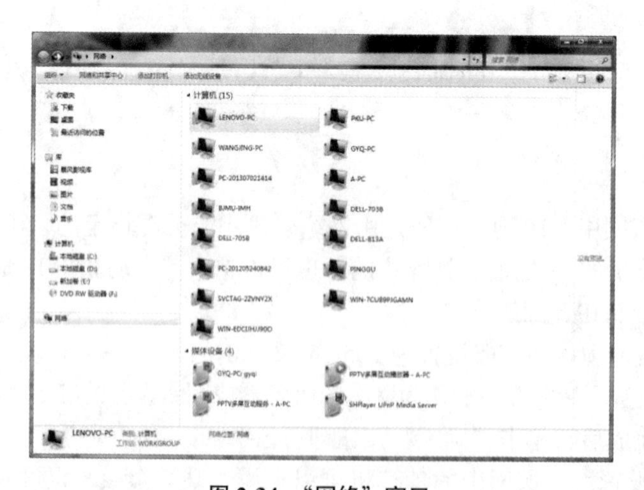

图 2-34 “网络”窗口

（2）计算机资源的共享：在 Windows 7 局域网中，计算机中的每一个软、硬件资源都被称为网络资源，用户可以将软、硬件资源共享，被共享的资源可以被网络中的其他计算机访问。可以把自己的打印机、驱动器和文件夹设置成为可以让他人访问（共享）的方式。

Windows 7 系统中最快捷的共享方式是使用工具栏上“共享”菜单。共享选项取决于共享的文件和计算机连接的网络类型。Windows 7 中的网络类型有 3 种：家庭组、工作组和域。家庭组、工作组和域表示网络中计算机的不同组织方法。它们之间的主要区别是对网络中的计算机和其他资源的管理方式。

在工作组中所有的计算机都是对等的，没有计算机可以控制另一台计算机。每台计算机都有一组用户账户。若要登录到工作组中的任何计算机，您必须具有该计算机上的账户。工作组不受密码保护。工作组的所有的计算机必须在同一本地网络或子网中。

家庭网络中的计算机必须属于某个工作组，但它们也可以属于某个家庭组。使用家庭组，可轻松与家庭网络中的其他人共享图片、音乐、视频、文档和打印机。家庭组受密码保护，但在将计算机添加到家庭组时，只需要键入一次密码即可。

在域中有一台或多台计算机为服务器。网络管理员使用服务器控制域中所有计算机的安全和权限。因为更改会自动应用到所有的计算机，这使得更改更容易进行。域用户在每次访问域时必须提供密码或其他登录凭据。如果具有域上的用户账户，您就可以登录到域中的任何计算机，而无须具有该计算机上的账户。由于网络管理员经常要确保计算机之间的一致性，所以，只能对计算机的设置进行有限制地更改。一个域中可以有几千台计算机。计算机可以位于不同的本地网络中。

六、远程桌面连接

远程桌面连接是一种通过远程登录的方式，用当前的计算机（有时称为“客户端”计算机）连接到其他位置的“远程计算机”（有时称为“主机”）的技术。例如，将家中用的计算机连接到工作处的计算机，并访问所有程序、文件和网络资源，就好像坐在工作计算机前一样，可以看到工作计算机的桌面以及那些正在运行的程序。

具体操作是：

（1）设置“远程计算机”：在“远程计算机”上操作，单击“系统”→“远程设置”，在弹出的“系统属性”对话框中选择“允许远程协助连接这台计算机”和在“允许运行任意版本远程桌面的计算机连接”和“只允许运行带网络级身份验证的远程桌面的计算机连接”选其一，如图 2-35 所示。

（2）在当前操作的计算机上，单击“开始”→“所有程序”→“附件”→“远程桌面连接”，在如图 2-36 所示弹出的对话框中，键入“远程计算机”的 IP 地址和相应用户名及密码即可。

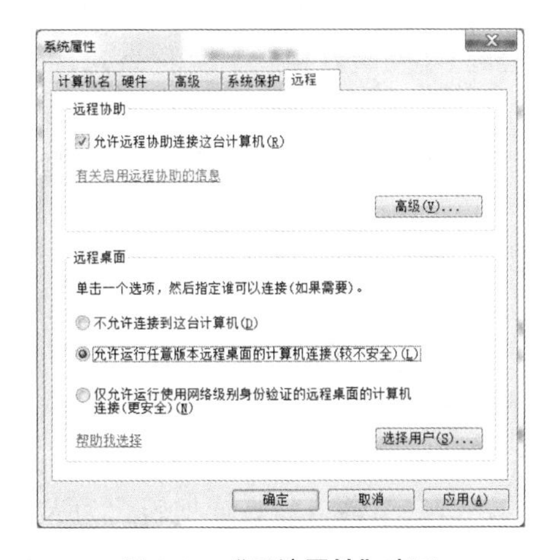

图 2-35 “系统属性”窗口

图 2-36 “远程桌面连接”窗口

第四节　软件开发基础知识

一、程序设计语言

程序设计高级语言的种类有很多。1956 年，美国计算机科学家巴科斯（John Warner Backus）设计的 FORTRAN 语言首先在 IBM 公司的计算机上应用成功，标志着高级语言时代的到来。FORTRAN 语言简洁、高效，成为此后几十年科学和工程计算的主流语言，除了 FORTRAN 以外，还有 ALGOL60 等科学和工程计算语言。随着计算机应用的发展，COBOL 这类商业和行政管理语言出现了，特别适用于商业、银行和交通行业的软件开发。

20 世纪 60 年代出现了 BASIC 语言，它是初学者语言，简单易学，人机对话功能强，可用于中小规模的事务处理，至今已有许多版本，如基本 BASIC、扩展 BASIC、长城 BASIC、Turbo BASIC、Quick BASIC 等。尤其 Visual Basic For Windows 是面向对象的程序语言，使非计算机专业的用户也可以在 Windows 环境下开发软件。

20 世纪 70 年代出现更为普及的两种高级语言 PASCAL 语言和 C 语言。他们是面向过程程序设计思想的代表，都是自顶向下、逐步求精的设计方法和函数、过程的直接调用的实现方法。但是主要的区别在于 PASCAL 语言强调的是语言的可读性，因此 PASCAL 语言逐渐成为学习算法和数据结构等软件基础知识的教学语言；而 C 语言注重的是语言的简洁性和高效性，因此 C 语言成为之后几十年中主流的软件开发语言。

20 世纪 80 年代初，程序设计语言出现了一次重大的革命，这就是面向对象（Object Oriented，OO）的程序设计语言的诞生。典型的代表就是 C++ 语言。C++ 语言是在 20 世纪 80 年代初由 AT&T 贝尔实验室本贾尼·斯特劳斯特卢普博士（Bjarne Stroustrup）在 C 语言的基础上设计并实现的。C++ 语言继承了 C 语言的所有优点，比如简洁性和高效性，同时引入了面向对象的思想，并引入了类（Class）的概念及其特有的封装性、继承性以及多态性等诸多特点。C++ 语言面向对象的设计开发方法使得软件的分析、设计和构造能更好地表达现实世界的事物，使程序设计更加形象化、组件化，使得开发大型软件更为容易。

20 世纪 90 年代初，又一个革命性的语言——Java 语言——诞生了。Java 语言是一种新型的跨平台分布式程序设计语言。Java 以它简单、安全、可移植、面向对象、多线程处理等特性引起世界范围的广泛关注。在 Java 之前，如 C++ 等语言编写的程序不是跨平台的，同样的程序，换了操作系统或者换了不同类型的机器就需要重新编译生成新的目标程序，否则不能直接运行，也就是不具备可移植性。Java 语言之所以具备可移植性，是因为有 Java 虚拟机（Java Virtual Machine，JVM）。Java 程序最后并不是编译成目标机器的目标程序，而是被编译成为只有 JVM 才可以解释运行的中间代码。不同的机器只要安装有相应平台的 JVM，同样的 Java 目标程序，也就是中间代码的程序就可以运行，而不需要重新编译。另外 Java 语言不同于 C++ 的一个主要地方是：Java 是纯面向对象的程序设计语言，所有的数据和方法都是由类来封装的。

C# 语言（C sharp）是微软公司基于 Microsoft .NET 平台推出的编程语言。C# 是一种类似于 Java 的面向对象的编程语言，不过 C# 更强调的是面向组件的编程，例如内置了装箱和拆箱的操作，使得组件开发更容易。C# 既有 C++ 的灵活性，又有 Java 的安全性，它使得程序员可以快速地编写各种基于 Microsoft .NET 平台的应用程序。正是由于 C# 面向对象的卓越设计和与微软自身的 .NET 平台的密切关系，使它成为构建各类组件的理想之选。无论是高级的商业对象还是系统级的应用程序，使用简单的 C# 语言结构，这些组件可以方便地转化为 XML 网络服务（WebService），从而使它们可以由任何语言在任何操作系统上通过 Internet 进行调用。

以上谈论的高级语言都是需要编译后才能执行的，称这些高级语言为编译型高级语言，下面介绍一下非编译型的高级语言——脚本语言。

脚本语言，即 Script 语言，脚本语言写的程序代码，不需要编译，由脚本引擎来解释执行。现在的 Web 开发中广泛应用的 JavaScript、ASP、PHP，在 Linux 和 Unix 系统中应用较多的 Shell Script、Perl、Python、Tcl 等都是脚本语言。与编译型高级语言有一个很重要的区别，就是编译型高级语言是强类型的，也就是一个变量在编译之前就定了类型，不能改变，而脚本语言是无类型的，一个变量可以存储多种类型的数据，而且脚本语言的语法规则也比编译型高级语言宽松，所以用脚本语言写程序非常灵活，开发速度快。其实可以把脚本语言想象成胶水，编译型高级语言开发一系列底层的复杂应用组件，而脚本语言则可以快速把这些组件连接组合出更高层的事务逻辑。不过不同的脚本语言是为不同的工作而设计，不具有通用性。

了解了计算机程序设计语言的大概历史和分类，那么从高级语言的程序变成机器可以运行的软件，一般要经过哪些步骤呢？脚本语言比较好理解，写好程序由脚本引擎解释执行即可。那编译型高级语言呢？这里假设使用 C 语言设计程序。在前面已经提到语言处理系统一般包括预处理器、编译器、连接器等。预处理器用来对源程序文件进行预先处理，把源代码程序中用预处理指令写的宏语句替换成真正的源代码程序。编译器用来把源代码程序编译成目标机器的二进制代码。连接器用来将若干个目标代码文件连接生成一个可执行文件（图 2-37）。

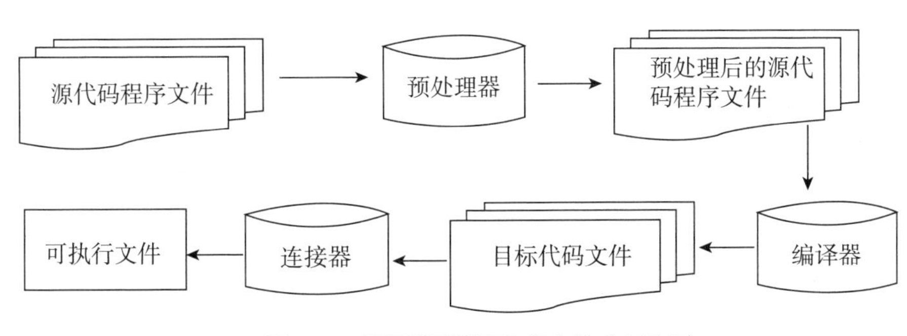

图 2-37　从源代码到可执行文件（C 语言）

二、算法和数据结构

用高级语言编写程序，就是用程序来表达和解决现实中的问题，因为问题是各种各样的，有的简单，有的复杂，要想很好地把解决这些问题的方法表述成计算机程序，就必须按照一定的“解题”步骤，依据一定的设计思想。这里有两个重要的概念，就是“算法”和“数据结构”。可以说算法是程序的灵魂，数据结构是算法这个灵魂的载体，程序 = 算法 + 数据结构。

1．数据结构　说到数据结构，有必要先了解下面几个概念：

（1）数据：数据是对客观事物的符号表示，是客观世界中信息的载体，是能被计算机识别、存储和加工处理的符号的总称。数据好比是计算机加工的“原料”。比如用数学软件来解数值代数方程，其处理的数据是整数或实数；而一个文字处理软件，处理的数据是字符串。因此，对计算机来说，数据的含义非常广泛，声音、视频、图像等都可以通过合适的编码方法成为计算机处理的数据。

（2）数据元素：数据的基本单位，在计算机程序中通常作为一个整体来处理，在某些应用中又称为记录或者节点。一个数据元素由多个数据项组成。比如图书馆管理图书，每一本图书都有一个数据元素与之对应，这个元素就是每本图书的记录，包括编号、书名、作者、出版社等数据项。或者写成：图书记录 ={ 编号，书名，作者，出版社 }。

（3）数据项：数据项是具有独立含义的最小标识单位，又称字段、域、属性等。如每本图书的记录中包含的编号、书名、作者、出版社都是数据项。

（4）数据对象：是性质相同的数据元素的集合，是数据的一个子集。例如图书馆里的所有一类图书就可以看成是一个数据对象。

从概念的范围上看，数据 ⊃ 数据对象 ⊃ 数据元素 ⊃ 数据项。例如：班级同学录 ⊃ 高一二班同学录 ⊃ 个人记录 ⊃ 姓名、年龄。“⊃”表示包含的意思。

数据结构就是相互之间存在一种或多种特定关系的数据元素的集合。数据结构是一个二元组，记为：Data_Structure=（D，S），其中 D 为数据元素的集合，S 是 D 上关系的集合。数据元素相互之间的关系称为结构（Structure）。例如复数的数据结构定义如下：

Complex =（C，R）

其中：C 是含两个实数的集合{ C1，C2 }，分别表示复数的实部和虚部。R={P}，P 是定义在集合上的一种关系 {〈C1，C2〉}。

根据数据元素之间关系的不同特性，数据结构分为很多类型，通常有下列几种基本类型结构（图 2-38）：

集合结构：结构中的元素只是简单的同属一个集合的关系。

线性结构：结构中的元素间的关系是一对一的关系。

树形结构：结构中的元素间的关系是一对多的关系。

网状结构：结构中的元素间的关系是多对多的关系。

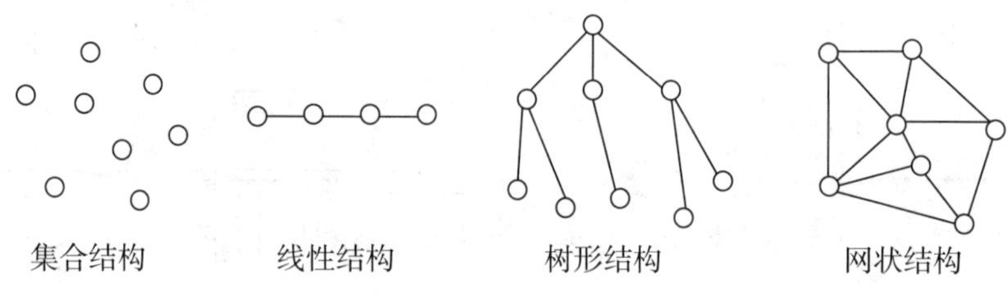

图 2-38 数据结构的基本类型

上面说的结构都是数据的逻辑结构，也就是数据元素之间存在的逻辑关系的表示。有了数据的逻辑关系，那么具体要计算机操作这些数据，还要研究数据在计算机中如何表示和存储的，这就是数据的物理结构所要研究的。另外，逻辑结构是人对具体事物的抽象，计算机并不知道这些逻辑结构的存在，计算机只能识别操作具体的物理结构的数据。人们可以把数据的一种逻辑结构映射成不同的物理结构。

物理结构就是数据结构在计算机中的表示，又称为存储结构，包括数据元素的表示和关系的表示。计算机最小的信息单位就是一个二进制位，所有别的数据都是由多个二进制位组成的，比如 8 个二进制位保存一个字符，16 个和 32 个二进制位保存一个整数，人们把 8 个二进制位称为一个字节，计算机的硬件存储器的存储空间可以看成是由连续的字节组成的。

数据元素在计算机中的存储一般有两种存储结构：顺序存储结构和链式存储结构。

顺序存储结构是利用数据在存储器中的相对位置来表示数据元素之间的逻辑关系的。例如图书馆中一个图书的记录 ={ 编号，书名，作者，出版社 }。编号、书名、作者、出版社分别占用 4 个字节、30 个字节、10 个字节和 20 个字节，也就是每个图书记录占用 64 个字节。如果按顺序存储结构，内存中每个图书记录都占用连续的 64 个字节，若干个图书记录就占用若干个 64 个字节，而且是连续的。这样，程序操作就可以按 64 个字节一个图书记录来存取，第一个 64 个字节是第一个图书记录，紧接着第二个 64 字节就是第二个图书记录，以此类推。顺序存储结构的优点就是存取方便快速，很直接；缺点是不灵活，比如图书记录很多，不见得有那么多连续的内存空间可以使用。如果提前分配足够的空间，又有可能造成浪费。相比之下，链式存储结构就更具灵活性。

链式存储结构是将若干个数据元素分散存储在存储器的空间里，空间位置不需要连续，彼此之间通过某种方法联系起来，使得找到了第一个数据元素，就可以找到第二个，知道了第二个又可以找到第三个。还用图书记录做例子，这次我们要修改一下图书记录，添加一个数据项，叫做一个指针。图书的记录 ={ 编号，书名，作者，出版社，指针 }，这个指针占用 4 个字节，保存了下一个图书记录的存储地址。这样，多个图书记录就通过这种指针连接了起来，像一个链表。链式存储结构的优点是随用随分配，比如中途添加一个图书记录，就可以在存储器中任意空闲位置分配一个图书记录的空间，然后用上一个图书记录的指针指向这个新的图书记录即可。缺点是，数据元素的存取比较慢，因为要想访问一个中间的记录必须从第一个记录，一个接一个地遍历链表才能访问到。另外每个数据元素要多加一个指针，也多使用了存储空间。当然，如果未来添加的数据元素会比较多的话，这一个指针的空间开销还是值得的。

2. 算法　是指在有限步骤内求解某一问题所使用的一组定义明确的规则。通俗地说，就是计算机解决问题的过程。在这个过程中，无论是形成解题思路还是编写程序，都是在实施某种算法。一个算法应该具有以下 5 个重要的特征：

（1）有穷性：算法必须能在执行有限步骤之后结束，且每一步骤都在有限时间内完成。

（2）确切性：算法的每一步骤必须有确切的定义，不存在二义性，且算法只有一个入口和一个出口。

（3）输入：一个算法有 0 个或多个输入，以刻画运算对象的初始情况，所谓 0 个输入是指算法本身设定了初始条件。

（4）输出：一个算法有一个或多个输出，以反映对输入数据加工后的结果。没有输出的算法是毫无意义的，也就是说算法是解决某些问题的，必须有某种形式告诉人们结果。

（5）可行性：算法原则上是可行的，即算法描述的操作都是可以通过已经实现的基本运算执行有限次来实现的，而不是无休止地计算下去。

算法设计也有一定的要求，评价一个好的算法有以下几个标准：

（1）正确性：算法应满足具体问题的需求。对合法范围内的任何输入数据能返回符合要求的结果，对边界数值、不常用的数据都能正确返回结果。

（2）可读性：算法应该好读，应有利于阅读者对程序的理解，更方便日后的修改完善。

（3）健壮性：算法应具有容错处理能力。当输入非法数据时，算法应对其做出反应，而不是产生不可预料的输出结果。要对错误情况有足够的处理能力，对于任何非法的输入数据，能保证算法正常地结束并以某种方式输出错误原因。

（4）效率与存储量需求：效率指的是算法执行的时间。存储量需求指算法执行过程中所需要的最大存储空间。一般这两者与问题的规模有关。比如操作 10 条图书记录和操作 10 000 条图书记录所用的执行时间和占用的存储空间显然是有差别的。

其实计算机程序设计，主要就是实现各种各样的算法，算法设计的好坏，直接关系到最终软件工作效率和准确度。也正是因为设计算法，程序设计才变得魅力无穷。因为现实世界的问题千差万别，每一个问题都要去研究相应的算法，就是同一个问题也有各种各样的算法。例如基本的查找算法就有顺序查找、二分查找等算法，排序算法有选择排序、冒泡排序、快速排序和堆排序等的排序算法。

总之，算法是人的思路、想法、逻辑思维的表达，是程序设计的核心，至于程序设计语言，语言处理系统等都仅仅是工具而已。

三、集成开发环境

有了编程语言，学习了数据结构和算法，就可以开始编写程序开发软件了。比如我们要用

C++ 开发程序。最原始的方式，先找个编辑软件，比如 Windows 里的记事本（Notepad）之类的，把算法程序一字一句地敲进去，写好后，存储成一个纯文本文件，这就是我们的源程序文件。然后用编译程序把刚写好的源程序文件编译成目标文件，然后再用连接程序把目标文件连接成可执行文件即可。有这么简单吗？如果我们只写几行或几十行的程序，这么开发倒是也没什么，但是好多应用软件要开发出数万行以上的代码，成千上万的源代码文件，如果再用这些简单的开发工具，那效率就太低了，出了错误不容易查找，在编译软件和编辑软件之间来回切换也降低了工作效率，更主要的是，有很多代码可以重复使用，完全可以由计算机自动生成。所以集成开发环境应运而生。

集成开发环境（Integrated Development Environment，IDE）简单说就是把开发软件所用的各种工具都集成在一起，一般包括代码编辑器、预处理器、编译器、连接器、调试器和图形用户界面工具，还集成了各种组件和各种函数库等，使得软件开发变得更简单、高效。比如 C++ 语言的 Visual C++、Java 语言的 Jbuilder、Pascal 语言的 Delphi 等。我们下面以 Visual C++ 为参照，说说 IDE 的特点。

IDE 里的编辑器的功能一般都比较强大，具有普通编辑器的基本功能，如查找、替换，还有编辑程序设计语言特有的功能，比如自动完成功能，能记住已经存在的符号，用户再次输入时，不用把字符敲全，编辑器会自动补齐，或者弹出列表让用户选择一下，非常方便；还有语言格式的自动对齐排版，各种不同种类的符号可以以不同的颜色样式来显示，使程序更容易阅读，更容易发现错误。当然还远不止这些，总之在 IDE 的编辑器里写程序比在普通记事本里写程序更高效。

IDE 里集成了预处理器、编译器和连接器，只要鼠标点击一个按钮或者按一下快捷键，IDE 就会自动调用预处理器、编译器和连接器来把源程序编译连接成可执行文件。如果源程序文件中有错误，IDE 会自动列出每条错误以及错误原因、文件、行号，用户只需要用鼠标在列出的错误上双击，编辑器就会立即打开出错的文件，并且让出错的行高亮显示。

IDE 可以自动生成某些程序代码，比如好多程序的框架代码是通用的，区别也只是一些符号名字不同而已。这样，IDE 就可以让用户给出一些参数，然后由 IDE 自动把框架代码生成出来，用户就可以直接在这个框架代码里添加具体的实现代码，从而节省时间。尤其现在的应用软件很多都是有图形用户界面（graphic user interface，GUI）的，而且这些 GUI 有很多类似的组件，比如按钮、列表、文本框，菜单等。在 IDE 里，用户可以用鼠标拖拽的方式把这些图形组件添加到应用程序中去，IDE 会自动调用图形程序库来生成底层的代码，并且和这些图形组件相关联的类及其事件处理函数的框架代码 IDE 也会自动生成出来。用户就可以集中精力设计图形界面的样式，而不用担心图形组件是怎么画出来的；集中精力实现图形组件的事件处理函数的细节，而不用担心事件处理函数是怎么被调用的。

程序设计一般会遇到两种类型的错误，一个语法错误，一个是逻辑错误。语法错误会被编译器在编译的时候发现并报告出来，而逻辑错误编译器是发现不了的，比如用户写程序来找出若干个整数中最小的一个来，但是找出来的是中间的某个数，这就是用户的算法逻辑上出了问题，编译器是不知道你要干什么的。如果能动态地跟踪程序的每一步的执行就可以更容易地发现问题出在哪里。这就要用到调试器，IDE 一般都会带有调试器，使用调试器，就可以动态地跟踪程序的执行，观察执行过程中的各种数据的状态，进而找出出错原因。调试器的功能一般有：设置断点、单步跟踪、查看变量的当前值、查看函数调用堆栈等。

总之，有了 IDE，可以提高软件的开发速度，减少出错。但是对于学习程序设计的初学者，原始的开发方法更能使人去关心理解每一个细节，学习更多底层的知识。而使用 IDE 好多东西则不用管，这对刚开始学习程序设计语言不见得有好处。

四、软件工程

1．软件工程简述　软件工程是研究大型软件开发方法、工具和管理的工程科学。由于大型软件本身含有许多模块和模块间的复杂关系，更可能涉及多种技术，比如多种编程语言，多种平台的开发。除了技术方面的问题，更多的是管理方面的问题。大型软件的参与开发人员多，开发周期长，开发过程中涉及许多人员的协调一致，还有项目的费用、工期、开发进度的控制管理，代码的版本配置管理。没有一个科学的指导思想来解决这些问题，是不可能在大型软件开发中获得成功的。事实上，随着计算机硬件能力的提高，在由小程序向大型程序的发展过程中，历史上出现了“软件危机”。它表现在：

（1）软件质量差，可靠性难以保证。由于软件庞大，没有科学的管理，导致软件在设计和实现中存在瑕疵，并且不能被及时发现修复，所以在运行过程中，容易出错，甚至崩溃。

（2）软件成本的增长难以控制，不能在预定的成本预算内完成。如对软件开发的时间、人数、设备以及可能遇到的困难等估算不足，导致不断需要更多资金和人力的投入。

（3）软件开发进度难以控制，周期拖得很长，由于缺乏科学的方法在软件设计初期对预计的开发进度没有很好的估计，导致干一天算一天，什么时候能结束没有准确的计划。

（4）软件维护很困难，维护人员和费用不断增加。因为上述问题导致软件质量很差，发现错误，很难定位，定位到了问题所在，要修补也非常困难，往往要动“大手术”才能解决。

“软件危机”使人们开始拓展新的思路，考虑到开发一个软件系统和设计一套机械设备或者建造一栋楼房有很多共同之处，因此可以参照机械工程、建筑工程中的一些方法来进行软件的设计开发，用“工程化”的思想作指导来解决“软件危机”中的种种问题。

软件工程的目标在于研究一套科学的工程方法，并与此相适应，发展一套方便的工具系统，力求用较少的投资获得高质量的软件。为了用工程化的方式有效地管理软件开发的全过程，软件工程中对软件开发进行了生命期的划分，各种划分方法不尽相同，但是大致可以分为6 个阶段：

（1）软件计划：在项目确立前，首先要进行调研和可行性研究，对需要的技术、资金、人力等进行充分的分析计算，做出项目计划。

（2）软件需求分析：对用户需求进行分析，并且具体化，用软件需求规格说明书表达出来，作为后续设计的基础。

（3）软件设计：对软件系统进行结构设计，决定系统的模块结构，模块的相互调用关系及模块间的数据传递。通常要有概要设计和详细设计两个阶段。

（4）软件编码：依据软件设计的要求为每个模块编写程序代码。

（5）软件测试：对软件可能的使用方式和运行情景，编写详细具体的测试用例，然后由测试人员，按照测试用例运行操作软件，及时发现程序中的错误，并形成测试报告，交由软件开发人员修复错误。

（6）软件维护：软件在经过测试并交付使用后，仍然可能有各种各样的问题，因此，交付运行的软件仍然需要继续修复、修改和扩充，这是软件的维护。

软件生命期的上述 6 个阶段为工程化地开发软件提供了一个框架。但实际执行过程中常存在着反复，开发人员往往要从后面阶段回到前面阶段。比如在实现过程中，发现软件的架构设计有问题，不得不再去修改设计。单纯依赖软件开发的生命期的划分，也存在各种问题。于是基于软件开发的生命期，衍生出了各种软件开发模型。

2．软件开发模型　软件开发模型，是指软件开发全部过程、活动和任务的结构框架。对需求、设计、编码和测试等阶段的顺序、流程有着明确的规定。软件开发模型能清晰、直观地表达软件开发全过程，明确规定了要完成的主要活动和任务，用来作为软件项目工作的基础。

典型的开发模型有：瀑布模型、渐增 / 演化 / 迭代模型、原型模型、螺旋模型、喷泉模型、智能模型、混合模型等。

（1）瀑布模型：瀑布模型将软件生命周期划分为制订计划、需求分析、软件设计、程序编写、软件测试和运行维护 6 个基本活动，并且规定了它们自上而下、相互衔接的固定次序，如同瀑布一样，逐级下落。在瀑布模型中，软件开发的各项活动严格按照线性方式进行，当前活动接受上一项活动的工作结果，并实施完成所需的工作内容。当前活动的工作结果需要进行验证，如果验证通过，则该结果作为下一项活动的输入，继续进行下一项活动，否则返回修改。瀑布模型强调文档的作用，并要求每个阶段都要仔细验证。但是，这种模型的线性过程太理想化，已不再适合现代的软件开发模式，其主要问题在于：①各个阶段的划分完全固定，而且文档的数量过多，造成不必要的资源浪费；②由于开发模型是线性的，只有上一个阶段彻底完成，才能进行下一阶段的工作，而对于用户来说，只有等到整个过程结束，才能见到开发成果，从而增加了开发的风险；③早期的错误可能要等到开发后期的测试阶段才能发现，却为时已晚，如果设计上出了问题，后果将更加严重。

（2）原型模型：针对瀑布模型的主要缺点，原型模型的第一步是快速建造一个原型，实现客户与原型系统的交互，用户对原型进行评价，进而细化用户的需求，调整原型使其与客户的需求逐步接近；第二步则在第一步的基础上开发客户满意的软件产品。

显然，原型模型可以克服瀑布模型的缺点，减少由于软件需求不明确带来的开发风险。其关键在于尽可能快速地建造出软件原型，客户的真正需求一旦确定了，原型将被丢弃。因此，原型系统的内部结构并不重要，重要的是必须迅速建立原型，根据用户的需求迅速修改原型，以符合客户的需求。

（3）增量模型：与建造大厦相同，软件也是一步一步建造起来的。在增量模型中，软件被作为一系列的增量构件来设计、实现、集成和测试，每一个构件是由多种相互作用的模块所形成的提供特定功能的代码片段构成。增量模型在各个阶段并不交付一个可运行的完整产品，而是交付满足客户需求的一个子集可运行产品。整个产品被分解成若干个构件，开发人员逐个构件地交付产品。这样做的好处是软件开发可以较好地适应变化，客户可以不断地看到所开发的软件，从而降低开发风险。但是，增量模型也存在缺陷：①由于各个构件是逐渐并加入已有的软件体系结构中的，所以加入构件必须不破坏已构造好的系统部分，这需要软件具备开放式的体系结构；②在开发过程中，需求的变化是不可避免的。增量模型的灵活性可以使其适应这种变化的能力大大优于瀑布模型和原型模型，但也很容易退化为边做边改的境地，从而使软件过程的控制失去整体性。

在使用增量模型时，第一个增量往往是实现基本需求的核心产品。核心产品交付用户使用后，经过评价形成下一个增量的开发计划，它包括对核心产品的修改和一些新功能的发布。这个过程在每个增量发布后不断重复，直到产生最终的完善产品。例如，使用增量模型开发文字处理软件。可以考虑第一个增量发布基本的文件管理、编辑和文档生成功能，第二个增量发布更加完善的编辑和文档生成功能，第三个增量实现拼写和文法检查功能，第四个增量完成高级的页面布局功能。

（4）螺旋模型：螺旋模型将瀑布模型和原型模型结合起来，强调了其他模型所忽视的风险分析，特别适合于大型复杂的系统开发。螺旋模型沿着螺线进行若干次迭代，共有 4 个阶段，用二维坐标系中的四个象限代表这 4 个阶段的活动：①制订计划：确定软件目标，选定实施方案，弄清项目开发的限制条件；②风险分析：分析评估所选方案，考虑如何识别和消除风险；③实施工程：实施软件开发和验证；④客户评估：评价开发工作，提出修正建议，制订下一步计划。

螺旋模型由风险驱动，强调可选方案和约束条件从而支持软件的重用，有助于将软件质量作为特殊目标融入产品开发之中。但是，螺旋模型也有一定的限制条件：①螺旋模型强调风险分析，但要求许多客户接受和相信这种分析并做出相关反应是不容易的，因此，这种模型往往适用于内部的大规模软件开发；②如果执行风险分析将大大影响项目的利润，那么进行风险分析毫无意义，因此，螺旋模型只适合于大规模软件项目；③软件开发人员应该擅长寻找可能的风险，准确地分析风险，否则将会带来更大风险。

每一个阶段首先是确定该阶段的目标，完成这些目标的选择方案及其约束条件，然后从风险角度分析方案的开发策略，努力排除各种潜在的风险，有时需要通过建造原型来完成。如果某些风险不能排除，该方案立即终止，并尝试新的方案。最后，评价该阶段的结果，并设计下一个阶段。

（5）演化模型：主要针对事先不能完整定义需求的软件开发。用户可以给出待开发系统的核心需求，并且当看到核心需求实现后，能够有效地提出反馈，以支持系统的最终设计和实现。软件开发人员根据用户的需求，首先开发核心系统。当该核心系统投入运行后，用户经过试用，完成测试，并提出精化系统、增强系统能力的需求。软件开发人员根据用户的反馈，实施开发的迭代过程。每一迭代过程均由需求、设计、编码、测试、集成等阶段组成，为整个系统增加一个可定义的、可管理的子集。

在开发模式上采取分批循环开发的办法，每循环开发一部分的功能，将成为这个产品的原型的新增功能。于是，设计就不断地演化出新的系统。实际上，这个模型可看作是重复执行的多个“瀑布模型”。“演化模型”要求开发人员有能力把项目的产品需求分解为不同组，以便分批循环开发。这种分组并不是绝对随意性的，而是要根据功能的重要性及对总体设计的基础结构的影响而做出判断。有经验指出，每个开发循环耗时以 6 ~ 8 周为适当的长度。

（6）喷泉模型：喷泉模型与传统的结构化生存期比较，具有更多的增量和迭代性质，生存期的各个阶段可以相互重叠和多次反复，而且在项目的整个生存期中还可以嵌入子生存期，就像水喷上去又可以落下来，可以落在中间，也可以落在最底部。

（7）智能模型：智能模型拥有一组工具（如数据查询、报表生成、数据处理、屏幕定义、代码生成、高层图形功能及电子表格等），每个工具都能使开发人员在高层次上定义软件的某些特性，并把开发人员定义的这些软件自动地生成为源代码。

（8）混合模型：过程开发模型又叫混合模型，或元模型。把几种不同模型组合成一种混合模型，它允许一个项目能沿着最有效的路径发展，这就是过程开发模型（或混合模型）。实际上，一些软件开发单位都是使用几种不同的开发方法组成他们自己的混合模型。

软件开发模型虽然很多，但是具体的软件项目应该选择适合的软件开发模型，并且应该随着当前正在开发的特定产品特性而变化，以克服所选模型的缺点，充分利用其优点。

软件工程的研究方面还有很多，有兴趣的读者可以参考专业的书籍。

第五节　医学相关软件简介

下面我们将介绍在医学研究领域常用的几款软件。

一、SPSS

1968 年美国斯坦福大学的 3 位研究生 Norman H. Nie、C. Hadlai（Tex）Hull 和 Dale H. Bent 研究开发了世界上最早的统计分析软件——SPSS。SPSS 是一个组合式软件包，用户可以根据实际需要和计算机的功能选择模块，以降低对系统硬盘容量的要求，有利于该软件的推广应用。SPSS 的基本功能包括数据管理、统计分析、图表分析、输出管理等。

SPSS 是世界上最早采用图形菜单驱动界面的统计软件，图 2-39 显示了其操作界面。SPSS

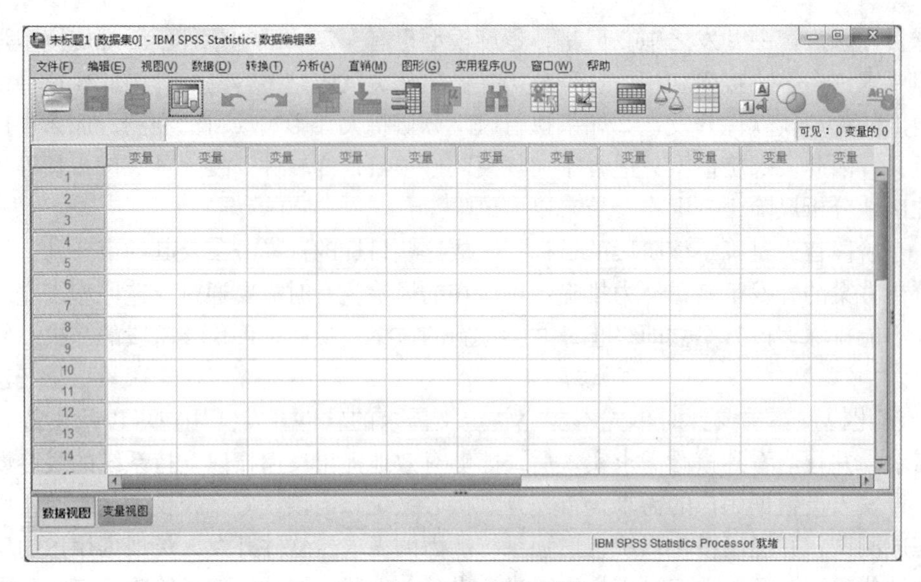

图 2-39 SPSS 操作界面

最突出的特点就是操作界面友好，输出结果美观漂亮，几乎可以将所有的功能都以统一、规范的界面展现出来。

SPSS 的各种管理和分析数据方法都以类似于 Windows 的窗口方式组织，对话框中可以展示和设置各种功能选择项。用户只要掌握一定的 Windows 操作技能，了解统计分析原理，就可以使用该软件为特定的科研工作服务。SPSS 输入和管理数据的方式类似于 Excel，数据接口比较通用，能方便地从其他数据库中读入数据。SPSS 统计分析过程包括描述性统计、均值比较、一般线性模型、相关分析、回归分析、对数线性模型、聚类分析、数据简化、生存分析、时间序列分析、多重响应等几大类，每类中又分好几个统计过程，比如回归分析又分线性回归分析、曲线估计、Logistic 回归、Probity 回归、加权估计、两阶段最小二乘法、非线性回归等多个统计过程，而且每个过程中又允许用户选择不同的方法及参数。统计过程包括了常用的、较为成熟的统计过程，分析结果清晰、直观、易学易用，完全可以满足非统计专业人士的工作需要。输出结果美观，存储格式为专用的 SPO 格式，可以转存为 HTML 格式和文本格式。对于熟悉老版本编程运行方式的用户，SPSS 特别设计了语法生成窗口，用户只需在菜单中选好各个选项，然后按“粘贴”按钮就可以自动生成标准的 SPSS 程序。极大地方便了中、高级用户的使用。

SPSS 现已经可以在各种操作系统的计算机上使用，与 SAS、BMDP 并称为国际上最有影响的三大统计软件。在国际学术界有条不成文的规定，即在国际学术交流中，凡是用 SPSS 软件完成的计算和统计分析，可以不必说明算法，由此可见其影响之大和信誉之高。最新的 12.0 版采用分布式分析系统（distributed analysis architecture，DAA），全面适应互联网，支持动态收集、分析数据和 HTML 格式报告。

SPSS 输出结果虽然漂亮，但是很难与一般办公软件如 Office 或是 WPS 直接兼容，不能用 Excel 等常用表格处理软件直接打开，只能采用拷贝、粘贴的方式进行数据交换。在撰写调查报告时往往要用电子表格软件及专业制图软件来重新绘制相关图表，这已经遭到诸多统计学人士的批评；而且 SPSS 作为三大综合性统计软件之一，其统计分析功能与另外两个软件 SAS 和 BMDP 相比仍有一定差距。

虽然如此，SPSS 由于其操作简单，已经在我国的社会科学、自然科学的各个领域发挥了巨大作用。该软件还可以应用于经济学、数学、统计学、物流管理、生物学、心理学、地理学、医疗卫生、体育、农业、林业、商业等各个领域。

二、SAS

SAS 系统全称为 Statistics Analysis System，最早由美国北卡罗来纳大学的两位生物统计学研究生编制，并于 1976 年成立了 SAS 软件研究所，正式推出了 SAS 软件。SAS 是用于决策支持的大型集成信息系统，但该软件最早的功能仅限于统计分析，至今，统计分析功能也仍是它的重要组成部分和核心功能。SAS 现在的版本为 9.0 版，大小约为 1G。经过多年的发展，SAS 已被全世界 120 多个国家和地区的近三万家机构所采用，直接用户已超过三百万人，遍及金融、医药卫生、生产、运输、通信、政府和教育科研等领域。在数据处理和统计分析领域，SAS 系统被誉为国际上的标准软件系统，并在 1996—1997 年度被评选为建立数据库的首选产品。堪称统计软件界的巨无霸。

SAS 系统是一个组合软件系统，由多个功能模块组合而成，其基本部分是 BASE SAS 模块。BASE SAS 模块是 SAS 系统的核心，承担着主要的数据管理任务，并管理用户使用环境，进行用户语言的处理，调用其他 SAS 模块和产品。也就是说，SAS 系统的运行，首先必须启动 BASE SAS 模块，此模块除了本身所具有数据管理、程序设计及描述统计计算功能以外，还是 SAS 系统的中央调度室。除可单独存在外，也可与其他产品或模块共同构成一个完整的系统。各模块的安装及更新都可通过其安装程序非常方便地进行。SAS 系统具有灵活的功能扩展接口和强大的功能模块，在 BASE SAS 的基础上，还可以增加如下不同的模块而增加不同的功能：SAS/STAT（统计分析模块）、SAS/GRAPH（绘图模块）、SAS/QC（质量控制模块）、SAS/ETS（经济计量学和时间序列分析模块）、SAS/OR（运筹学模块）、SAS/IML（交互式矩阵程序设计语言模块）、SAS/FSP（快速数据处理的交互式菜单系统模块）、SAS/AF（交互式全屏幕软件应用系统模块）等。SAS 有一个智能型绘图系统，不仅能绘制各种统计图，还能绘出地图。SAS 提供多个统计过程，每个过程均含有极丰富的任务选项。用户还可以通过对数据集的一连串加工，实现更为复杂的统计分析。此外，SAS 还提供了各类概率分析函数、分位数函数、样本统计函数和随机数生成函数，使用户能方便地实现特殊统计要求。

SAS 是由大型机系统发展而来，其核心操作方式就是程序驱动，经过多年的发展，现在已成为一套完整的计算机语言，其用户界面也充分体现了这一特点：它采用多文档界面（Multiple Document Interface，MDI），用户在程序视窗（PGM）中输入程序，分析结果以文本的形式在输出视窗（OUTPUT）中输出。使用程序方式，用户可以完成所有需要做的工作，包括统计分析、预测、建模和模拟抽样等。但是，这使得初学者在使用 SAS 时必须要学习 SAS 语言，入门比较困难。SAS 的 Windows 版本根据不同的用户群开发了几种图形操作界面，这些图形操作界面各有特点，使用时非常方便。

三、MATLAB

MATLAB 是 matrix 和 laboratory 两个词的组合，意为矩阵工厂（矩阵实验室），是美国 MathWorks 公司出品的商业数学软件，用于算法开发、数据可视化、数据分析以及数值计算的高级计算语言和交互式环境，主要包括 MATLAB 和 Simulink 两大部分。将数值分析、矩阵计算、科学数据可视化以及非线性动态系统的建模和仿真等诸多强大功能集成在一个易于使用的视窗环境中，为科学研究、工程设计以及必须进行有效数值计算的众多科学领域提供了一种全面的解决方案，并在很大程度上摆脱了传统非交互式程序设计语言（如 C、Fortran）的编辑模式，代表了当今国际科学计算软件的先进水平。

MATLAB 的基本数据单位是矩阵，它的指令表达式与数学、工程中常用的形式十分相似，因此使用 MATLAB 来解决计算问题要比用 C、FORTRAN 等语言简捷得多，并且 MATLAB 也吸收了像 Maple 等软件的优点，使 MATLAB 成为一个强大的数学软件。在新的版本中也加入了对C、FORTRAN、C++、JAVA的支持，可以直接调用。用户也可以将自己编写的实用程序导入到MATLAB函数库中方便调用，此外许多的MATLAB爱好者都编写了一些经典的程序，用户可以直接进行下载使用。

四、EEGLAB

EEGLAB是一款对脑电图（electroencephalogram，EEG）、肌电图（electromyography，EMG）和其他生理电信号进行分析处理的软件，可以对信号进行独立分量分析、时频分析和去除各类噪声的处理。从1997年开始，Scott Makeig及相关研究人员建立起一套信号处理工具EEGLAB并通过互联网免费授权使用（http：//sccn.ucsd.edu/eeglab）。EEGLAB运行平台是架构在目前广泛使用的视觉化数学处理软件MATLAB上。第一个公开的版本是在Salk研究所研发的，之后经过美国加州大学圣地亚哥分校的Swartz中心改良与发展。EEGLAB已被广泛地使用在认知科学领域并具有相当程度的影响力，其使用者遍布全世界90多个国家，迄今已被下载超过50 000次，每天约有2500名研究者参与电子邮件讨论。

五、R语言

R语言是用于统计分析、图形表示和报告的编程语言和软件环境。R语言由新西兰奥克兰大学（University of Auckland）的Ross Ihaka和Robert Gentleman创建，目前由R语言开发核心团队进行维护开发。R语言在GNU通用公共许可证下免费提供，并可以运行于各种操作系统（如Linux，Windows和Mac）。其功能包括：数据存储和处理系统；功能强大的向量、数组和矩阵运算工具；完整连贯的统计分析工具；优秀的统计制图功能；简便而强大的编程语言：可操纵数据的输入和输出，可实现分支、循环，用户可自定义功能。R语言之所以如此受欢迎，除了因为它是免费软件之外，还有一个原因就是因为它能满足不同使用者的需求。首先，R语言既可以用命令行形式进行程序设计，也可以越过这些复杂的编程步骤，使用预设的一套软件，这里面包含有各种统计分析命令和图形化的数据形式。因此R语言既适用于专业用户进行开发，也适用于非专业用户或初学者。R语言通过这样一些预制的软件就在“黑匣子”般的商业化的软件与专业的程序员之间建起了一个中间地带，让一切都变得非常简单，满足用户的所有需要。

六、Python

Python是一种面向对象的解释型计算机程序设计语言，由荷兰的Guido Van Rossum于1989年发明。第一个公开发行版发行于1991年。Python是纯粹的自由软件，具有丰富和强大的库，可以用于网页制作、数据分析、人工智能、数据可视化、数据库开发、图形界面程序开发等，功能非常强大，已经应用于众多领域。大家熟知的alphaGo就是采用Python语言开发的。由于Python有大量关于人工智能的库和软件包，因此其已经成为开发人工智能程序和软件的首选语言。Python语言可以把其他语言制作的各种模块很轻松的连接在一起，因此也被称为“胶水语言”。Python可以运行于各种操作系统（如Linux，Windows和Mac）。相比C++或Java等语言，Python让开发者用更少的代码表达想法。作为一种解释型语言，Python强调代码可读性和简洁的语法。不管小型还是大型程序，Python都试图让程序结构清晰明了。Python使用者逐年增加，它已经逐渐成为最受欢迎的编程语言。2017年，IEEE发布的编程语言排行榜Python高居榜首。

（王 静 王 晨）

第3章 常用应用软件

应用软件是为了某种特定的用途而被开发的软件。常用的应用软件有用于文档、数值、图形图像以及影像等数据处理的，在本章节中选择有代表性的常用的应用软件，介绍其编辑处理方式和方法。

第一节　文档编辑

“学好办公自动化，走遍天下都不怕”虽是一句调侃，但确实说明了办公自动化的技能是信息社会中必须具备的数据处理知识和能力。文档编辑是办公自动化中使用最多的技能之一，它可以帮助用户创建高质量的文档，轻松实现协作，能有效地组织和编写文档，例如论文、实验报告、各类稿件等。基于 Windows 平台的常用文档处理软件有金山公司的 WPS、Microsoft 公司的 Word 等，它们均是国内常用的文档编辑工具。

一、Word 2010

Word 2010 是 Microsoft 公司开发的 Office 2010 办公组件之一，尽管现在已有众多版本的 Word 软件，比如已有了 Word 2013、Word 2016 等版本，Word 2010 仍是目前使用广泛、兼容性较好的版本。在 Windows 操作系统下安装好 Office 2010 之后，即可启动 Word 对文档进行编辑。

1．启动 Word

通过选择“开始”按钮→“所有程序”→“Microsoft Office”→“Microsoft Word 2010”命令，启动 Word 2010，同时新建一个默认的文件名为“文档 1”，扩展名为“docx”的空白文档。

2．Word 工作界面

启动 Word 后进入其操作窗口，主要由标题栏、“文件”按钮、功能选项卡和功能区、快速访问工具栏、标尺、文本区、滚动条、状态栏等部分组成，如图 3-1 所示。

（1）“文件”按钮：位于窗口的左上角，单击该按钮可进行新建、打开、保存、打印、保存并发送文档等操作。

（2）功能选项卡和功能区：两者是一一对应关系，单击某个功能选项卡，即可打开相应的功能区，功能区又包含可自动适应窗口大小的各个组。

（3）快速访问工具栏：位于窗口顶部左侧，单击其右侧按钮，打开下拉菜单中可自定义快速访问工具栏按钮，如可添加或删除“快速预览和打印”按钮。

（4）文本区：Word 中最重要的组成部分，文档的编辑均在该区域进行。

3．新建文档

当 Word 启动后，自动创建一个空白新文档，同时标题栏上显示文档名称“文档 1”的空白文档。这是最常用的新建文档的方法。

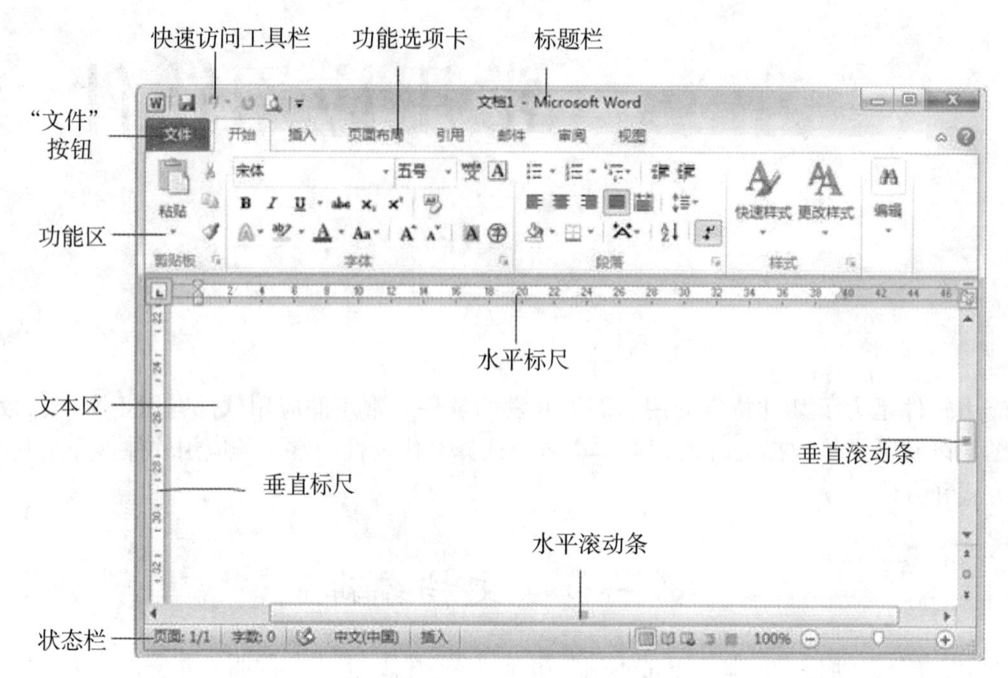

图 3-1　Word 2010 窗口的组成

若在已打开的 Word 文档窗口里，再创建一个空白文档，则单击“文件”→“新建”，在“可用模板”中双击“空白文档”，即可创建一个空白文档，如图 3-2 所示。还可以根据需求在“可用模板”中选择 Word 提供的其他实用模板，比如样本模版中的简历、信函等模板，利用其编排好的格式进行编辑加工，提高工作效率。

图 3-2　新建文档

4．保存文档

在文档编写过程中，需周期性或经常性地保存文件，以避免突然断电等突发事件而导致文档内容丢失。

在新建文档编辑后第一次保存时，单击“快捷访问工具栏”中按钮命令，或者单击“文件”→“保存”或“另存为”命令，均打开“另存为”对话框，在地址栏中或对话框左侧窗格中选择要存放该文档的路径位置，在“文件名”栏中输入文档的名称；若不输入文档名称，则 Word 会以文档内容开头的部分字符作为文件名进行保存，保存类型为默认的“Word 文档（.docx)”，单击“保存”按钮完成保存文档的操作。

当文档保存后，可以继续编辑文档直到关闭文档。以后再次执行“保存”命令时将直接保存文档，不会再出现“另存为”对话框。

“保存”和“另存为”命令的区别在于：“保存”命令是以新替旧，用新编辑的文档取代原文档，原文档不再保留；而“另存为”命令则相当于文档复制，它建立了当前文档的一个副本，原文档依然存在。

为避免在编辑文档过程中会遇到文档意外关闭而未及时保存的情况，Word 软件提供了“保存自动恢复信息”功能，会间隔一段时间就自动保存一下，以避免发生这种情况导致文档信息丢失，默认间隔时间值为“10 分钟”。其间隔时间是可以通过设置来改变的，单击“文件”→“选项”，打开“Word 选项”对话框（图 3-3），选择“保存”，在“自定义文档保存方式”下选中“保存自动恢复信息时间间隔”复选框，在其后的数值框中设置一个合适的值，单击“确定”按钮完成设置。

图 3-3 Word 选项

5．打开文档

打开文档是指将硬盘或 U 盘上已经存在的 Word 文档文件调入内存进行编辑，常用操作方法是直接双击要打开的 Word 文档图标。还可以使用其他方法打开已存在的 Word 文档，比如先启动 Word 软件，在 Word 窗口中单击“文件”→“打开”命令，在弹出“打开”对话框，选择 Word 文档所在路径位置和文档名，可选择多个文件名来同时打开多个文件。

6．关闭文档和退出 Word

当前文档编辑完后，不再需要使用 Word 时，可关闭 Word 文档。单击 Word 窗口右上角 X 按钮，这是最常用、最快捷的关闭文档方式。还可以在“快速访问工具栏”单击 W 按钮，在其下拉菜单中选择“关闭”命令；或使用 Alt+F4 快捷组合键关闭当前活动窗口；或选择“文件”→“关闭”命令。

选择“文件”→“退出”命令则是退出 Word 软件。当打开多个 Word 文档时，选择“文件”→“退出”则会关闭所有文件全部退出 Word 软件。

知识拓展

关于版本的问题，原则上高一级的版本可以打开低一级的版本生成的文档，反之不然，有可能出现不兼容的情况，当用不同版本打开文件的时候，要考虑版本的兼容。例如：Word 2010 和其之前的版本差别很大包括软件界面，但 2010 版之后的版本比如 2013、2016 版本软件更新，在应用层面看就没有太多差别。Word 2007 以上的版本可以兼容低版本 Word 文档，既可打开 2007 以前版本建立的扩展名为“.doc”的文档，但低于 2007 版本 Word 不能打开“.docx”文档；Word 2007 版以上也都可将当前文档保存为低版本兼容的文档，即在文件“另存为”对话框中的“保存类型”下拉列表中，选择“Word 97-2003 文档”选项即可。

二、常用文档编辑功能

对于创建的文档，常用的编辑功能有插入、移动、复制、删除、撤销和恢复、查找和替换、字体修饰、段落格式修饰、样式的使用等。

1. 输入文档内容

新建一个空白文档后，文档上有一个闪烁的短竖线，称为“插入点”，即文本输入的位置。

（1）选择汉字输入法

在输入文档前，首先要选择汉字输入法。在 Windows 环境下，可利用鼠标在任务栏上单击“中文简体—美式键盘”图标，从弹出的菜单中选择某种汉字输入法；也可以按键盘上的 Ctrl+Space 组合键，在英文输入法和默认的中文输入法之间切换；还可按键盘上的 Ctrl+Shift 组合键，在各种汉字输入法之间切换。

按照已选择的输入法编码要求，在插入点输入文字即可。

在输入过程中，原则上只进行文字录入，完毕后再进行编辑排版。在录入文字时，不要用空格键（Space）进行字距、标题的居中和段落首行缩进的调整与设置，也不要用回车键（Enter）换行，只有当一个自然段落结束时才按回车键（Enter）结束，开始下一个自然段落。

文档输入完后，有时还需对录入的文字进行编辑和修改，经过编辑和修改后方能使文档在内容上更完整。

（2）选取文本：对已经录入的文档进行编辑和修改时，首先要选定文本，来确定编辑的对象。

1）用鼠标选取：如果要选取的内容较少，可从要选择文字的开始位置，按住鼠标左键拖动到选定文字的结束位置松开；或者先单击文字的开始位置，再按住 Shift 键，将鼠标移动到选定文字的结束位置单击。

2）利用左侧选择栏选取：在 Word 文本区左边隐藏着一个选择区域，当鼠标移到文本区左侧鼠标指针变成朝向右上角的箭头，此时，单击鼠标左键可选择当前鼠标所指向的整行，双击可选择鼠标所指向的整个段落，三击则选择整个文档。

3）利用快捷方式选取

双击文本：选择词语；三击文本：选择一个自然段；

Ctrl+ 单击文本：选择句子；Ctrl+A：选取全文；

Alt+ 鼠标拖动：选择矩形文本；Ctrl+ 鼠标拖动：可选取不连续文本块。

2．编辑文本

1）插入、删除

插入文本：将光标定位到想要插入文本的位置，然后输入文本即可，此时光标后的文本会自动后移，为新输入的字符腾出适当的空间。

删除文本：可用退格键（BackSpace）来删除光标左侧的文本，用删除键（Delete）来删除光标右侧的文本。若要删除大段文字或多个段落时，先选择这些内容，再按删除键（Delete）。

2）移动和复制文本

复制：利用“复制”和“粘贴”功能。先选中要复制的文字，利用“开始”选项卡下“剪贴板”组中“复制”命令，或者使用快捷键 Ctrl+C 对文字进行复制；然后将光标定位在要输入的位置，使用“粘贴”命令，或者使用快捷键 Ctrl+V 可以实现粘贴。

移动：利用“剪切”和“粘贴”功能。先选中要移动的文字，利用“开始”选项卡下“剪贴板”组中“剪切”命令，或者使用快捷键 Ctrl+X 命令对文字进行“剪切”操作，然后将光标定位到要输入的位置，使用“粘贴”命令，或者使用快捷键 Ctrl+V 可以实现粘贴。“剪切”操作与“复制”类似，区别在于复制只将选定的部分内容拷贝到剪贴板中，而剪切操作在拷贝到剪贴板的同时将原来的选中部分删除了。

3）撤销和恢复

在对文档编辑过程中，难免会出现一些错误操作。如果想返回到当前结果前面的状态，则可以通过“撤销”和“恢复”功能实现。“撤销”功能可以保留最近执行的操作记录，用户可以按照从后到前的顺序撤销若干步骤，但不能有选择地撤销不连续的操作。如果想要恢复上一步撤销的内容，则用“恢复”功能即可。

撤销操作：在“快捷访问工具栏”中单击↶图标，或者使用快捷键 Ctrl+Z 命令。

恢复操作：在“快捷访问工具栏”中单击↻图标，或者使用快捷键 Ctrl+Y 命令。

4）查找和替换

若需在实验报告中将所有的“Thiele 管”替换成“b 形管”，可使用 Word 提供的查找和替换功能来实现，具体步骤为：在“开始”选项卡下“编辑”组中单击“替换”按钮，出现如图 3-4 所示的“查找和替换”对话框，在“查找内容”文本框中输入要查找的内容“Thiele 管”，在“替换为”的文本框输入“b 形管”，单击“查找下一处”按钮，Word 会在文档光标后找到下一处使用这个词的地方，若单击“替换”按钮，Word 会把光标后第一处使用的这个词替换掉并自动选中下一个词。如果确定了文档中这个词都要被替换掉，可直接单击“全部替换”按钮。

图 3-4　查找与替换

若只查找，在“开始”选项卡下“编辑”组中单击“查找”按钮，在文档左边出现“导航”任务窗，在文本框中输入要查找的内容后回车即可。还可以选择“编辑”组中的“高级查找”，指定在文档中出现搜索框中内容的所有匹配项，并可以找到文档中出现这个内容的位置。

知识拓展

计算机最擅长处理定量分析，如果给指定具体内容，计算机便能快速查找出所有相同内容和所在的位置。Word 查找和替换功能非常强大，不仅能查找和替换文字内容，还能查找和替换文字的颜色、字体、字号、突出显示等；还能查找和替换特殊符号，如单击“查找和替换”对话框中的“更多”按钮，展开对话框，选择其中的“特殊格式”按钮弹出菜单中的“段落标记”为查找内容，则可以用其他控制符或其他文本进行替换；如果利用查找和替换功能对查找到的内容进行批量删除，则在“替换为”栏中不输入任何信息，单击“全部替换”按钮，就相当于执行了删除操作。

另外，Word 还提供了快速查找同类项目的功能，可单击窗口右下侧的垂直滚动条上的“选择浏览对象”圆形按钮，如图 3-5 所示，然后在弹出的选项中选择要查找的项目，如选择“按图片浏览”，并通过单击上、下按钮来查找上一个或下一个类型相同的项目，即按圆形按钮上边的和下边的箭头，就可以按文档中的图片逐个浏览查看。

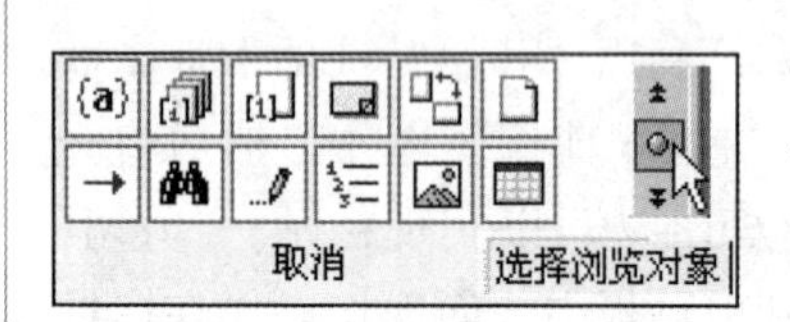

图 3-5　选择浏览对象

3．改变字体与段落格式

（1）字体

文档中字体包括字体、字号、字形、颜色、文本效果等设置，还可以设置文本格式，如加粗、下划线等，如图 3-6 所示。

还可以单击如图 3-6 所示功能区右下角按钮，弹出“字体”对话框，在此对话框中，可完成对文本字体的更多格式设置。

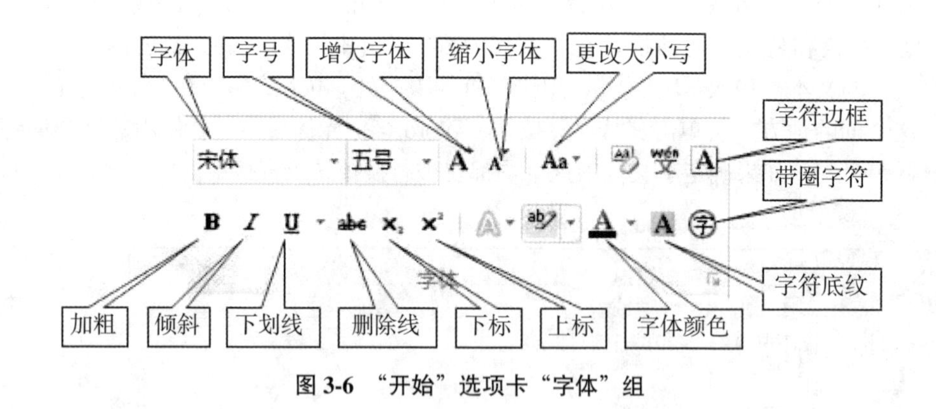

图 3-6　“开始”选项卡“字体”组

（2）段落

在文本结尾按回车键，光标将直接移动到下一行的行首，此时再输入文本就是新的一个段落。

设置某一行或某个段落的格式时必须将光标放在该行或者该段落中，或者选中该行或者该段落；如果多段落则必须选中多个段落，段落格式设置如图 3-7 所示。

对齐方式　常用的段落的对齐方式有 5 种：左对齐、居中对齐、右对齐、两端对齐和分散对齐。Word 中通常是用两端对齐来代替左对齐，因为左对齐的段落里最右边是不整齐的，而两端对齐指同时将文字对齐左右两端，在页面左右两侧形成整齐的外观。

段落的缩进 段落的缩进有左缩进、右缩进、首行缩进和悬挂缩进4种形式，标尺上有所对应的标记，如图3-8所示。其中首行缩进是指一段文字的第一行的开始位置向右缩进一段距离，一般为2个字符。

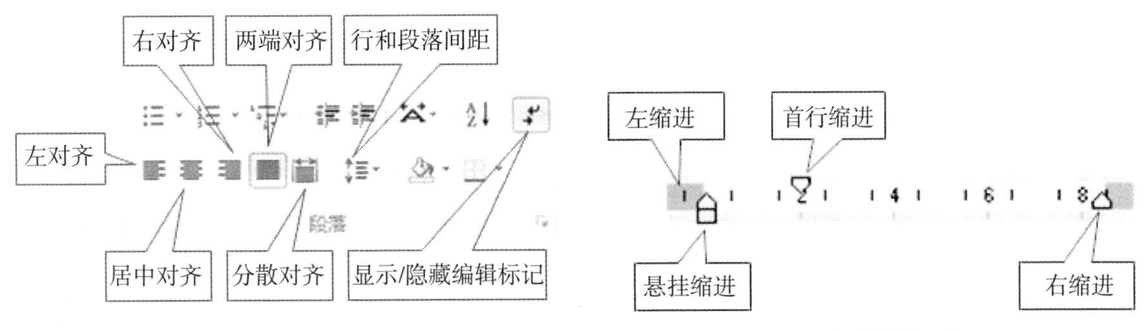

图3-7 “开始”选项卡“段落”组　　**图3-8 段落的缩进标记**

段落间距 通过设置“段前”间距和“段后”间距来实现段落间距。

行距 行距是行和行之间的垂直距离。选中要设置行距的文本，在图3-7所示单击“行和段落间距”按钮，在弹出的下拉列表中选择合适的值，就改变了所选文字的行距。

（3）格式刷

当文档中某一些字体或段落的格式相同，为提高效率又达到风格一致，可像复制文本一样复制文本格式，可通过“开始”选项卡中“剪切板”组中的“格式刷”按钮，这时光标变成了刷子，用该刷子选择所需复制的文本，被选择的文本格式与原文本格式相同。但单击“格式刷”只能使用一次，若再次“刷”另一个文本时，鼠标就不再是刷子形状，而变成了箭头形状；若选择原文本格式后想使用多次，可以双击“格式刷”按钮，鼠标形状就一直为刷子，可以多次复制格式，若想结束复制格式，再单击“格式刷”按钮或者按Esc键即可。

4．设置编号和项目符号

设置段落项目符号或编号，是Word中一个比较重要的内容，用带有项目符号或编号的段落可使整个版面简洁突出、内容明显，有层次，易于理解。

“项目符号”是用于对选中的段落加上合适的项目符号，主要用于列举项目，各个项目之间没有先后顺序；“编号”就是在有关文本前面所加的一，二，三…或者1，2，3…以及（1），（2），（3）…等序号，表示各个段落有一定先后顺序。在“开始”选项卡的“段落”组中单击相应的按钮（图3-9）。

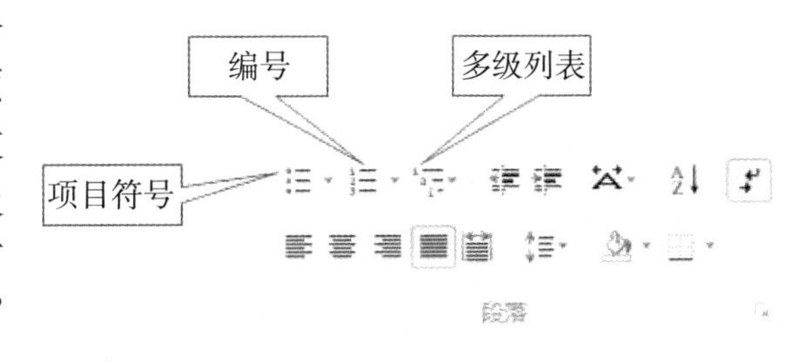

图3-9 编号和项目符号

5．使用内置的样式

样式就是对文档中文字、表格等进行的一连串格式设置的集合，需要对某个字符或段落进行格式设置时，只要直接应用样式就能一次完成多项格式的操作。在Word中对标题设置格式的最佳方法是应用样式。应用样式可以使用内置样式，也可以自定义样式。选中要设置的标题文本，在“开始”选项卡上的样式组，单击所需要的标题样式，可快速设置标题格式。

本节拟通过编写一份“实验报告”实例，来介绍文档编辑的基本功能，图3-10所示的是完成了的实验报告样例。

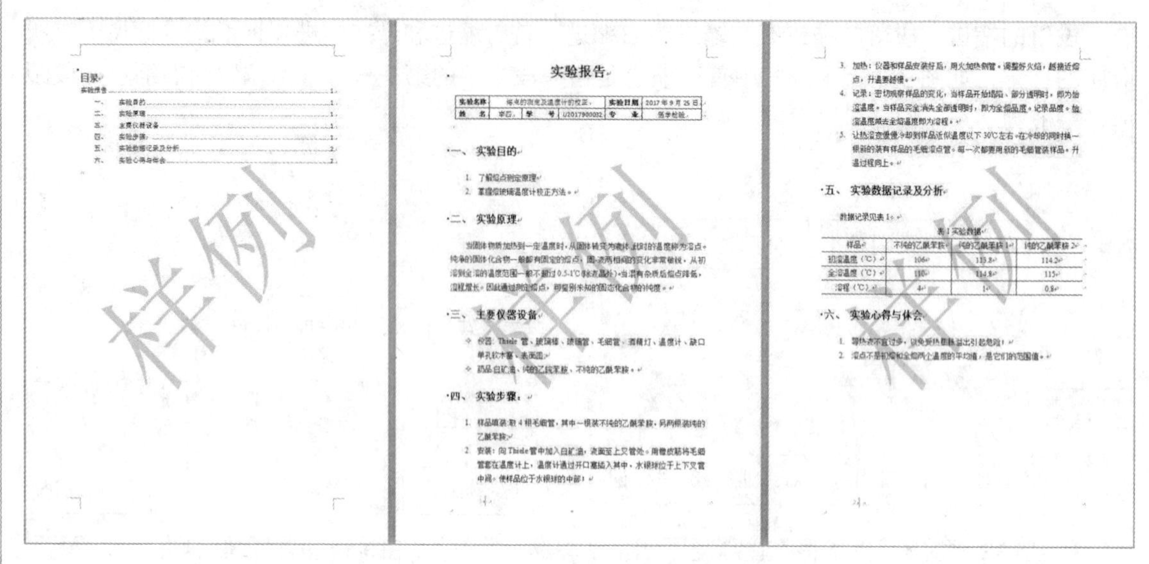

目录

实验报告

一、实验目的

二、实验原理

三、主要仪器设备

四、实验步骤

五、实验数据记录及分析

六、实验心得与体会

实验报告

实验名称	熔点的测定及温度计的校正			实验日期	2017年9月25日
姓　名	李四	学　号	U2017900032	专　业	医学检验

一、实验目的

1. 了解熔点测定原理
2. 掌握熔玻璃温度计校正方法。

二、实验原理

三、主要仪器设备

四、实验步骤

五、实验数据记录及分析

数据记录见表1。

表1 实验数据

样品	不纯的乙酰苯胺	纯的乙酰苯胺1	纯的乙酰苯胺2
初溶温度（℃）	106	113.8	114.2
全溶温度（℃）	110	114.8	115
溶程（℃）	4	1	0.8

六、实验心得与体会

图 3-10　实验报告的效果

例 1-1：制作实验报告

[问题描述]：基础化学实验是医科类一门重要的基础实验课程，巩固并加深对化学知识的理解，培养和锻炼医学生的观察、分析与处理能力。要求学生必须把自己的测量数据进行独立和正确处理，写出实验报告。实验报告包括：实验名称、日期及学生信息、实验目的、实验原理、主要仪器设备、实验步骤、实验数据记录及分析和实验心得与体会等部分。

以“熔点的测定及温度计的校正”实验报告为例，其内容格式如图 3-10 所示。

任务一：利用常用的文档编辑命令输入实验报告内容

启动 Word 新建一个文档之后，即可在其中输入内容，并进行相应的编辑操作。

1．输入文档内容

新建一个空白文档后，文档上有一个闪烁的短竖线，称为“插入点”，即文本输入的位置。

（1）选择汉字输入法，按照已选择的输入法编码要求，在插入点输入文字即可，将实验相关内容录入到文档中，如图 3-11 所示。

2．编辑文档内容

任务二：对“实验报告”中的内容，按以下要求进行编辑

（1）对于“实验报告”标题，设置为样式中的“标题 1”；对于“实验目的”“实验原理”“主要仪器设备”“实验步骤”“实验数据记录及分析”“实验心得与体会”6 个小标题，设置为样式中的“标题 2”。余下的正文中文字体设为“宋体”，西文字体为“Times New Roman”，字号为小四，首行缩进“2 字符”，行距为“多倍行距 1.2 倍”。

操作方法：

①选中“实验报告”，单击样式组栏中的“标题 1”；

②选中“实验目的”，按下控制键（Ctrl）不放，再继续选中“实验原理”“主要仪器设备”“实验步骤”“实验数据记录及分析”“实验心得与体会”，单击样式组栏中的“标题 2”；

③选中“了解熔点测定原理”，设为“宋体”，西文字体为“Times New Roman”，字号为小四，首行缩进“2 字符”，行距为“多倍行距 1.2 倍”。

符号的输入：选择“插入”→“符号”组中“符号”命令，在“符号”对话框中选择

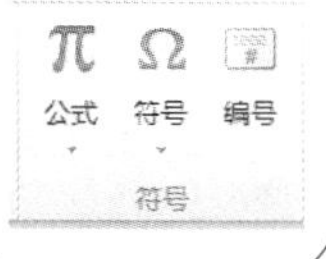

输入表1实验数据时，“样品”和“不纯的乙酰苯胺”……“纯的乙酰苯胺2”之间用制表Tab键相间隔，三行数据行亦然。

实验目的
了解熔点测定原理
掌握熔玻璃温度计校正方法。
实验原理
当固体物质加热到一定温度时，从固体转变为液体，此时的温度称为溶点。纯净的固体化合物一般都有固定的熔点，固–液两相间的变化非常敏锐，从初溶到全溶的温度范围一般不超过0.5 ~ 1℃(除液晶外)。当混有杂质后熔点降低，溶程增长。因此通过测定熔点，可鉴别未知的固态化合物的纯度。
主要仪器设备
仪器：Thiele管、玻璃棒、玻璃管、毛细管、酒精灯、温度计、缺口单孔软木塞、表面皿；
药品：白矿油、纯的乙皖苯胺、不纯的乙酰苯胺。
实验步骤：
样品填装：取4根毛细管，其中一根装不纯的乙酰苯胺，另两根装纯的乙酰苯胺；
安装：向Thiele管中加入白矿油，液面至上叉管处。用橡皮筋将毛细管套在温度计上，温度计通过开口塞插入其中，水银球位于上下叉管中间。使样品位于水银球的中部；
加热：仪器和样品安装好后，用火加热侧管。调整好火焰，越接近熔点，升温要越慢。
记录：密切观察样品的变化，当样品开始塌陷、部分透明时，即为始溶温度。当样品完全消失全部透明时，即为全熔品度。记录品度。始溶温度减去全熔温度即为溶程。
让热溶夜慢慢冷却到样品近似温度以下30℃左右。在冷却的同时换一根新的装有样品的毛细溶点管。每一次都要用新的毛细管装样品。升温过程同上。
实验数据记录及分折
数据记录参见表1。
表1　实验数据

样品	不纯的乙酰苯胺	纯的乙酰苯胺1	纯的乙酰苯胺2
初溶温度（℃）	106	113.8	114.2
全溶温度（℃）	110	114.8	115
溶程（℃）	4	1	0.8

实验心得与体会
导热液不宜过多，以免受热膨胀溢出引起危险；
溶点不是初熔和全熔两个温度的平均值，是它们的范围值。

图 3-11　实验报告录入后效果

④双击格式刷，这时鼠标变为刷子状，拖动鼠标“刷”向其他正文部分，快速设置其他正文段落为同样格式。然后再单击“格式刷”释放鼠标格式。

（2）在“实验报告”中，6 个小标题及下属内容均按顺序加上相应的项目编号或项目符号。

操作方法：

①选择需要设置项目编号的文本内容，例如第一个小标题“实验目的”，单击如图 3-9 所示“编号”旁边下拉按钮，弹出“编号”对话框，如图 3-12 所示；

②在“编号库”中根据本实例需要选择“一,二,三，…”格式编号，直接单击即可；

③利用格式刷复制方法，将该编号复制到同一级其他小标题上，如“实验原理”“主要仪器设备”“实验步骤”“实验数据记录及分析”和“实验心得与体会”；

④利用上述方法，再将下属各级加上相应编号格式，根据本实例，在“实验目的”“实验步骤”“实验心得与体会”二级标号选择“1，2，3…”；

⑤选择“主要仪器设备”下属的文本内容，在如图 3-9 所示功能区选择“项目符号”旁边下拉按钮，选择“菱形”后单击即可。

图 3-12　编号格式表

还可以根据需求自定义一个新的编号。在“开始”选项卡下“段落”组中，单击“编号”按钮，弹出如图 3-12 所示“编号”列表，选择“定义新编号格式”命令，打开“定义新编号格式”对话框；在“编号样式”中选择一种编号样式，并可在“编号格式”框对该样式进行编辑，形成新的编号样式；单击右侧“字体”按钮，在“字体”对话框设置新样式的字体、字号、字形、颜色等，特别是在“字体”对话框“高级”选项卡中可调整编号间距或编号与内容之间的间距。

若想重新设置编号，可在如图 3-12 所示“编号”列表下方选择“设置编号值”命令，弹出“起始编号”对话框，选择“开始新列表”，并设置新列表的起始值即可。

三、其他编辑修饰功能

1．创建表格

在 Word 中有很多方法插入表格，包括插入 Excel 电子表格。在 Word 的“插入”功能选项卡中，有“表格”功能组，单击“表格”按钮，弹出“插入表格”下拉列表（图 3-13）。

图 3-13　插入表格

（1）插入表格

利用“插入表格”可用下列方法创建表格：

1）直接制表。将鼠标在“插入表格”表格组内滑动，即可得到一张表格，初始大小最多为 10×8 表格（10 列 8 行）；

2）插入表格。在“插入表格”下拉列表中，单击“插入表格”命令，弹出“插入表格”对话框，输入列数和行数，单击“确定”按钮即可；

3）绘制表格。在“插入表格”下拉列表中，单击“绘制表格”命令后，鼠标变成笔形状，此时可把鼠标当做画笔将表格画出来；

4）插入 Excel 电子表格。在“插入表格”下拉列表中，单击“Excel 电子表格”命令即可；

5）快速表格。在“插入表格”下拉列表中，单击“快速表格”命令，可直接插入 Word 内置表格样式。

（2）编辑表格

若选取某一个单元格后，在功能区新增了“表格工具”标签，其中有“设计”选项卡和“布局”选项卡（图 3-14）。

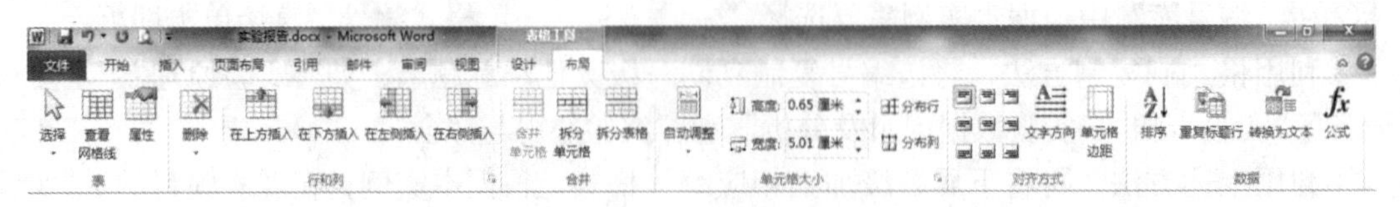

图 3-14　“表格工具”标签

1）调整表格的大小：调整表格的大小有下列几种方法：①把鼠标放在整个表格的右下角的线上，鼠标变成一个拖动标记，按左键拖动鼠标，就可改变整个表格的大小，同时表格中的单元格的大小也随之自动调整；②把鼠标放到表格的垂直（水平）框线上，鼠标变成一个两边（上下）有箭头的双线标记，这时按左键拖动鼠标改变了当前框线的位置，同时也改变了单元格的大小；③在不改变表格整体宽度（或高度）情况下，可使表格中某些列（或者某些行）具有相同的列宽（或者行高），请选中这些列（或者行），在功能区“布局”功能选项卡中选择“单元格大小”组中“分布列”（或者“分布行”）命令。

2）合并与拆分单元格。

①合并单元格。选中需要合并的单元格，在功能区“布局”选项卡“合并”组中单击“合并单元格”命令；

②拆分单元格。若要拆分单元格，单击功能区“布局”选项卡“合并”组中“拆分单元格”命令，弹出“拆分单元格”对话框，选择拆分的行数和列数，单击“确定”按钮即可。

（3）表格的格式设置

表格的格式与段落的设置相似，有文字对齐、文字方向、单元格边距、边框和底纹修饰等。

文字对齐：Word 中单元格有 9 种对齐方式，并且允许每一个单元格有不同的对齐方式；

文字方向：有横排和竖排两种，默认为横排方式；

单元格边距：调整文字与单元格之间的边距，以及单元格之间的间距。在功能区“布局”选项卡“对齐方式”组中选择“单元格边距”按钮，弹出“表格选项”对话框，设置相应值即调整相应的距离；

边框和底纹：通过边框和底纹的设置增强表格的渲染力。先选中需设置的表格，在“表格工具”按钮下“设计”选项卡功能区的“表格式样”组中单击“边框”旁下拉按钮，也可在单击右键快捷菜单中选择“边框和底纹”命令（图 3-15），设置边框线的样式、颜色及宽度。

任务三：在实验报告中创建表格

根据实验报告实例，需插入两张表格：一张表格是实验名称及学生信息 2 行 6 列，另一张表格是实验数据记录 4 行 4 列。

操作方法：①制作第 1 张表格，将光标定位在标题“实验报告”后，按回车键进入到下一行，选择“插入”→“表格”，滑动鼠标选 6×2 表格。②编辑表格。将表格调整为合适的

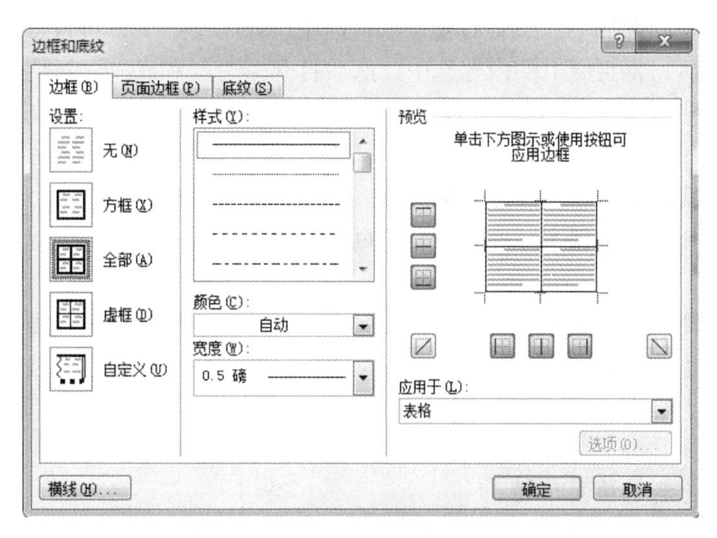

图 3-15　边框和底纹

大小和位置，选择第一行的第 2 ~ 4 列，选择“表格工具”→“布局”→“合并单元格”合并成一个单元格；③输入相应的文字，如图 3-16 所示，采用“水平居中”对齐方式，其中“实验名称”“实验日期”“姓名”“学号”“专业”字体加粗；④第 2 张表格可采用文本转换为表格的方法制作：拖动鼠标选中“表 1 实验数据”下面的 4 行样本数据，在选择“插入”→“表格”→“文本转换为表格”，将有规律输入间隔符的文本，快速转换为表格；⑤绘制边框，选中制作好的表格，选择“表格工具”→“设计”→“边框”→“边框和底纹”，在如图 3-15 所示对话框中，在预览的边框图示的最外围左右两侧边线设置为无，文字对齐方式仍为“水平居中”，并将作为标题的“表 1 实验数据”行，设文字居中对齐。表格效果如图 3-16 所示。

实验名称	熔点的测定及温度计的校正			**实验日期**	2017年9月25日
姓　　名	李四	学 号	U2017900032	**专　　业**	医学检验

表1　实验数据

样品	不纯的乙酰苯胺	纯的乙酰苯胺1	纯的乙酰苯胺2
始熔温度(℃)	106	113.8	114.2
全熔的温度(℃)	110	114.8	115
熔程(℃)	4	1	0.8

图 3-16　实验报告中表格效果

2．设置页眉和页脚

页眉和页脚是指位于上页边区和下页边区中的注释性文字或图片。通常，页眉和页脚可以包括文档名、作者名、章节名、页码、编辑日期、时间、图片以及其他一些域等多种信息。

页眉和页脚不占用正常的文档文字空间，它们只能在“页面”视图下和“打印”时才能看到。

选择功能选项卡“插入”，在“页眉和页脚”组中选择插入页眉或页脚时，都会出现“页眉和页脚工具”设计栏，页面和页脚可切换设置。

页眉、页脚区的位置受两个因素影响。一是“页面设置”中“页边距”选项卡上“页边距”选项区的选择（图 3-17）；二是页眉、页脚区的高度。因此，改变“页边距”的大小和页眉、页脚区的高度，可以改变页眉、页脚区的位置。页眉、页脚区的高度取决于其中的文字、图片的高度。

插入页眉后在其底部加上一条页眉线是默认选项。如果不需要，可自行删除。方法是：进入页眉和页脚视图后，将页眉上的内容选中，然后打开“边框和底纹”对话框，在“边框”选项卡设置选项区中选“无”，单击“确定”按钮。也可以通过“边框和底纹”改变页眉横线的线形。

任务四：给“实验报告”设置边线型页脚

操作方法：选择功能选项卡“插入”→“页脚”→“边线型”完成。

3．设置页面

文档编写完后需要提交文档，常用两种提交方式，一是电子文档，二是提交打印的纸质文档。为此，先需设置页面的方向、纸张大小、页边距、装订位置等信息。选择“页面布局”选项卡“页面设置”组，单击“页面设置”组右下角 按钮，弹出“页面设置”对话框，如图 3-17 所示。

任务五：实验报告的页面布局

将页面设置为打印纸大小张为 A4、使用默认页边距、纸张方向为“纵向”，指定每页 38

行，每行 38 字符；设置页面背景为“样例”文字水印；页脚设置为边线型。

（1）调整页边距。在“页面设置”对话框中的“页边距”选项卡，可对页边距进行设置，内置式样“普通”，“上”、“下”、“左”、“右”的边距默认设置为 2.54 厘米、2.54 厘米、3.17 厘米、3.17 厘米。因为实验报告只有两页，不需设置预留装订线，装订位置为“左”，使用默认页边距；

（2）纸张方向：采用“纵向”还是“横向”打印。默认为“纵向”，“实验报告”采用默认值；

（3）纸张大小：“纸张”选项卡列出默认打印机能支持的纸张型号、尺寸，默认设置为 A4 纸，常用的纸张大小有 A4、B5 等。对于“实验报告”也采用默认值；

（4）版式：可对节和页眉页脚的位置等进行设置。对多页文档排版时，可根据需要选择是否设置“首页不同”和“奇偶页不同”等；

（5）文档网格：设置文字排列的方向，文档内容分栏数、文档每页的行数、每行的字符数。默认情况下，A4 纸按宋体五号计算，每页应该为 44 行，每行 39 个字符（图 3-18）。在实验报告文档中，选择“文档网格”选项卡中的“指定行和字符网格”单选按钮，设置每页为 38 行，每行 38 个字符网格。

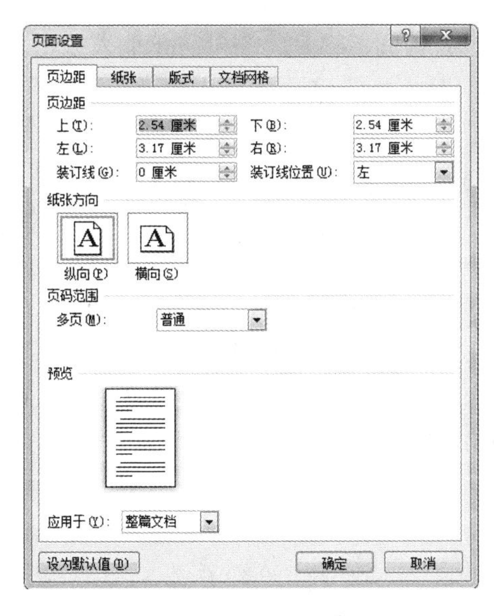

图 3-17　页面设置

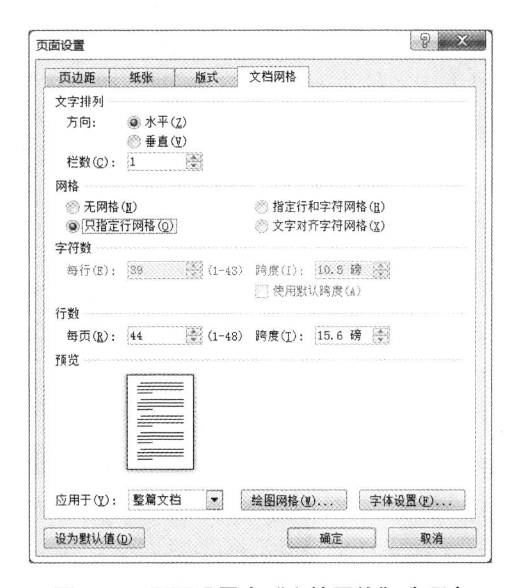

图 3-18　页面设置中“文档网格”选项卡

4．页面背景

页面背景可以设置水印、页面颜色和页面边框。

任务六：为实验报告设置文字水印“样例”

操作方法：①在“页面布局”功能卡的“页面背景”组中，单击“水印”→“自定义水印”；②在弹出的“水印”对话框中选择“文字水印”单选按钮；③“文字”栏中选择“样例”，其他可自行设置或使用默认值，如图 3-19 所示；④单击“确定”按钮完成设置。

5．输出文档

（1）打印输出

选择功能选项卡“文件”→“打印”命令完成相关设置，设置打印机参数，如输入打印份数、选择打印机类型、打印的范围等，也可直接单击“打印”命令，将文档送往打印机；右侧为文档预览区，查看打印效果（图 3-20）。

图 3-19 水印对话框

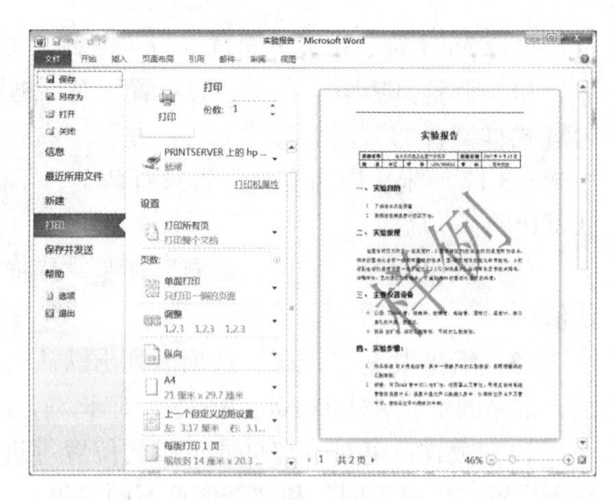

图 3-20 "打印"命令

（2）生成 PDF 文件

PDF（Portable Document Format）为便携式文档格式，是一种电子文件格式，与操作系统平台无关，这一性能使它成为在 Internet 上进行电子文档发行和数字化信息传播的理想文档格式。因此，转换为 PDF 有两个好处：一是方便文档进行传阅；二是文档可防止他人编辑。

单击"文件"按钮，选择"另存为"命令，打开"另存为"对话框，从"保存类型"下拉列表选择"PDF（*.pdf）"格式，然后单击"保存"按钮，即保存为"实验报告 .pdf"文件。

知 识 拓 展

Microsoft Office 2010 在保存格式有了新的突破，可以将 Word、Excel、PowerPoint 格式文档保存为 PDF 格式。PDF（Portable Document Format）文件格式是 Adobe 公司开发的电子文件格式，这种文件格式与操作系统平台无关，这一特点使它成为在 Internet 上进行电子文档发行和数字化信息传播的理想文档格式。越来越多的电子图书、产品说明、公司文告、网络资料、电子邮件开始使用 PDF 格式文件。目前 PDF 格式文件已成为电子文档发行和数字化信息传播上的一个通用标准。选择"文件"的"另存为"命令，在弹出另存为窗口中选择存盘路径，在"文件名"框中输入文件名，在保存类型下拉选项中选择 PDF 格式，按"确定"即可。

四、处理复杂文档

当撰写学术论文或者毕业论文时，由于文档内容多，操作相对前面而言较为复杂。本部分将介绍 Word 中处理复杂文档一些操作技巧，包括长文档的录入、视图的选取、大纲的运用、样式的应用、图文的混排、文档中引用内容的标注等。

1．复杂文档的快速录入技巧

在进行长文档的录入时，有时候会有一些相似性内容。为了提高效率，不妨采用下列方法：①自定义新词。目前大多数输入方法均有自动记忆功能，对于一些词语，若输入超过 3 次以上，输入法将自动记忆该词语。同时，可利用输入法的"自造词工具"功能，将一些常用输入的短语、专业词汇等定义为新词语，赋给它一个简单的外码和快捷键。例如"反应速率常数”在微软拼音 2010 中通过“自造词工具”设置快捷键为“fyslcs”，以后输入只需输入“fyslcs”就可完整地输入“反应速率常数”这一词语；②利用自动图文集。自动图文集是指用来存储要重复使用的文字或图形的位置，这些文字或图形分别有各自的名称，并且以词条方式存储在“自动图文集”中。在“插入”功能卡“文本”组中选择“文档部件”，单击“自动图文集”命令，可将常用的文字和图形添加进去，便于今后需要时可直接引用；③善用自动更正。“自动更正”功能可以自动检测并更正键入错误、误拼的单词、语法错误和错误的大小写。单击“文件”按钮，单击“选项”命令，弹出“Word 选项”对话框，在左侧选择“校对”，右侧单击“自动更正选项”按钮，则弹出“自动更正”对话框，在此可将经常使用的文字、词语、特殊符号等用一个简单符号代替，方便于以后输入时，自动转换为对应的文字、词语或特殊符号。

2．使用文档视图

Word 提供了 5 种视图方式，单击“视图”选项卡，在“文档视图”组（图 3-21）中有 5 种视图方式。不同的视图方式分别从不同的角度、按不同的方式显示文档，并适应不同的工作要求。

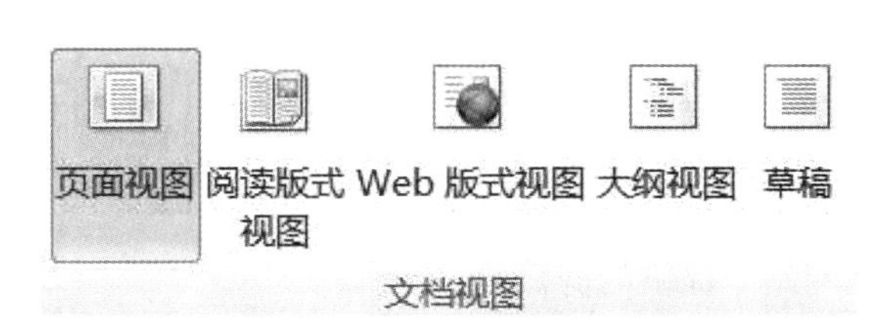

图 3-21　文档视图

“页面视图”是 Word 默认视图方式，也是使用得最多的视图方式。用于显示文档所有内容在整个页面的分布状况和整个文档在每一页上的位置，并可对其进行编辑操作，具有真正的“所见即所得”的显示效果。在页面视图中，屏幕看到的页面内容就是实际打印的真实效果。

“阅读版式视图”中文档的内容根据屏幕的大小，以适应阅读的方式进行显示，“文件”按钮、功能区等窗口元素被隐藏起来。在阅读版式视图中，用户还可以单击“工具”按钮选择各种阅读工具。

“Web 版式视图”显示文档在 Web 浏览器中的外观。在这种视图下，可以方便地浏览和制作 Web 网页。

“大纲视图”将文件按标题的层次进行显示，它在长文档的组织和维护时比较方便，在“大纲视图”中，可查看文档结构，也可使处理主控文档。

“草稿视图”类似于之前 Word 2003 或 Word 2007 中的“普通视图”。该视图简化了页面的布局，主要用于显示文本及其格式，是几个视图中最节省计算机系统硬件资源的视图方式。

3．图文混排处理

复杂文档中并非只有文字，还应包括图片、图形、图表等，图文并茂的文档更能引人入胜。

（1）插入图片、图形和图表

1）插入图片。在“插入”选项卡“插图”组中，单击“图片”按钮，弹出“插入图片”对话框，在对话框选择所需的图片文件，单击“插入”按钮即可。

2）插入剪贴画。在“插入”选项卡“插图”组中，单击“剪贴画”按钮，在 Word 窗口右侧出现“剪贴画”任务窗格。在“搜索文字”文本框中输入剪贴画的关键字（例如：植物），在“结果类型”下拉列表中选择要搜索的文件格式（其中包括“插图”“照片”“视频”和“音频”），单击“搜索”按钮，搜索结果在结果区中，如图 3-22 所示。若选中“包括 Office.com

图 3-22 “剪贴画”任务窗格

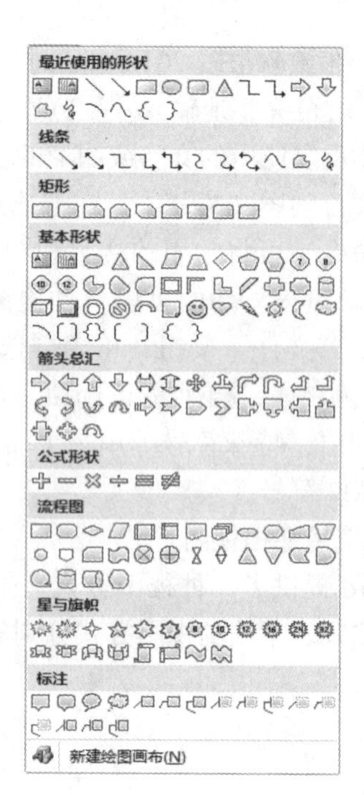

图 3-23 “形状”列表

内容”复选框，可以搜索网站上提供的剪贴画。

3）插入形状。在文档中可插入如图 3-23 所示“形状”列表中的各种图形，并对形状填充、线条颜色、线型、轮廓、文字说明、排列方式等进行设置。

4）插入 SmartArt。SmartArt 图形是信息和观点的视觉表示形式，使用 SmartArt 图形和其他新功能，只需单击几下鼠标，即可创建具有设计师水准的插图，从而快速、轻松、有效地传达信息。在“插入”选项卡“插图”组中，单击“SmartArt”按钮，可见如图 3-24 所示“选择 SmartArt 图形”对话框，在左侧选择相应的主题，如流程，中间显示流程各种图形，选中一种图形，则右侧显示该图形和说明。

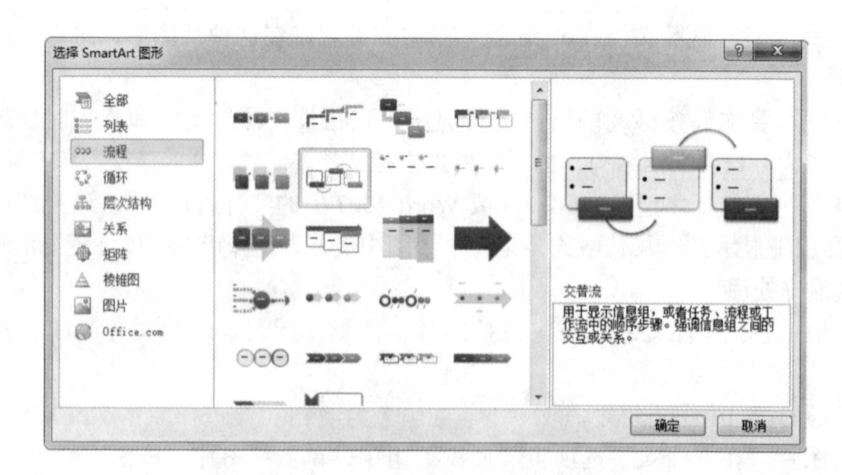

图 3-24 “选择 SmartArt 图形”对话框

5）插入图表。Word 图表是以图形方式来显示数据，使数据的表示更加直观，分析更为方便，该图形是以 Excel 数据表格为基础生成的图表。

6）插入屏幕截图。这是 Word 2010 新增功能，可将截图即时插入到文档中。在“插入”

选项卡“插图”组中，单击“屏幕截图”按钮，若对当前的某个窗口进行截取，则直接在“可用视窗”列表中直接选择即可；若对某个窗口中的部分区域进行选择，则需要单击“屏幕剪辑（C）”选项，然后切换到相应的窗口，单击鼠标左键进行区域选择即可，所截取图片可直接插入 Word 编辑窗口中。

（2）图的编辑

当插入图片后，在功能区新增了“图片工具”格式选项卡，如图 3-25 所示。

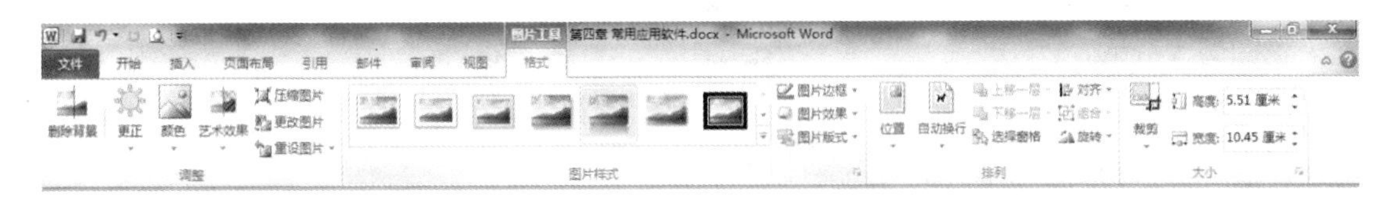

图 3-25　“图片工具”格式选项卡

1）调整图片大小、位置和角度

插入图片后，图片大小和位置一般都不太合适，可对其进行编辑。

调整大小：选中图片后，其四周有空心的小圆或小正方形，这些是尺寸控制柄，鼠标放在上面变成双向箭头形状，拖动即可改变图片的大小。

调整位置：选择图片后，将鼠标指针定位到图片上，直接拖动图片到合适位置。

调整角度：调整角度即旋转图片，选择图片后将鼠标指针定位到图片上方的绿色的旋转控制柄上，拖动旋转控制柄即可改变图片的角度。

2）裁剪图片

若需要截取图片的某一部分，可使用裁剪工具对图片进行编辑。选中图片，单击“图片工具 | 格式”选项卡“大小”组中的“裁剪”按钮，此时，图片四周出现剪裁控制柄，拖动这些控制柄即可对图片按需求进行裁剪。

3）图片布局

图片布局指图片与其周围的文字、图形之间的关系。

默认情况下，插入到 Word 2010 文档中的图片是作为字符插入进去的，其位置随着其他字符的改变而改变，用户不能自由移动图片。而通过为图片设置文字环绕方式，则可以自由移动图片的位置。

文字环绕：包括嵌入式、四周型、紧密型、穿越型、上下型、衬于文字下方和浮于文字上方几种方式。

四周型文字环绕有 9 种显示形式：顶端居左、顶端居中、顶端居右、中间居左、中间居中、中间居右、底端居左、底端居中和底端居右。

选择图片，在“图片工具”中的格式选项卡“排列”组内单击单击“自动换行”按钮，弹出如图 3-26 所示的下拉列表，选择相应的图片版式。若选择“其他布局选项”，则弹出如图 3-27 所示的图片“布局”对话框，在“文字环绕”选项卡中选择图片版式，在“位置”选项卡可以设置图片在文档中的绝对位置。

4）图片效果

图片效果是指图片施加某种视觉上的效果，在 Word 2010 中，可以为图片添加阴影、发光、映像、柔化边缘、凹凸和三维旋转等效果来增加图片的感染力，也可以在图片中添加艺术效果或更改图片的亮度、对比度等。

选择图片后，在“图片工具”的格式选项卡“调整”组和“图片样式”组中单击相应的按钮即可完成各种图片效果的编辑。

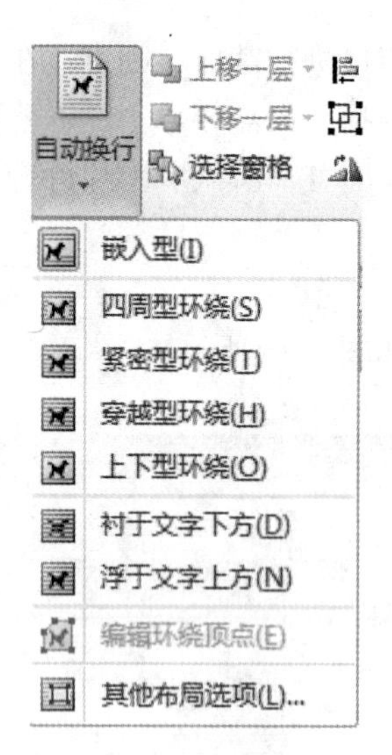

图 3-26 图片版式

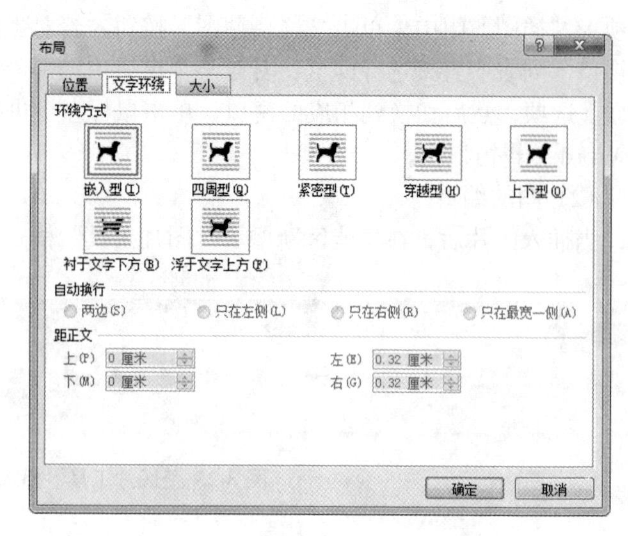

图 3-27 图片“布局”对话框

5）图形组合

图形组合是将多个图形组合成一个整体，当移动、复制、改变大小等操作时，作为单个图形进行操作。用鼠标配合 Shift 键选中要组合的图形，在“图片工具 | 格式”选项卡“排列”组内单击“组合”按钮，选择“组合”命令即可（图 3-28）。

图 3-28 “组合”按钮

（3）图文对齐

图文对齐看起来是件小事，有时候却让人颇费工夫。在实际复杂文档中编排图文时，可借助于文档中网格线，在“图片工具 | 格式”选项卡“排列”组内单击“对齐”按钮，在下方出现的“对齐”列表中（图 3-29）选择“网格设置”命令，弹出“绘制网格”对话框，设置网格的大小，以及是否在屏幕上显示网格线，如图 3-30 所示。

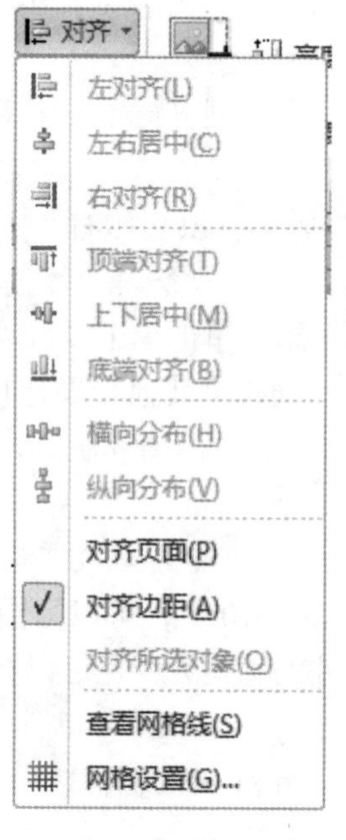

图 3-29 “对齐”按钮

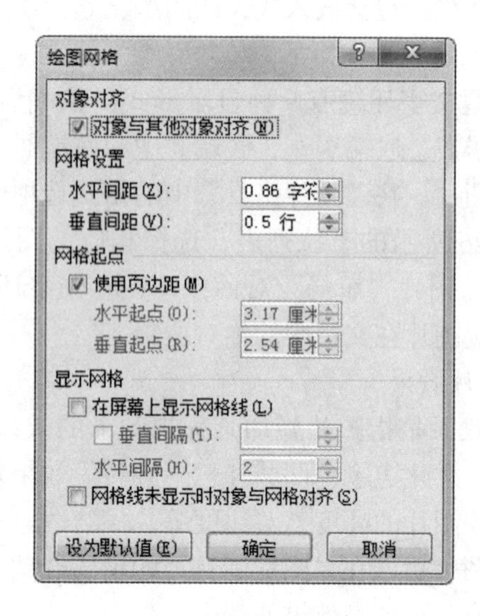

图 3-30 绘制网格

当需要在同一版面对多个图形进行对齐和均匀分布时，选中多个图形，选择图 3-29 中对齐方式，例如顶端对齐，则所有图形以顶端为基准对齐。

4．公式的录入

医学院校学生在撰写学术论文中，经常需要录入数学公式、化学方程式等，方法为：单击“插入”选项卡“符号”组中的“公式”下拉按钮，在其下拉列表中选择预定义好的公式，也可以通过选择“插入新公式”命令来自定义公式。此时，公式输入框和“公式工具”的设计选项卡（图 3-31）出现，利用“工具”组、“符号”组和“结构”组各种命令完成公式的录入。

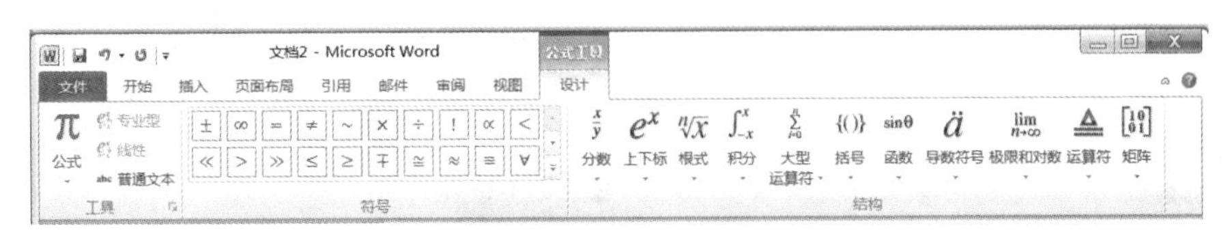

图 3-31　“公式工具”设计选项卡

例如：在弱电解质的电离平衡常数 K_c 与摩尔电导率 Λ_m 的关系为$K_c=\frac{\Lambda_m^2}{\Lambda_m^{\infty}(\Lambda_m^{\infty}-\Lambda_m)}$，其中 Λ 通过“符号”中选择大写希腊字母获得，运用“结构”组中“分数”“上下标”和“括号”和“符号”组配合完成该公式。

5．管理样式

“管理样式”对话框是 Word 2010 提供的一个较全面的样式管理界面，用户可以在“管理样式”对话框中新建样式、修改样式和删除样式等操作。单击“开始”选项卡“样式”组的功能区右下角按钮，弹出“样式”任务窗格，如图 3-32 所示。在“样式”任务窗格下方单击“管理样式”按钮，弹出如图 3-33 所示的“管理样式”对话框。

将一种样式应用于某个段落或者选定的字符上，这样保证了格式编排的一致性，无须重复操作，提高编排效率，能快速同步设置同级标题的格式，便于生成文档目录。

样式分为段落、字符、链接、表格和列表 5 种：

段落样式：以段落为最小套用样式单位，即使只选择段落中部分文字，应用段落样式也会自动套用整个段落中。

字符样式：以字符为最小套用样式单位，仅作用于所选择的字符。

链接样式：是段落样式和字符样式的混合型，当仅在一个段落中选择部分文字，其与字符样式一样；若选择文字超过一个段落，则与段落样式一样。

表格样式：用于所选的表格。

列表样式：用于项目符号和编号列表。

任务七：在毕业论文新建一级标题的新样式及如何应用该样式

具体要求是新建一个名为“论文标题 1”的新样式，并添加到快速样式集中，其格式设置为：黑体、加粗、居中、小三号字，段前、段后间距各 6 磅。

具体操作步骤：①在如图 3-32 所示“样式”窗格下方，单击“新建样式”按钮，弹出“根据格式设置创建新样式”对话框，如图 3-34 所示；②在该对话框中创建新样式：在“属性”栏目中的“名称”栏输入“论文标题 1”，“样式类型”栏选择“段落”，“样式基准”栏选择“无样式”，“后续段落样式”栏选择“正文”；③在“格式”栏目中，选择“黑体”，“小三”号字，“加粗”，“对齐方式”选择“居中”；段前、段后各 6 磅；④选中“添加到快速样式列表”复选框；⑤单击“确定”按钮。这时可以在“开始”选项卡的快速样式列表中看到新建的样式“论文标题 1”。

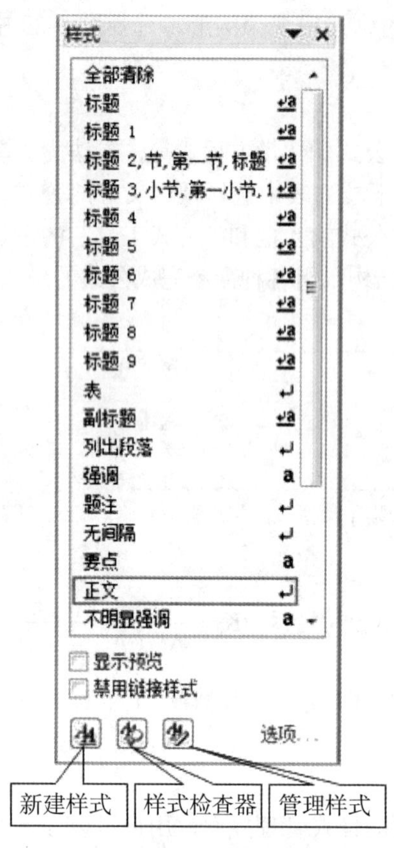

图 3-32 “样式”任务窗格

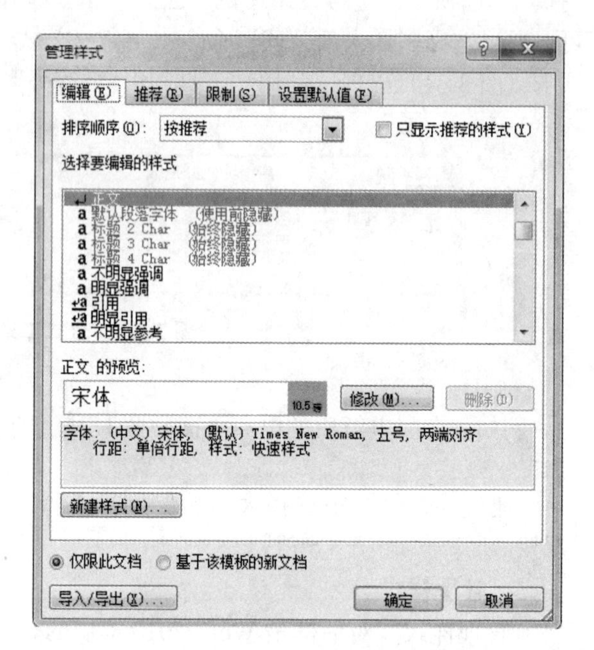

图 3-33 “管理样式”对话框

若应用该样式，则将光标选定在文档的标题上，在“样式”组的快速样式中选择“论文标题 1”，即可应用该样式。

定义的样式是可以删除的，右键单击“样式”组中的快速样式集中的“论文标题 1”，选择“从快速样式库中删除”即可，但其还存在于“样式库”中，若要从样式库中删除，可使用“管理样式”中的管理功能将其删除。

6．复杂文档的其他常用操作

（1）多级标题编号的设置

在编写层次较多的复杂文档时，经常会用到多级标题编号的设置，例如：论文的章标题称为一级标题，章内小节标题依次分为二级标题、三级标题等。一级标题的编号用数字 1，2，3，…编制；二级标题的编号用 1.1，1.2，1.3，…编制；三级标题的编号用 1.1.1，1.1.2，1.1.3，…编制。建议标题不超过 3 级（如 1.1.1），超出部分可根据需要使用（1），①，A，a），…等形式描述。单击“开始”选项卡“段落”组中的“多级列表”按钮，如图 3-35 所示，可在其下拉列表中选用已存在的列表样式，也可创建新的多级列表。谨慎使用多级自动项目编号功能，特别是长文档的编辑过程中会无意引起项目编号的自动改变。

（2）分栏排版

在期刊上发表的学术论文因文档有时以两栏版式形式出现，使用 Word 的分栏功能可达到这种效果。单击“页面布局”选项卡“页面设置”组内的“分栏”按钮，选择“更多分栏”命令，弹出“分栏”对话框中（图 3-36），选择“两栏”，单击“确定”按钮，选中的文档就按两栏来排版。

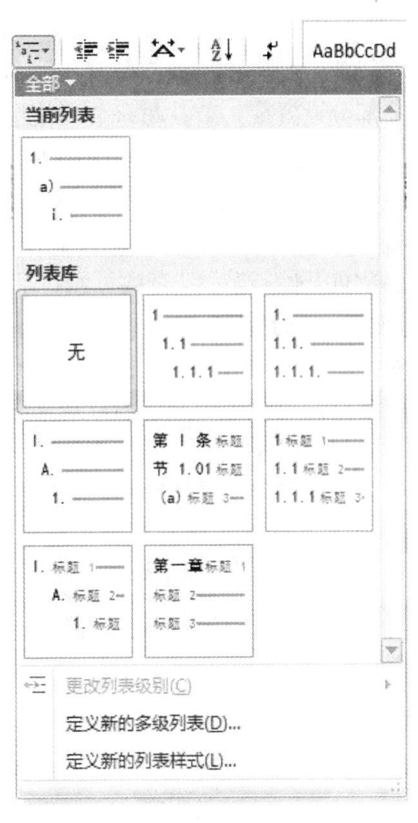

图 3-34　新建样式　　　　图 3-35　多级列表

（3）脚注和尾注的添加

在论文某页的下端，经常需说明一些信息（脚注），论文结尾还需列出撰写论文时的参考文献（尾注）。

将光标定位在需要插入脚注或者尾注的位置，单击“引用”选项卡“脚注”组右下角按钮，弹出“脚注和尾注”对话框，如图 3-37 所示，根据文档编排需要进行相应的设置。

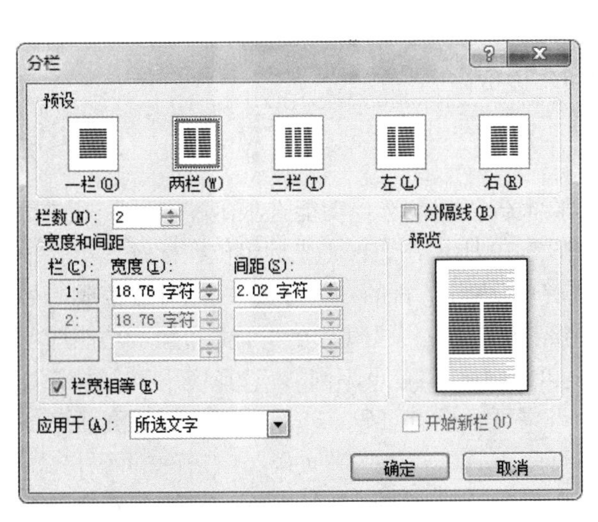

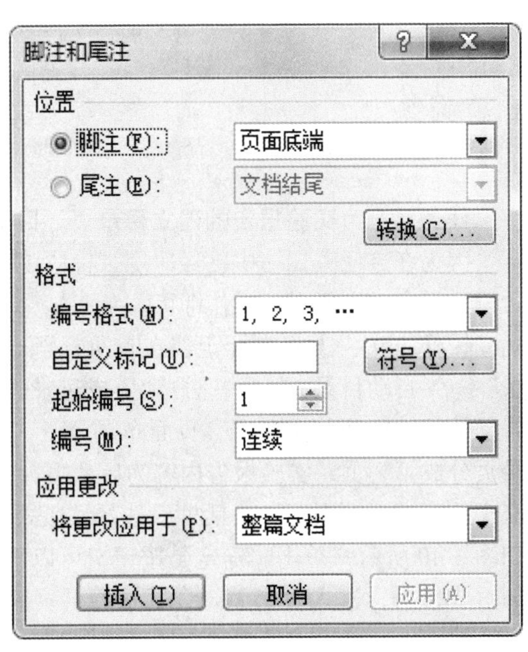

图 3-36　分栏　　　　图 3-37　脚注和尾注

(4) 文档的分节设置

在毕业论文中，不同部分有不同的格式，例如封面和目录不设页眉，页码从正文开始，可将每一部分设置成一节，每一节可使用不同的页边距、页眉页脚等不同的页面设置。

文档的分节设置是在文档中插入分节符来实现的，在“页面布局”选项卡“页面设置”组中单击“分隔符”按钮，在出现的“分页符和分节符”列表选择其中一种分节符。Word 中分节符有 4 种：“下一页：在下一页上开始新节”；“连续：在同一页上开始新节”；“偶数页：在下一个偶数页开始新节”；“奇数页：在下一个奇数页开始新节”。

(5) 目录的生成

对于一个比较长的论文或文书稿件，为了方便查阅，通常有一个目录。Word 可自动搜索文档中标题，建立一个规范的目录，而且这个目录可随着内容的变化而更新。

首先标记目录项，可通过应用标题样式（如标题 1、标题 2 和标题 3）来创建目录；标记目录项后，就可以生成目录了。

将光标定位在文档首页，在“引用”→“目录”，在弹出的下拉列表中，单击所需的目录样式，也可以选择“插入目录”打开“目录”对话框设置目录格式，如图 3-38 所示，单击“确定”按钮，提取已设置的标题，自动生成目录。

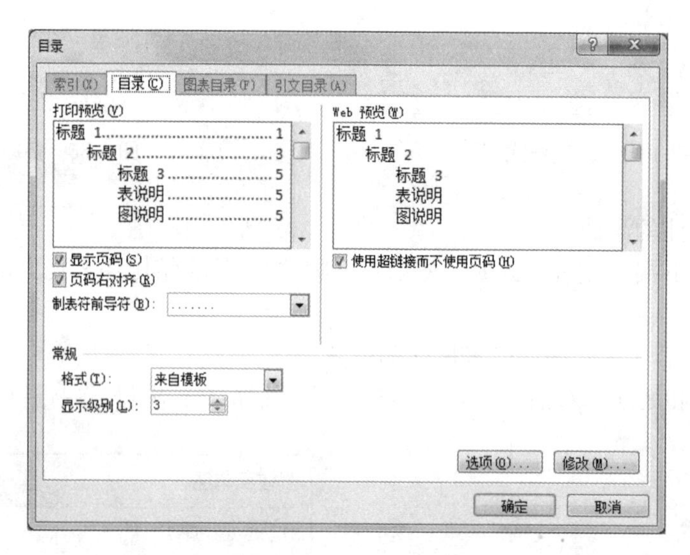

图 3-38 生成目录对话框

任务八：为实验报告的建立目录页，目录页不设页码

因为在“任务二”中已经应用“标题 1”和“标题 2”设置了 2 级标题，完成了标记目录，所以只需完成生成目录操作即可。

操作方法：①将光标定位在首页标题“实验报告”前，选择功能选项卡“引用”→“目录”→“自动目录 1”，快速自动生成目录，如图 3-39 所示；②再将光标定位在标题“实验报告”前，选择功能选项卡“页面布局”→“分隔符”→分节符的“下一页”，此时将生成的目录页分成第一页，实验报告内容为后两页；③将光标定位在目录页，在“页面布局”功能选项卡中打开“页面设置”对话框，选择“版式”选项卡中的“首页不同”，选择应用于“本节”，如图 3-40 所示，单击“确定”按钮，可以看到目录页不设有页码；④双击第二页的页面底部的页脚部分，进入页脚编辑；⑤选择“页眉和页脚工具”栏上的“页码”，打开“页码格式”对话框，选择页码编号为“起始页码”，起始页码号为“1”，如图 3-41 所示，单击“确定”按钮，第二页的页码为“1”开始了，设置完毕。

目录

图 3-39　自动提取出的目录

（6）显示导航窗格

在“视图”选项卡的“显示”组，选择“导航窗格”复选框，就会在文档视图的左侧显示文档导航窗格。导航窗格提供了在屏幕上方便、快捷地浏览长文档导航方式。

任务九：显示“导航窗格”浏览实验报告

操作方法：打开“实验报告”Word 编辑窗口，选择“视图”功能选项卡中的“导航窗格”复选按钮，在窗口左侧显示导航窗格，如图 3-42 所示。可以在左侧窗格中，选择要查看的章节目录，可快速跳转至章节所在文档具体位置。

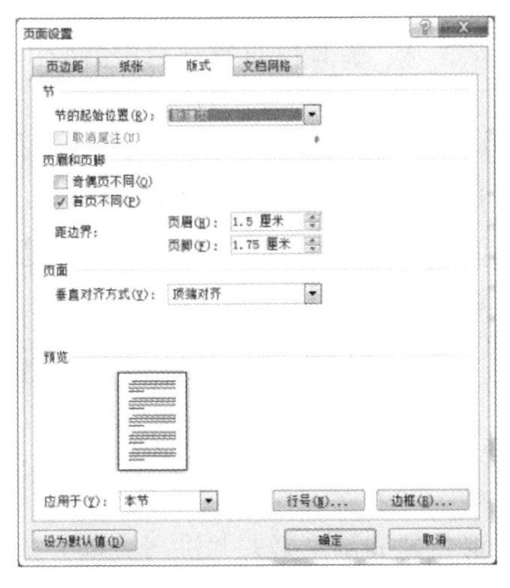

图 3-40　“版式”选项卡

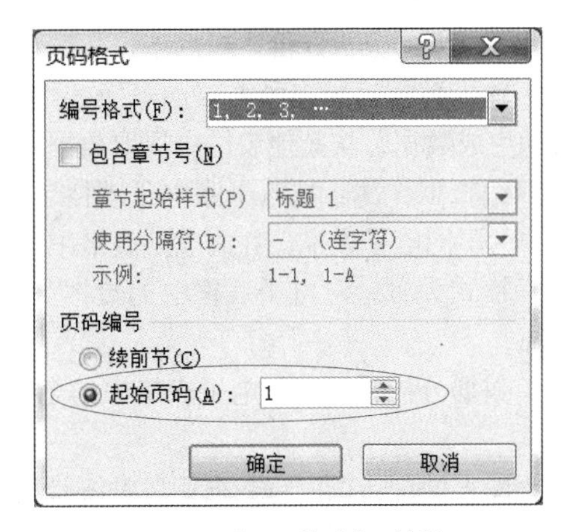

图 3-41　“页码格式”对话框

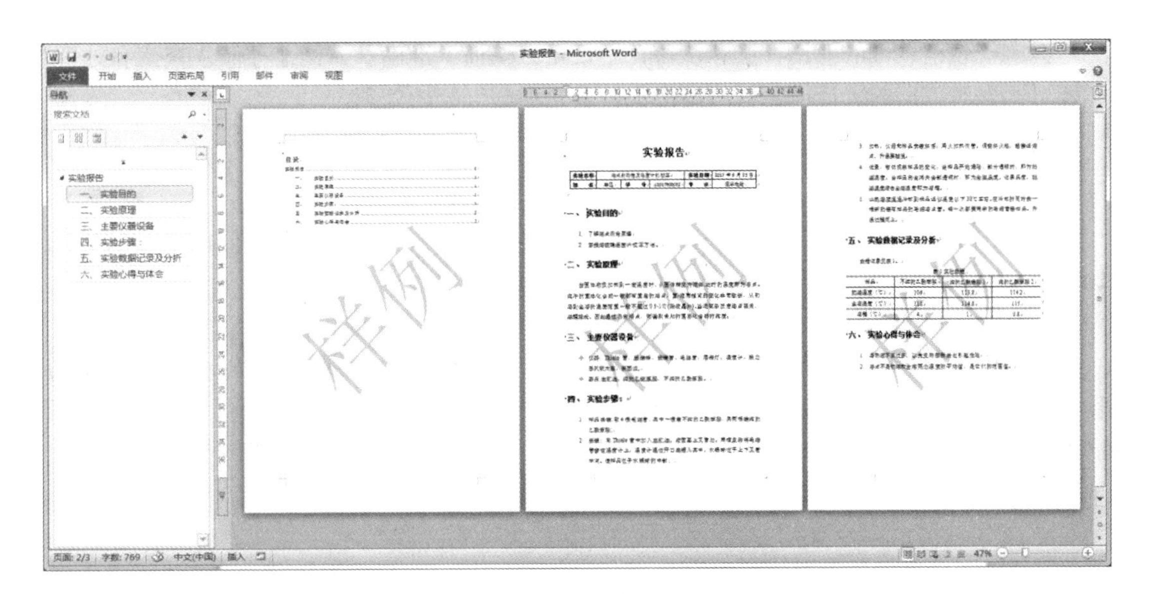

图 3-42　显示导航窗格的页面视图

第二节 电子表格处理

在日常工作中会遇到大量的表格记录信息和计算数据制表，这些工作都可以由计算机代劳制作和计算处理，现在电子制表已经成为人们的重要工作手段。电子制表的实现大致可分为两种方式，一种是为某种目的专门设计的程序，例如财务程序，适于输出特定的表格，通用性较弱；另一种是“电子表格”，它是一种通用的制表工具，能够满足大多数的制表需求，它还是一个通用的计算工具，可以将计算机屏幕看作一张计算用的“纸”，在这张“纸”上可以进行很复杂的计算操作。

一、电子表格软件概述

1979 年，美国 VisiCorp 公司开发了运行于 Apple Ⅱ电脑上的 VisiCalc，这是第一个电子表格软件。其后，美国 Lotus 公司于 1982 年开发了运行于 DOS 下的 Lotus 1-2-3，该软件集表格、计算和统计图表于一体，成为国际公认的电子表格软件的代表作。进入 Windows 时代后，微软公司的 Excel 逐步取代了 Lotus 1-2-3，成为目前最普及的电子表格软件。

电子表格软件不仅在功能上能够完成通常人工制表中所包括的工作，而且在表现形式上也充分考虑了人们手工制表的习惯，将表格形式直接显示在屏幕上，使用起来就像在纸质表格上一样方便，并辅以大量使用的公式与函数，使用户能从乏味、繁琐的重复计算中解脱出来，专注于对计算结果的分析评价，提高工作效率。通常电子表格软件具有以下功能：

（1）输入数据：用多种方式向电子表格中输入数据，包括直接使用键盘输入数据，通过公式自动生成数据，从其他表格中提取数据等方式，并且可以对数据进行有效性检查。

（2）编辑工作簿：把若干张电子表格装订在一起形成工作簿，可以同时提取并处理不同工作簿中的不同电子表格，并向电子表格中增加、删除、修改数据。

（3）格式设置：对电子表格中的数据（包括表头、栏目名称、表中数据等）进行各种美化和修饰。

（4）数据分析管理：对电子表格中的全部或部分数据进行求和、求平均值、计数、汇总、排序等。

（5）图表处理：可以将数据用各种统计图的形式形象地表示出来，并进行数据分析。

（6）高级功能：提高表格自动处理数据的能力，如 Web 查询功能可以创建并运行查询来检索 Internet 上的数据等。

掌握电子表格软件的使用方法和技巧，不仅可以快速、准确、方便地存储、查询和处理数据，还可实现对数据的统计描述、假设检验、多元回归等分析处理。

二、Excel 2010 工作表的基本操作

Excel 2010 是目前较为普及的一种电子表格通用软件，也是 Microsoft 公司开发的 Office 2010 办公组件之一。

1．启动 Excel 2010

Excel 2010 是基于 Windows 操作系统的应用程序，其启动、保存及退出等方法与其他应用程序（如与 Word 2010）基本相同。启动后，系统会创建一个新的工作簿，窗口界面如图 3-43 所示。

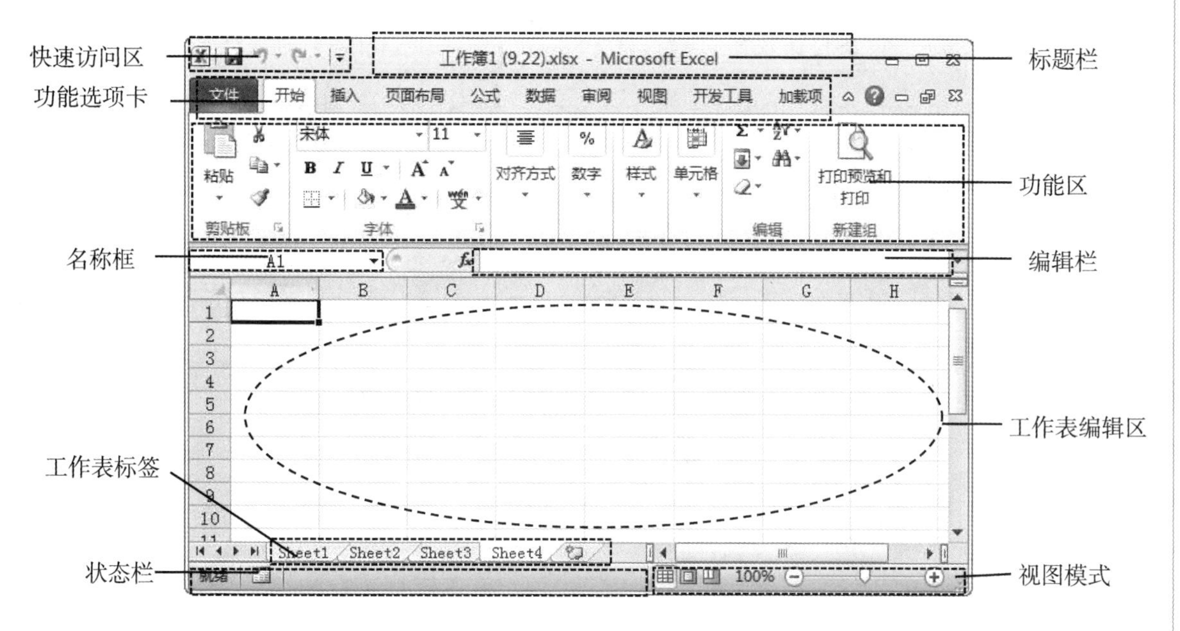

图 3-43　Excel 2010 的工作界面

从图 3-43 可以看出：Excel 2010 的窗口界面包括快速访问区、功能选项卡、功能区、工作表编辑区、名称框、编辑栏、工作表标签和状态栏等。

Excel 2010 安装后有些默认参数设置，比如 8 个功能选项卡、每个选项卡的工具命令按钮、快速工具栏上的常用工具设置常用的工具图标等。通过 Excel 提供“选项”功能，可以在一定的范围内自定义功能区、自定义快速访问工具栏等。

（1）自定义功能区

与 Word 2010 相似，Excel 功能区用于放置编辑工作表时使用的工具按钮。Excel 2010 中所有的功能操作分门别类为 8 个选项卡，分别是“文件”、“开始”、“插入”、“页面布局”、“公式”、“数据”、“审阅”和“视图”。各选项卡中收录相关的功能群组，方便使用者切换、选用。功能区中集中了绝大多数常用命令，但如果经常使用的命令不在功能区中，可以将这些命令添加到内置的默认选项卡中。例如“开始”选项卡就是基本的操作功能，如字体、对齐方式等设定，只要切换到该选项卡即可看到其中包含的内容。

任务一：在“开始”功能区添加“打印预览和打印”按钮

操作方法：在功能区单击鼠标右键，在打开的快捷菜单中选择“自定义功能区”命令，即打开“Excel 选项”对话框的“自定义功能区”界面。选择“开始”选项卡，单击“新建组”按钮，再将“打印预览和打印”命令添加到自定义的“新建组”中，如图 3-44 所示。

（2）自定义快速访问区

快速访问区用于放置最常用的命令按钮，可以将功能区中的命令按钮和文件菜单中的命令添加到快速访问工具栏中。

任务二：将“按 Enter 开始朗读单元格”按钮添加到快速访问区

操作方法：单击标题栏左侧的“快速访问区”的下拉箭头，在弹出的下拉列表中选择“其他命令”，打开 Excel 选项对话框的“快速访问工具栏”界面，在“以下列位置选择命令”的列表中选择“不在功能区中的命令”，在列表中选择“按 Enter 开始朗读单元格”，单击“添加”命令按钮即可，单击“确定”退出。如图 3-45 所示。

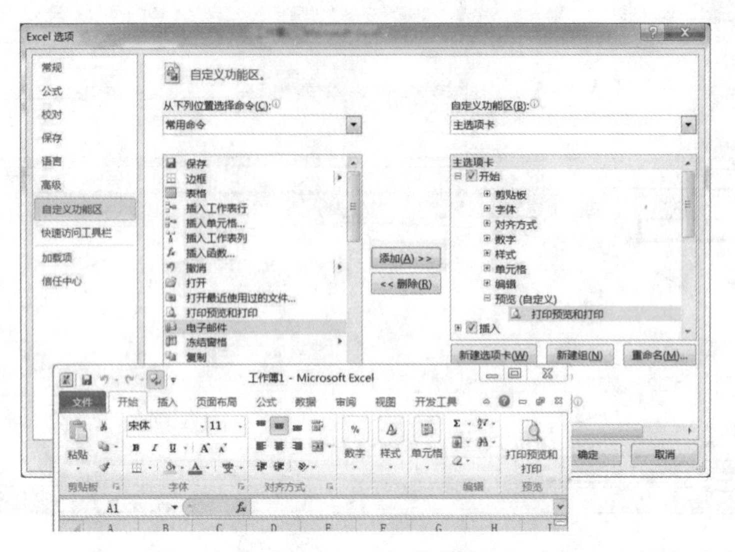

图 3-44　设置“自定义功能区”将“打印预览和打印”添加到“开始”功能区

图 3-45　添加命令到“快速访问栏”

2．创建工作表

首先需要明确几个概念，在 Excel 中的基本概念包括工作簿、工作表、单元格以及单元格区域。

工作簿是 Excel 应用程序的文档，也就是说一个工作簿就是一个 Excel 文件。Excel 2010 文档的扩展名为 xlsx（在 2003 版和之前的版本扩展名为 xls）；在一个工作簿中可以包含多个工作表，默认情况下有 3 个，也就是在窗口下方看到的 sheet1、sheet2、sheet3 是 3 张工作表的名字，用户也可以根据实际情况对工作表进行删除、插入、移动、复制、重命名等操作；工作表是 Excel 完成一个完整作业的基本单位，一个工作表是由若干列和若干行形成的单元格组成。那么一张工作表有多少行和列呢？ xls 格式（excel 97-2003）最大支持 65536 行和 256 列，xlsx 格式最大支持 1048576 行和 16384 列，行用数字表示（1 ~ 1048576），列用字母组合表示（A ~ Z，AA ~ ZZ，AAA ~ XFD），所以每个单元格都有自己的名称，是用它所在的行标和列标组合来命名。例如，F2，就是第 F 列和第 2 行交叉处的单元格。

单元格是 Excel 工作表的基本元素，也是 Excel 独立操作的最小单位。选中一个单元格，在编辑栏左侧的名称框内会显示当前单元格的名称引用。如图 3-46 所示的光标所在的当前单元格 D5 在名称框中显示。

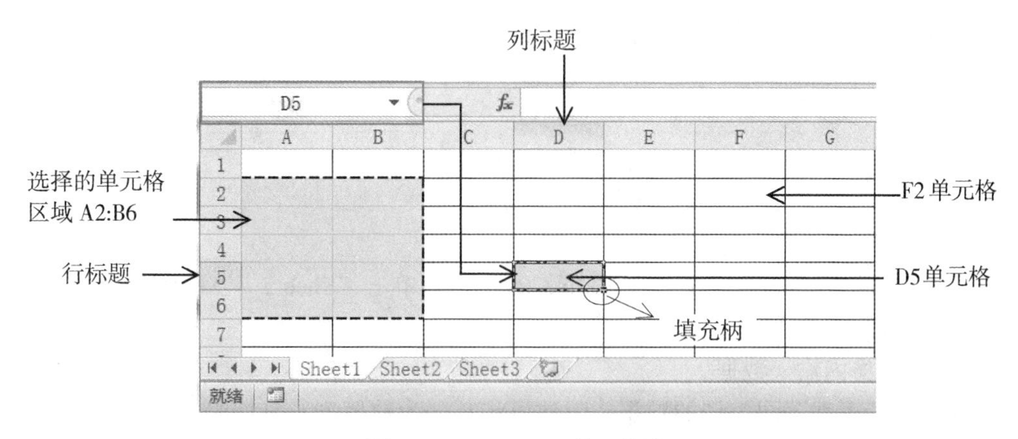

图 3-46　Excel 2010 的工作表

单元格区域是一组被选中的单元格，对单元格区域的操作就是对该区域内的所有单元格的操作。如图 3-46 所示，灰色底纹部分是单元格区域 A2：B6 所包含的单元格范围。

例 2-1 建立“学生情况登记表”工作表，如图 3-47 所示。

工作簿1 - Microsoft Excel

	A	B	C	D	E	F	G	H
1	学生情况登记表							
2	学号	姓名	性别	出生日期	专业	电话	宿舍区	
3	9001	陈宇轩	女	1992/10/5	儿科	03514135697	新世纪公寓	
4	9002	高磊	女	1992/6/14	儿科	03514135700	新世纪公寓	
5	9003	孙鹏玉	男	1992/2/8	儿科	03514136773	新世纪公寓	
6	9004	王鹏飞	男	1992/6/30	儿科	03514135912	新世纪公寓	
7	9005	曾思衡	女	1992/3/12	法医	03514135645	新世纪公寓	
8	9006	王博	男	1991/7/9	法医	03514135609	新世纪公寓	
9	9007	王久旺	男	1992/3/18	法医	03514135717	新世纪公寓	
10	9008	李俏	女	1992/5/14	法医	03514137110	新世纪公寓	
11	9009	肖天裕	男	1992/4/12	护理	03514135798	新世纪公寓	
12	9010	李晓轩	男	1992/11/9	护理	03514136702	新世纪公寓	
13	9011	屈永周	男	1992/6/3	药学	03514135695	新世纪公寓	
14	9012	高维梁	男	1992/12/4	药学	03514136211	新世纪公寓	
15	9013	李琛	女	1992/8/16	药学	03514136512	新世纪公寓	
16	9014	苏琴琴	男	1991/10/6	药学	03514135708	新世纪公寓	
17	9015	李建峰	男	1992/3/27	影像	03514135705	新世纪公寓	
18	9016	许红苓	女	1992/7/11	影像	03514135988	新世纪公寓	
19								

图 3-47　“学生情况登记表”的内容

（1）工作表基本操作

任务一：新建工作表 sheet4

默认情况下，一个工作簿预设有 3 张工作表，若不够用时可以自行插入新的工作表。

操作方法：单击工作表后则的按钮，或右键单击工作表标签选择“插入”命令，在“常用”选项卡中选择“工作表”图标单击“确定”按钮，插入一个默认选项卡名为“Sheet4”的工作表。

任务二：将 sheet4 工作表重命名为“学生情况登记表”

操作方法：双击 sheet4 标签，使其进入可编辑状态，输入“学生情况登记表”再按下 Enter 键，工作表就重新命名了；或者右键单击工作表标签选择选择“重命名”命令，然后输入“学生情况登记表”，按回车键确定工作表新名称。改名后的工作表标签如图 3-48 所示。

Sheet1 Sheet2 Sheet3 学生情况登记表

图 3-48　给工作表重命名

任务三：删除其他多余的工作表

操作方法：单击“Sheet1”标签，按下 Ctrl 键，再单击“Sheet2”“Sheet3”标签，单击右键弹出快捷菜单，选择“删除”。

（2）在单元格内输入数据

Excel 能支持多种不同类型的数据，大致可将其分为数值型、日期时间型、文本型和逻辑型 4 类。选中单元格就可以输入数据了。双击当前单元格，或者单击编辑栏，就可以在当前单元格内的光标处输入或修改数据了。Excel 单元格内的数据可以通过键盘输入，有规律的数据利用自动填充的功能快速填入数据。

任务四：给“学生情况登记表”输入内容，如图 3-47 所示

1）数值的输入

输入数值数据时，单元格显示会自动的右对齐。如果在 Excel 表格中输入的数值是有规律的数据，可以自动填充。本例“学生情况登记表”中的学号一列数据是从 9001 开始，步长为 1 的一个连续递增的数列。在输入这列数值时，可自动填充。

首先在 A3 单元格中输入数值“9001”，然后选择“开始”功能区，“编辑”组中的“填充”按钮，选择“系列”命令（图 3-49），在弹出的“序列”对话框中设置序列产生在“列”，类型为“等差序列”，步长值为“1”，终止值为“9016”，如图 3-50 所示。

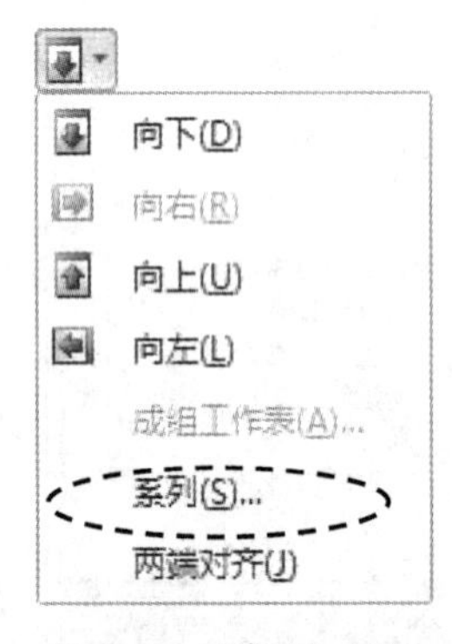

图 3-49　“填充”按钮

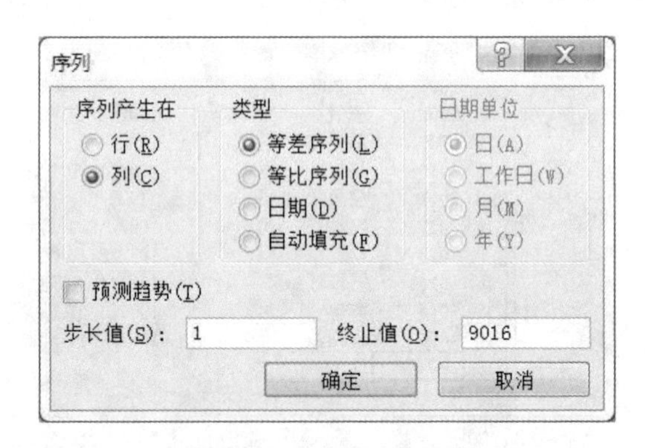

图 3-50　“序列”对话框

也可在 A3 和 A4 单元格中分别输入数值“9001”和“9002”，然后拖动鼠标选中 A3 和 A4 两个单元格，再将鼠标移动到所选区域的右下角的填充柄，当鼠标变成黑色十字形时，按住鼠标左键拖动至结束单元格即可。

2）输入文本

输入文本数据时，单元格显示会自动的左对齐。

操作方法：在 A1 单元格中输入“学生情况登记表”，并按图 3-47 所示输入相应的内容。

其中，“电话”一列的数据由于最高位的 0 需要保留，因此也属于文本型数据。输入时需在电话号码前加英文的“'”，可将数值型数据变换成文本型数据；“宿舍区”一列为相同内容的数据，在输入时先选定要输入相同内容的单元格区域，即 G3 到 G18 的单元格区域，然后输入内容“新世纪公寓”，如图 3-51 所示，然后按 Ctrl+Enter 键确认。

3）在单元格中输入多行数据

若想在一个单元格内输入多行数据，可在换行时按下 Alt+Enter 键，将插入点移到下一行，便能在同一单元格中输入下一行数据。

4）清除单元格的内容

如果要清除单元格的内容，先选取要清除的单元格，然后按 Delete 键或单击鼠标右键，在弹出的对话框中选择“清除内容”即可；如果要清除单元格的属性等其他内容，可在“开始”功能区的“编辑”组中，单击“清除”按钮，如图 3-52 所示，在下拉菜单中选择相应的命令即可。

3．行列操作

（1）插入行、列和单元格

在编辑 Excel 工作表的过程中，插入行和列的操作基本是一致的。选择要插入行下方的行号，然后单击鼠标右键，在弹出的快捷菜单中选择“插入”即可。也可在“开始”功能区的“单元格”组中单击“插入”按钮，如图 3-53 所示，在弹出的下拉菜单中选择“插入工作表行”即可。

插入单元格时，首先选择要插入单元格的下方的单元格，然后单击鼠标右键，在弹出的快捷菜单中选择“插入”命令，即打开“插入”对话框，如图 3-54 所示，在对话框中选择相应的设置即可。

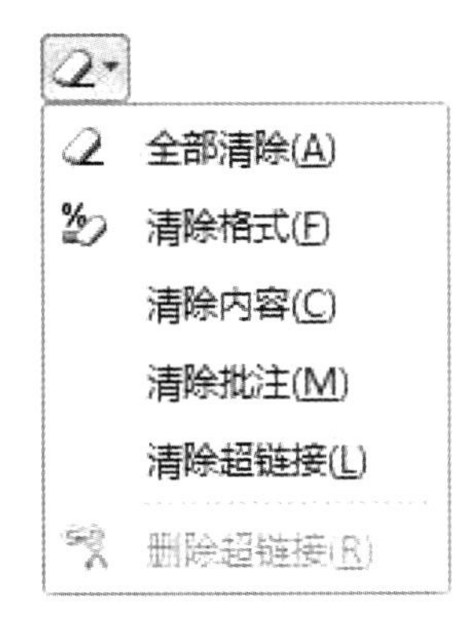

图 3-52　“清除”下拉菜单

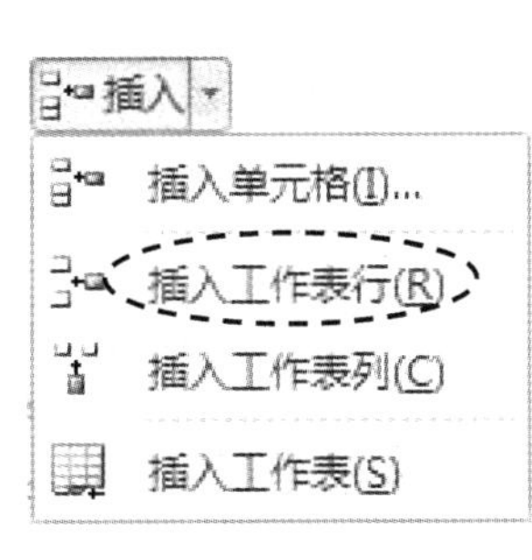

图 3-53　数字格式

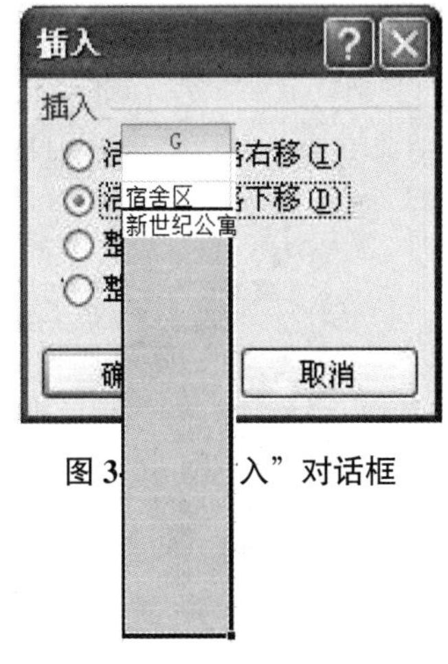

图 3　入”对话框

图 3-51　快速录入数据

（2）删除行、列和单元格

选择想要删除的行、列或单元格，然后单击鼠标右键，在弹出的快捷菜单中选择“删除”即可。也可在“开始”功能区的“单元格”组中单击“删除”按钮，在弹出的下拉菜单中选择相应的命令即可。

（3）行高和列宽

调整行高和列宽的简便方法是将鼠标指向要调整行高（或列宽）的行标（或列标）分割线上，当鼠标变为双向箭头形状时拖拽分割线。如果需要进行精确调整，可在“开始”功能区的“单元格”组中单击“格式”按钮，在“行高”或“列宽”对话框中输入一个具体的数值即可。如果想根据单元格中的内容设置最合适的行高或列宽，可在“格式”命令的下拉菜单中，选择“自动调整行高”或“自动调整列宽”命令即可。

例 2-2：格式化工作表“药品清单”，最终效果如图 3-55 所示。

格式化工作表就是给工作表设置一定的格式效果，包括工作表内容的字体格式、对齐方式、单元格框线的类型、粗细、颜色等。

	A	B	C	D	E	F
1	药品清单					
2	通用名	剂型	规格	生产企业	采购价	配送时间
7	参麦注射液	注射液	2ml	四川升和制药有限公司	2	2011-9-22 9:14 AM
8	氯化钠注射液	注射液(塑瓶)	100ml	四川科伦药业股份有限公司	1.21	2011-9-22 9:14 AM
9	乳酸左氧氟沙星滴眼液	滴眼剂	8ml	重庆科瑞制药有限责任公司	7.65	2011-9-20 5:52 PM
10	替硝唑注射液	注射液	100ml	山东齐都药业有限公司	0.93	2011-9-20 5:52 PM
11	盐酸纳洛酮注射液	注射液	1ml	成都天台山制药有限公司	2.8	2011-9-20 5:52 PM
12	地塞米松磷酸钠注射液	注射液	1ml	芜湖康奇制药有限公司	0.13	2011-9-20 5:52 PM
13	维生素C注射液	注射液	20ml	济南利民制药有限责任公司	0.73	2011-9-20 4:14 PM
14	盐酸雷尼替丁注射液	注射液	2ml	芜湖康奇制药有限公司	0.18	2011-9-20 4:14 PM
15	乳酸左氧氟沙星氯化钠注射液	注射液	100ml	安徽双鹤药业有限责任公司	0.93	2011-9-20 3:27 PM
16	维生素C注射液	注射液	20ml	济南利民制药有限责任公司	0.73	2011-9-20 3:27 PM
17	布洛芬混悬液	口服混悬剂	100ml	扬州市三药制药有限公司	7.67	2011-9-14 2:02 PM
18	维生素C注射液	注射液	20ml	济南利民制药有限责任公司	0.73	2011-9-13 3:56 PM
19	地塞米松磷酸钠注射液	注射液	1ml	芜湖康奇制药有限公司	0.13	2011-9-13 3:56 PM
20	葡萄糖酸钙注射液	注射液	10ml	济南利民制药有限责任公司	0.25	2011-9-13 9:36 AM
21	肌苷注射液	注射液	2ml	山东方明药业股份有限公司	0.08	2011-9-12 7:57 PM
22	酚磺乙胺注射液	注射液	2ml	山东方明药业股份有限公司	0.11	2011-9-12 7:57 PM
23	利巴韦林注射液	注射液	1ml	河南同源制药有限公司	0.1	2011-9-12 7:57 PM

图 3-55 格式化工作表最终效果

4．设置单元格格式

在 Excel 2010 中，“设置单元格格式”中的大部分命令放在了“开始”功能区中。如果在“开始”功能区找不到需要的命令，可打开“设置单元格格式”对话框进行操作。方法是在“开始”功能区的各分组右下角单击按钮，即可打开“设置单元格格式”对话框。

（1）设置单元格字体格式

任务一：在 A1 单元格中输入“药品清单”，并设置字体格式为楷体、14 磅、加粗、字体颜色为红色；在 A2 到 F23 单元格中输入图 3-56 所示的内容内容，并设置字体格式为宋体、12 磅

操作方法：用鼠标单击 A1 单元格，然后在“开始”功能区的“字体”组做相应的设置，或者单击“字体”组右下角的按钮，在弹出的“设置单元格格式”对话框中进行相应的设置；在 A2 到 F23 单元格中输入相应的内容，然后选择 A2 到 F23 单元格，在“开始”功能区或“设置单元格格式”对话框的“字体”选项卡中进行相应的设置。

2	通用名	剂型	规格	生产企业	采购价	配送时间
3	盐酸消旋山莨菪碱注射液	注射液	1ml	芜湖康奇制药有限公司	0.11	2011-9-22 17:40
4	乳酸左氧氟沙星氯化钠注射液	注射液(塑瓶)	250ml	浙江莎普爱思药业股份有限公司	16.9	2011-9-22 14:48
5	乳酸左氧氟沙星氯化钠注射液	注射液(塑瓶)	250ml	浙江莎普爱思药业股份有限公司	16.9	2011-9-22 14:44
6	丹参注射液	注射液	10ml	上海中西制药有限公司	1.02	2011-9-22 09:14
7	参麦注射液	注射液	2ml	四川升和制药有限公司	2	2011-9-22 09:14
8	氯化钠注射液	注射液(塑瓶)	100ml	四川科伦药业股份有限公司	1.21	2011-9-22 09:14
9	乳酸左氧氟沙星滴眼液	滴眼剂	8ml	重庆科瑞制药有限责任公司	7.65	2011-9-20 17:52
10	替硝唑注射液	注射液	100ml	山东齐都药业有限公司	0.93	2011-9-20 17:52
11	盐酸纳洛酮注射液	注射液	1ml	成都天台山制药有限公司	2.8	2011-9-20 17:52
12	地塞米松磷酸钠注射液	注射液	1ml	芜湖康奇制药有限公司	0.13	2011-9-20 17:52
13	维生素C注射液	注射液	20ml	济南利民制药有限责任公司	0.73	2011-9-20 16:14
14	盐酸雷尼替丁注射液	注射液	2ml	芜湖康奇制药有限公司	0.18	2011-9-20 16:14
15	乳酸左氧氟沙星氯化钠注射液	注射液	100ml	安徽双鹤药业有限责任公司	0.93	2011-9-20 15:27
16	维生素C注射液	注射液	20ml	济南利民制药有限责任公司	0.73	2011-9-20 15:27
17	布洛芬混悬液	口服混悬剂	100ml	扬州市三药制药有限公司	7.67	2011-9-14 14:02
18	维生素C注射液	注射液	20ml	济南利民制药有限责任公司	0.73	2011-9-13 15:56
19	地塞米松磷酸钠注射液	注射液	1ml	芜湖康奇制药有限公司	0.13	2011-9-13 15:56
20	葡萄糖酸钙注射液	注射液	10ml	济南利民制药有限责任公司	0.25	2011-9-13 09:36
21	肌苷注射液	注射液	2ml	山东方明药业股份有限公司	0.08	2011-9-12 19:57
22	酚磺乙胺注射液	注射液	2ml	山东方明药业股份有限公司	0.11	2011-9-12 19:57
23	利巴韦林注射液	注射液	1ml	河南同源制药有限公司	0.1	2011-9-12 19:57

图 3-56 “药品清单”原始数据

（2）设置单元格对齐方式

任务二：给 A1 单元格中的内容“药品清单”设置对齐方式为“合并居中”，给 A2 到 F23 单元格的内容设置为水平居中

操作方法：选择 A1 到 F1 单元格，然后单击“开始”功能区“对齐方式”组的“合并后居中”按钮。也可在“设置单元格格式”对话框的“对齐”选项卡中设置水平对齐为居中，文本控制为合并单元格；选择 A2 到 F23 单元格，然后在“开始”功能区或“设置单元格格式”对话框中进行水平居中的设置。

（3）设置单元格数字格式

任务三：将配送时间一列的数据（F3：F23）设置为“2001-3-14 1：30 PM”类型

操作方法：首先选择 F3 到 F23 单元格，然后在“设置单元格格式”对话框中的“数字”选项卡中选择“日期”分类，并在其右侧的类型中选择相应的设置即可，如图 3-57 所示。

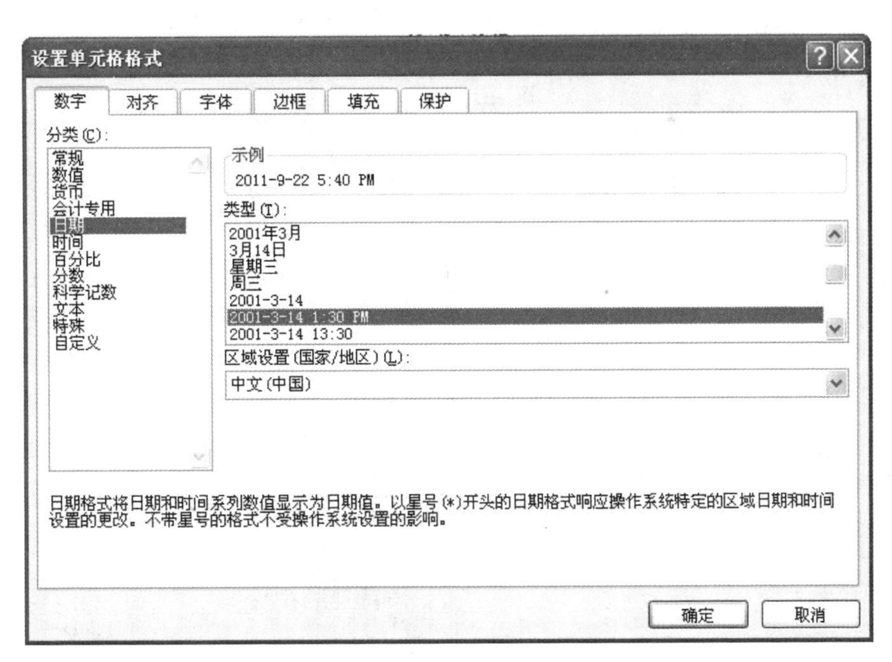

图 3-57　设置“日期”类型

设置完成后的配送时间一列数据显示为“###…”，这说明单元格宽度不足以显示其中的内容，这时只要调整单元格的宽度或在标题栏的右框线上双击鼠标左键即可。调整完的效果如图 3-58 所示。

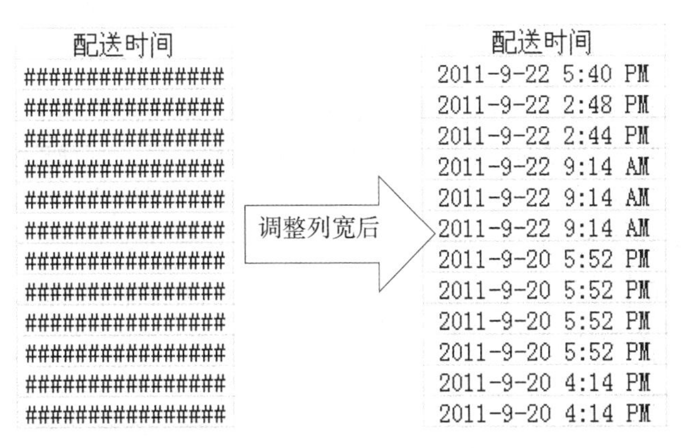

图 3-58　调整单元格宽度前后

（4）设置单元格的边框

一份完整的数据表格，需要两部分内容构成，那就是文字部分和边框部分。文字部分固然可以进行精心的设计，但一个表格美观与否，边框的修饰与美化也至关重要。在设置表格边框时，应遵循“先选择后应用，先一般后特殊”的设置原则。Excel 提供了“套用表格格式”可以直接选择应用。

任务四：给 A2 到 F23 单元格设置外边框为红色的粗实单线，框内的第一条水平线为绿色的双线，其余各线为绿色的细实单线

操作方法：先选择 A2 到 F23 单元格，然后打开“设置单元格格式”对话框，选择“边框”选项卡，按照设置边框的原则，先按照要求设置线条的样式和颜色，再选择框线，先设置外框线，再设置内框线及其余各线，最后重新选择第一行，为所用区域设置下边框为绿色双线，即设置了框内的第一条水平线。设置后的表格如图 3-59 所示。

药品清单

通用名	剂型	规格	生产企业	采购价	配送时间
盐酸消旋山莨菪碱注射液	注射液	1ml	芜湖康奇制药有限公司	0.11	2011-9-22 5:40 PM
乳酸左氧氟沙星氯化钠注射液	注射液(塑瓶)	250ml	浙江莎普爱思药业股份有限公司	16.9	2011-9-22 2:48 PM
乳酸左氧氟沙星氯化钠注射液	注射液(塑瓶)	250ml	浙江莎普爱思药业股份有限公司	16.9	2011-9-22 2:44 PM
丹参注射液	注射液	10ml	上海中西制药有限公司	1.02	2011-9-22 9:14 AM
参麦注射液	注射液	2ml	四川升和制药有限公司	2	2011-9-22 9:14 AM
氯化钠注射液	注射液(塑瓶)	100ml	四川科伦药业股份有限公司	1.21	2011-9-22 9:14 AM
乳酸左氧氟沙星滴眼液	滴眼剂	8ml	重庆科瑞制药有限责任公司	7.65	2011-9-20 5:52 PM
替硝唑注射液	注射液	100ml	山东齐都药业有限公司	0.93	2011-9-20 5:52 PM
盐酸纳洛酮注射液	注射液	1ml	成都天台山制药有限公司	2.8	2011-9-20 5:52 PM
地塞米松磷酸钠注射液	注射液	1ml	芜湖康奇制药有限公司	0.13	2011-9-20 5:52 PM
维生素C注射液	注射液	20ml	济南利民制药有限责任公司	0.73	2011-9-20 4:14 PM
盐酸雷尼替丁注射液	注射液	2ml	芜湖康奇制药有限公司	0.18	2011-9-20 4:14 PM
乳酸左氧氟沙星氯化钠注射液	注射液	100ml	安徽双鹤药业有限责任公司	0.93	2011-9-20 3:27 PM
维生素C注射液	注射液	20ml	济南利民制药有限责任公司	0.73	2011-9-20 3:27 PM
布洛芬混悬液	口服混悬剂	100ml	扬州市三药制药有限公司	7.67	2011-9-14 2:02 PM
维生素C注射液	注射液	20ml	济南利民制药有限责任公司	0.73	2011-9-13 3:56 PM
地塞米松磷酸钠注射液	注射液	1ml	芜湖康奇制药有限公司	0.13	2011-9-13 3:56 PM
葡萄糖酸钙注射液	注射液	10ml	济南利民制药有限责任公司	0.25	2011-9-13 9:36 AM
肌苷注射液	注射液	2ml	山东方明药业股份有限公司	0.08	2011-9-12 7:57 PM
酚磺乙胺注射液	注射液	2ml	山东方明药业股份有限公司	0.11	2011-9-12 7:57 PM
利巴韦林注射液	注射液	1ml	河南同源制药有限公司	0.1	2011-9-12 7:57 PM

图 3-59　设置边框后的效果

（5）设置单元格的样式

样式是一组格式的总称，使用“开始”功能区“样式”组中的“条件格式”和“套用表格格式”命令，可以快速完成格式设置，提高工作效率。

Excel 2010 会根据指定的条件自动设置单元格的格式。如使用不同的字体颜色、数据条、色阶和图标等。

任务五：利用“条件格式”功能，将采购价一列的数据设置条件格式为：小于“1”的数据显示为“浅红填充色深红色文本”，大于“10”的数据显示为“绿填充色深绿色文本”

操作方法：首先选择 E3 到 E23 的单元格区域，然后在“开始”功能区的“样式”组中单击“条件格式”按钮，在展开的下拉菜单中选择“突出显示单元格规则”子菜单，如图 3-60 所示，选择“小于”命令，在弹出的对话框中为小于“1”的数据设置为“浅红填充色深红色文本”，用同样的方法为大于“10”的数据设置“绿填充色深绿色文本”，设置后的效果如图 3-61 所示。

任务六：利用“条件格式”功能，给采购价一列的数据设置渐变填充“红色数据条”，给配送时间一列数据设置“红 - 黄 - 绿色阶”，给采购价一列的数据重新设置“三标志”图标集

操作方法：选择 E3 到 E23 的单元格区域，单击“条件格式”按钮，在展开的下拉列表中选择“数据条”命令，并在其级联菜单中选择渐变填充“红色数据条”。设置后的效果如图 3-62 所示。选择 F3 到 F23 的单元格区域，单击“条件格式”按钮，在展开的下拉列表中选择“色阶”，并在其级联菜单中选择“红 - 黄 - 绿色阶”。设置后的效果如图 3-63 所示。设置图标集的方法同上，采购价一列的数据设置为“三标志”图标集后的效果如图 3-64 所示。

图 3-60　“条件格式”下拉菜单

采购价
0.11
16.9
16.9
1.02
2
1.21
7.65
0.93
2.8
0.13
0.73
0.18
0.93
0.73
7.67
0.73
0.13
0.25
0.08
0.11
0.1

图 3-61　设置“条件格式”后的效果

采购价
0.11
16.9
16.9
1.02
2
1.21
7.65
0.93
2.8
0.13
0.73
0.18
0.93
0.73
7.67
0.73
0.13
0.25
0.08
0.11
0.1

图 3-62　渐变填充“红色数据条”

配送时间
2011-9-22 5:40 PM
2011-9-22 2:48 PM
2011-9-22 2:44 PM
2011-9-22 9:14 AM
2011-9-22 9:14 AM
2011-9-22 9:14 AM
2011-9-20 5:52 PM
2011-9-20 5:52 PM
2011-9-20 5:52 PM
2011-9-20 5:52 PM
2011-9-20 4:14 PM
2011-9-20 4:14 PM
2011-9-20 3:27 PM
2011-9-20 3:27 PM
2011-9-14 2:02 PM
2011-9-13 3:56 PM
2011-9-13 3:56 PM
2011-9-13 9:36 AM
2011-9-12 7:57 PM
2011-9-12 7:57 PM
2011-9-12 7:57 PM

图 3-63　“红 - 黄 - 绿”色阶

采购价
0.11
16.9
16.9
1.02
2
1.21
7.65
0.93
2.8
0.13
0.73
0.18
0.93
0.73
7.67
0.73
0.13
0.25
0.08
0.11
0.1

图 3-64　“三标志”图标集

合理利用 Excel 内置的“套用表格格式”样式，既增加了工作表的美观程度，也能节省制表时间。

任务七：使用“套用表格格式”为“药品清单”表格设置“表样式中等深浅 2”样式

操作方法：首先选择 A2 到 F23 单元格的区域，然后单击“套用表格格式”按钮，在打开的列表中选择“表样式中等深浅 2”样式，在弹出的对话框中按确定即可。设置完的效果如图 3-65 所示。

套用表格样式后，标题行中会出现一个筛选按钮，通过该按钮便可以对表格内容进行简单的筛选操作。

5．冻结窗格

当冻结窗格时，可以保持工作表的某一部分在其他部分滚动时可见。其方法是先选择要锁定行的下方一行或要锁定列的右侧一列，然后选择“视图”功能区“窗口”组的“冻结窗格”中的“冻结拆分窗格”命令，即冻结了拆分窗格。此时，“冻结窗格”选项更改为“取消冻结窗格”，可以取消对行或列的锁定。

任务八：锁定“药品清单”前两行

操作方法：首先选择第 3 行，然后选择“视图”功能区“窗口”组的“冻结窗格”按钮，在弹出的下拉菜单中选择“冻结拆分窗格”即可。设置结束后，滚动窗口右侧的滚动条，前两行仍可见，如图 3-66 所示。

药品清单

通用名	剂型	规格	生产企业	采购价	配送时间
盐酸消旋山莨菪碱注射液	注射液	1ml	芜湖康奇制药有限公司	0.11	2011-9-22 5:40 PM
乳酸左氧氟沙星氯化钠注射液	注射液(塑瓶)	250ml	浙江莎普爱思药业股份有限公司	16.9	2011-9-22 2:48 PM
乳酸左氧氟沙星氯化钠注射液	注射液(塑瓶)	250ml	浙江莎普爱思药业股份有限公司	16.9	2011-9-22 2:44 PM
丹参注射液	注射液	10ml	上海中西制药有限公司	1.02	2011-9-22 9:14 AM
参麦注射液	注射液	2ml	四川升和制药有限公司	2	2011-9-22 9:14 AM
氯化钠注射液	注射液(塑瓶)	100ml	四川科伦药业股份有限公司	1.21	2011-9-22 9:14 AM
乳酸左氧氟沙星滴眼液	滴眼剂	8ml	重庆科瑞制药有限责任公司	7.65	2011-9-20 5:52 PM
替硝唑注射液	注射液	100ml	山东齐都药业有限公司	0.93	2011-9-20 5:52 PM
盐酸纳洛酮注射液	注射液	1ml	成都天台山制药有限公司	2.8	2011-9-20 5:52 PM
地塞米松磷酸钠注射液	注射液	1ml	芜湖康奇制药有限公司	0.13	2011-9-20 5:52 PM
维生素C注射液	注射液	20ml	济南利民制药有限责任公司	0.73	2011-9-20 4:14 PM
盐酸雷尼替丁注射液	注射液	2ml	芜湖康奇制药有限公司	0.18	2011-9-20 4:14 PM
乳酸左氧氟沙星氯化钠注射液	注射液	100ml	安徽双鹤药业有限责任公司	0.93	2011-9-20 3:27 PM
维生素C注射液	注射液	20ml	济南利民制药有限责任公司	0.73	2011-9-20 3:27 PM
布洛芬混悬液	口服混悬剂	100ml	扬州市三药制药有限公司	7.67	2011-9-14 2:02 PM
维生素C注射液	注射液	20ml	济南利民制药有限责任公司	0.73	2011-9-13 3:56 PM
地塞米松磷酸钠注射液	注射液	1ml	芜湖康奇制药有限公司	0.13	2011-9-13 3:56 PM
葡萄糖酸钙注射液	注射液	10ml	济南利民制药有限责任公司	0.25	2011-9-13 9:36 AM
肌苷注射液	注射液	2ml	山东方明药业股份有限公司	0.08	2011-9-12 7:57 PM
酚磺乙胺注射液	注射液	2ml	山东方明药业股份有限公司	0.11	2011-9-12 7:57 PM
利巴韦林注射液	注射液	1ml	河南同源制药有限公司	0.1	2011-9-12 7:57 PM

图 3-65　套用表格格式“表样式中等深浅 2”后的效果

	A	B	C	D	E	F
1	药品清单					
2	通用名	剂型	规格	生产企业	采购价	配送时间
7	参麦注射液	注射液	2ml	四川升和制药有限公司	2	2011-9-22 9:14 AM
8	氯化钠注射液	注射液(塑瓶)	100ml	四川科伦药业股份有限公司	1.21	2011-9-22 9:14 AM
9	乳酸左氧氟沙星滴眼液	滴眼剂	8ml	重庆科瑞制药有限责任公司	7.65	2011-9-20 5:52 PM
10	替硝唑注射液	注射液	100ml	山东齐都药业有限公司	0.93	2011-9-20 5:52 PM
11	盐酸纳洛酮注射液	注射液	1ml	成都天台山制药有限公司	2.8	2011-9-20 5:52 PM
12	地塞米松磷酸钠注射液	注射液	1ml	芜湖康奇制药有限公司	0.13	2011-9-20 5:52 PM
13	维生素C注射液	注射液	20ml	济南利民制药有限责任公司	0.73	2011-9-20 4:14 PM
14	盐酸雷尼替丁注射液	注射液	2ml	芜湖康奇制药有限公司	0.18	2011-9-20 4:14 PM
15	乳酸左氧氟沙星氯化钠注射液	注射液	100ml	安徽双鹤药业有限责任公司	0.93	2011-9-20 3:27 PM
16	维生素C注射液	注射液	20ml	济南利民制药有限责任公司	0.73	2011-9-20 3:27 PM
17	布洛芬混悬液	口服混悬剂	100ml	扬州市三药制药有限公司	7.67	2011-9-14 2:02 PM
18	维生素C注射液	注射液	20ml	济南利民制药有限责任公司	0.73	2011-9-13 3:56 PM
19	地塞米松磷酸钠注射液	注射液	1ml	芜湖康奇制药有限公司	0.13	2011-9-13 3:56 PM
20	葡萄糖酸钙注射液	注射液	10ml	济南利民制药有限责任公司	0.25	2011-9-13 9:36 AM
21	肌苷注射液	注射液	2ml	山东方明药业股份有限公司	0.08	2011-9-12 7:57 PM
22	酚磺乙胺注射液	注射液	2ml	山东方明药业股份有限公司	0.11	2011-9-12 7:57 PM
23	利巴韦林注射液	注射液	1ml	河南同源制药有限公司	0.1	2011-9-12 7:57 PM

图 3-66　“冻结窗格”后的效果

6．数据的有效性

数据有效性指的是某些数据区域只能输入满足一定条件的数据，当输入不满足条件的数据时会提出错误警告，保证快速、准确的输入数据。操作方法是：选定需要设置输入条件的单元格区域，单击“数据”选项卡，单击功能区上的“数据有效性”按钮，选择“数据有效性”命令，打开“数据有效性”对话框。在“设置”选项卡中可以根据选定区域数据的要求设置有效性条件。

任务九：设置采购价一列数据的有效范围在 0 ～ 20

操作方法：选定 E3 到 E23 数据区域，选择“数据”功能区的“数据工具”组的“数据有效性”下拉按钮，在展开的下拉菜单中选择“数据有效性”命令，在弹出的“数据有效性”对话框的“设置”选择卡中，设置有效性条件为“小数”，数据“介于”最小值“0”到最大值“20”之间，按“确定”键确认。这时，如果在 E3 单元格中输入一个大于 20 的值，如“21”，会出现出错信息，如图 3-67 所示。

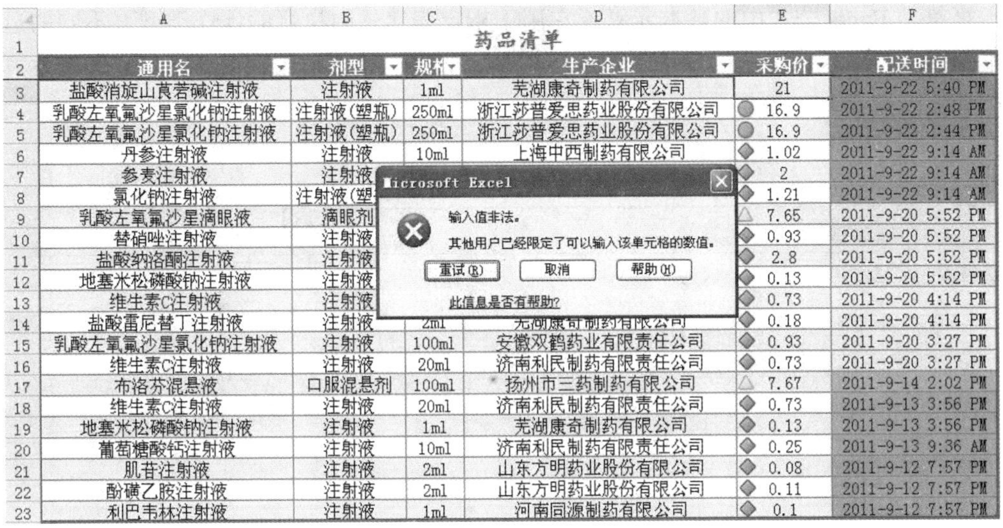

药品清单

通用名	剂型	规格	生产企业	采购价	配送时间
盐酸消旋山莨菪碱注射液	注射液	1ml	芜湖康奇制药有限公司	21	2011-9-22 5:40 PM
乳酸左氧氟沙星氯化钠注射液	注射液(塑瓶)	250ml	浙江莎普爱思药业股份有限公司	16.9	2011-9-22 2:48 PM
乳酸左氧氟沙星氯化钠注射液	注射液(塑瓶)	250ml	浙江莎普爱思药业股份有限公司	16.9	2011-9-22 2:44 PM
丹参注射液	注射液	10ml	上海中西制药有限公司	1.02	2011-9-22 9:14 AM
参麦注射液	注射液			2	2011-9-22 9:14 AM
氯化钠注射液	注射液(塑			1.21	2011-9-22 9:14 AM
乳酸左氧氟沙星滴眼液	滴眼剂			7.65	2011-9-20 5:52 PM
替硝唑注射液	注射液			0.93	2011-9-20 5:52 PM
盐酸纳洛酮注射液	注射液			2.8	2011-9-20 5:52 PM
地塞米松磷酸钠注射液	注射液			0.13	2011-9-20 5:52 PM
维生素C注射液	注射液			0.73	2011-9-20 4:14 PM
盐酸雷尼替丁注射液	注射液	2ml	芜湖康奇制药有限公司	0.18	2011-9-20 4:14 PM
乳酸左氧氟沙星氯化钠注射液	注射液	100ml	安徽双鹤药业有限责任公司	0.93	2011-9-20 3:27 PM
维生素C注射液	注射液	20ml	济南利民制药有限责任公司	0.73	2011-9-20 3:27 PM
布洛芬混悬液	口服混悬剂	100ml	扬州市三药制药有限公司	7.67	2011-9-14 2:02 PM
维生素C注射液	注射液	20ml	济南利民制药有限责任公司	0.73	2011-9-13 3:56 PM
地塞米松磷酸钠注射液	注射液	1ml	芜湖康奇制药有限公司	0.13	2011-9-13 3:56 PM
葡萄糖酸钙注射液	注射液	10ml	济南利民制药有限责任公司	0.25	2011-9-13 9:36 AM
肌苷注射液	注射液	2ml	山东方明药业股份有限公司	0.08	2011-9-12 7:57 PM
酚磺乙胺注射液	注射液	2ml	山东方明药业股份有限公司	0.11	2011-9-12 7:57 PM
利巴韦林注射液	注射液	1ml	河南同源制药有限公司	0.1	2011-9-12 7:57 PM

Microsoft Excel
输入值非法。
其他用户已经限定了可以输入该单元格的数值。
重试(R)　取消　帮助(H)
此信息是否有帮助?

图 3-67　设置“有效性”后的效果

三、数据计算

Excel 2010 具有强大的计算功能，通过公式和函数，不仅可以完成一般的运算，还可以完成对数据进行整理、计算、汇总、查询、分析等，自动得出结果，建立数据处理和分析模型，解决工作中许多棘手的问题。

例 2-3：利用公式和函数计算“临床医学专业成绩汇总表”的总分、均分和考评等级，最终结果如图 3-68 所示。

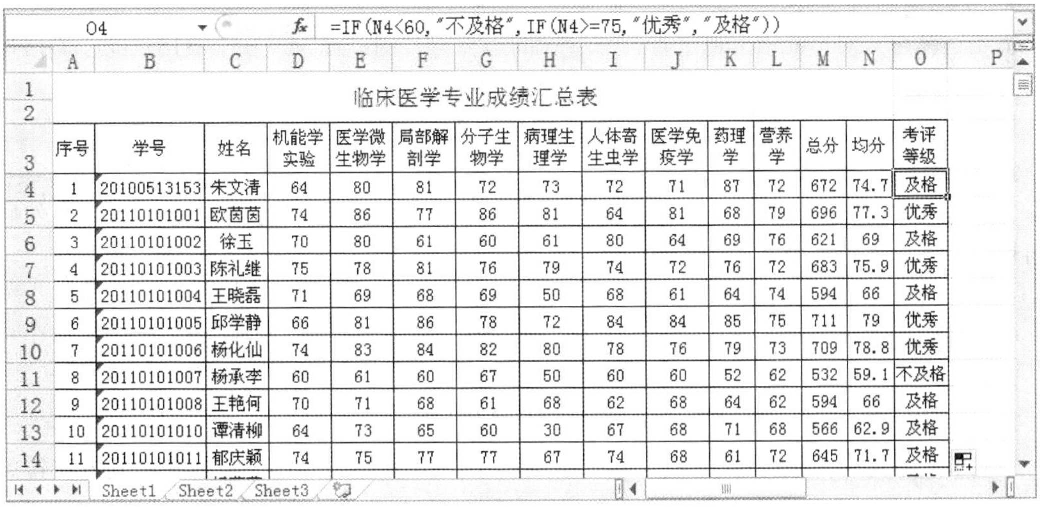

O4　=IF(N4<60,"不及格",IF(N4>=75,"优秀","及格"))

临床医学专业成绩汇总表

序号	学号	姓名	机能学实验	医学微生物学	局部解剖学	分子生物学	病理生理学	人体寄生虫学	医学免疫学	药理学	营养学	总分	均分	考评等级
1	20100513153	朱文清	64	80	81	72	73	72	71	87	72	672	74.7	及格
2	20110101001	欧茵茵	74	86	77	86	81	64	81	68	79	696	77.3	优秀
3	20110101002	徐玉	70	80	61	60	61	80	64	69	76	621	69	及格
4	20110101003	陈礼维	75	78	81	76	79	74	72	76	72	683	75.9	优秀
5	20110101004	王晓磊	71	69	68	69	50	68	61	64	74	594	66	及格
6	20110101005	邱学静	66	81	86	78	72	84	84	85	75	711	79	优秀
7	20110101006	杨化仙	74	83	84	82	80	78	76	79	73	709	78.8	优秀
8	20110101007	杨承李	60	61	60	67	50	60	60	52	62	532	59.1	不及格
9	20110101008	王艳何	70	71	68	61	68	62	68	64	62	594	66	及格
10	20110101010	谭清柳	64	73	65	60	30	67	68	71	68	566	62.9	及格
11	20110101011	郁庆颖	74	75	77	77	67	74	68	61	72	645	71.7	及格

Sheet1　Sheet2　Sheet3

图 3-68　计算后的最终效果

1. 公式

Excel 中的公式是对工作表中单元格内容执行计算、返回信息等操作的方程式，公式可以包含函数、引用、运算符和常量，其中单元引用和区域引用既可以是同一工作表、工作簿的，也可以是不同工作表、工作簿的。它区别于工作表中的其他文本数据，就是公式由“=”符号和公式的表达式两部分组成，以“=”符号开始，其后才是表达式，如“=A1+A2+A3”。

（1）运算符

运算符是 Excel 公式中的基本元素，它用于指定表达式内执行的计算类型，不同的运算符进行不同的运算，包括引用运算符、算术运算符、文本运算符和比较运算符，它们的运算优先级依次降低。表 3-1 给出了 4 类运算符的说明。

表3-1 Excel中的运算符

类型	运算符	含义	类型	运算符	含义
引用运算符	: ,	区域、联合	文本运算符	&	连接文本
算术运算符	+ -	加、减	比较运算符	= <>	等于、不等于
	* /	乘、除		< >	小于、大于
	% ^	百分比、乘方		<= >=	小于等于、大于等于

1）算数运算符

Excel 中的算数运算符用于完成简单数据的基本数学运算、合并数字以及生成数值结果，是所有类型运算符中使用效率最高的。

2）比较运算符

在应用公式对数据进行计算时，有时候需要在两个数值中进行比较，此时使用比较运算符即可。使用比较运算后的结果为逻辑值“TRUE”（真）或“FALSE”（伪）。

3）文本运算符

一般情况下，文本连接运算符使用“与号”（&）可以连接一个或多个文本字符串，以生成一个新的文本字符串。例如，在 Excel 中输入 =“zw-” &“2011”，就等同于输入“=zw-2011”。

使用文本运算符也可以连接数值。例如，A1 单元格中包含 123，A2 中包含 89，则输入“=A1&A2”，就等同于输入“12389”。

4）引用运算符

引用运算符是对单元格区域进行合并计算的运算符，例：SUM（B5：B15，D5：D15）。

5）括号运算符

括号运算符用于改变 Excel 内置的运算符优先次序，从而改变公式的计算顺序。在公式中，会优先计算括号运算符中的内容。例：在公式“=（A1+1）/3”中，先执行“A1+1”运算，再将得到的和除以 3。在公式中还可以嵌套括号，进行计算时会先计算最内层的括号，然后逐渐向外进行计算。例：公式“=（2+（A1+1）/ 3）+5”。

（2）单元格引用

单元格引用用以表示工作表中的一个单元格或单元格区域，在公式中用以指明所使用数据的位置。

1）相对引用

相对引用是指引用单元格的相对地址，即被引用的单元格与引用的单元格之间的位置关系是相对的。如果公式所在单元格的位置改变，引用也随之改变。如果多行或多列地复制公式，引用会自动调整。

2）绝对引用

绝对引用和相对引用相对应，是指引用单元格的实际地址，被引用的单元格与引用的单元格之间的位置关系是绝对的。单元格中的绝对单元格引用（例如 $A$1）总是在指定位置引用单元格。如果公式所在单元格的位置发生改变，绝对引用保持不变。如果多行或多列地复制公式，绝对引用将不作调整。

3）混合引用

混合引用是指相对引用与绝对引用同时存在于一个单元格的地址引用中。在混合引用中，如果公式所在单元格的位置改变，则绝对引用的部分保持绝对引用的性质，地址保持不变；而相对引用的部分保留相对引用的性质，随着单元格的变化而变化。混合引用包括绝对列和相对行（例如 $A1），或是绝对行和相对列（例如 A$1）。如果多行或多列地复制公式，相对引用自动调整，而绝对引用不作调整。

（3）单元格的引用方法

单元格的引用方法如表 3-2 所示。

表3-2　单元格的引用方法

引用目标	引用方法	举例
单元格	输入单元格的列标和行号	A1
一个单元格区域	输入该区域左上角和右下角单元格名称，中间用“：”隔开	A1：C5
几个单元格区域	使用“，”隔开几个单元格区域	A1：C5，E1：G5
不同工作表的单元格	在单元格引用前加上工作表名及叹号	Sheet1!A2
不同工作簿的单元格	在工作表前加上工作簿名，并用方括号括起来	[Book2.xlsx] Sheet1!A2

任务一：利用公式求“临床医学专业成绩汇总表”总分一列

操作方法：打开“临床医学专业成绩汇总表”工作表，如图 3-69 所示。选择 M4 单元格，输入“=D4+E4+F4+G4+H4+I4+J4+K4+L4”并按 Enter 键。再次选中 M4 单元格，用填充柄拖拽至 M24。结果如图 3-70 所示。

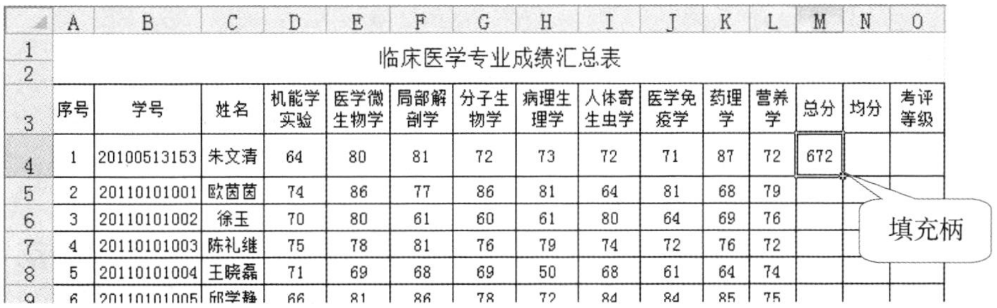

临床医学专业成绩汇总表

序号	学号	姓名	机能学实验	医学微生物学	局部解剖学	分子生物学	病理生理学	人体寄生虫学	医学免疫学	药理学	营养学	总分	均分	考评等级
1	20100513153	朱文清	64	80	81	72	73	72	71	87	72	672		
2	20110101001	欧茵茵	74	86	77	86	81	64	81	68	79			
3	20110101002	徐玉	70	80	61	60	61	80	64	69	76			
4	20110101003	陈礼维	75	78	81	76	79	74	72	76	72			
5	20110101004	王晓磊	71	69	68	69	50	68	61	64	74			
6	20110101005	邱学静	66	81	86	78	72	84	84	85	75			

填充柄

图 3-69　“临床医学专业成绩汇总表”计算总分

临床医学专业成绩汇总表

序号	学号	姓名	机能学实验	医学微生物学	局部解剖学	分子生物学	病理生理学	人体寄生虫学	医学免疫学	药理学	营养学	总分	均分
1	20100513153	朱文清	64	80	81	72	73	72	71	87	72	672	
2	20110101001	欧茵茵	74	86	77	86	81	64	81	68	79	696	
3	20110101002	徐玉	70	80	61	60	61	80	64	69	76	621	
4	20110101003	陈礼维	75	78	81	76	79	74	72	76	72	683	
5	20110101004	王晓磊	71	69	68	69	50	68	61	64	74	594	
6	20110101005	邱学静	66	81	86	78	72	84	84	85	75	711	
7	20110101006	杨化仙	74	83	84	82	80	78	76	79	73	709	
8	20110101007	杨承李	60	61	60	67	50	60	60	52	62	532	
9	20110101008	王艳何	70	71	68	61	68	62	68	64	62	594	
10	20110101010	谭清柳	64	73	65	60	30	67	68	71	68	566	
11	20110101011	郁庆颖	74	75	77	77	67	74	68	61	72	645	
12	20110101013	杨莉莎	74	75	66	70	48	65	67	61	52	578	
13	20110101014	祝瑞璐	73	83	90	88	68	88	82	75	79	726	
14	20110101015	刘佛元	71	63	61	50	30	53	55	50	56	489	
15	20110101016	关道弘	68	66	64	48	44	60	61	65	69	545	
16	20110101017	张丽娜	77	71	71	60	52	49	71	51	73	575	
17	20110101019	夏鸿林	60	80	67	81	47	65	54	63	61	578	
18	20110101020	陈宏强	76	80	69	73	78	69	69	77	69	660	
19	20110101021	李祖蒜	71	71	76	67	60	66	72	73	74	630	
20	20110101022	王艳梅	75	80	80	80	70	91	77	69	77	699	
21	20110101023	郭路	80	84	81	79	76	81	86	67	74	708	

图 3-70　用公式计算“总分”后的结果

在利用公式进行计算的过程中，一旦输入了错误的公式，系统将会给出相应的提示，并对公式进行修改。常见的错误值及其含义如表 3-3 所示。

表3-3 错误值及含义

错误值	说明	错误值	说明
#DIV/0!	试图除以零	#N/A	引用了当前无法使用的数值
#NUM	数据类型不正确	#REF	引用了无效的单元格
#NAME!	使用了不可识别的名字	#VALUE	使用了不正确的参数或运算符
#NULL!	使用了不正确的区域运算符或引用的单元格区域的交集为空		

2．函数

Excel 函数就是 Excel 预定义的一些公式。Excel 函数有 11 类，分别是数据库函数、日期与时间函数、工程函数、财务函数、信息函数、逻辑函数、查询和引用函数、数学和三角函数、统计函数、文本函数以及用户自定义函数。不同的函数有着不同的功能，但不论函数有何功能及作用，所有函数均具有相同的特征及特定的格式。

函数由函数名和参数组成，函数名表示函数的功能，参数是函数的运算对象。参数可以包括常量、单元格引用和函数，多个参数之间用逗号分开，所有参数放在小括号内。

（1）函数的语法

Excel 中所有函数的语法结构都是相同的，其基本结构为“= 函数名（参数 1，参数 2，，，）”：

1）“=”符号：函数的结构以“=”符号开始，后面是函数名称和参数。

2）函数名：函数的名称，代表了函数的计算功能，每个函数都有唯一的函数名，如 SUM 函数表示求和计算、MAX 函数表示求最大值计算。因此不同的公式计算应使用不同的函数名。函数名输入时不区分大小写，也就是说函数名中的大小写字母等效。

3）函数参数：函数中用来执行操作或计算的值，可以是数字、文本、TRUE 或 FALSE 等逻辑值、数组、错误值或单元格引用，还可以是公式或其他函数，但指定的参数都必须为有效参数值。参数的类型与函数有关，如果函数需要的参数有多个，则各参数间使用逗号“,”进行分隔。

（2）函数的用法

了解函数的一些基本知识后，就可以在工作表中输入函数进行计算了。可以使用功能选项卡“插入”中的“函数库”组中的功能按钮插入函数，也可以使用插入函数向导输入函数，当对所使用的函数很熟悉且对函数所使用的参数类型也比较了解时，还可以像输入公式一样直接在单元格中输入函数。

在“临床医学专业成绩汇总表”中的计算总分，在 M4 输入求和函数 =SUM（D4：L4）与输入公式表达式“=D4+E4+F4+G4+H4+I4+J4+K4+L4”相比较可以看出，使用函数书写更简洁，同时也减少了书写错误可能的发生。

任务二：利用函数求“临床医学专业成绩汇总表”平均分一列

操作方法：选择 N4 单元格，单击“公式”选项卡中的“函数库组”上的“插入函数”按钮 *fx*，在弹出的“插入函数”对话框中选择求解算术平均值的函数“AVERAGE”，如图 3-71 所示。单击“确定”按钮，弹出“函数参数”对话框，如图 3-72 所示。选择 Number1 右侧的折叠按钮，将函数参数对话框收起，用鼠标选择 D4：L4 区域，如图 3-73 所示。再单击“函数参数”对话框中的展开按钮，在展开的对话框中单击“确定”即可。

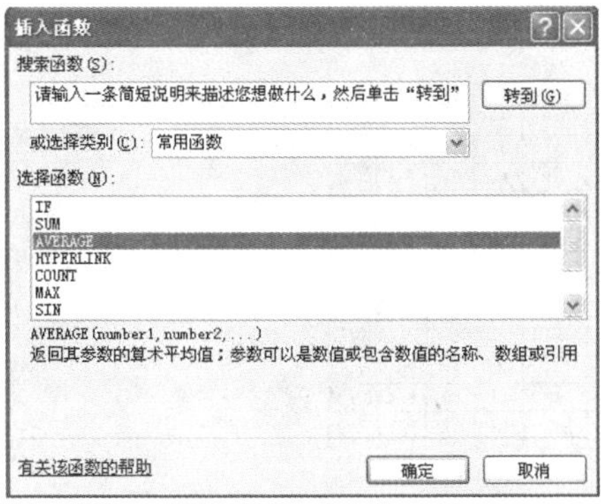

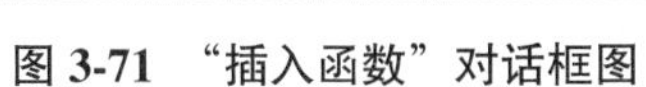

图 3-71 “插入函数”对话框图

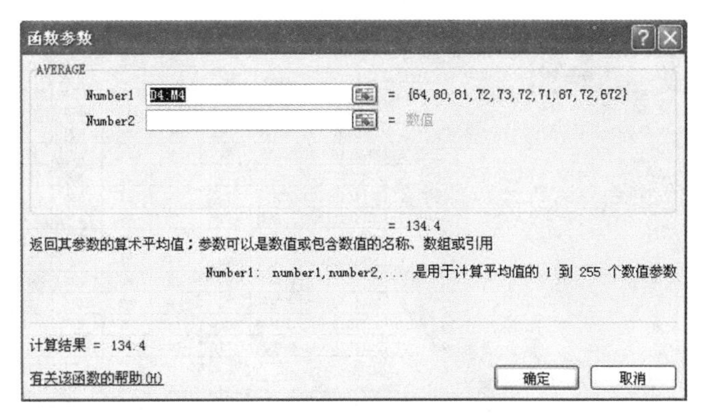

图 3-72 “函数参数”对话框

也可在“函数参数”对话框的 Number1 文本框中直接输入“D4：L4”，还可在编辑栏中直接输入函数“=AVERAGE（D4：L4）”。最后利用填充柄自动填充其他均值区域，设置其区域显示格式为保留 1 位小数，结果如图 3-74 所示。

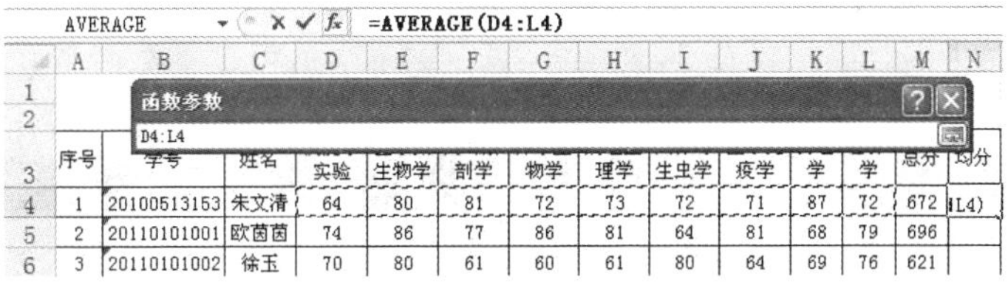

图 3-73 用鼠标选择函数参数

临床医学专业成绩汇总表

序号	学号	姓名	机能学实验	医学微生物学	局部解剖学	分子生物学	病理生理学	人体寄生虫学	医学免疫学	药理学	营养学	总分	均分
1	20100513153	朱文清	64	80	81	72	73	72	71	87	72	672	74.7
2	20110101001	欧茵茵	74	86	77	86	81	64	81	68	79	696	77.3
3	20110101002	徐玉	70	80	61	60	61	80	64	69	76	621	69
4	20110101003	陈礼继	75	78	81	76	79	74	72	76	72	683	75.9
5	20110101004	王晓磊	71	69	68	69	50	68	61	64	74	594	66
6	20110101005	邱学静	66	81	86	78	72	84	84	85	75	711	79
7	20110101006	杨化仙	74	83	84	82	80	78	76	79	73	709	78.8
8	20110101007	杨承李	60	61	60	67	50	60	60	52	62	532	59.1
9	20110101008	王艳何	70	71	68	61	68	62	68	64	62	594	66
10	20110101010	谭清柳	64	73	65	60	30	67	68	71	68	566	62.9
11	20110101011	郁庆颖	74	75	77	77	67	74	68	61	72	645	71.7
12	20110101013	杨莉莎	74	75	66	70	48	65	67	61	52	578	64.2
13	20110101014	祝瑞璐	73	83	90	88	68	88	82	75	79	726	80.7
14	20110101015	刘佛元	71	63	61	50	30	53	55	50	56	489	54.3
15	20110101016	关道弘	68	66	64	48	44	60	61	65	69	545	60.6
16	20110101017	张丽娜	77	71	71	60	52	49	71	51	73	575	63.9
17	20110101019	夏鸿林	60	80	67	81	47	65	54	63	61	578	64.2
18	20110101020	陈宏强	76	80	69	73	78	69	69	77	69	660	73.3
19	20110101021	李祖薪	71	71	76	67	60	66	72	73	74	630	70
20	20110101022	王艳梅	75	80	80	80	70	91	77	69	77	699	77.7
21	20110101023	郭路	80	84	81	79	76	81	86	67	74	708	78.7

图 3-74 用函数计算“均分”后的结果

任务三：查看“均分”的最大值与最小值

操作方法：选择 N4：N24 单元格，在状态栏中即可看到所选数据的平均值、计数和求和。若要更改计算项目，可在状态栏上单击鼠标右键，在弹出的菜单中，选择“最大值”和“最小值”即可。修改后的状态栏如图 3-75 所示。

任务四：利用 IF 函数划分考评等级。其中，均分小于 60 分的考评等级为“不及格”，均分大于等于 75 分的考评等级为“优秀”，均分小于 75 分同时大于等于 60 分的考评等级为

临床医学专业成绩汇总表

序号	学号	姓名	机能学实验	医学微生物学	局部解剖学	分子生物学	病理生理学	人体寄生虫学	医学免疫学	药理学	营养学	总分	均分
1	20100513153	朱文清	64	80	81	72	73	72	71	87	72	672	74.7
2	20110101001	欧茵茵	74	86	77	86	81	64	81	68	79	696	77.3
3	20110101002	徐玉	70	80	61	60	61	80	64	69	76	621	69
4	20110101003	陈礼继	75	78	81	76	79	74	72	76	72	683	75.9
5	20110101004	王晓磊	71	69	68	69	50	68	61	64	74	594	66
6	20110101005	邱学静	66	81	86	78	72	84	84	85	75	711	79
7	20110101006	杨化仙	74	83	84	82	80	78	76	79	73	709	78.8
8	20110101007	杨承李	60	61	60	67	50	60	60	52	62	532	59.1
9	20110101008	王艳何	70	71	68	61	68	62	68	64	62	594	66
10	20110101010	谭清柳	64	73	65	60	30	67	68	71	68	566	62.9
11	20110101011	郁庆颖	74	75	77	77	67	74	68	61	72	645	71.7

Sheet1 Sheet2 Sheet3

平均值: 69.8994709 计数: 21 最小值: 54.33333333 最大值: 80.66666667 求和: 1467.888889

图 3-75 在状态栏快速显示结果

"及格"

操作方法：在 O3 单元格中输入标题"考评等级"，选择 O4 单元格，插入"IF"函数，在"函数参数"对话框中，如图 3-76 所示进行设置，并按"确定"键确认。最后利用填充柄自动填充考评等级一列的其他区域。结果如图 3-77 所示。

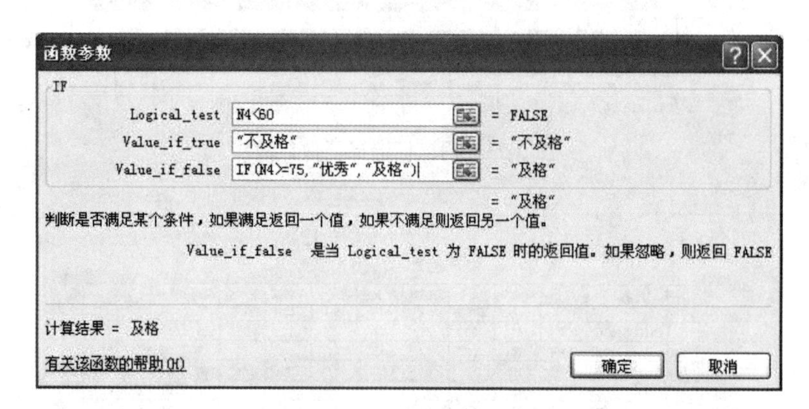

图 3-76 函数参数的设置

O4 =IF(N4<60,"不及格",IF(N4>=75,"优秀","及格"))

临床医学专业成绩汇总表

序号	学号	姓名	机能学实验	医学微生物学	局部解剖学	分子生物学	病理生理学	人体寄生虫学	医学免疫学	药理学	营养学	总分	均分	考评等级
1	20100513153	朱文清	64	80	81	72	73	72	71	87	72	672	74.7	及格
2	20110101001	欧茵茵	74	86	77	86	81	64	81	68	79	696	77.3	优秀
3	20110101002	徐玉	70	80	61	60	61	80	64	69	76	621	69	及格
4	20110101003	陈礼继	75	78	81	76	79	74	72	76	72	683	75.9	优秀
5	20110101004	王晓磊	71	69	68	69	50	68	61	64	74	594	66	及格
6	20110101005	邱学静	66	81	86	78	72	84	84	85	75	711	79	优秀
7	20110101006	杨化仙	74	83	84	82	80	78	76	79	73	709	78.8	优秀
8	20110101007	杨承李	60	61	60	67	50	60	60	52	62	532	59.1	不及格
9	20110101008	王艳何	70	71	68	61	68	62	68	64	62	594	66	及格
10	20110101010	谭清柳	64	73	65	60	30	67	68	71	68	566	62.9	及格
11	20110101011	郁庆颖	74	75	77	77	67	74	68	61	72	645	71.7	及格

Sheet1 Sheet2 Sheet3

图 3-77 考评等级结果

也可首先选择 O4 单元格，然后输入函数"=IF（N4 ＜ 60，" 不及格 "，IF（N4 ＞ =75，" 优秀 "，" 及格 "））"并按 Enter 键进行确认。

四、数据图表化

图表是工作表数据的图形化表示，由工作表中的数据生成，并随工作表中数据的变化而变化，可更直观形象地表达工作表中的数据关系，有利于数据的分析。

例 2-4：给“2012 年各科室门诊统计表”中的数据创建图表和迷你图，最终结果如图 3-78 和图 3-79 所示。

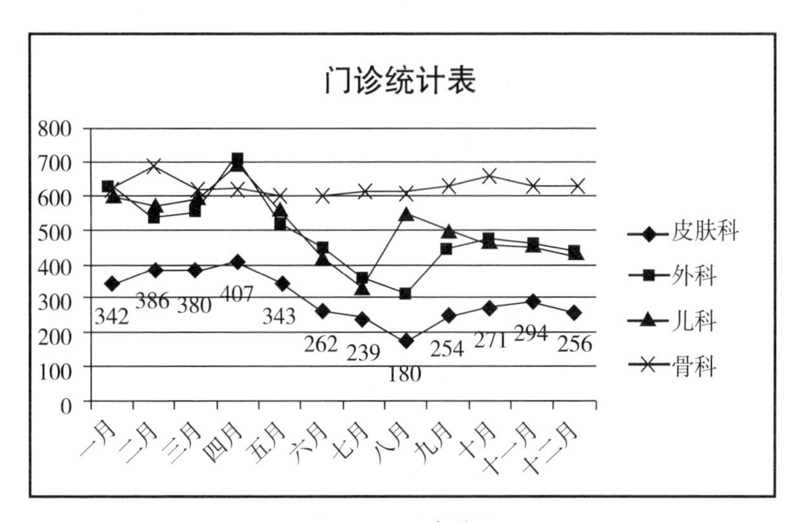

图 3-78　图表效果

2012年各科室门诊统计表

科室/月份	内科	皮肤科	外科	妇产科	儿科	骨科	口腔科	急诊科	合计
一月	2469	342	628	776	603	614	204	2755	8391
二月	2607	386	536	676	565	680	444	3136	9030
三月	2704	380	556	988	600	616	306	3286	9436
四月	2887	407	702	1128	696	620	287	3452	10179
五月	2765	343	526	1089	568	600	310	3346	9547
六月	2350	262	447	871	421	604	324	2950	8229
七月	2054	239	350	850	327	609	346	2520	7295
八月	1957	180	307	872	553	606	368	2161	7004
九月	2057	254	445	1012	485	625	334	2343	7555
十月	2018	271	466	979	470	654	277	2329	7464
十一月	2061	294	453	1029	454	632	288	2406	7617
十二月	1828	256	433	1812	436	627	246	2382	8020
走势									

门诊统计表　学生情况登记表　药品清单　门诊统计

图 3-79　迷你图效果

1．创建图表

Excel 提供了 14 种标准图表类型，每种图表类型下又包含多种不同的子类型，可按不同的需求选择合适的图表。

任务一：用“2012 年各科室门诊统计表”中的“皮肤科”“外科”和“儿科”3 列数据创建一个三维簇状柱形图

操作方法：首先选择要创建图表的数据区域（C2：D14，F2：F14），当选定的区域不连续时，可按“Ctrl”键选定，如图 3-80 所示。单击“插入”功能区的“图表”组中的“柱形图”按钮，如图 3-81 所示，在弹出的下拉列表中选择“三维簇状柱形图”，即可创建三维簇状柱形图。创建后的效果如图 3-82 所示。

月份	内科	皮肤科	外科	妇产科	儿科	骨科	口腔科	急诊科	合计
一月	2469	342	628	776	603	614	204	2755	8391
二月	2607	386	536	676	565	680	444	3136	9030
三月	2704	380	556	988	600	616	306	3286	9436
四月	2887	407	702	1128	696	620	287	3452	10179
五月	2765	343	526	1089	568	600	310	3346	9547
六月	2350	262	447	871	421	604	324	2950	8229
七月	2054	239	350	850	327	609	346	2520	7295
八月	1957	180	307	872	553	606	368	2161	7004
九月	2057	254	445	1012	485	625	334	2343	7555
十月	2018	271	466	979	470	654	277	2329	7464
十一月	2061	294	453	1029	454	632	288	2406	7617
十二月	1828	256	433	1812	436	627	246	2382	8020

图 3-80 选定数据区域

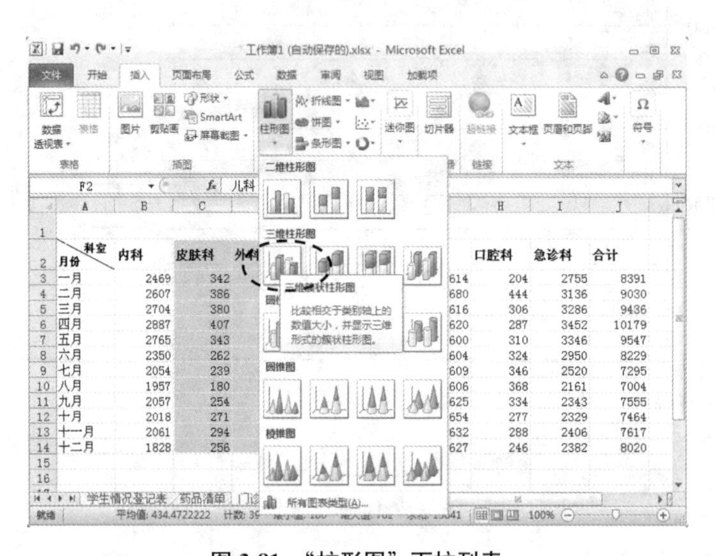

图 3-81 “柱形图”下拉列表

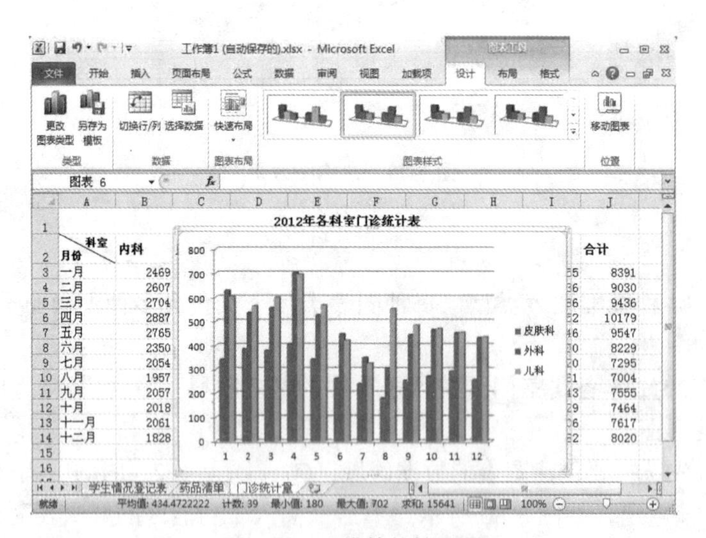

图 3-82 三维簇状柱形图

此时功能区会出现一个“图表工具”，包括“设计”“布局”和“格式”3 个选项卡。通过“图表工具”可以对图表进行各种美化和编辑工作。

2．图表的编辑

Excel 允许在建立图表之后对整个图表进行编辑，如更改图表类型、在图表中增加数据系列及设置图表标签等。

（1）图表的组成项目

不同的图表类型其组成项目也略有差异，但大多都包含了绘图区、坐标轴、网格线、图表标题和图例等，如图 3-83 所示。

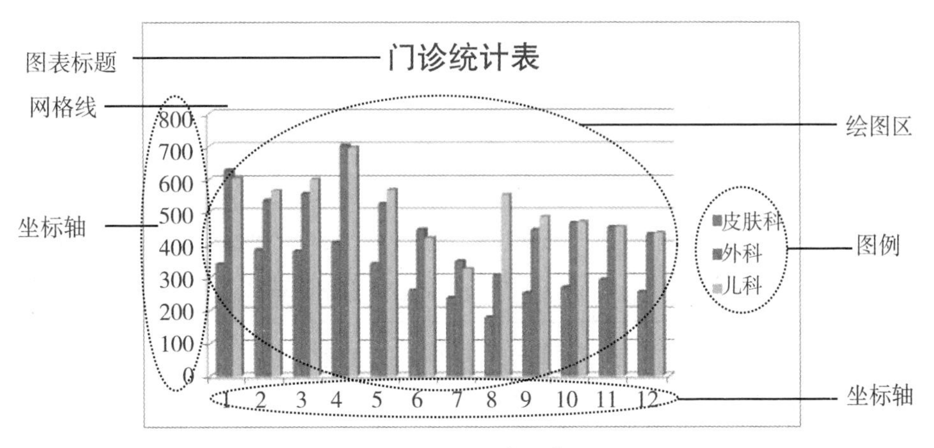

图 3-83　图表元素

（2）图表的基本操作

任务二：将图 3-83 的图表类型更改成“带数据标记的折线图”

操作方法：选择“图表工具”的“设计”选项卡，单击“更改图表类型”按钮，在弹出的“更改图表类型”对话框中，选择“带数据标记的折线图”，如图 3-84 所示。更改后的图表如图 3-85 所示。

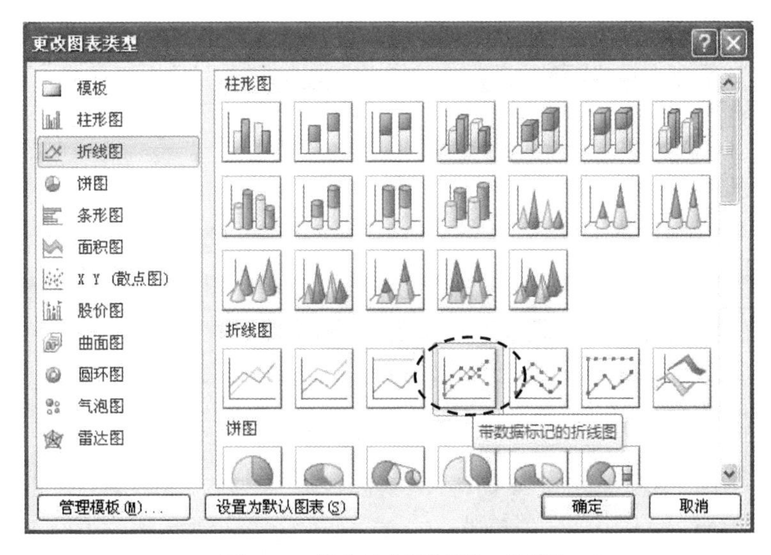

图 3-84　“更改图表类型”对话框

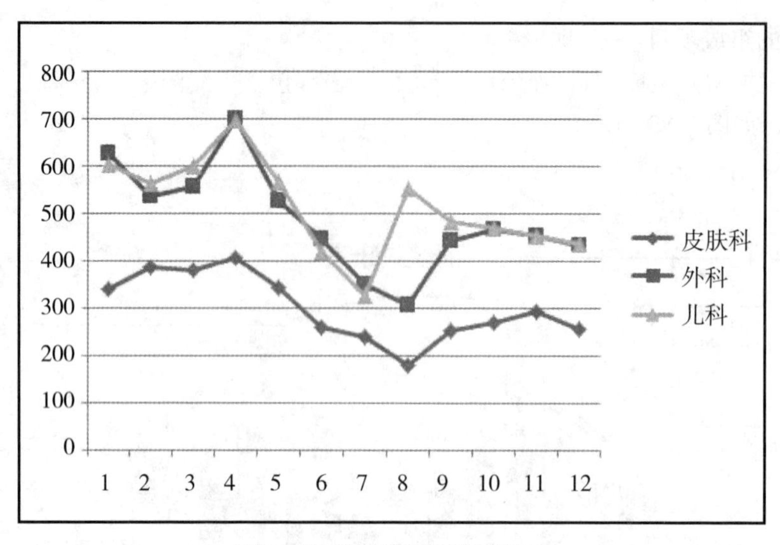

图 3-85 带数据标记的折线图

任务三：将“2012 年各科室门诊统计表”中的“骨科”一列的数据和“水平轴标签”添加到图表中

操作方法：选择“图表工具”的“设计”选项卡，单击“选择数据”按钮，在弹出的“选择数据源”对话框中，单击图例项（系列）下的“添加”按钮，将“骨科”数据添加到图列项：单击“水平（分类）轴标签”的“编辑”按钮，将月份列的数据作为分类轴标签，如图 3-86 所示，修改数据后的图表如图 3-87 所示。

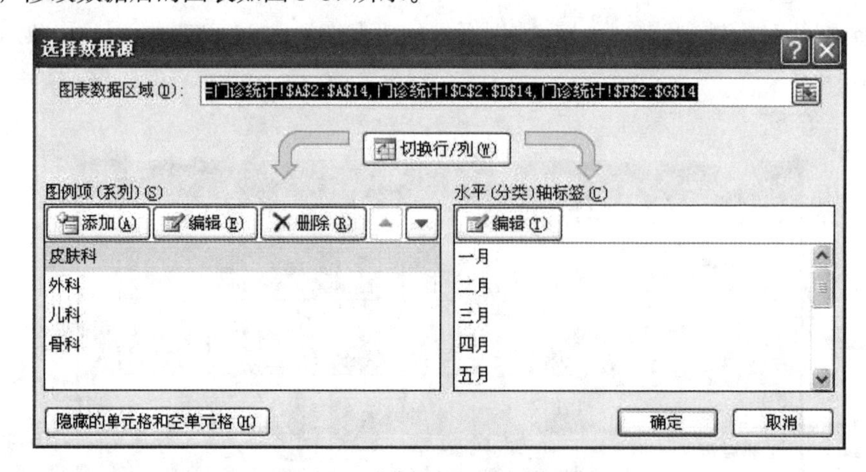

图 3-86 “选择数据源”对话框

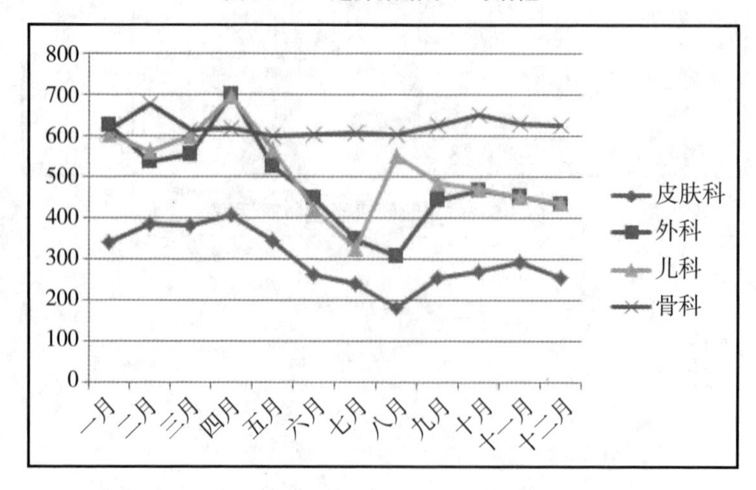

图 3-87 添加“骨科”数据和“水平轴标签”后的折线图

任务四：为图表添加“图表标题”

操作方法：选择“图表工具”的“布局”选项卡，单击“标签”组的“图表标题”按钮，在展开的下拉列表中选择“图表上方”，在“图表标题”位置添加文本“门诊统计表”，添加“图表标题”后的效果如图 3-88 所示。

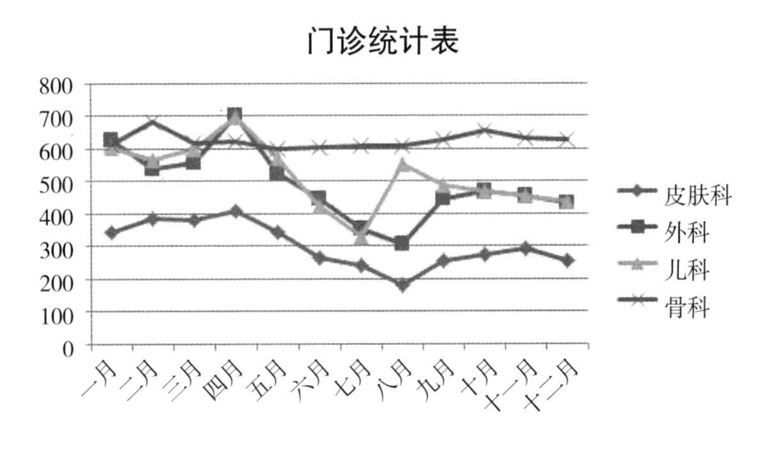

图 3-88　添加“图表标题”后的效果

任务五：为“皮肤科”数据添加“数据标签”

操作方法：单击图表中的“皮肤科”数据线，选择“图表工具”的“布局”选项卡，单击“标签”组的“数据标签”按钮，在展开的下拉列表中选择“下方”，为“皮肤科”数据添加“数据标签”后的效果如图 3-89 所示。

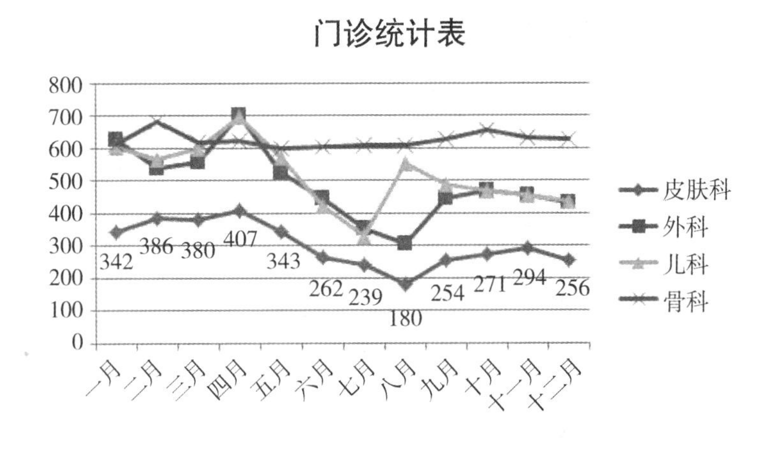

图 3-89　“皮肤科”数据添加“数据标签”后的效果

任务六：设置“图表区”的形状样式为“彩色轮廓 - 红色，强调颜色 2”，设置“绘图区”的形状填充为“蓝色，强调文字颜色 1，淡色 80%”

操作方法：选择“图表区”，单击“图表工具”的“格式”选项卡中的“彩色轮廓 - 红色，强调颜色 2”形状样式按钮，如图 3-90 所示，再选择“绘图区”，然后单击“形状样式”组的“形状填充”按

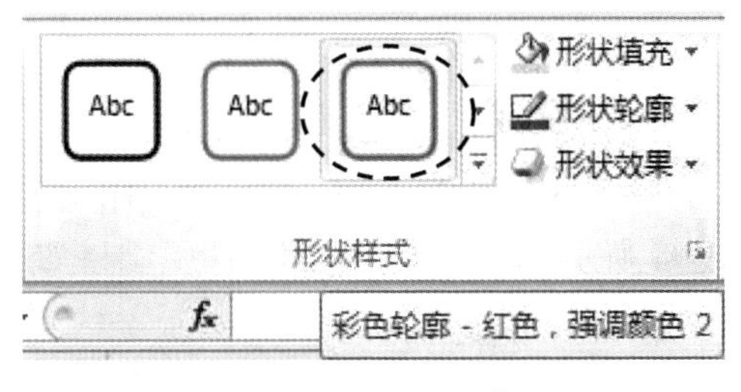

图 3-90　形状轮廓

钮，在展开的下拉列表中选择“蓝色，强调文字颜色 1，淡色 80%”，如图 3-91 所示，设置后的图表如图 3-92 所示。

图 3-91　形状填充

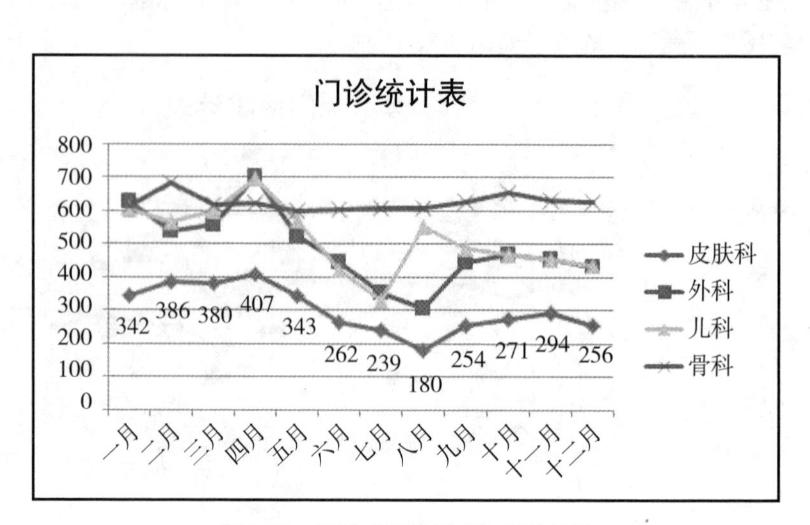

图 3-92　设置“形状样式”后的效果

任务七：将“图例”中的字体设置为 12 磅，加粗，艺术字样式为“填充 - 茶色，文本 2，轮廓 - 背景 2”

操作方法：选择“图例”，在“开始”功能区的“字体”组里设置字号为 12 磅，加粗，再选择“图表工具”的“格式”选项卡，在“艺术字样式”组中选择“填充 - 茶色，文本 2，轮廓 - 背景 2”。设置后的效果如图 3-93 所示。

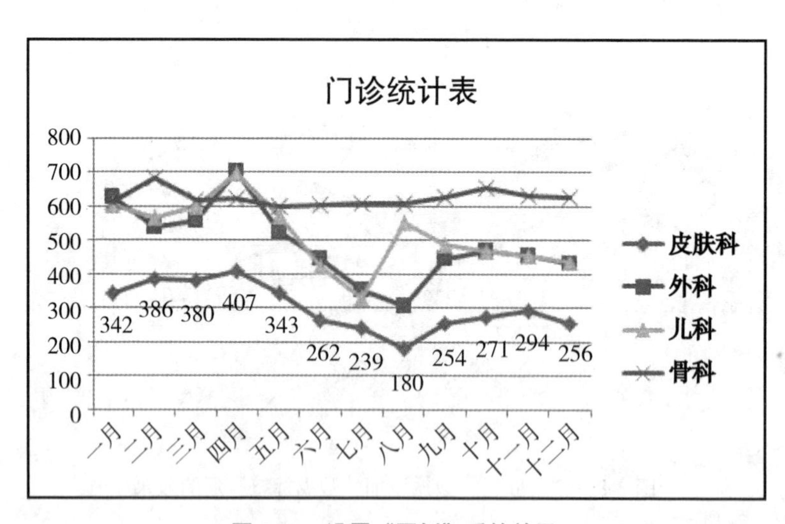

图 3-93　设置“图例”后的效果

任务八：将图表建立在新工作表中

操作方法：选择“图表工具”的“设计”选项卡，单击“移动图表”按钮，在弹出的“移动图表”对话框中，选择“新工作表”并在文本框中填入新工作表名“门诊统计表”，如图 3-94 所示。单击“确定”按钮，结果如图 3-95 所示。

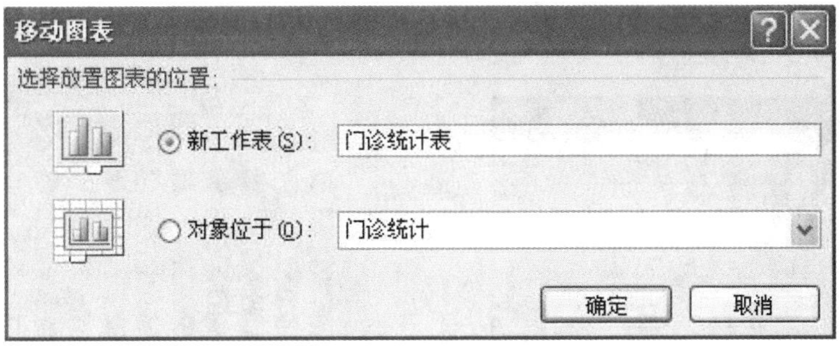

移动图表

选择放置图表的位置：

新工作表(S)：门诊统计表

对象位于(O)：门诊统计

确定　取消

图 3-94　“移动图表”对话框

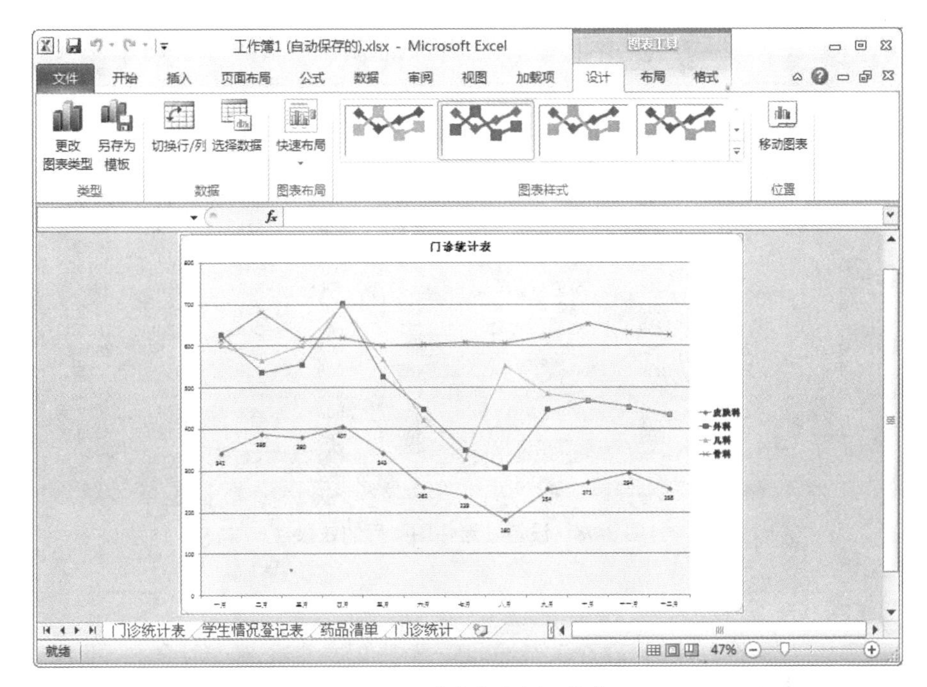

图 3-95　图表作为新工作表

3．迷你图

迷你图是 Excel 2010 加入的一种全新的图表制作工具，它是绘制在单元格中的一个微型图表，可以将迷你图放置在数据附近，直观地反映数据的走势与变化。与图表不同的是，当打印工作表时，单元格中的迷你图会与数据一起进行打印。创建迷你图后，还可以根据需要对迷你图进行自定义，如高亮显示最大值和最小值、调整迷你图颜色等。Excel 2010 提供了 3 种形式的迷你图，即“折线迷你图”、“列迷你图”和“盈亏迷你图”。

任务九：给各科室全年门诊量添加“迷你图”走势

操作方法：首先在 A15 单元格中添加文本“走势”，然后选择 B15 单元格，在“插入”功能区的“迷你图”中选择“折线图”命令，弹出“创建迷你图”对话框，在对话框的“数据范围”中选择 B3：B14 单元格区域，即生成迷你图的单元格区域，如图 3-96 所示，单击“确定”后，迷你图创建成功。这时，Excel 中会出现“迷你图工具”的设计功能区，单击“样式”组中的“标记颜色”按钮，在展开的下拉列表中选择“标记”标准色“红色”，如图 3-97 所示，最后用填充柄将迷你图填充到 C15：G15 的单元格中，设置后的效果如图 3-98 所示。

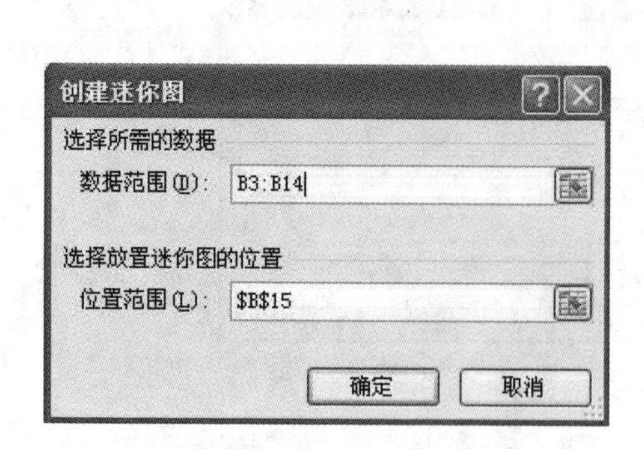

图 3-96 “创建迷你图”对话框

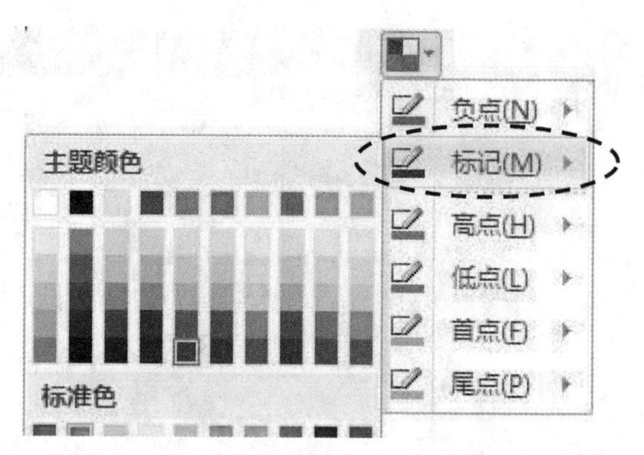

图 3-97 “标记颜色”下拉菜单

2012年各科室门诊统计表

科室 / 月份	内科	皮肤科	外科	妇产科	儿科	骨科	口腔科	急诊科	合计
一月	2469	342	628	776	603	614	204	2755	8391
二月	2607	386	536	676	565	680	444	3136	9030
三月	2704	380	556	988	600	616	306	3286	9436
四月	2887	407	702	1128	696	620	287	3452	10179
五月	2765	343	526	1089	568	600	310	3346	9547
六月	2350	262	447	871	421	604	324	2950	8229
七月	2054	239	350	850	327	609	346	2520	7295
八月	1957	180	307	872	553	606	368	2161	7004
九月	2057	254	445	1012	485	625	334	2343	7555
十月	2018	271	466	979	470	654	277	2329	7464
十一月	2061	294	453	1029	454	632	288	2406	7617
十二月	1828	256	433	1812	436	627	246	2382	8020
走势									

门诊统计表 学生情况登记表 药品清单 门诊统计

图 3-98 设置“迷你图”后的效果

五、数据管理和分析

Excel 2010 提供了强大的数据管理和分析处理功能，利用它们可以实现对数据的排序、筛选、分类汇总和数据透视等操作。这些操作是针对数据清单的，所谓数据清单是指包含标题及一组相关数据的一系列工作表数据行，其中的行表示记录，列表示字段，第一行的列标题则是数据库中字段的名称。

例 2-5：为“临床医学专业成绩汇总表”进行数据排序、筛选、分类汇总及创建透视表、透视图和切片器等操作。

1．数据排序

数据排序是指把数据清单中的数据按一定的顺序要求重新排列。排序时依据的字段称为关键字，不同类型的关键字排序规则也不同，数值按数字大小排列，文本及数字文本按 0 ~ 9、a ~ z、A ~ Z 的顺序排列，日期和时间按前后顺序排列，汉字可以按拼音字母顺序或笔画顺序排列。排序分升序排序和降序排序两种。

任务一：对“临床医学专业成绩汇总表”以“均分”为主关键字降序，“姓名”为次关键字按笔画升序排序

操作方法：单击“临床医学专业成绩汇总表”的任一单元格，选择“数据”功能区的“排序”按钮，打开“排序”对话框，按图 3-99 所示设置关键字及排序方式。其中，次关键字“姓名”需单击“选项”按钮，在打开的“排序选项”对话框中选择方法为“笔划排序”，如

图 3-100 所示。排序后的结果如图 3-101 所示。

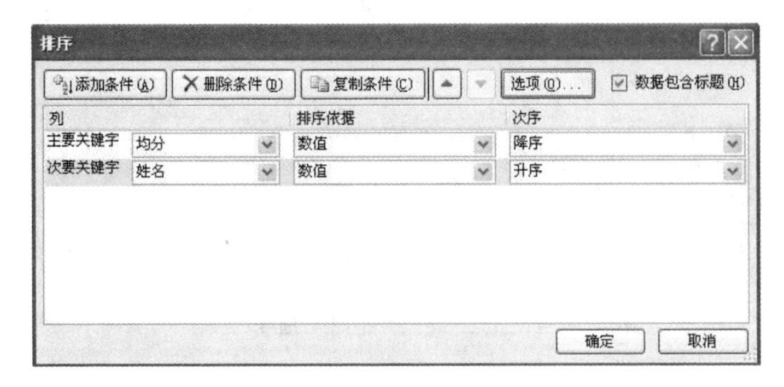

图 3-99　“排序”对话框

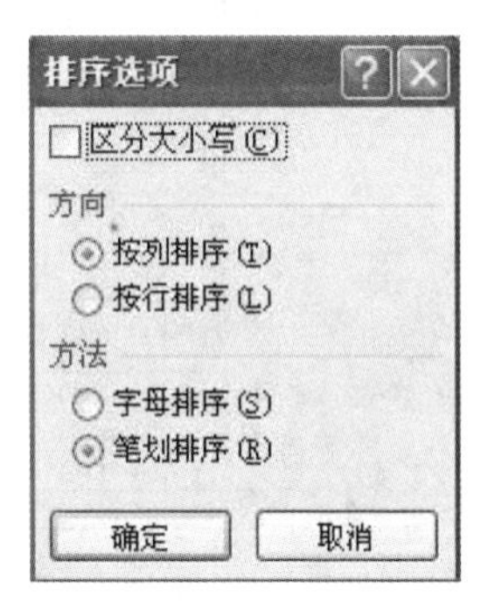

图 3-100　“排序选项”对话框

临床医学专业成绩汇总表

序号	学号	姓名	机能学实验	医学微生物学	局部解剖学	分子生物学	病理生理学	人体寄生虫学	医学免疫学	药理学	营养学	总分	均分	考评等级
12	20110101012	祝瑞璐	73	83	90	88	68	88	82	75	79	726	80.7	优秀
5	20110101005	邱学静	66	81	86	78	72	84	84	85	75	711	79	优秀
6	20110101006	杨化仙	74	83	84	82	80	78	76	79	73	709	78.8	优秀
20	20110101020	郭路	80	84	81	79	76	81	86	67	74	708	78.7	优秀
19	20110101019	王艳梅	75	80	80	80	70	91	77	69	77	699	77.7	优秀
1	20110101001	欧茵茵	74	86	77	86	81	64	81	68	79	696	77.3	优秀
3	20110101003	陈礼维	75	78	81	76	79	74	72	76	72	683	75.9	优秀
17	20110101017	陈宏强	76	80	69	73	78	69	69	77	69	660	73.3	及格
10	20110101010	郁庆颖	74	75	77	77	67	74	68	61	72	645	71.7	及格
18	20110101018	李祖蒜	71	71	76	67	60	66	72	73	74	630	70	及格
2	20110101002	徐玉	70	80	61	60	61	80	64	69	76	621	69	及格
4	20110101004	王晓磊	71	69	68	69	50	68	61	64	74	594	66	及格
8	20110101008	王艳何	70	71	68	61	68	62	68	64	62	594	66	及格
11	20110101011	杨莉莎	74	75	66	70	48	65	67	61	52	578	64.2	及格
16	20110101016	夏鸿林	60	80	67	81	47	65	54	63	61	578	64.2	及格
15	20110101015	张丽娜	77	71	71	60	52	49	71	51	73	575	63.9	及格
9	20110101009	谭清柳	64	73	65	60	30	67	68	71	68	566	62.9	及格
14	20110101014	关道弘	68	66	64	48	44	60	61	65	69	545	60.6	及格
7	20110101007	杨承李	60	61	60	67	50	60	60	52	62	532	59.1	不及格
13	20110101013	刘佛元	71	63	61	50	30	53	55	50	56	489	54.3	不及格

Sheet1　Sheet2　Sheet3

图 3-101　排序后的结果

2．数据隐藏

对于一些重要的需要保密的只能数据管理员自己所见的数据，那么可以进行相应的隐藏措施。根据需要隐蔽的对象是行、列还是表，先选定要隐藏的对象，然后单击“开始”选项卡，单击功能区上的“格式”按钮，在展开的菜单中选择“隐藏和取消隐藏”中相应的“隐藏行”“隐藏列”或“隐藏工作表”等命令，这样被选定的对象就会被隐藏起来不再可见。如果需要重新显示它们，只要选择该菜单中的“取消隐藏行”“取消隐藏列”或是“取消隐藏工作表”等相应命令即可。

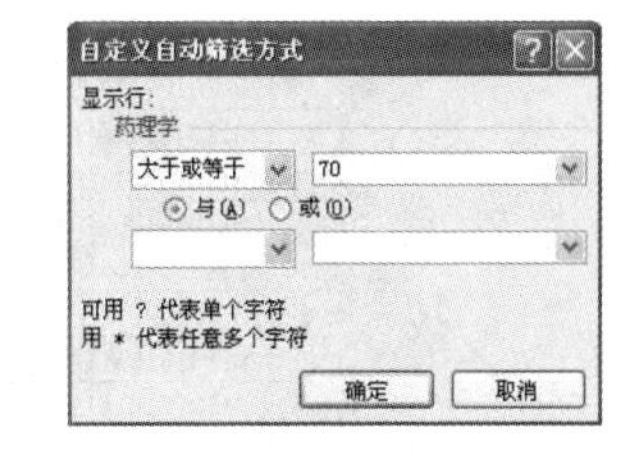

图 3-102　“自定义自动筛选”对话框

3．数据筛选

数据筛选是只显示匹配某种条件的数据，而将其他不匹配数据隐藏起来。

任务二：筛选出“临床医学专业成绩汇总表”中“考评等级”为优秀，同时“药理学”成绩大于或等于 70 分的数据

操作方法：选择 A3：O23 单元格区域，单击“数据”功能区的“筛选”按钮，在每个字段名的右侧出现一个筛选箭头；单击“考评等级”旁的筛选箭头，在打开的下拉列表中选择“优秀”，再单击“药理学”旁的筛选箭头，在打开的下拉列表中选择“数字筛选”，在展开的子菜单中选择“大于或等于”，这时打开“自定义自动筛选方式”对话框，按图 3-102 所示进行设置，筛选后的结果如图 3-103 所示。

临床医学专业成绩汇总表

序号	学号	姓名	机能学实验	医学微生物	局部解剖学	分子生物学	病理生理学	人体寄生虫	医学免疫学	药理学	营养学	总分	均分	考评等级
12	20110101012	祝瑞璐	73	83	90	88	68	88	82	75	79	726	80.7	优秀
5	20110101005	邱学静	66	81	86	78	72	84	84	85	75	711	79	优秀
6	20110101006	杨化仙	74	83	84	82	80	78	76	79	73	709	78.8	优秀
3	20110101003	陈礼继	75	78	81	76	79	74	72	76	72	683	75.9	优秀

图 3-103　筛选后的结果

自定义自动筛选只能筛选出条件比较简单的记录，若条件比较复杂则需要进行高级筛选。

在“数据”选项卡功能区的“排序和筛选”组，单击“高级”按钮，选择进行高级筛选的方式。

在进行高级筛选前，首先要在数据表之外的空白位置建立好筛选的条件区，如图 3-104 所示的区域 B25：C26 为条件区，它包含标题字段名和满足该字段的条件。因为“考评等级”为优秀和“药理学”成绩大于或等于 70 分是必须同时满足的两个条件，也就是说条件之间的逻

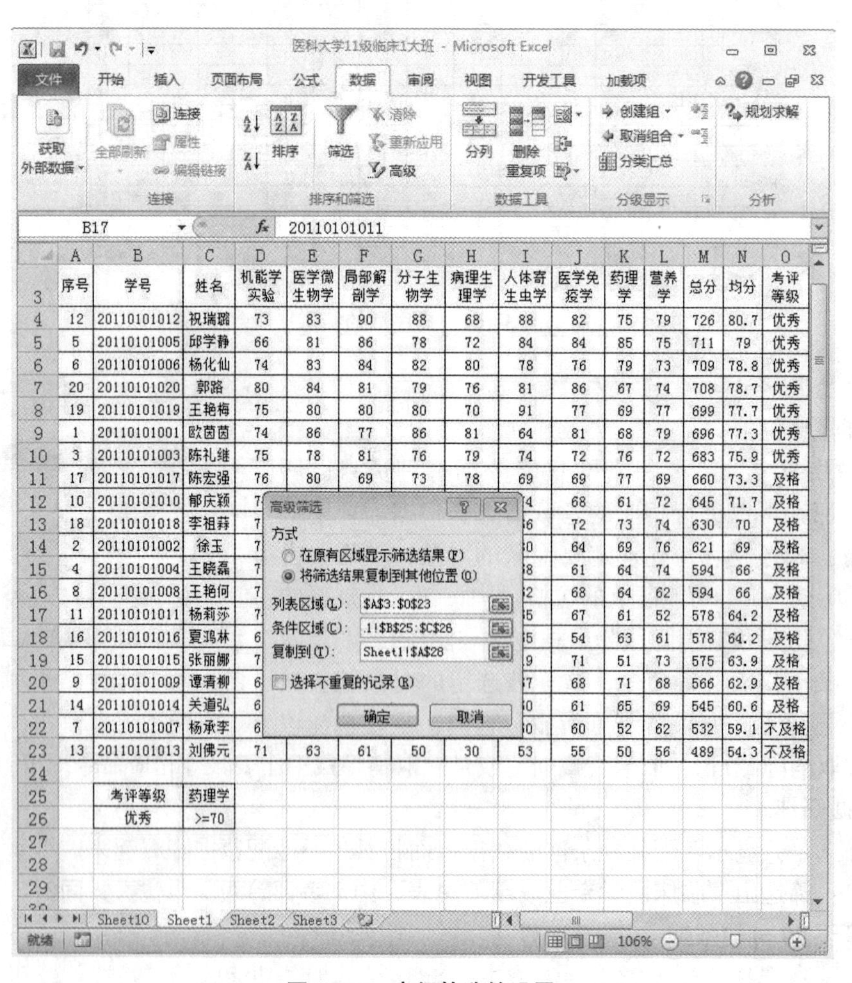

图 3-104　高级筛选的设置

辑关系为“与”，所以写在同一行上。如果条件之间的逻辑关系为“或”，则应将条件写在不同的行上。如果选择了“将筛选结果复制到其他位置”单选项，则需指定输出区，如图 3-104 所示在“高级筛选”对话框，单击“复制到”栏的折叠按钮，用鼠标选定 A28 单元格，单击“确定”按钮，则以 A28 单元格为起点筛选出满足条件的所有数据；如果需要输出部分字段的筛选结果，就需要在进行筛选操作前，建立好输出区，即在数据表和条件区以外的空白位置，将需要输出的字段名复制于此处，在“复制到”栏里，选定输出区域字段名即可。

4．分类汇总

分类汇总是指按照某一字段的取值对数据清单中的数据进行分类，再对不同类型的数据进行汇总的操作，得到统计结果。在 Excel 2010 中，可以自动计算数据清单中的分类汇总和总计值。当插入自动分类汇总时，Excel 将分级显示数据清单，以便每个分类汇总显示或隐藏明细数据行。在进行分类汇总之前，要先将数据清单按分类关键字段进行排序，以便将要进行分类汇总的行排列在一起，然后为包含数字的列计算出分类汇总。经过分类汇总，可分级显示汇总结果。

任务三：按“考评等级”分类，计算各类中均分的平均值和营养学的最大值

操作方法：按分类字段“考评等级”排序后，单击“数据”功能区的“分类汇总”按钮，打开“分类汇总”对话框，从中设置分类字段为“考评等级”，汇总方式为“平均值”，选定汇总项为“均分”，如图 3-105 所示，确定后再次打开“分类汇总”对话框，设置分类字段为“考评等级”，汇总方式为“最大值”，选定汇总项为“营养学”，撤销对“替换当前分类汇总”复选框的勾选，如图 3-106 所示，分类汇总后的效果如图 3-107 所示。

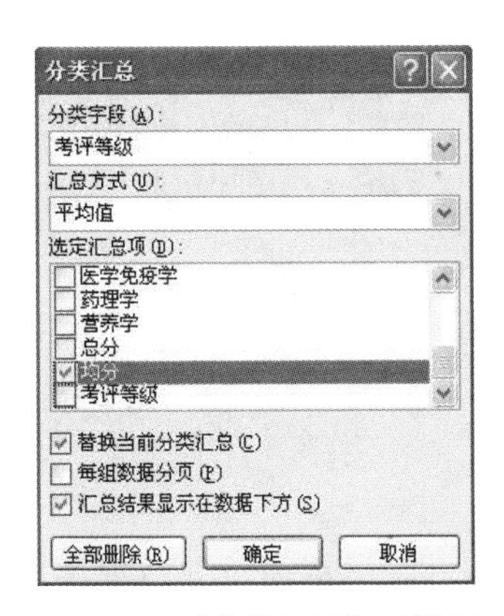

图 3-105 “分类汇总”对话框

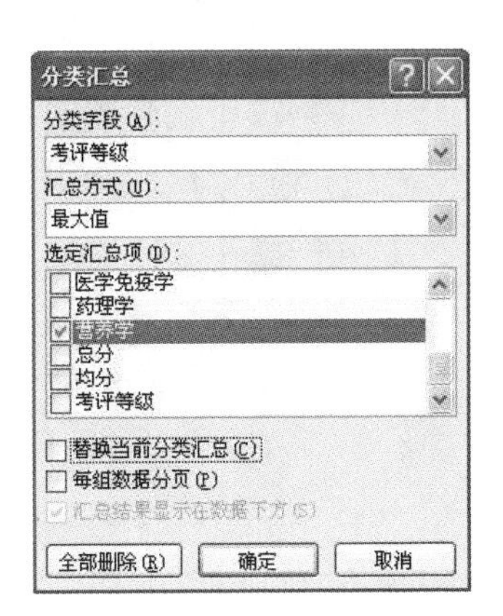

图 3-106 嵌套汇总

临床医学专业成绩汇总表

序号	学号	姓名	机能学实验	医学微生物学	局部解剖学	分子生物学	病理生理学	人体寄生虫学	医学免疫学	药理学	营养学	总分	均分	考评等级
12	20110101012	祝瑞璐	73	83	90	88	68	88	82	75	79	726	80.7	优秀
5	20110101005	邱学静	66	81	86	78	72	84	84	85	75	711	79	优秀
6	20110101006	杨化仙	74	83	84	82	80	78	76	79	73	709	78.8	优秀
20	20110101020	郭路	80	84	81	79	76	81	86	67	74	708	78.7	优秀
											79			**优秀 最大值**
													79.3	**优秀 平均值**
8	20110101008	王艳何	70	71	68	61	68	62	68	64	62	594	66	及格
11	20110101011	杨莉莎	74	75	66	70	48	65	67	61	52	578	64.2	及格
16	20110101016	夏鸿林	60	80	67	81	47	65	54	63	61	578	64.2	及格
15	20110101015	张丽娜	77	71	71	60	52	49	71	51	73	575	63.9	及格
9	20110101009	谭清柳	64	73	65	60	30	67	68	71	68	566	62.9	及格
											73			**及格 最大值**
													64.2	**及格 平均值**
7	20110101007	杨承李	60	61	60	67	50	60	60	52	62	532	59.1	不及格
13	20110101013	刘佛元	71	63	61	50	30	53	55	50	56	489	54.3	不及格
											62			**不及格 最大值**
													56.7	**不及格 平均值**
											79			**总计最大值**
													68.3	**总计平均值**

图 3-107 分类汇总结果

5. 数据透视表

数据透视表是一种对大量数据快速汇总和建立交叉列表的交互式表格，不仅能够改变行和列以查看源数据的不同汇总结果，也可以显示不同页面以筛选数据，还可以根据需要显示区域中的明细数据。在建立数据透视表之前必须将所有筛选和分类汇总的结果取消。

（1）数据透视表

任务四：为“临床医学专业成绩汇总表”建立“分子生物学”和“总分”的数据透视表

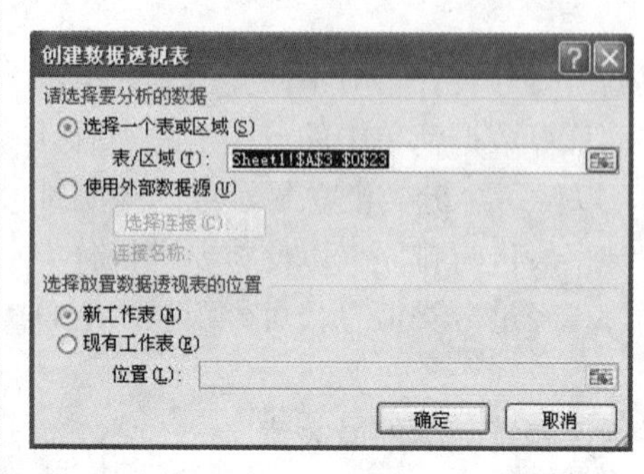

图 3-108 “创建数据透视表”对话框

操作方法：选定数据清单中的任一单元格，单击“插入”功能区的“数据透视表”按钮，在展开的列表中选择“数据透视表”选项，打开“创建数据透视表”对话框，如图 3-108 所示进行设置后，单击“确定”按钮。

在“数据透视表字段列表”窗格中将“考评等级”作为报表筛选字段，将“姓名”作为行标签，“分子生物学”和“总分”作为数值字段。单击“数值”字段的“总分”按钮，选择“值字段设置”命令，在打开的“值字段设置”对话框中，将“总分”的计算类型修改为“平均值”，设置后的数据透视表如图 3-109 所示。

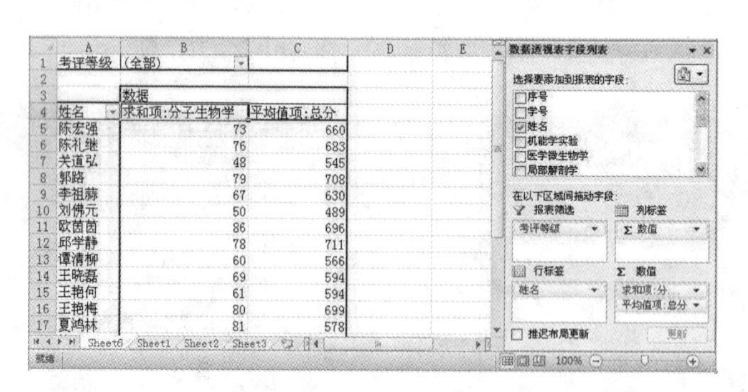

图 3-109 数据透视表

创建数据透视表后，窗口中会出现“数据透视表工具”，可通过“数据透视表工具”中的“选项”和“设计”选项卡，对建立的数据透视表做进一步的编辑和修改。

（2）数据透视图

数据透视图以图形的方式表示透视表中的数据，数据透视图比数据透视表更形象生动直观。另外，在 Excel 中，单击选中数据透视表后，再点击插入图形，即可得到数据透视图。或者在制作数据透视之前，就点击“插入”选项卡中的数据透视图，即可快速得到数据透视图，创建数据透视图的同时会创建一个与之相关联的数据透视表。

任务五：为“临床医学专业成绩汇总表”建立数据透视图

操作方法：选定数据清单中的任一单元格，单击“插入”功能区的“数据透视表”按钮，在展开的列表中选择“数据透视图”选项，打开“创建数据透视表及数据透视图”对话框，从中设置“表 / 区域”为“Sheet1!$A$3：$O$23”，位置为“新工作表”，单击“确定”按钮后，进入数据透视图界面，在编辑区中会出现一个图表区。在“数据透视表字段列表”窗格中将“考评等级”添加到轴字段，将“机能学实验”“医学微生物学”和“局部解剖学”添加到数值字段。设置后的数据透视图如图 3-110 所示。

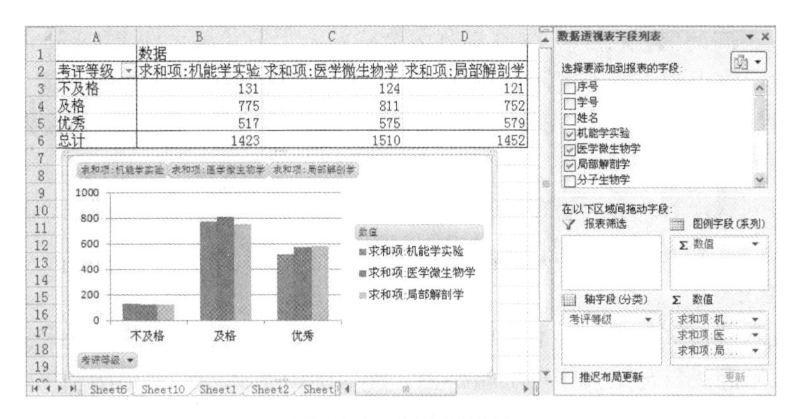

图 3-110　数据透视图

（3）切片器

切片器是 Excel 2010 新增的一个可视控件，在 Excel 2000 之前的版本中是没有的，它提供了一种可视性极强的筛选方法来筛选数据透视表中的数据，通过切片器可以更加快速直观地实现对数据的筛选操作。此外，对数据透视表应用多个筛选器之后，不再需要打开一个列表来查看对数据所应用的筛选器，这些筛选器会显示在屏幕上的切片器中。可以使切片器与工作簿的格式设置相符，并且能够在其他数据透视表、数据透视图和多维数据集函数中轻松地重复使用这些切片器。

任务六：为“临床医学专业成绩汇总表”透视表建立切片器

操作方法：首先为“临床医学专业成绩汇总表”建立行标签为“姓名”、数值为“营养学”“药理学”和“医学免疫学”的透视表，然后单击“数据透视表工具”中“选项”下的“插入切片器”按钮，在展开的列表中选择“插入切片器”命令，在打开的“插入切片器”对话框中勾选“均分”和“考评等级”，确定后 Excel 创建了“均分”和“考评等级”两个切片器，如图 3-111 所示。

单击“考评等级”切片器中的“及格”按钮，数据透视表中筛选出考评等级为“及格”的数据，如图 3-112 所示。单击切片器右上角的“清除筛选器”按钮，即可清除该切片器的筛选。单击切片器，然后按 Delete 键，即可删除切片器。

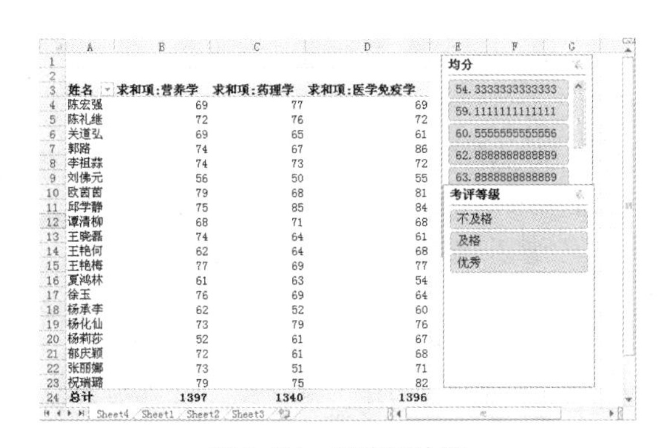

图 3-111　创建切片器

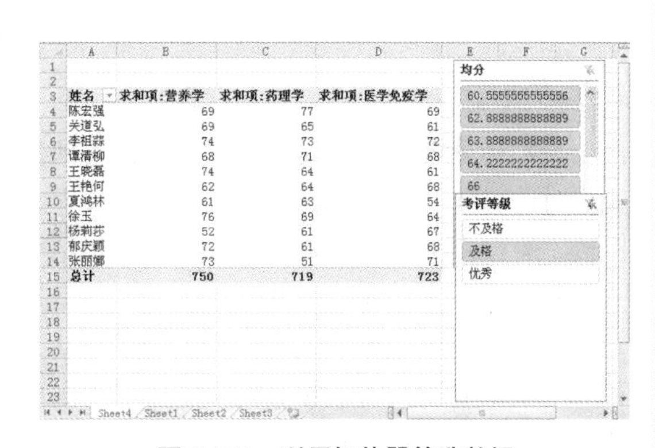

图 3-112　利用切片器筛选数据

六、模拟分析

模拟分析是在单元格中更改值以查看这些更改将如何影响工作表中公式结果的过程。

Excel 2010 附带了 3 种模拟分析工具：方案、模拟运算表和单变量求解。方案和模拟运算表可获取一组输入值并确定可能的结果。模拟运算表仅可以处理一个或两个变量，但可以接受这些变量的多个不同的值。一个方案可具有多个变量，但它最多只能容纳 32 个值。单变量求解与方案和模拟运算表的工作方式不同，它获取结果并确定生成该结果的可能的输入值。

除了这 3 种工具外，还可以安装有助于执行模拟分析的加载项（例如规划求解加载项）。规划求解加载项类似于单变量求解，但它能容纳更多变量。还可以使用内置于 Excel 中的填充柄和各种命令来创建预测。对于更多的高级模式，还可以使用分析包加载项。

例 2-6：对“药品采购汇总和计划表”作模拟分析。

1．单变量求解

所谓单变量求解，就是求解具有一个变量的方程，它通过调整可变单元格中的数值，使之按照给定的公式来满足目标单元格中的目标值。即仅知道要从公式获得的结果，但不确定为获得该结果所需的公式输入值，此时将用到单变量求解功能。

在 Excel 中，对于所有符合一定函数关系的一元方程，如三角函数、指数函数、对数函数、双曲线函数及幂函数等，都可以使用单变量求解。

任务一：药品采购计划中要求对“阿奇霉素注射液”的采购量全年每个季度平均不超过 400 支，已知前三个季度的采购量分别为 392 支、415 支和 410 支，那么按采购计划要求第四个季度最多能采购多少支“阿奇霉素注射液”

操作方法：在 A1、B1、C1、D1 和 E1 单元格中分别输入文本“第一季度”“第二季度”“第三季度”“第四季度”和“平均”，在 A2、B2 和 C2 单元格中分别输入“392”“415”和“410”，在 E2 单元格中输入公式“=（A2+B2+C2+D2）/4”。选定 E2 单元格，单击“数据”功能区的“模拟分析”按钮，从展开的列表中选择“单变量求解”命令，在弹出的“单变量求解”对话框中设置目标单元格为“E2”，目标值为“400”，可变单元格为“$D$2”，确定后弹出“单变量求解状态”对话框，检查无误后，单击“确定”按钮，结果如图 3-113 所示。

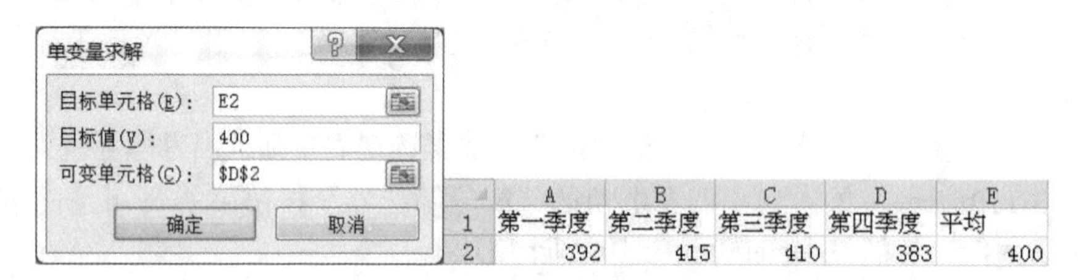

图 3-113　单变量求解结果

2．模拟运算表

模拟运算表是进行预测分析的一种工具，它可以显示 Excel 工作表中一个或多个数据变量的变化对计算结果的影响，求得某一过程中可能发生的数值变化，同时将这一变化列在表中以便于比较。运算表根据需要观察的数据变量的多少可以分为单变量数据表和多变量数据表两种形式。

（1）单变量模拟运算表

单变量模拟运算表就是一个变量的运算表。在单变量模拟运算表中，输入数据的值被安排在一行或一列中，且表中使用的公式必须引用“输入单元格”。所谓输入单元格，就是被替换的含有输入数据的单元格。

任务二：药品的采购总额从 2010 年到 2012 年每年上升 0.8%，2012 年药品采购总额达到 78 万，按此规律发展下去，预计 2013 年到 2017 年，每年的药品采购总额将达到多少

操作方法：在 A1 单元格中输入“上升率”，在 B1 单元格中输入“0.8%”，在 A2 单元格中输入“2012 年采购总额”，在 B2 单元格中输入“78”，在 D1 单元格中输入“年份”，在 E1 单元格中输入“2013”，在 D2 单元格中输入“采购总额”，在 E2 单元格中输入公式“=ROUND（B2*（1+B1）^（E1-2012），0）”，确认后得到 2013 年的采购总额将达到 79 万。

在 A5 到 A9 单元格中输入 2013 到 2017，在 B4 种输入“=E2”，单击“数据”功能区的“模拟分析”按钮，从展开的列表中选择“模拟运算表”命令，在弹出的“模拟运算表”对话框中设置输入引用列的单元格为“$E$1”，单击“确定”后，结果如图 3-114 所示。

（2）双变量模拟运算表

双变量模拟运算表中使用的公式必须引用两个不同的输入单元格，即有两个输入变量。一个输入变量的数值被排列在一列中，另一个输入变量的数值被排列在一行中。

任务三：若药品的采购总额从 2010 年到 2012 年每年分别以 0.8%、0.6%、0.4% 和 0.2% 为上升率，2012 年药品采购总额达到 78 万，那么按此规律发展下去，预计 2013 年到 2017 年，每年的药品采购总额将达到多少

操作方法：在 A1 单元格中输入“上升率”，在 B1 单元格中输入“0.8%”，在 A2 单元格中输入“2012 年采购总额”，在 B2 单元格中输入“78”，在 D1 单元格中输入“年份”，在 E1 单元格中输入“2013”，在 D2 单元格中输入“采购总额”，在 E2 单元格中输入公式“=ROUND（B2*（1+B1）^（E1-2012），0）”，确认后得到 2013 年的采购总额将达到 79 万。

在 A5 到 A9 单元格中输入 2013 到 2017，在 A4 单元格中输入“=E2”，在 B4 到 E4 单元格中分别输入上升率 0.8%、0.6%、0.4% 和 0.2%，单击“数据”功能区的“模拟分析”按钮，从展开的列表中选择“模拟运算表”命令，在弹出的“模拟运算表”对话框中设置“输入引用行的单元格”为“$B$1”，设置“输入引用列的单元格”为“$E$1”，单击“确定”后，结果如图 3-115 所示。

	A	B	C	D	E
1	上升率	0.80%		年份	2013
2	2012年采购总额	78		采购总额	79
3					
4		79			
5	2013	79			
6	2014	79			
7	2015	80			
8	2016	81			
9	2017	81			

图 3-114 单变量模拟运算结果

	A	B	C	D	E
1	上升率	0.80%		年份	2013
2	2012年采购总额	78		采购总额	79
3					
4	79	0.80%	0.60%	0.40%	0.20%
5	2013	79	78	78	78
6	2014	79	79	79	78
7	2015	80	79	79	78
8	2016	81	80	79	79
9	2017	81	80	80	79

图 3-115 双变量模拟运算结果

3．方案管理器

Excel 中的方案管理器能够帮助用户创建和管理方案。使用方案，用户能够方便地进行假设，为多个变量存储输入值的不同组合，同时为这些组合命名。方案管理器提供了层次性的数据管理方案与计算功能。每个方案在变量与公式计算定义的基础上，能够通过定义一系列可变单元格和对应各变量的取值，构成一个方案。在方案管理器中可以同时管理多个方案，从而达到对于多变量、多数据系列以及多分析方案的计算和管理。

任务四：药品采购计划中要新购进“阿莫西林分散片”“阿莫西林胶囊”和“阿莫西林颗粒”共 70 盒，其中一种 30 盒，其余两种各 20 盒，已知“阿莫西林分散片”22.5 元，“阿莫西林胶囊”17.5 元，“阿莫西林颗粒”20.2 元，问如何安排购买方案费用最低

操作方法：首先在 A1：D1 单元格中输入“阿莫西林分散片”“阿莫西林胶囊”“阿莫西林颗粒”和“总额”，在 D2 单元格中输入公式“=A2*22.5+B2*17.5+C2*20.2”。

单击“数据”功能区的“模拟分析”按钮，从展开的列表中选择“方案管理器”命令，在弹出的“方案管理器”对话框中单击“添加”按钮，弹出“添加方案”对话框，添加方案名为“分散片 30 盒”，在“可变单元格”文本框中输入“$A$2：$C$2”，如图 3-116 所示。单击“确定”按钮后，弹出“方案变量值”对话框，在“$A$2”“$B$2”和“$C$2”文本框中分别输入“30”“20”和“20”；单击“添加”按钮，再次弹出“添加方案”对话框，添加方案名为

"胶囊 30 盒"，方案变量值"$A$2""$B$2"和"$C$2"分别输入"20""30"和"20"；再次单击"添加"按钮，添加第 3 个方案"颗粒 30 盒"，方案变量值"$A$2""$B$2"和"$C$2"分别输入"20""20"和"30"，单击"确定"按钮后，弹出"方案管理器"对话框，单击"摘要"按钮，弹出"方案摘要"对话框，在"结果单元格"中输入"$D$2"，确认后 Excel 自动建立一个名为"方案摘要"的工作表为方案报告，如图 3-117 所示。

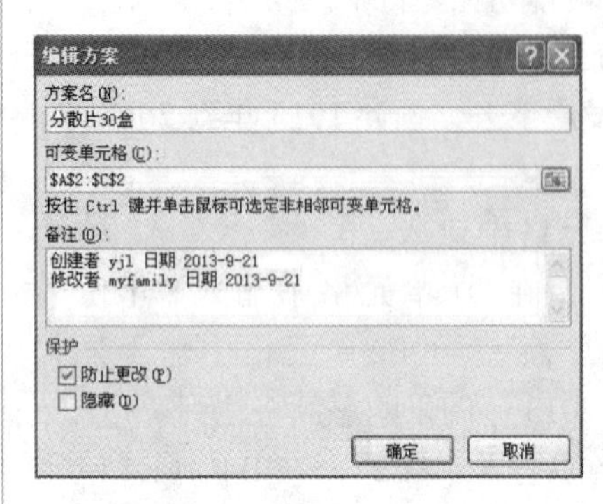

图 3-116 "编辑方案"对话框

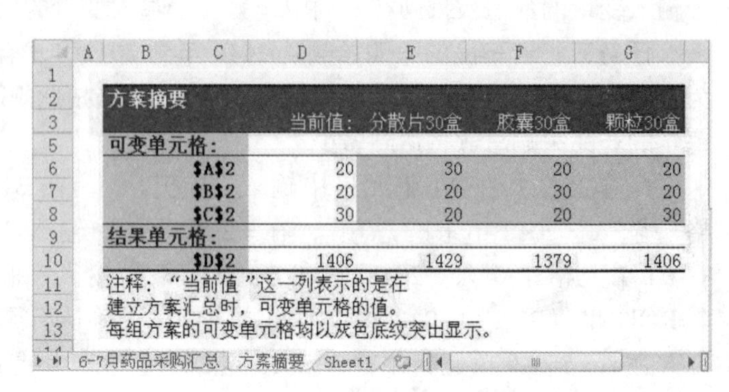

方案摘要	当前值:	分散片30盒	胶囊30盒	颗粒30盒
可变单元格:				
$A$2	20	30	20	20
$B$2	20	20	30	20
$C$2	30	20	20	30
结果单元格:				
$D$2	1406	1429	1379	1406

注释："当前值"这一列表示的是在
建立方案汇总时，可变单元格的值。
每组方案的可变单元格均以灰色底纹突出显示。

图 3-117 双变量模拟运算结果

七、数据分析（*t* 检验、方差分析、回归分析等）

Excel 自带的数据分析功能可以完成专业的统计分析工作，包括方差分析、相关系数、描述统计、直方图、*t* 检验、回归、抽样等。

完成数据分析操作，首先要将"数据分析"命令添加到"数据"功能区，方法是单击"文件"选项卡，选择"选项"按钮，在弹出的"Excel 选项"对话框中选择"加载项"命令，在"管理"下拉选项中选择"Excel 加载项"，单击"转到"按钮，在弹出的"加载宏"对话框中勾选"分析工具库"，单击"确定"按钮后，即将"数据分析"命令添加到"数据"功能区。

例 2-7：随机抽取 50 ~ 59 岁男性正常者、冠心病患者、脂肪肝患者各 10 人，测定空腹血糖值，试分析 3 类人群的总体均值。

1．方差分析

方差分析（analysis of variance，ANOVA），又称"变异数分析"，由 R.A.Fisher 发明，用于两个及两个以上样本均数差别的显著性检验。由于各种因素的影响，研究所得的数据呈现波动状。造成波动的原因可分成两类，一是不可控的随机因素，另一是研究中施加的对结果形成影响的可控因素。Excel 提供的方差分析程序分为单因素方差分析、可重复双因素方差分析和无重复双因素方差分析 3 种。

（1）单因素方差分析

单因素方差分析是用来研究一个控制变量的不同水平是否对观测变量产生了显著影响。这里，由于仅研究单个因素对观测变量的影响，因此称为单因素方差分析。Excel 中的"方差分析：单因素方差分析"分析工具通过简单的方差分析，可对单因素进行显著性检验。

任务一：随机抽取的 3 类人群的空腹血糖值如图 3-118 所示，试推断三类人群总体均值是否相同

操作方法：选择"数据"功能区的"数据分析"按钮，弹出"数据分析"对话框，选择"方差分析：单因素方差分析"选项，单击确定后，弹出"方差分析：单因素方差分析"对话框，在对话框中设置输入区域为"$A$2：$C$11"，分组方式为"列"，显著性水平 α=0.05，输出区域为"$E$1"，如图 3-119 所示。确定后，方差分析结果如图 3-120 所示。

	A	B	C
1	正常组	冠心病组	脂肪肝组
2	4.75	6.26	5.78
3	4.75	4.36	6.68
4	4.77	5.24	5.44
5	4.61	4.56	5.84
6	4.49	4.67	5.67
7	5.02	5.18	5.24
8	4.57	5.12	5.42
9	4.21	5.26	5.14
10	4.88	4.83	6.02
11	4.62	5.59	5.74

图 3-118 空腹血糖值

方差分析：单因素方差分析
输入
输入区域(I)：$A$2:$C$11
分组方式：列(C) 行(R)
标志位于第一行(L)
α(A)：0.05
输出选项
输出区域(O)：$E$1
新工作表组(P)：
新工作薄(W)
确定 取消 帮助(H)

图 3-119 "方差分析：单因素方差分析"对话框

	A	B	C	D	E	F	G	H	I	J	K
1	正常组	冠心病组	脂肪肝组		方差分析：单因素方差分析						
2	4.75	6.26	5.78								
3	4.75	4.36	6.68		SUMMARY						
4	4.77	5.24	5.44		组	观测数	求和	平均	方差		
5	4.61	4.56	5.84		列 1	10	46.67	4.667	0.049934		
6	4.49	4.67	5.67		列 2	10	51.07	5.107	0.303801		
7	5.02	5.18	5.24		列 3	10	56.97	5.697	0.195823		
8	4.57	5.12	5.42								
9	4.21	5.26	5.14								
10	4.88	4.83	6.02		方差分析						
11	4.62	5.59	5.74		差异源	SS	df	MS	F	P-value	F crit
12					组间	5.342	2	2.671	14.58078	5.08E-05	3.354131
13					组内	4.94603	27	0.183186			
14											
15					总计	10.28803	29				

Sheet1 Sheet2 Sheet3

图 3-120 方差分析结果

其中，SS 表示离均差平方和，df 表示自由度，MS 表示均方差，P-value 即 *P* 值，F crit 表示临界值。由分析结果可以看出 *P* 值为 5.081E-05，即等于 0.00005018 小于 0.05。因此，可认为 3 类人群总体均值不同或不全相同。

（2）双因素方差分析

双因素方差分析（double factor variance analysis）有两种类型：一个是无交互作用的双因素方差分析，它假定因素 A 和因素 B 的效应之间是相互独立的，不存在相互关系，称为无重复双因素方差分析；另一个是有交互作用的双因素方差分析，它假定因素 A 和因素 B 的结合会产生出一种新的效应，称为可重复双因素方差分析。

在实际问题的研究中，有时需要考虑两个因素对实验结果的影响。双因素方差分析是对影响因素进行检验，究竟是一个因素在起作用，还是两个因素都起作用，或是两个因素的影响都不显著。

1）无重复双因素方差分析

任务二：在随机抽取的 3 类人群中，选出 50 岁、51 岁和 52 岁三个年龄段的空腹血糖值，如图 3-121 所示，在 0.05 的显著性水平下，如果不考虑年龄和不同人群的相互作用，分析年龄和不同人群对血糖值的影响

操作方法：选择"数据"功能区的"数据分析"按钮，弹出"数据分析"对话框，选择"方差分析：无重复双因素分析"选项，单击"确定"按钮后，弹出"方差分析：无重复双因素分析"对话框，在对话框中设置输入区域为"$B$2：$D$4"，显著性水平 α=0.05，输出区域为"$F$1"，如图 3-122 所示。确定后，分析结果如图 3-123 所示。

	A	B	C	D
1	年龄	正常组	冠心病组	脂肪肝组
2	50	4.75	6.26	5.78
3	51	4.75	4.36	6.68
4	52	4.77	5.24	5.44
5				

图 3-121 空腹血糖值

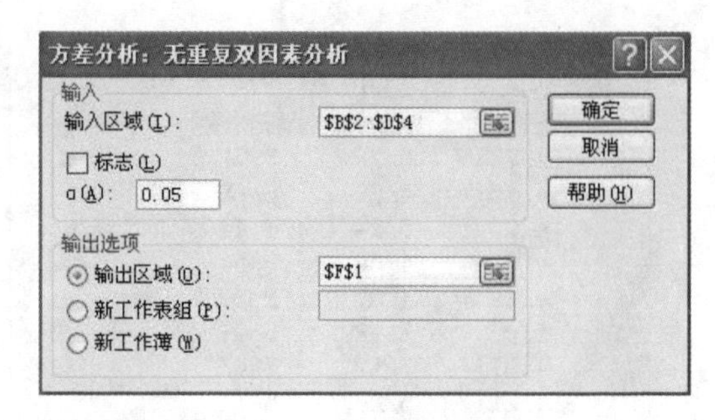

图 3-122 “方差分析：无重复双因素分析”对话框

	A	B	C	D	E	F	G	H	I	J	K	L
1	年龄	正常组	冠心病组	脂肪肝组		方差分析：无重复双因素分析						
2	50	4.75	6.26	5.78								
3	51	4.75	4.36	6.68		SUMMARY	观测数	求和	平均	方差		
4	52	4.77	5.24	5.44		行 1	3	16.79	5.5966667	0.5952333		
5						行 2	3	15.79	5.2633333	1.5432333		
6						行 3	3	15.45	5.15	0.1183		
7												
8						列 1	3	14.27	4.7566667	0.0001333		
9						列 2	3	15.86	5.2866667	0.9041333		
10						列 3	3	17.9	5.9666667	0.4105333		
11												
12												
13						方差分析						
14						差异源	SS	df	MS	F	P-value	F crit
15						行	0.3234667	2	0.1617333	0.2805273	0.7691117	6.9442719
16						列	2.2074	2	1.1037	1.9143733	0.2610571	6.9442719
17						误差	2.3061333	4	0.5765333			
18												
19						总计	4.837	8				

图 3-123 无重复双因素方差分析结果

图 3-123 给出的计算结果中，行表示年龄，列表示不同人群，年龄的 F 统计量值 0.28 小于临界值 6.94，不同人群的 F 统计量值 1.91 也小于临界值 6.94。因此，年龄和不同人群对血糖值的影响都是不显著的。

2）可重复双因素方差分析

任务三：在随机抽取的 3 类人群中，选出 50 岁、51 岁和 52 岁 3 个年龄段的空腹血糖值，如图 3-124 所示，在 0.05 的显著性水平下，如果考虑年龄和不同人群的相互作用，分析年龄和不同人群对血糖值的影响

操作方法：选择“数据”功能区的“数据分析”按钮，弹出“数据分析”对话框，选择“方差分析：可重复双因素分析”选项，单击“确定”按钮后，弹出“方差分析：可重复双因素分析”对话框，在对话框中设置输入区域为“$A$1：$D$7”，每一样本的行数为 2，显著性水平 α=0.05，输出区域为“$F$1”，如图 3-125 所示确定后，分析结果如图 3-126 所示。

	A	B	C	D
1	年龄	正常组	冠心病组	脂肪肝组
2	50	4.75	6.26	5.78
3		4.75	4.36	6.68
4	51	4.77	5.24	5.44
5		4.61	4.56	5.84
6	52	4.49	4.67	5.67
7		5.02	5.18	5.24

图 3-124 空腹血糖值

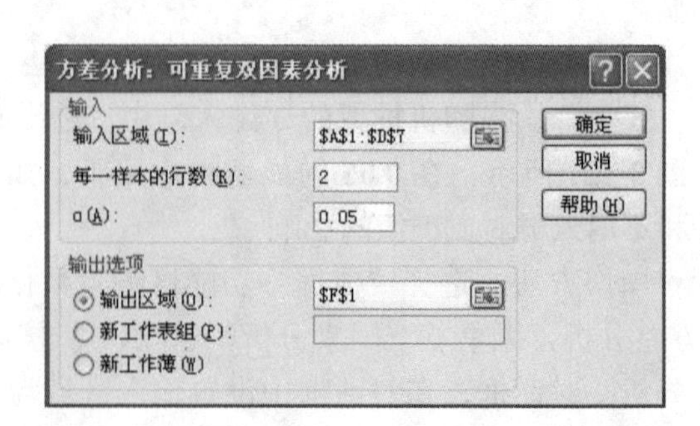

图 3-125 “方差分析：可重复双因素分析”对话框

年龄	正常组	冠心病组	脂肪肝组
50	4.75	6.26	5.78
	4.75	4.36	6.68
51	4.77	5.24	5.44
	4.61	4.56	5.84
52	4.49	4.67	5.67
	5.02	5.18	5.24

方差分析：可重复双因素分析

SUMMARY	正常组	冠心病组	脂肪肝组	总计
50				
观测数	2	2	2	6
求和	9.5	10.62	12.46	32.58
平均	4.75	5.31	6.23	5.43
方差	0	1.805	0.405	0.88872
51				
观测数	2	2	2	6
求和	9.38	9.8	11.28	30.46
平均	4.69	4.9	5.64	5.076667
方差	0.0128	0.2312	0.08	0.264027
52				
观测数	2	2	2	6
求和	9.51	9.85	10.91	30.27
平均	4.755	4.925	5.455	5.045
方差	0.14045	0.13005	0.09245	0.17923
总计				
观测数	6	6	6	
求和	28.39	30.27	34.65	
平均	4.731667	5.045	5.775	
方差	0.031697	0.47551	0.24655	

方差分析

差异源	SS	df	MS	F	P-value	F crit
样本	0.548144	2	0.274072	0.851464	0.45849	4.256495
列	3.439244	2	1.719622	5.342377	0.029547	4.256495
交互	0.323689	4	0.080922	0.251402	0.90166	3.633089
内部	2.89695	9	0.321883			
总计	7.208028	17				

图 3-126　可重复双因素方差分析结果

图 3-126 给出的计算结果中，行表示年龄，列表示不同人群，年龄的 F 统计量值 0.85 小于临界值 4.256，不同人群的 F 统计量值 5.34 大于临界值 4.256，交互作用的 F 统计量 0.25 小于临界值 3.63。因此，年龄和交互作用对血糖值的影响是不显著的，而不同人群对血糖值的影响是显著的。

2．描述统计

描述统计是通过图表或数学方法，对数据资料进行整理、分析，并对数据的分布状态、数学特征和随机变量之间的关系进行估计和描述的方法。

任务四：对冠心病组的 10 个血糖值数据进行分析，给出这些数据的均值、方差、标准差等统计量

操作方法：选择“数据”功能区的“数据分析”按钮，弹出“数据分析”对话框，选择“描述统计”选项，单击“确定”按钮后，弹出“描述统计”对话框，在“描述统计”对话框中设置输入区域为“$B$1：$B$11”，设置“标志位于第一行”，输出区域为“$E$1”，勾选“汇总统计”如图 3-127 所示，确定后，结果如图 3-128 所示。

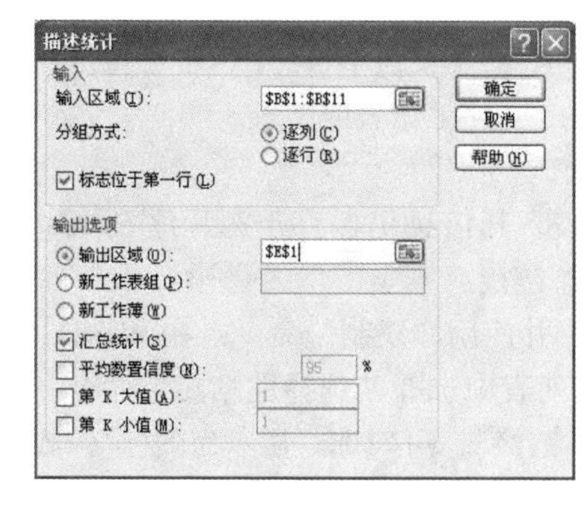

图 3-127　“描述统计”对话框

	A	B	C	D	E	F
1	正常组	冠心病组	脂肪肝组		冠心病组	
2	4.75	6.26	5.78			
3	4.75	4.36	6.68		平均	5.107
4	4.77	5.24	5.44		标准误差	0.174299
5	4.61	4.56	5.84		中位数	5.15
6	4.49	4.67	5.67		众数	#N/A
7	5.02	5.18	5.24		标准差	0.551182
8	4.57	5.12	5.42		方差	0.303801
9	4.21	5.26	5.14		峰度	1.018974
10	4.88	4.83	6.02		偏度	0.801738
11	4.62	5.59	5.74		区域	1.9
12					最小值	4.36
13					最大值	6.26
14					求和	51.07
15					观测数	10

图 3-128　“描述统计”结果

3．*t* 检验

t 检验是用 *t* 分布理论来推论差异发生的概率，从而比较两个平均数的差异是否显著。

任务五：检验 10 位冠心病患者的血糖值与 10 位正常者的血糖值，是否存在显著差异

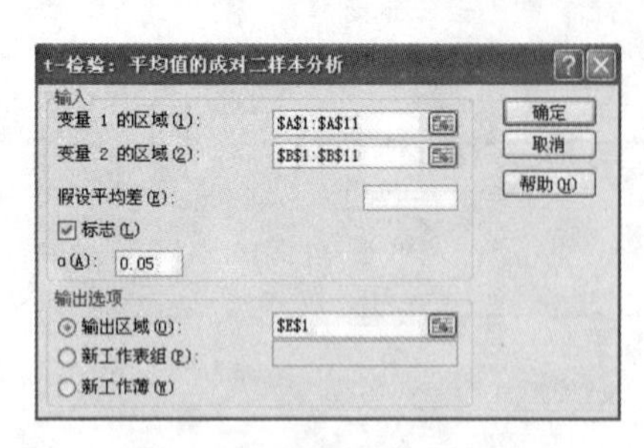

图 3-129 “*t* 检验：平均值的成对二样本分析”对话框

操作方法：选择“数据”功能区的“数据分析”按钮，弹出“数据分析”对话框，选择“*t* 检验：平均值的成对二样本分析”选项，单击“确定”按钮后，弹出“*t* 检验：平均值的成对二样本分析”对话框，在“*t* 检验：平均值的成对二样本分析”对话框中设置变量 1 的区域为“$A$1：$A$11”，变量 2 的区域为“$B$1：$B$11”，勾选“标志”，设置输出区域为“$E$1”，如图 3-129 所示，确定后，结果如图 3-130 所示。

	A	B	C	D	E	F	G
1	正常组	冠心病组	脂肪肝组		t-检验：成对双样本均值分析		
2	4.75	6.26	5.78				
3	4.75	4.36	6.68			正常组	冠心病组
4	4.77	5.24	5.44		平均	4.667	5.107
5	4.61	4.56	5.84		方差	0.049934444	0.303801
6	4.49	4.67	5.67		观测值	10	10
7	5.02	5.18	5.24		泊松相关系数	0.025989981	
8	4.57	5.12	5.42		假设平均差	0	
9	4.21	5.26	5.14		df	9	
10	4.88	4.83	6.02		t Stat	-2.36091007	
11	4.62	5.59	5.74		P(T<=t) 单尾	0.021268945	
12					t 单尾临界	1.833112933	
13					P(T<=t) 双尾	0.042537891	
14					t 双尾临界	2.262157163	

图 3-130 “*t* 检验：平均值的成对二样本分析”结果

由图 3-130 给出的计算结果可知，$P=0.04 < 0.05$，因此，可以认为冠心病患者的血糖值与正常者的血糖值有明显差异。

八、Excel 外部数据交换

Excel 提供了 3 种与其他应用程序交换数据的方法：第一，可以将 Excel 文件直接存储为其他应用程序可以接受的格式。第二，利用“复制”“剪切”和“粘贴”功能来实现数据的交换。这种方法可以将数据或对象从一个程序拷贝到剪贴板上，然后激活第二个程序，再从剪贴板上将数据粘贴过去。第三，利用支持对象链接与嵌入（OLE）技术来交换数据。

1．Excel 与 word 的数据交换

（1）将 Excel 数据导入 Word 中

可以使用剪贴板，通过复制、粘贴将 Excel 工作表或图表导入到 Word 中，也可将工作表或图表作为链接对象或嵌入对象插入，还可以新建嵌入的 Excel 工作表或图表。

下面将介绍两种方法：采用链接的方式和采用嵌入方式。

1）链接：用链接的方法使用 Excel 的工作表或图表，其信息仍保存于源程序 Excel 中，Word 中的对象随 Excel 文档的改变而改变，因此又称动态链接。

操作方法：在 Excel 中选中要复制的单元格或图表，并使用“复制”命令；在 Word 中选择“开始”功能区，单击“粘贴”按钮，在展开的下拉列表中选择“选择性粘贴”命令，如图 3-131 所示，打开“选择性粘贴”对话框，选择“粘贴链接”，可勾选“显示为图标”，如图 3-132 所示，确定后，即将 Excel 中的单元格或图表链接到 Word 中。

2）嵌入：将工作表或图表作为嵌入对象插入 Word 文档中，该方式使用的工作表或图表不会自动更新。

操作方法：在 Excel 中选中要复制的单元格或图表，并使用“复制”命令；在 Word 中选择“开始”功能区，单击“粘贴”按钮，在展开的下拉列表中选择“选择性粘贴”命令，打开“选择性粘贴”对话框，选择“粘贴”，不可勾选“显示为图标”，确定后，即将 Excel 中的单元格或图表嵌入到 Word 中。

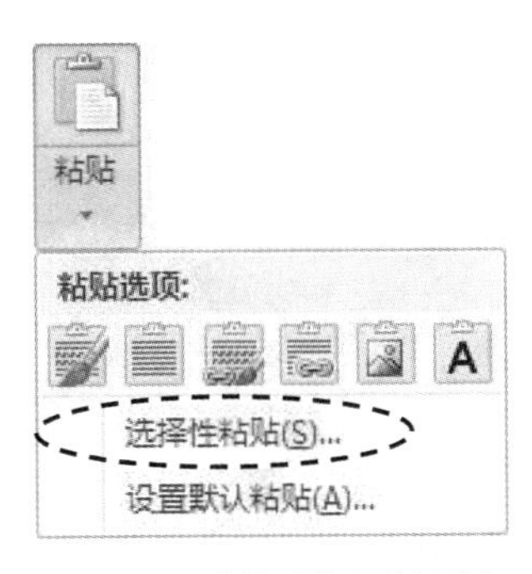

图 3-131　“粘贴”下拉列表

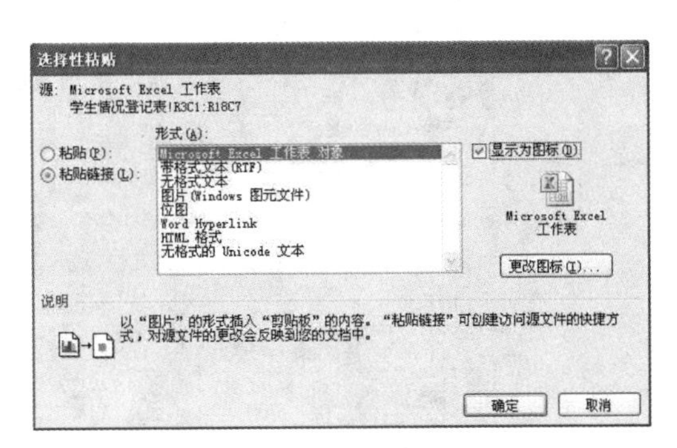

图 3-132　“选择性粘贴”对话框

（2）将 Word 数据导入 Excel 中

Word 文档中的文字、表格和图形可以方便地通过剪贴板来完成，也可通过“对象”导入 Excel 中。

操作方法：在 Excel 中选择“插入”选项卡，单击“文本”组的“对象”按钮，弹出“对象”对话框，选择“由文件创建”选项卡，添加需要导入的 Word 数据，可勾选“链接到文件”和“显示为图标”，确定后，即将 Word 数据导入 Excel 中。

2．Excel 与 Access 数据库的数据交换

（1）将 Access 数据库中的数据导入到 Excel 工作表中

在 Excel 2010 中，单击“数据”功能区的“自 Access”按钮，弹出“选取数据源”对话框，选择 Access 数据库文件，按“打开”按钮，弹出“数据链接属性”对话框，如图 3-133 所示，设置好后单击“确定”按钮，弹出“请输入 Microsoft Access 数据库引擎 OLE DB 初始化信息”对话框，设置好初始化信息后确认，弹出“导入数据”对话框，如图 3-134 所示，选择好显示方式和数据的放置位置后，按“确定”键，即可将 Access 数据库中的数据导入到 Excel 工作表中。

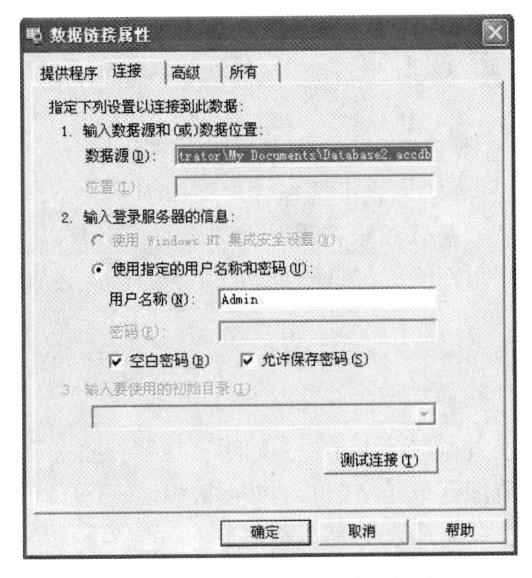

图 3-133　“数据链接属性”对话框

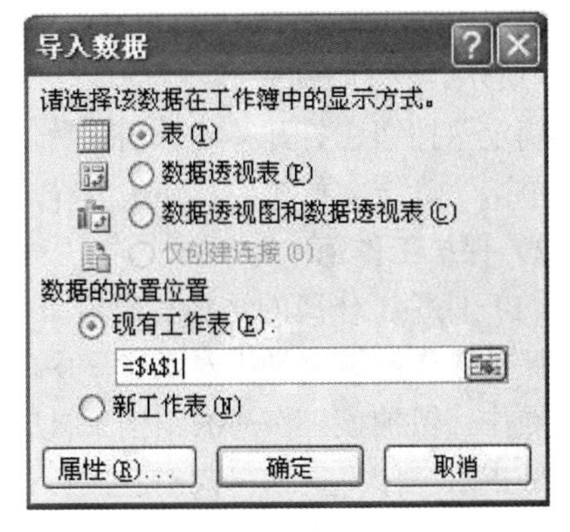

图 3-134　“导入数据”对话框

（2）将 Excel 工作表中的数据导出到 Access 数据库中

启动 Access 系统，选择“文件”选项卡中的“打开”命令，弹出“打开”对话框，选择 Excel 文件，单击“打开”按钮，弹出“链接数据表向导”对话框，如图 3-135 所示，设置好后单击“下一步”按钮，填写“链接表名称”，单击“完成”按钮，即可完成导出操作。

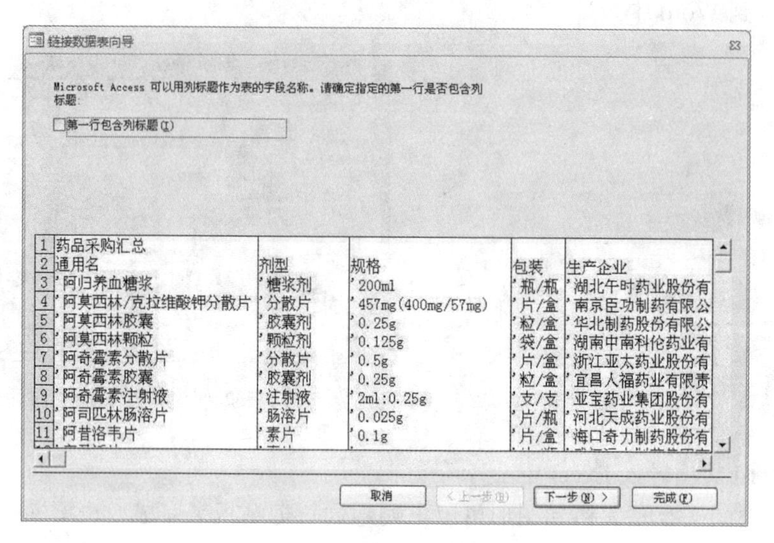

图 3-135 “链接数据表向导”对话框

九、Excel 数据安全与保护

Excel 作为一个功能强大的数据分析软件，高数据安全性虽不是它追求的目标，但并不意味着在安全性方面无所作为，它提供了对工作簿、工作表、单元格及宏等多个层面上的安全措施，可以有针对性地保护工作簿、工作表或单元格中的数据，其主要策略是用密码进行授权访问和数据隐藏，只有提供合法的用户密码才能访问受保护的工作表数据，这些密码可为字母、数字、空格和符号的任意组合，并且最长可以为 15 个字符。

1．Excel 文件的加密与共享设置

（1）打开权限的加密设置

设置文件打开权限密码，若不知密码，则不能使用此文件。

（2）共享权限的加密设置

设置文件修改权限密码，若不知密码，则不能修改此文件。若只有打开权限无共享权限，可把文件设置成只读型，以保护文件不被修改。

操作方法：打开要建立保护的 Excel 文件，选择“文件”选项卡，单击“另存为”按钮，弹出“另存为”对话框，单击“工具”按钮，在打开的列表中选择“常规选项”命令，如图 3-136 所示，在打开的“常规选项”对话框中设置“打开权限密码”和“修改权限密码”，单击“确定”按钮，打开“确认密码”对话框。在“重新输入密码”文本框中重复输入设置的密码，单击“确定”按钮后，完成安全性设置。

2．保护工作簿

（1）保护工作簿的结构和窗口

保护工作簿结构是指对工作簿中的工作表不能进行移动、复制、删除、隐藏、插入及重命名等操作，保护该工作簿的结构不被破坏，但不能保证单元格中的数据不被修改；保护工作簿窗口是指对工作簿显示窗口不能执行移动、隐藏、关闭及改变大小等操作。

操作方法：单击“审阅”功能区“更改”组的“保护工作簿”按钮，在弹出的“保护结构

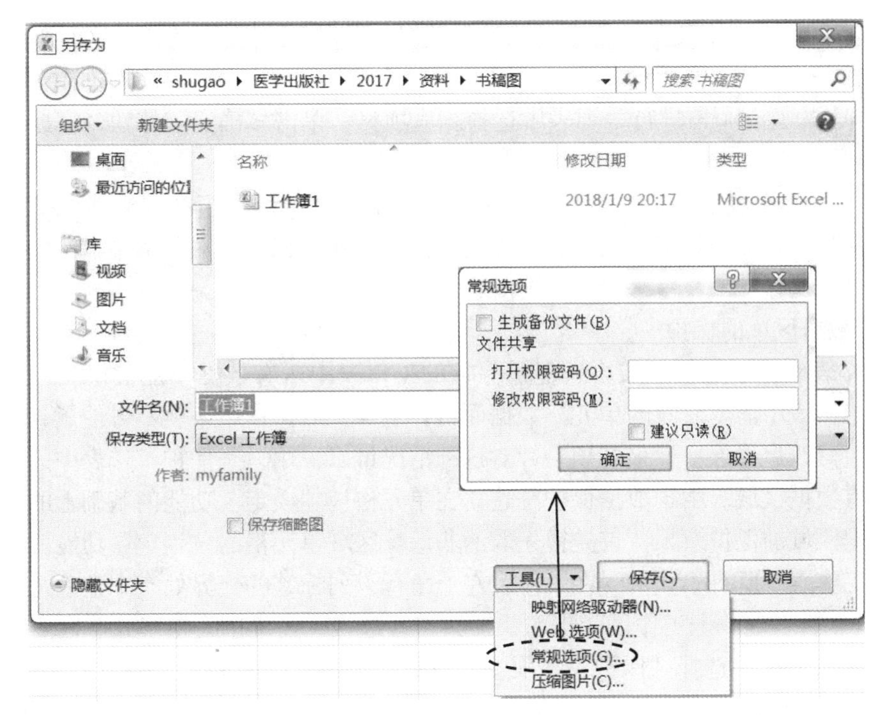

图 3-136　“另存为”对话框

和窗口”对话框中，选择“结构”或“窗口”复选框，在“密码（可选）”文本框中输入密码，如图 3-137 所示，单击“确定”按钮，启动工作簿保护功能。这个工作是很重要的，因为工作表一旦被误删除是不能被恢复的。

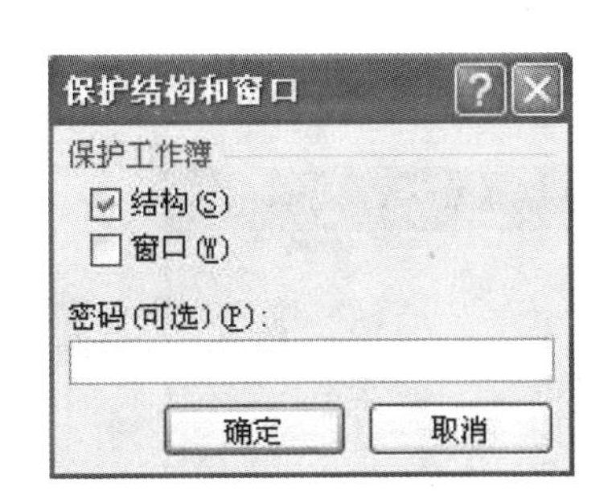

图 3-137　“保护结构和窗口”对话框

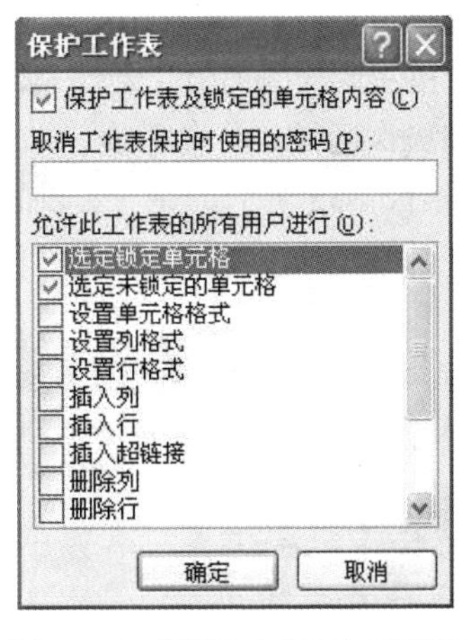

图 3-138　“保护工作表”对话框

（2）取消对工作簿的保护

操作方法：单击“审阅”功能区“更改”组的“保护工作簿”按钮，这时弹出“撤消工作簿保护”对话框，在“密码”文本框中输入密码，单击“确定”按钮，撤消工作簿保护功能。

3．保护工作表

保护工作表可防止插入和删除行（或列）以及对工作表进行格式设置，还可防止用户更改锁定（Excel 不允许修改被锁定单元格的内容）单元格的内容，同时还可防止将光标移动到锁定或未锁定的单元格上，该功能可以跟工作簿保护配合使用。

操作方法：单击“审阅”功能区“更改”组的“保护工作表”按钮，这时弹出“保护工作表”对话框，如图 3-138 所示，在“保护工作表及锁定单元格内容”文本框中输入密码，在“允许此工作表的所有用户进行”列表中选择相应项目，单击“确定”按钮，完成工作表保护设置操作。

若要取消对工作表的保护，可单击“审阅”功能区“更改”组的“撤消保护工作表”按钮，如果在保护工作表时设有密码，在弹出的“撤消工作表保护”对话框中输入密码后，即可取消保护工作表操作。

4．部分数据区域的保护

保护工作表确保了数据的安全，但被保护的工作表中所有数据不能被修改，会带来很多不便。对于工作表中需要修改的单元格数据而言，被保护后操作起来就不方便了，每次得先取消保护，然后修改后再保护，很麻烦。针对这种情况可以采用只是保护工作表中的重要数据区域而并非所有数据区域。由于数据保护是建立在单元格被“锁定”功能的基础上的，因此为了达到部分数据区域的保护效果，首先得先取消非保护区域单元格的“锁定”功能。操作方法如下：①选定工作表中所有单元格（在工作表左上角行、列标签的交界处有个整表选定按钮，单击之即可），然后右键单击工作区弹出的快捷菜单，选择“设置单元格格式”命令，在“设置单元格格式”对话框中选择“保护”选项卡，将“锁定”命令前的复选勾去掉，单击“确定”按钮。②选定需要保护的数据区域，再次设置单元格格式，打开“单元格格式设置”，选择“保护”选项卡中的“锁定”命令；③选择“审阅”选项卡，选择“更改”组中的“保护工作表”命令，在弹出的“保护工作表”对话框，设置参数和保护密码，完成设置。

5．宏的安全

在 Excel 中可以用 VBA（Visual Basic for applications）进行程序设计，设计出来的程序就称为宏。宏在很大程度上扩展了 Excel 的功能，使它能够满足更多的用户需要。通过 VBA 能够很好地处理重复工作，也能组织有序的工作流程，使计算机自动地工作。

Excel 提供了宏程序运行的 4 种不同安全级别，通过安全级别的设置，可以限制某些宏程序的执行，在一定程度上阻止宏病毒的入侵。

操作方法：选择“开发工具”功能区“代码”组的“宏安全性”按钮，弹出“信任中心”对话框，如图 3-139 所示，在“宏设置”选项中，指定宏的运行级别，单击“确定”按钮，完成设置。

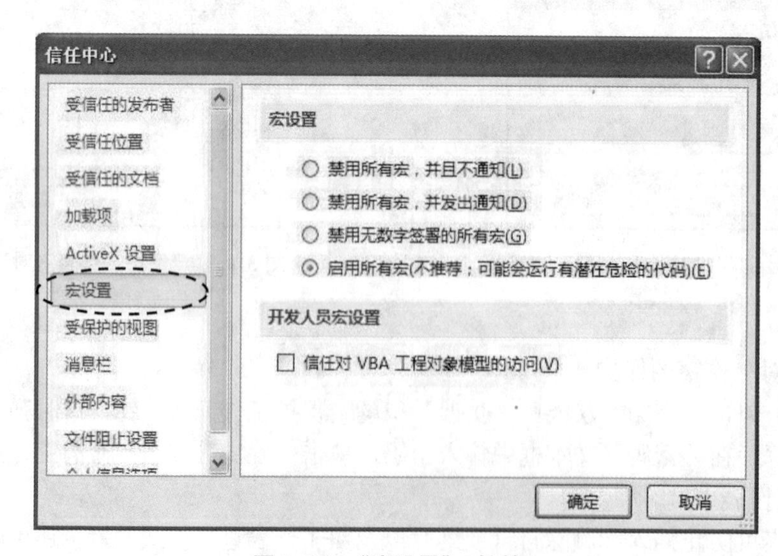

图 3-139 “宏设置”对话框

十、Excel 数据输出与打印

为了使打印出的工作表清晰、准确、美观，可以进行页面设置、页眉页脚设置、图片和打印区域设置等工作，并可以在屏幕上预览打印结果。

1．页面设置

页面设置用于控制打印工作表的外观或版面，包括页面方向、纸张大小、页边距、页眉和页脚等，功能与 Word 中的页面设置类似。而 Excel 所特有的是“页面设置”对话框中的“工作表”选项卡，如图 3-140 所示。

（1）打印区域：输入需要打印的单元格区域，不输入则默认为打印整个工作表。

（2）打印标题：设置打印时固定出现的顶端标题行和左端标题列的范围，如数据清单中的字段名。

（3）打印：设置打印时的选项，如是否打印网格线，是否打印工作表中的行号和列标等。

（4）打印顺序：当打印的页数超过一页时，设置是按先行后列、还是先列后行的顺序打印。

2．添加页眉和页脚

页眉页脚就是在文档的顶端和底端添加的附加信息，它们可以是文本、日期和时间、图片等。打开“页面设置”对话框，切换至“页眉 / 页脚”选项卡，如图 3-141 所示。在对话框中可以选择系统提供的常用页眉和页脚，也可以自定义页眉或页脚，根据需要添加自定义内容的页眉和页脚。

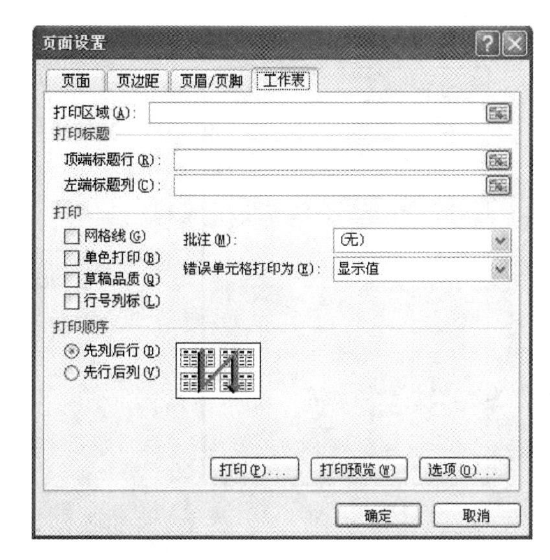

图 3-140　“工作表”选项卡

图 3-141　“页眉 / 页脚”选项卡

3．调整分页符

当工作表的内容超过一页时，Excel 会根据纸张大小、页边距等自动进行分页，用户也可根据需要对工作表进行人工分页。插入水平分页符可以改变页面上数据行的数量，插入垂直分页符可以改变页面上数据列的数量。

单击“视图”选项卡中的“分页预览”按钮，窗口切换到分页预览状态，如图 3-142 所示，蓝色线即为分页符，按住鼠标拖动行和列的分页符，即调整了打印页面范围。调整后的效果如图 3-143 所示。

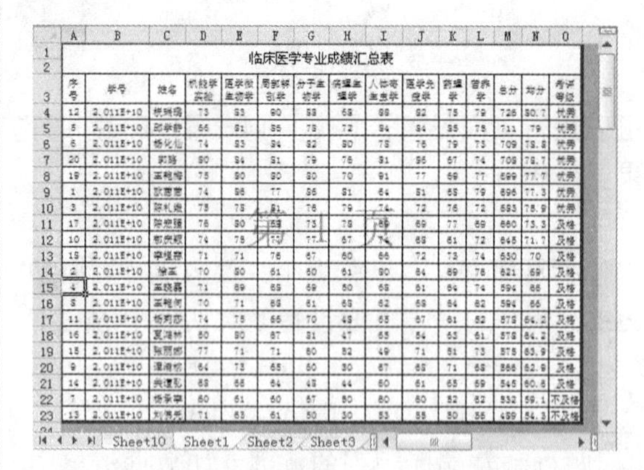

图 3-142 调整分页符前的效果

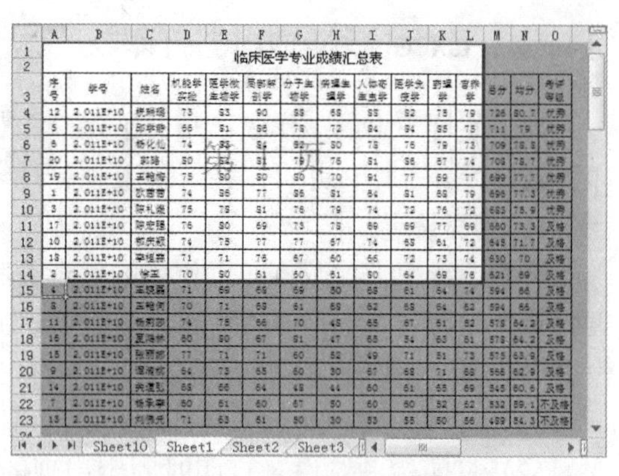

图 3-143 调整分页符后的效果

4．打印预览和打印

Excel 可以把工作簿内容打印出来，作为最终结果保存和交流。在打印输出之前，可以使用打印预览功能在屏幕上查看打印的效果，对不满意的地方做最后的调整和修改。

前面已经介绍了如何将“打印预览和打印”按钮添加到功能区，单击已添加到功能区的“打印预览和打印”按钮，打开“打印预览和打印”对话框，如图 3-144 所示。在此设置打印份数、纸型、边距、有无缩放等。设置好后单击“打印”按钮，即可执行打印任务。

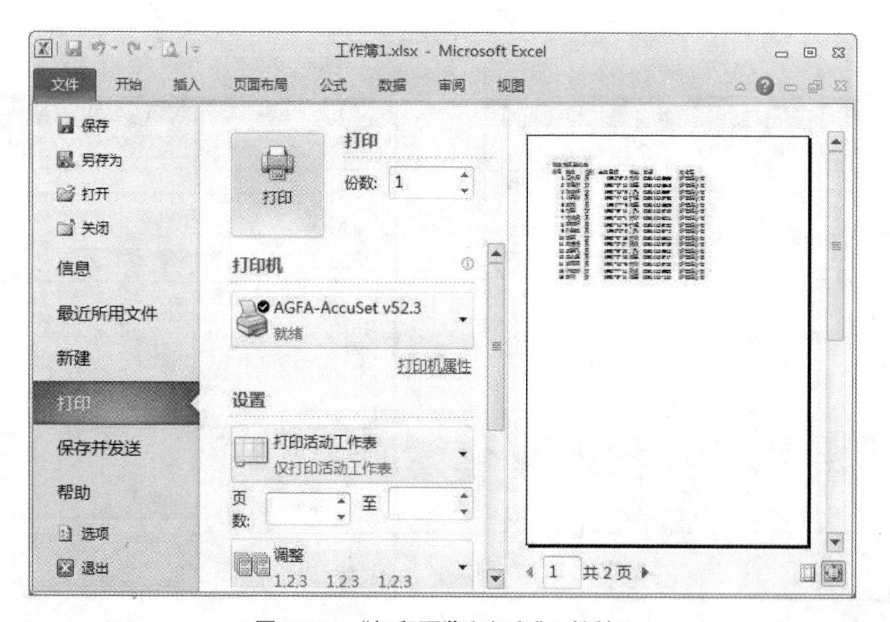

图 3-144 “打印预览和打印”对话框

第三节 幻灯片制作

利用计算机多媒体播放设备，采用大屏幕投射显示方式，由讲演者控制讲演节奏的幻灯片演示形式，已广泛地应用于学术报告、产品介绍、各种演讲或课堂教学上。那么，如何使用幻灯片演示文稿制作软件，方便地制作包含文字、图像、声音以及视频剪辑等多媒体元素的幻灯片呢？这是在这一章节要讲解的内容。制作幻灯片的软件有很多种，PowerPoint 是其中的一种演示辅助软件，也是 Microsoft Office 办公系列软件的一部分，其使用比较广泛，功能强大，我们将以 PowerPoint 2010 为例进行讲解。

一、演示文稿的制作

PowerPoint 2010 版本创建的演示文稿文件的扩展名是 pptx。在 PowerPoint 2007 之前的版本演示文稿文件的扩展名都以 ppt 的形式出现。PowerPoint 也有很多版本，随着版本的升级，处理多媒体功能更加强大，操作起来更加便捷，所制作的演示文稿也更具有感染力，演示效果更加“酷炫”。

例 3-1：在 PowerPoint 2010 中，创建“自我介绍”演示文稿。

对刚入学的新生、入职的新员工往往需要进行自我介绍，使大家更快地相互了解并熟悉起来。特别是自媒体时代，在网络上各种“晒”“亮”的方式多种多样。如何利用演示文稿制作软件，花费较少的制作时间，更好地展现自己的特点，快速提升演示文稿的制作水平呢？首要应清楚要表达什么，要传递给大家什么信息和观点，把控好整体结构设计。就“自我介绍”而言，可列出大致内容：“个人资料”“基本情况”“教育背景”“兴趣爱好”等纲目。

1．创建演示文稿

任务一：新建演示文稿第 1 页“标题幻灯片”，标题为“自我介绍”，副标题为“临床 2017 级 1 班 李四”

启动 PowerPoint 2010 后，在幻灯片窗口输入文字，如图 3-145 所示。在标题栏和副标题栏输入相应的内容。

一个演示文稿通常是由多张幻灯片组成，每一张幻灯片有相应主题的背景、醒目的标题、详细的说明文字、形象的数字和生动的图片以及生动的多媒体组件元素，从而通过幻灯片的各种切换和动画效果向观众表达观点、演示成果、传达信息。

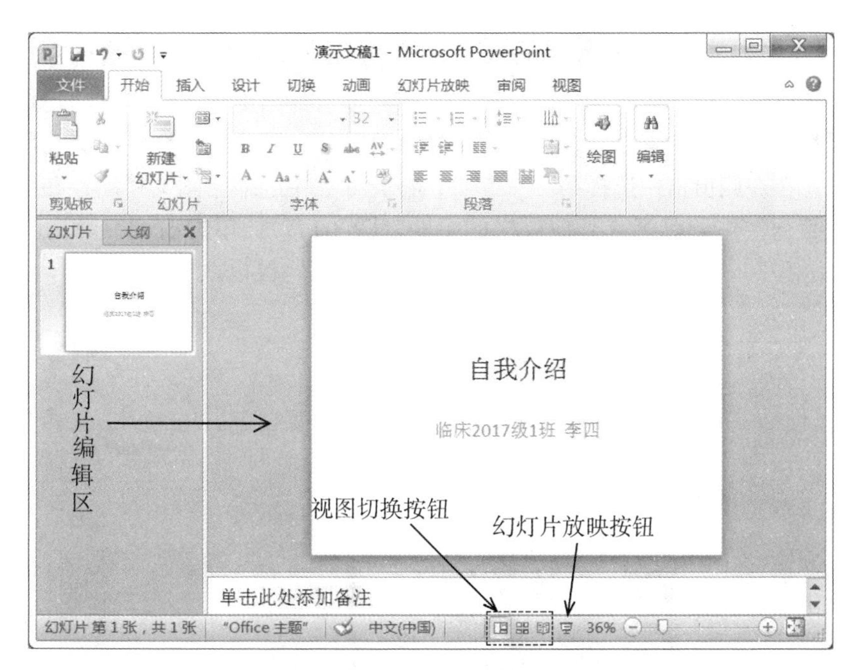

图 3-145 普通视图

2．设计幻灯片版式

任务二：插入后续 4 页，标题分别为“个人资料”“基本情况”“教育背景”“兴趣爱好”，第 4 页兴趣爱好的内容输入：“旅行”“音乐”“读书”“运动”

操作方法：在第一张幻灯片制作完成后，在“开始”功能选项卡中，单击“新建幻灯片”下箭头，选择“标题和内容”版式，插入一张新幻灯片并在相应的标题和内容占位符中输入所需文字，连续新建多张幻灯片，输入相应内容。如果要改变幻灯片版式，可单击“版式”按钮，在弹出的下拉窗口中选择适合的版式，如图 3-146 所示。

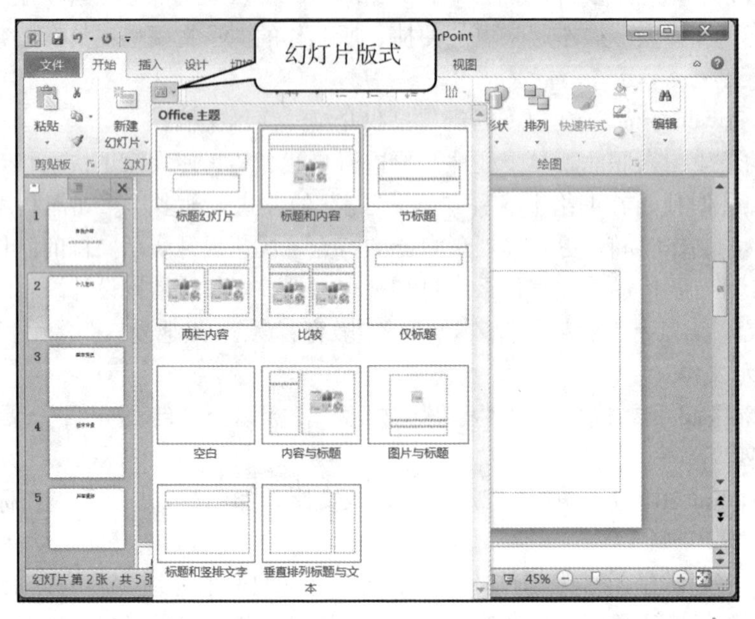

图 3-146　设计幻灯片版式

3．设计幻灯片主题风格

在“设计”选项卡中，“主题”组的每个主题都包含背景的颜色、字体以及在匹配背景下效果的集合。用户通过选择主题就可以很简便、快速地设计出更加生动丰富的幻灯片。

任务三：将演示文稿中第 2 ～ 5 页改变风格，设置其主题为“聚合”或其他风格的主题

操作方法：在左侧窗格中选择第 2 ～ 5 页，将光标在主题缩略图上移动，在演示文稿中实时预览找到“聚合”主题名字或其他风格的主题（图 3-147），单击右键在弹出的菜单中选择“应用于选定幻灯片”，即可为选中的幻灯片应用选中的主题模板。

图 3-147　设计幻灯片主题

为了更好地突出个性化，除了使用幻灯片给定的主题版式，还可以根据自己的爱好来设计修饰幻灯片，如在第一张幻灯片插入一幅图，调整好图片位置和大小，如图3-148所示，在此基础上利用“图片效果”进行进一步设计。如选中图片，在图片工具“格式”选项卡中，选择一种三维图片效果，如图3-149所示。

图3-148　幻灯片中插入图片

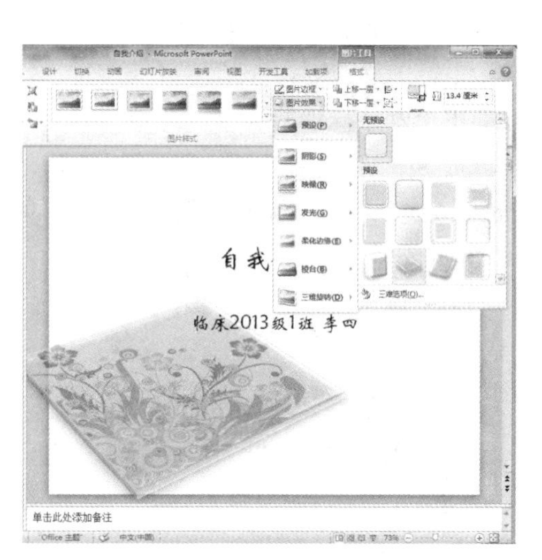

图3-149　图片效果

4．演示文稿的编辑

在“普通视图”下，可以对幻灯片上的内容进行编辑操作，这些操作与Word文档的插入、删除、复制、移动编辑功能基本相同，此处就不做介绍了。针对幻灯片的插入、删除、复制、移动等编辑操作，可以在“普通视图”和“幻灯片浏览视图”进行下操作。

（1）选择幻灯片：在进行删除、复制、移动幻灯片操作之前，首先要选择幻灯片。在普通视图左边区域的幻灯片选项卡中或者幻灯片浏览视图中，用鼠标单击要选择的幻灯片，被选中的幻灯片周围有一个高亮颜色的方框。如果要选择多张幻灯片，则按住Ctrl键，再单击要选择的幻灯片，如果全选可按Ctrl+A组合键。

（2）删除幻灯片：选中要删除的幻灯片，再按Del键，可实现对幻灯片的删除。也可以选中要删除的幻灯片，按鼠标右键，在弹出的菜单中选择“删除幻灯片”。

（3）复制幻灯片：选中要复制的幻灯片，然后按下Ctrl键，用鼠标将要复制的幻灯片拖到新的位置，即实现对幻灯片的复制。也可以右键单击选中的幻灯片，在弹出菜单中选择“复制”选项，在新位置单击鼠标，让光标在新位置闪烁，然后右键单击该位置，在弹出菜单中选择“粘贴”选项。

（4）移动幻灯片：在幻灯片浏览视图方式下，可以看到每一张幻灯片右下方有一个编号，在播放时将按此编号顺序放映，如果要改变播放顺序，先选中要移动的幻灯片，按住鼠标将其拖到新的位置，幻灯片右下方的编号将重新排列。

5．演示文稿的保存

当演示文稿编辑好后，单击“文件”选项卡中“保存”选项或“另存为”选项，在弹出“另存为”对话框中，演示文稿将以扩展名为pptx的PowerPoint文件保存在用户选定的路径下，也可以在保存类型中选择保存为PowerPoint 97-2003演示文稿，扩展名为ppt。

PowerPoint 2010以上版本，还可以将幻灯片保存为wmv视频格式，操作步骤类为：选择“文件”→“另存为”命令，在弹出另存为窗口中选择存盘路径，在“文件名”框中输入文件名，在保存类型下拉选项中选择wmv格式，按“确定”即可。

6．幻灯片的放映

播放幻灯片可以选择“幻灯片放映”选项卡，单击“开始放映幻灯片”组中的选项来放映幻灯片，注意可选择“从头开始”或是“从当前幻灯片”开始放映。可使用快捷键放映更便捷：按 F5 键，从头开始放映幻灯片；按 Shift+F5 组合键，从当前幻灯片开始放映幻灯片。

放映时单击鼠标切换到下一张幻灯片，还可以使用以下几种方式：①按空格键或回车键；②按 PageDown 键；③单击鼠标右键，在弹出的快捷菜单中选“下一张”；④按方向键↓或→；⑤向下滚动鼠标滑轮。

放映时要切换到上一张幻灯片，可以使用以下几种方式：①按 BackSpace 键；②按 PageUp 键；③单击鼠标右键，在弹出的快捷菜单中选“上一张”；④按方向键↑或←；⑤向上滚动鼠标滑轮。

二、多媒体效果

有了对幻灯片整体逻辑结构设计，就相当于有了骨骼。如何在骨骼框架下使其丰满起来，也就是利用“文字”“图片”“视频”和“动画”等素材让幻灯片有血有肉丰满起来，增强形象化表达效果。

1．文字素材

如何形象化地进行表达，简单来说，也就是找素材，向骨骼上填充血肉。作为幻灯片演示文稿的素材通常有以下几类：文字、图片、视频和动画。使用文字素材时，应注意两点：第一是关于文字的字体，也就是如何选择适当的字体呈现在幻灯片中。一般常用常规字体有宋体、楷体、黑体等，而艺术字和书法字则适用于一些特别的主题中。如图 3-150 所示，在左上图片中采用的一个比较规矩，方方正正的黑体字体，如果希望有所改进的话，可以利用文字大小搭配、图文搭配以达到不同的效果。图 3-150 左下方漫画类型的图片，文字表述采用的是比较生硬的宋体，看起来有些不协调，但尝试换一种字体，如图 3-150 右下图，这样搭配起来就更适合一些。所以，怎么样选择合适的字体，以得到比较理想的呈现方式，应从 4 个方面考虑：与版面相适应、与图片相适应、与文本相适应、与观众相适应。

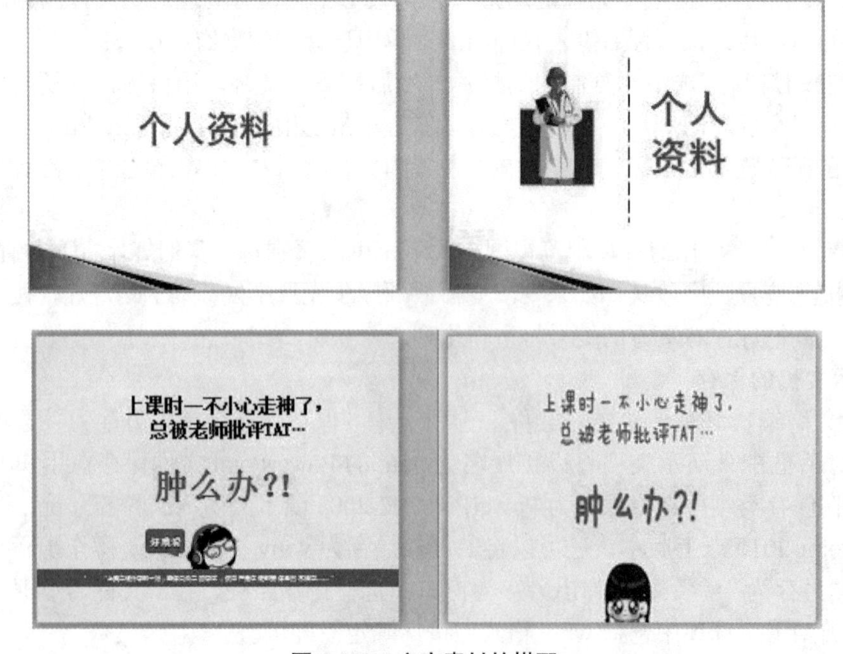

图 3-150　文字素材的搭配

此外，使用文字素材时还需要注意的是文字的排版。比如，不同大小、不同颜色的字体搭配，不同位置的字体排版。切忌文字太多，大量文字会让观众抓不住重点，消磨大家的兴趣和耐心。所以言简意赅，重点突出，才是文字素材比较好的呈现形式。有时候一个字甚至胜过千言万语。如果觉得文字还不够表达自己强烈的情感，配合标点符号、配色也是不错的选择。另外，不需要把所有要阐述的文字都写在幻灯片上，可以留给观众一些想象空间。一定要明确，幻灯片演示文稿是一个辅助演示工具，更多的内容需要人来讲解，而不是让观众自己去读这些文字。

2．图片素材

有人说，一张图片相当于一千个字的效果。一张恰当的图片，所包含的、所传达的内容，远要比文字更丰富，并且具有更加强烈的视觉效果。使用图片素材时应注意：首先，图片清晰度很重要，高清图片应该是首要选择，这是选择图片的第一个原则。当图片清晰时，再加上有设计感的文字，画面感会更强烈。这比强制拉大一张低像素的照片，效果要更好。图 3-151 所示的从网络上撷取的几张视觉效果很好的幻灯片示例。在第 1 张幻灯片中，句子的问号，不是以文字形式出现，而是选取了一张问号图片来代替，这样比文字发问更有震撼力。此外，图文搭配的位置也很重要。比如第 2、3 张幻灯片，是展示名人名言的幻灯片，人物图片如何呈现显得很重要。在第 3 张幻灯片中，尝试将第 2 张幻灯片中的人物图像放大，对文字字体和颜色进行改变，加以点缀。这些变化所起的效果是不是大不相同了？

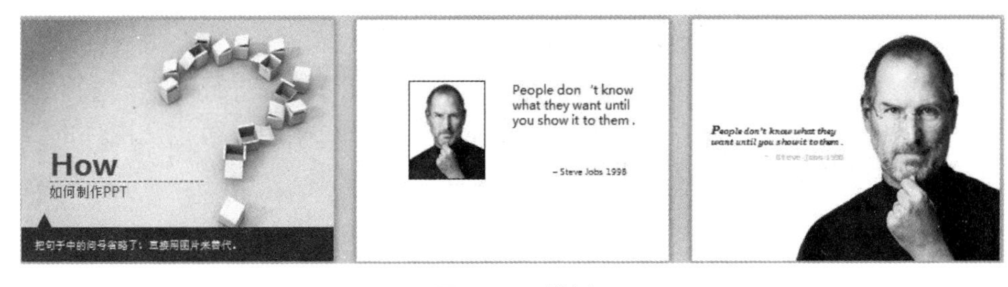

图 3-151　样例

另外，对图片的处理也非常重要。除了使用专门的图像处理工具对图片进行加工处理，PowerPoint 本身也提供了强大的图像处理功能。在“插入”图片等多媒体对象后，在选项卡中会出现“图片工具”选项卡组，其中“格式”选项卡中的选项具有非常强大的图片处理功能。

（1）多种呈现方式

图片样式工具栏可以对插入的图片的整体样式进行修改。在图 3-152“格式”选项卡中，单击“图片样式”组中的任意一个图片样式预览图，即可改变图片样式；也可以单击“图片样式”组右边选项，分别对图片边框、图片效果、图片版式进行修改。如果想更细致地对图片样式进行修改，可以单击“图片样式”组右下角的扩展按钮，在弹出窗口中进行相应的设置即可。

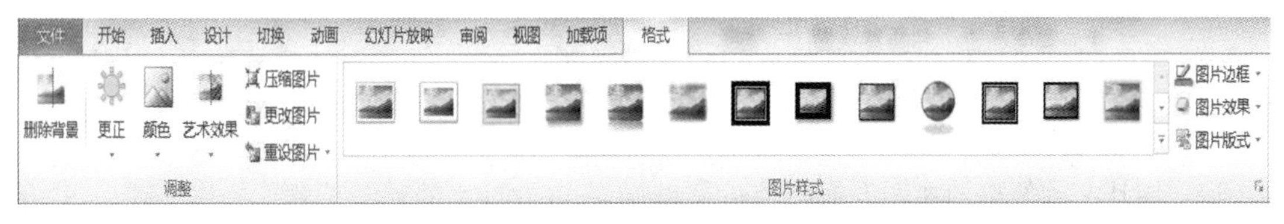

图 3-152　格式选项卡

（2）简便的“抠图”方法

在对复杂图片进行处理时，很多情况下需要对图片进行删除背景的操作，也就是俗称的“抠图”。PowerPoint 2010 中具有删除图片背景的功能。例如：要删除图 3-153 中第一幅图的背景，则选中该图片，然后单击如图 3-152 所示的“格式”选项卡“调整”组中的“删除背景”选项，这时被选中的图片上就会用红色标记删除背景的区域，如图 3-153 中间图所示。如果需要修改删除的区域，则在“背景消除”选项卡中，如图 3-154 所示，选择“标记要保留的区域”或者“标记要删除的区域”。如果认为红色区域完全覆盖了所有要去除背景的区域，则单击“背景消除”选项卡中“保留更改”，即可将背景删除，最终效果如图 3-153 中第三幅图所示。

图 3-153　删除背景三部曲

（3）完美的着色方案和艺术效果

在图 3-152“格式”选项卡中的“调整”组可以对图片整体效果进行修改。选择一幅图片，单击“调整”组中的“颜色”选项，弹出如图 3-155 所示下拉菜单，可以从图片的颜色饱和度、色调、重新着色等方面对图片整体色调进行调整。

图 3-154　“背景消除”选项卡

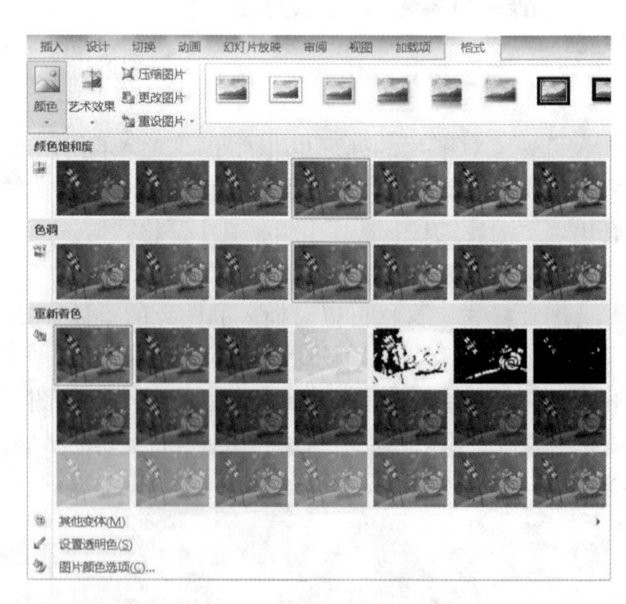

图 3-155　调整图片颜色选项

设置图片艺术效果的功能类似于 Adobe Photoshop 软件中的滤镜功能。操作步骤为：在图 3-152“格式”选项卡中，单击“调整”组中的“艺术效果”选项，弹出下拉菜单，与调整颜色选项类似，下拉菜单显示不同艺术效果图片的预览图，单击需要的艺术效果即可。

（4）快速更换图片

在对图片处理完成之后觉得图片不合适，怎么办？只需一步就能完成：先选择需要更改的图片，在图 3-152“格式”选项卡中单击“调整”组中的“更改图片”选项，在弹出窗口中选择需要替换的图片文件即可。原来编辑的效果依然存在，替换的图片在幻灯片中的位置及大小自动被全套照搬过来。

（5）在幻灯片中插入图形“形状”

在幻灯片中也可以插入形状，这些形状是固定的，但可以编辑形状和顶点，设计出新的样式。比如要制作一个不规则形状放在幻灯片中，“插入”→“形状”→选择“矩形”，出现图片编辑的工具栏，其中在编辑形状中有编辑顶点，通过对各个顶点的拖动，会形成最后想要达到的效果。

任务四：在幻灯片第 3 页的人物图片下方制作一个淡蓝色的“矩形”，通过对各顶点的拖动，最后形成要想达到的效果。如图 3-156 所示

操作方法：①单击“插入”选项卡中的“形状”选项，在弹出“形状”菜单项中选择“矩形”形状，鼠标指针变成十字形，然后在幻灯片上拖拽鼠标，即可建立一个新的“矩形”图形，位置如图 3-156 中部位置所示；②选中“矩形”图形对象，选项卡中就会显示“格式”选项卡，在“编辑形状”按钮右侧的下拉菜单中，选择“编辑顶点”选项，这时“矩形”形状的每个顶点都变成黑色小方块；③单击需要改变的顶点，则显示出顶点的方向手柄，如图 3-156 所示。拖拽方向手柄，形状开始变形，拖拽的方向不同，产生不同的效果，如图 3-156 右侧图显示所示，直到达到自己满意的效果。

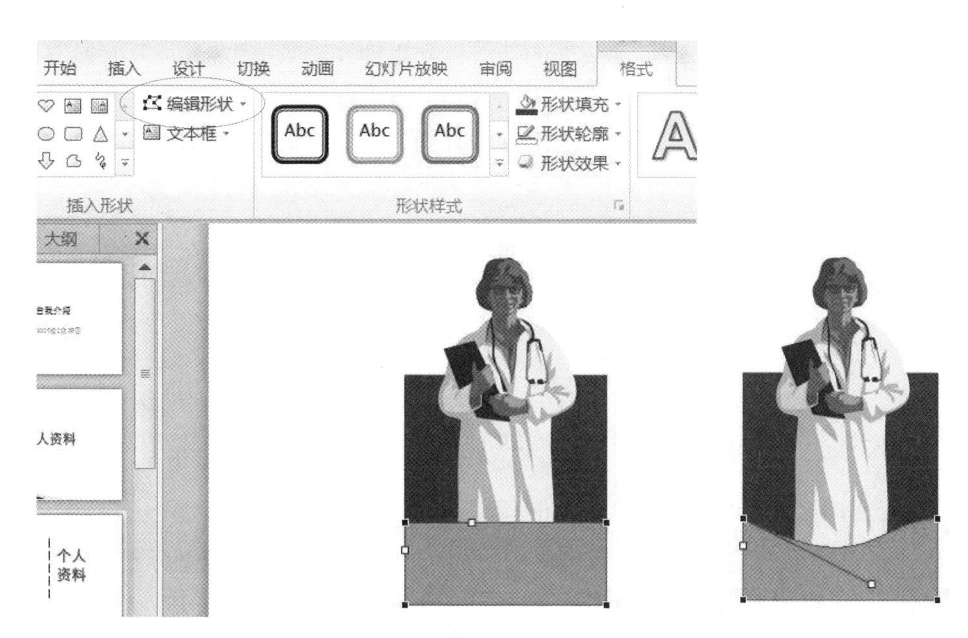

图 3-156　“编辑顶点”选项

（6）在幻灯片中插入 SmartArt 图形

SmartArt 图形类似于组织结构图，是一种更好地展现内容内在逻辑的方式，为用户提供更多方便快捷的排版选择。

操作方法：①选中第 5 张幻灯片“兴趣爱好”中的内容列表；②单击右键，在弹出的快捷菜单中选择“转换为 SmartArt”，弹出如图 3-157 所示菜单；③选择一种 SmartArt 图形，即可将文本快速转换为 SmartArt 图形；如果需要对 SmartArt 图形进行更细致的修改，则选中新建的 SmartArt 图形，在选项卡中会出现“SmartArt 工具”选项组，对其中“设计”和“格式”

选项卡进行相应设置即可。

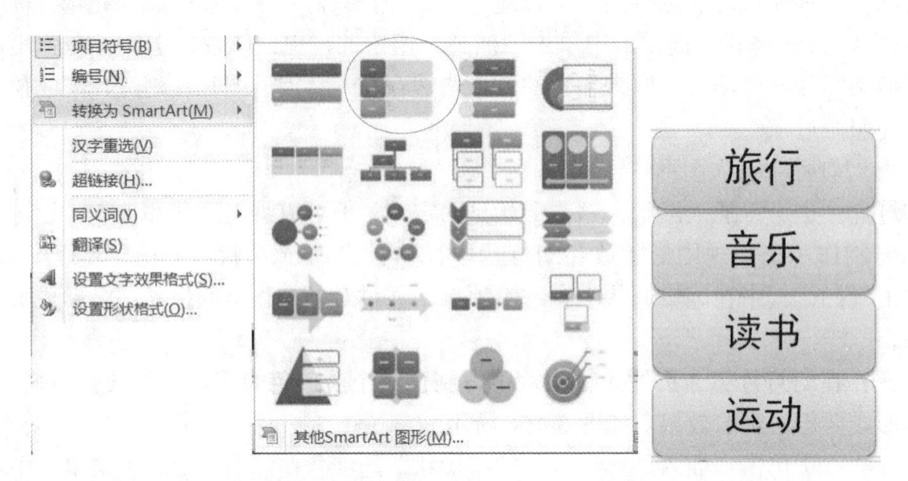

图 3-157　转换为 SmartArt 菜单及效果

3．自定义动画

PowerPoint 提供了多种动画效果，不仅可以为幻灯片设置切换效果，还可以为幻灯片中的对象设置动画效果。

（1）设置幻灯片切换效果　幻灯片的切换效果是指在幻灯片的放映过程中，放映完一页后，当前页以什么方式消失，下一页以什么方式出现，利用“切换”功能达到页与页之间的“转场”效果。这样做可以增加幻灯片放映的活泼性和生动性。系统中提供了多种幻灯片的切换效果。

在幻灯片浏览视图中，选中要添加切换效果的幻灯片，选择“切换”选项卡，在“切换到此幻灯片”组的样式列表中选择使用，如图 3-158 所示。

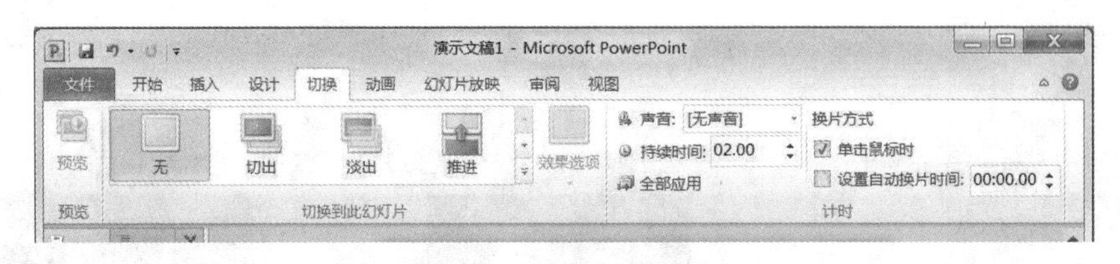

图 3-158　幻灯片切换设置

（2）自定义动画　一张幻灯片通常由几个元素组成，如文本框、艺术字、图片等。在播放时即可以让幻灯片中的文本和图形等对象全部同时出现，也可以逐个显示它们。自定义动画，能使幻灯片上的文本、图像等对象分别以不同的形式进入和退出幻灯片，这样可以突出重点，提高演示文稿的趣味性。

任务五：将演示文稿中的第 5 页下方自定义一动画：在幻灯片播放时一辆小卡通车从页面的右侧进入，沿着直线向左行，然后按页面背景图的斜度顺势向左前方行进

操作方法：①准备素材：选择“插入”→“剪贴画”，在打开的剪贴画窗格中选择一幅“车”的画图，再将“车”画图复制一份，调整其倾斜角度，如图 3-159 所示；②在“动画”选项卡“高级动画”组中（图 3-160），单击“动画窗格”按钮，在窗口右侧显示“动画窗格”；③选中幻灯片编辑区第 1 个添加的“车”画图，在“动画”组中选择动作路径“直线”，并单击“效果选项”下拉菜单，选择“靠左”，给第 1 个添加的“车”画图添加了向左移动的动作路径；④调整直线的长度到第 2 个“车”画图的合适位置；⑤选中第 2 个“车”画图，在“动画”组中选择进入方式“出现”，计时开始为“上一动画之后”；⑥用同第 1 个图的添加动画一样的方法，为第 2 个“车”画图设计其移动线路，移动方向为向左上方，计时开始为“上一动画之后”，如图 3-161 所示。

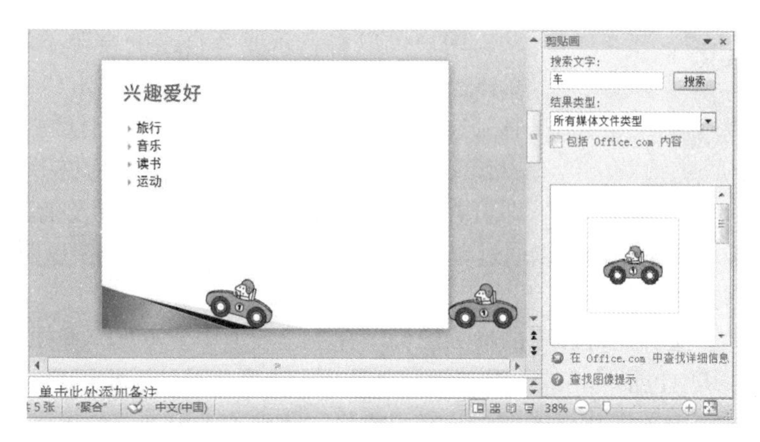

图 3-159　添加“车”素材

在图 3-161 所示的动画窗格中单击“播放”按钮可观察其效果，并对动画效果进行调试。可以看到第一个直线动作之后，衔接第二个动画，“车”继续向斜上方行进。反复调整使动画连贯起来。注意，这时画面中是否还有一辆“车”停在斜坡下？所以必须设置第 1 个“车”完成动作后，要“消失”，接替出现的是第 2 个“车”出现并继续行走，最终才呈现一辆小卡通车先水平行进然后爬坡的动画效果。继续设置调整动画参数：单击动画窗格定义的动画列表第一行下拉箭头（图 3-161 虚线标识的位置），在弹出的对话框选择动画播放后：“播放动画后隐藏”，如图 3-162 所示。单击“播放”按钮可观察其效果。

图 3-160　“动画”选项卡

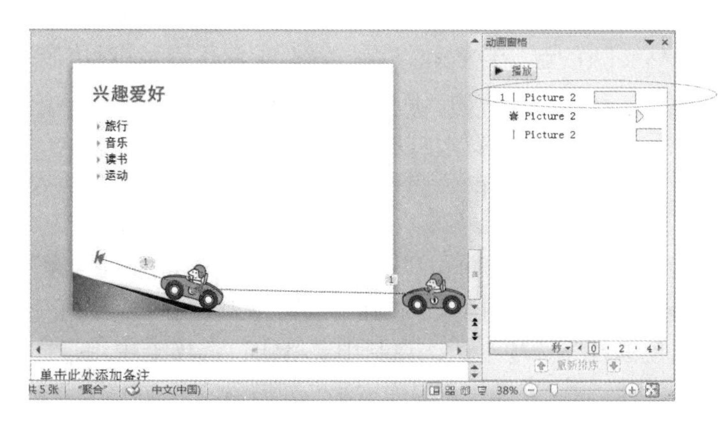

图 3-161　添加动画效果

图 3-162　设置动画播放效果

设计自定义动画，让画面动起来效果会更好。通过完成这个任务是否能体会到“创意”和“设计”很重要？

4．添加声音

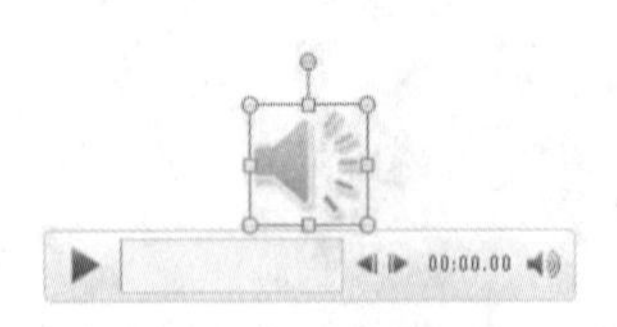

图 3-163 音频图标

在幻灯片中插入声音对象可以使演示文稿更加丰富生动。用户可以将音乐或者自己的声音添加到演示文稿中。具体操作：选择“插入”选项卡，单击“媒体”组中的“音频”选项，此时弹出“插入音频”对话框，选择磁盘中的声音文件所在的位置，然后单击对话框中的“插入”按钮，即可在幻灯片中插入一个喇叭图标及播放条，如图 3-163 所示。在幻灯片放映视图中，可以通过单击播放条上“播放 / 停止”按钮以及音量按钮等对播放的声音进行实时控制。

在普通视图中，选择幻灯片中的喇叭图标，在主选项卡中会出现“音频工具”选项卡组，如图 3-164 所示，其中包括“格式”及“播放”选项卡。在“格式”中可以设置小喇叭图标的样式，该设置方式与设置图片格式类似；在“播放”选项卡，单击“音频选项”组的“开始”下拉列表，从“自动”“单击时”“跨幻灯片”中的选择一个即可。如果想在幻灯片放映视图中隐藏声音图标，则勾选“放映时隐藏”选项；选择“循环播放，直到停止”选项可以实现在幻灯片放映视图中音乐贯串演示文稿的始终，“播完返回开头”选项则表示在放映过程中该音频只播放一次。

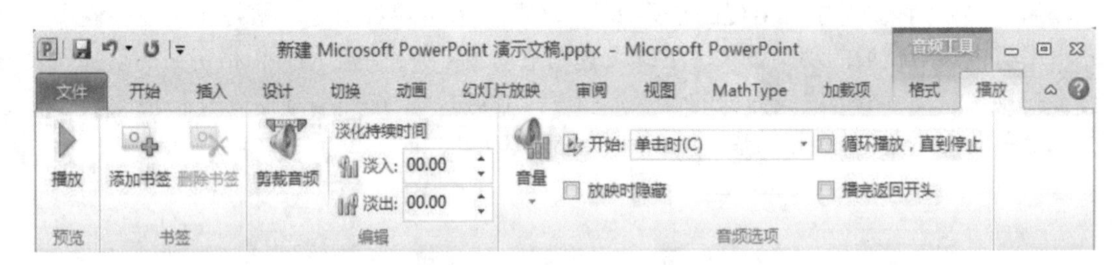

图 3-164 音频“播放”选项卡

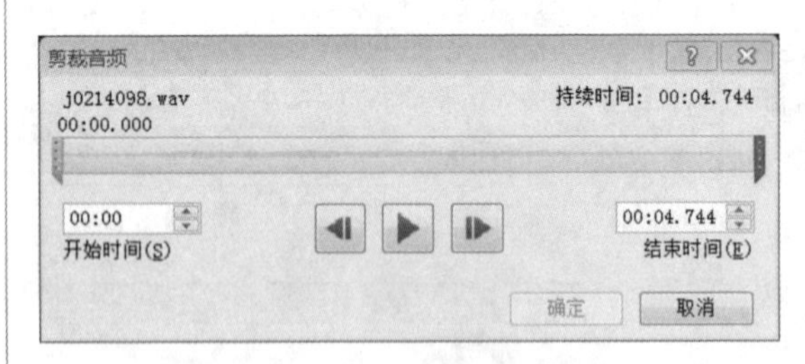

图 3-165 剪裁音频对话框

对插入的声音对象，PowerPoint 2010 还提供了简单的剪辑功能。在“音频工具”选项卡组中的“播放”选项卡，单击“剪裁音频”按钮，弹出如图 3-165 所示对话框。在对话框中可以通过拖动左右滑块，对声音文件设置播放的起始位置和终点位置，或者开始时间和结束时间，对插入的音频进行剪裁操作。

5．在幻灯片中添加视频

可以在幻灯片中插入扩展名为 avi、mov、mpg、mpeg、wmv 等格式的视频，也可以插入扩展名为 swf 的 Flash 文件。

操作方法：①选择“插入”选项卡中“媒体”组，单击“视频”选项，弹出“插入视频”对话框，选择磁盘中视频文件所在的位置，然后单击“插入”按钮，即可将视频插入到幻灯片中；②选择插入的视频文件，出现“视频工具”选项卡组，在其中“格式”选项卡中用户同样可以对插入的视频文件进行剪辑、设置视频样式等操作，操作方法与对音频文件的操作十分类似。也可以选择是否需要在幻灯片放映时自动播放还是鼠标点击播放；③对于插入的视频对象，可以为其创建一个标牌框架，即设置播放该视频之前显示的画面，为视频穿上个性化外衣；④选中已插入的视频，在“视频工具”选项卡组“格式”选项卡中单击“调整”组中的“标牌框架”选项如图 3-166 所示，在下拉菜单中选择“文件中的图像”，弹出窗口中选择需要设置的图像所在的位置，即可将该图像文件设置成视频的预览图像。

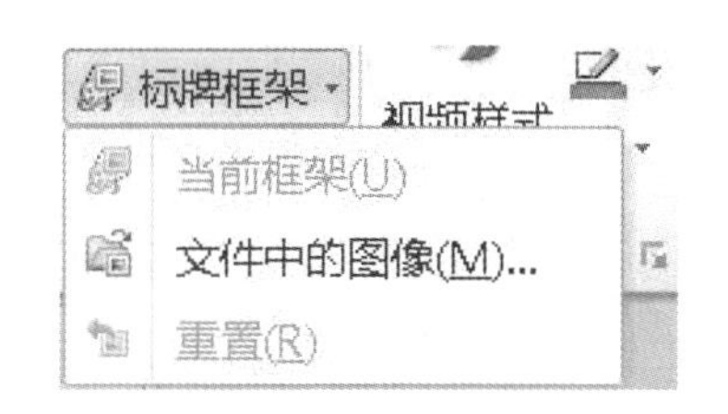

图 3-166　标牌框架

如果说一张图片相当于一千个文字，那么一段视频，应该可以等同于上万个文字。但是在幻灯片中，不建议用太多的视频，除非插入的视频对要阐述的观点很有帮助，并且和演讲人讲述的内容不重复。所以视频的时间要把握好，适量可以让演讲生动，过量就会抢走观众对演讲人的关注。有一种方法值得考虑，演讲人的讲述可以当做视频的旁白，站在屏幕前，借助视频的画面和背景音乐来讲述内容，才不会让幻灯片夺走演讲人的主角光环。在幻灯片中插入视频，比较保险的格式是 avi，也可以只插入视频链接，这样可以保证幻灯片文件不会太大。转换视频格式的工具有很多，可以利用这些软件把需要的视频转换成幻灯片兼容的格式。

三、其他功能

PowerPoint 不仅为幻灯片提供了多种媒体的动画效果，还提供自定义背景、自定义母版、设置页眉页脚、制作超级链接等功能。

1．超链接的使用

超链接的起点可以是任何文本、图片等对象，被设置成超链接起点的文本会添加下划线，在幻灯片放映视图中，鼠标移动到设置了超链接的文本或图像处，变成小手形状，此时单击鼠标，可以激活超链接，跳转到链接内容处。超链接的内容可以是文本、图像、声音、影片片段等。创建超链接的方法有两种：使用“超链接”选项或者插入“动作按钮”对象。

（1）使用“超链接”选项　如果跳转位置是同一演示文稿的某张幻灯片，操作步骤如下：①在幻灯片普通视图中选择代表超链接起点的文本对象；②在“插入”选项卡中，选择“链接”组中的“超链接”选项，弹出“插入超链接”对话框；③对话框左边的“链接到”框中，单击“本文档中的位置”，在“请选择文档中的位置”框中选择所要链接的幻灯片，此时可以在右边“幻灯片浏览”框中看到该幻灯片的内容，选择“确定”后，链接成功。

在幻灯片放映视图中，鼠标指向超链接的起点，鼠标指针变为小手形状，单击鼠标，将跳转到之前选中的幻灯片。

如果跳转的位置为其他演示文稿或 Word 文档、Excel 电子表格等，在第③步“链接到”框中，单击“现有文件或网页”，选择相应文件所在的位置即可实现链接。

（2）插入“动作按钮”对象　在“插入”选项卡中，选择“插图”组中的“形状”选项，在下拉菜单中选择“动作按钮”，将其添加到幻灯片中，同时弹出“动作设置”对话框，如图 3-167 所示，在“超链接到”选项中选择链接的对象，如“下一张幻灯片”等，实现超链接功能。

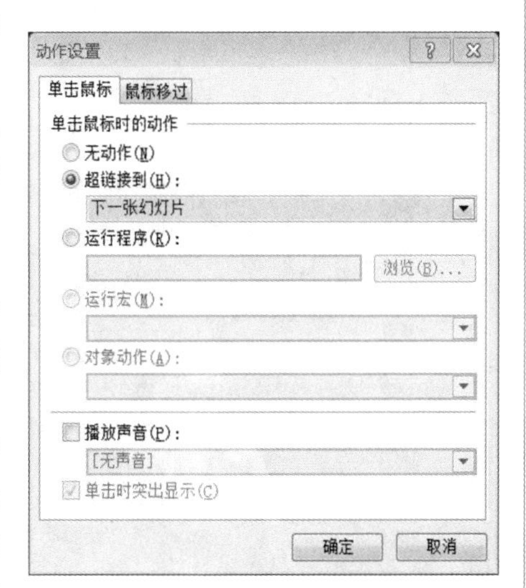

图 3-167　动作设置

2．页眉和页脚

幻灯片母版中，还可以添加页眉和页脚。页眉是指幻灯片文本内容上方的信息，页脚是

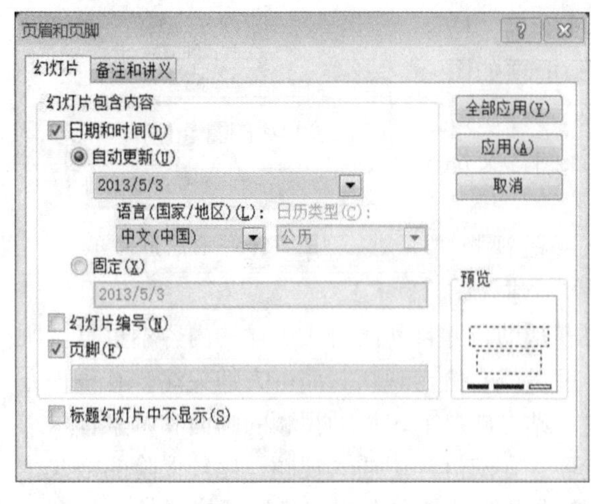

图 3-168　页眉页脚

指在幻灯片文本内容下方的信息。可以利用页眉和页脚来为每张幻灯片添加日期、时间、编号和页码等。添加页眉和页脚的具体操作方法如下：

（1）选择“插入”选项卡，单击“文本”组中“页眉和页脚”选项，弹出如图 3-168 所示的“页眉和页脚”对话框，在对话框中选择幻灯片选项卡。

（2）在该对话框中勾选“日期和时间”复选框，如果想让所加的日期与幻灯片放映时的日期一致，就选中“自动更新”单选按钮；如果只想显示演示文稿完成的日期，就选中“固定”，并输入想要显示的日期。如果想在演示文稿的页眉处添加编号，则在“页眉页脚”选项卡中勾选“幻灯片编号”选项，可以自动对演示文稿进行编号，当删除或增加幻灯片页数时，编号会自动更新。如果第 1 页不要编号，则勾选对话框下部的“标题幻灯片中不显示”选项即可。

（3）页脚中还可以添加文本信息，当选中“页脚”选项时，可在下面文本框中输入文字内容，例如输入“计算机教研室”，那么在每一张幻灯片的页脚都将出现此文字。

（4）单击“全部应用”关闭页眉和页脚对话框。

（5）如果要更改页眉和页脚的位置、大小或格式，可以在幻灯片母版中对页眉和页脚的格式进行设置。具体操作为：打开“幻灯片母版”，单击要改变页眉和页脚的占位符，使其成为选中状态，当鼠标指向它，指针变成十字箭头时，可拖动其位置到幻灯片任意地方，选中其中的文字后可改变其字体、字号、颜色等。

3．插入“节”的功能

PowerPoint2010 中增加了“节”的功能，可以按照用户的需要将整个演示文稿分节。如图 3-169 所示，在“开始”选项卡的“幻灯片”组中选择“节”选项，在弹出菜单中选择“新增节”即可。在幻灯片浏览视图中，可以看到当前演示文稿的分节信息，便于管理。

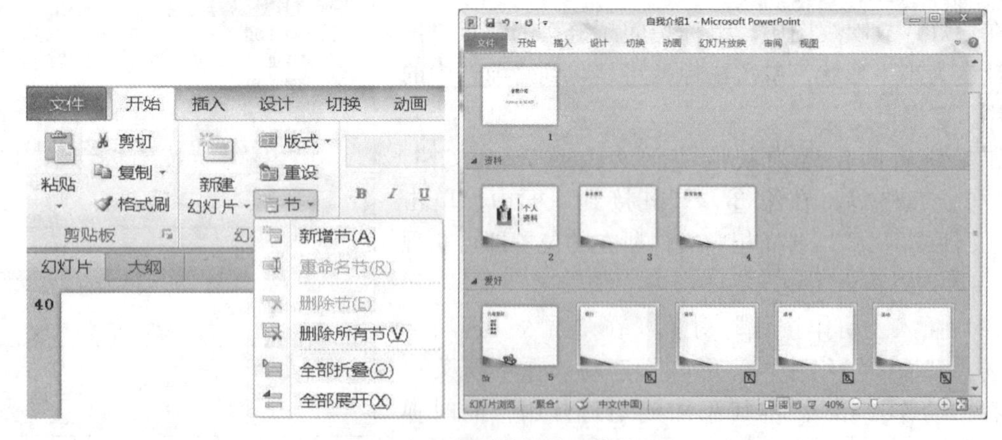

图 3-169　用“节”管理的效果

4．一次性清除所有备注

演示文稿中的备注信息可以为演讲者提供方便，也利于浏览幻灯片的时候更好地了解相关内容，但是删除幻灯片中所有的备注就很繁琐，在 PowerPoint 2010 中，可以很好地解决这个问题，操作方法如下：

（1）选择“文件”选项卡中“信息”选项，在右面出现的窗格中单击“检查问题”中的“检查文档”选项，弹出如图 3-170 所示的“文档检查器”窗口，勾选“演示文稿备注”选项，单击“检查”按钮。

（2）PowerPoint 2010 将查找到该演示文稿中所有的备注，自动弹出审阅后的窗口，在该窗口中单击“演示文稿备注”选项后面的“全部删除”按钮，即可将所有备注信息一次性删除。

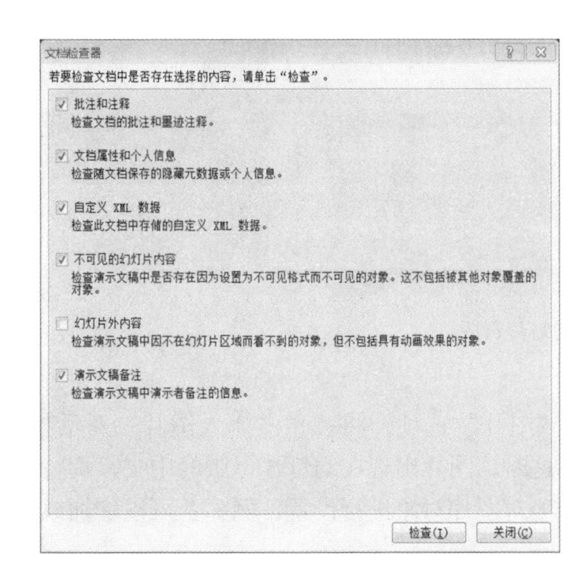

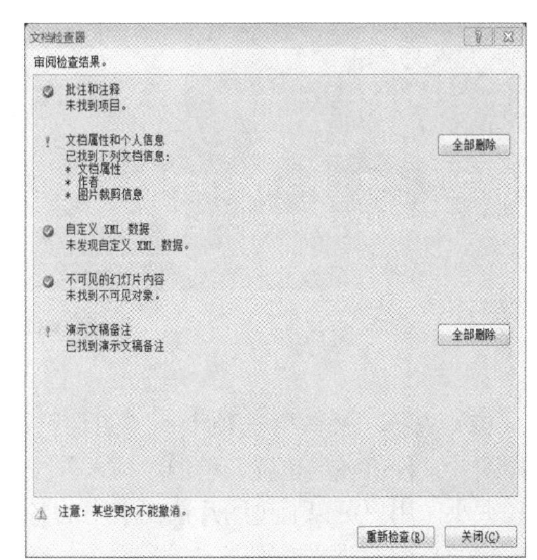

图 3-170　文档检查器和审阅检查结果

同样在该窗口中也可以单击“文档属性和个人信息”对应的“全部删除”按钮，将文档属性和个人信息一次性删除。

5．在 PowerPoint 中使用隐藏

在放映演示文稿时，常会出现以下一些情况：在放映演示文稿时不想显示某些幻灯片，但是又不想把这些幻灯片从演示文稿中删除；在使用超链接时，被链接的幻灯片已经播放过，而在顺序播放时，不希望这些幻灯片再次出现。使用幻灯片中的“隐藏”功能即可满足上述需求。设置隐藏幻灯片的操作步骤为：在幻灯片普通视图左面的幻灯片选项卡中选中需要隐藏的幻灯片，右键单击鼠标，在弹出的快捷菜单中选择“隐藏幻灯片”，此时在幻灯片的右下角出现一个隐藏标志，如图 3-169 幻灯片浏览视图最后一行所示。如果要取消隐藏，需选中设置隐藏的幻灯片，单击鼠标右键，在弹出的快捷菜单中再次选择“隐藏幻灯片”即可取消隐藏。

四、幻灯片母版的使用

在 PowerPoint 2010 中提供了幻灯片母版、讲义母版及备注母版。母版可以用来制作统一标志和背景的内容，设置标题和主要文字的格式，也就是说母版是为所有幻灯片设置默认版式和格式。

如果需要某些文本或图形在每张幻灯片中出现，比如公司的徽标或单位的名称等，用户就可以将它们放在幻灯片母版中，具体操作方法如下：

（1）选择“视图”选项卡→“母版视图”组→“幻灯片母版”选项，打开“幻灯片母版”

视图，如图 3-171 所示。

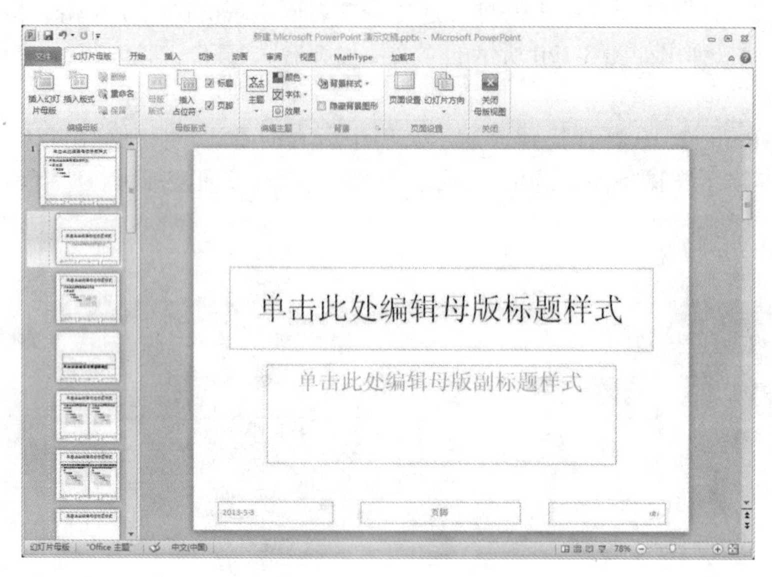

图 3-171 幻灯片母版

（2）选择“插入”选项卡→“图像”组→“图片”选项，将弹出“插入图片”对话框，选择图片文件所在的位置，单击“插入”按钮。这时，图片出现在幻灯片母版的中央，调整位置和大小。用户可以通过图片选项卡中的各种选项对图片对象进行设置，例如：可以增加或减少图片的亮度、对比度等。

（3）设置完毕后，单击母版工具栏中的“关闭母版视图”命令按钮，回到当前的幻灯片视图中，就会看到每张幻灯片或插入一张新的幻灯片，都会带有所插入的图片。

五、演示文稿的放映和打印等

在演示文稿中定义了 3 种不同的放映幻灯片的方式，分别适用于不同的场合：

（1）演讲者放映（全屏幕）：这种放映方式是将演示文稿进行全屏幕放映。演讲者具有完全的控制权，可以采用自动或人工方式来进行放映。除可以用鼠标左右键操作外，还可以用空格键、方向键、PageUp 和 PageDown 键控制幻灯片的播放。

（2）观众自行浏览（窗口）：这种方式适合于运行小规模的演示。在这种放映方式下，演示文稿会出现在小型窗口内，并提供命令，使得在放映时能够移动、编辑、复制和打印幻灯片。在此方式下，可以使用滚动条从一张幻灯片转到另外一张幻灯片，同时可以对其他程序进行操作。

（3）在展台浏览（全屏幕）：选择此项可自动放映演示文稿。在放映过程中，无需人工操作，自动切换幻灯片，并且在每次放映完毕后自动重新启动。如果要终止放映，按 Esc 键，例如在展览会场就需要运行这种无人管理的方式。

在幻灯片放映前可以根据需要选择放映方式，在“幻灯片放映”选项卡“设置”组中单击“设置放映方式”，弹出图 3-172 所示的对话框，在该对话框中可以对放映类型、放映方式等进行设置。

1．设置自动放映方式 在演示文稿中，可以对每张幻灯片的放映时长进行设置，让该演示文稿按照设定的放映时长进行自动播放。具体方法有以下两种：

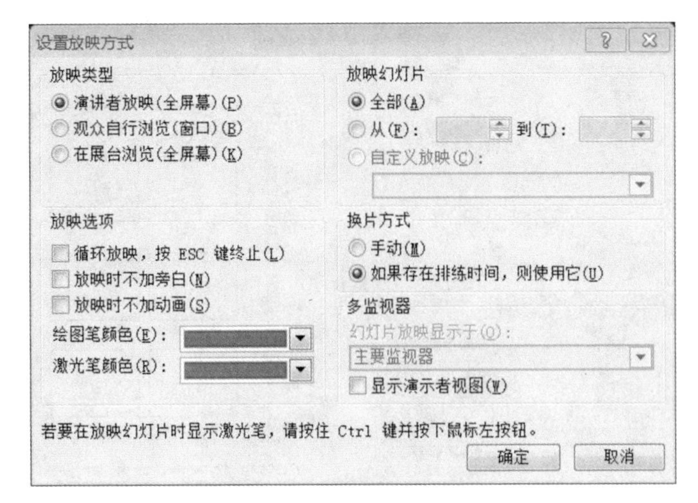

图 3-172　设置放映方式

方法一：在幻灯片浏览视图中选择演示文稿中的所有幻灯片，在“切换”选项卡“计时”组中，将“换片方式”选项“单击鼠标时”之前的勾去掉，勾选“设置自动换片时间”，并设定幻灯片播放的时长，这时每张幻灯片的下面显示出该片的播放时长。然后在图 3-172 所示的“设置放映方式”窗口中，设置放映方式为“演讲者放映（全屏幕）”或者“在展台浏览（全屏幕）”，然后在放映选项中勾选“循环放映，按 Esc 键终止”。

方法二：选择“幻灯片放映”选项卡，单击“设置”组中的“排练计时”选项，自动进入幻灯片浏览视图，用户可以对每张幻灯片进行排练预演，每张幻灯片预演的时间将自动记录下来，然后在图 3-172 所示的“设置放映方式”窗口中，将“换片方式”设置为“如果存在排练时间，则使用它”。

如果想预览设置好的自动播放演示文稿，直接按 F5 键进行幻灯片放映。

也可以在设置好的演示文稿中，选择“文件”选项卡中“另存为”选项，在弹出的另存为窗口中，将文件的保存类型设置为 PowerPoint 放映（*.ppsx）格式。

2．画笔的使用　在演示文稿放映时，用户可以用鼠标在幻灯片上勾画，加强演讲的效果。具体方法是：在演示文稿放映时，按鼠标右键可弹出快捷菜单，在“指针选项”的级联菜单中任选一种画笔，此时鼠标指针变为笔形，使用者可以在幻灯片上写字或勾画幻灯片上的内容。如果希望改变墨迹颜色，可以在级联菜单中选择“墨迹颜色”，在弹出的颜色菜单中选择相应色块即可。

3．演示文稿的打印　演示文稿除了可以放映外，还可以打印成书面材料，选择“文件”→“打印”选项，在窗口右侧窗格中，可以选择打印的份数，也可以设置演示文稿打印的范围以及每张纸上打印幻灯片的张数等，如图 3-173 所示。

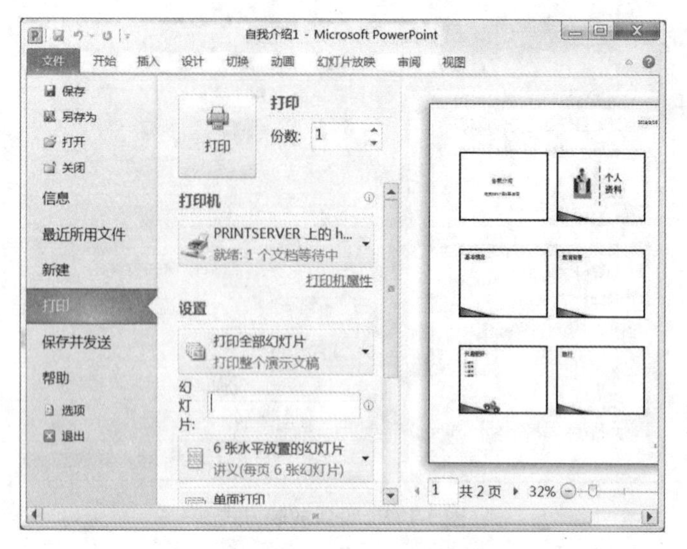

图 3-173　打印选项窗口

第四节　图像处理

图像处理是使用计算机对数字图像进行分析处理以达到所需结果的技术，图像处理也称影像处理。其中数字图像是指用数码相机、摄像机、扫描仪等设备经过拍摄图像得到的二维数组，该数组的元素称为像素，其值称为灰度值。图像处理技术一般包括图像压缩、增强和复原、匹配描述和识别等。

Adobe Photoshop 是由美国 Adobe 公司推出的图像处理软件，该软件的功能十分强大，应用领域非常广泛，例如艺术创作、广告设计、建筑装潢、电子出版、摄影、动画及多媒体制作等，它已经成为图像处理首选的理想制作工具，用户可以任意发挥自己的想象力，灵活直观地创作出令人惊奇的多姿多彩的优秀图像作品。

一、Photoshop 操作环境介绍

启动 Photoshop 后，打开任意图像文件，即可进入如图 3-174 所示的主界面。Photoshop 的界面基本由主菜单、属性栏、工具箱、工作区窗口、状态栏等几个部分组成。

1．工作区

工作区是对图像进行处理的场地。工作区中可有多个工作窗口。图 3-174 所示的工作区中打开了一个图像文件，这个图像文件独占了一个工作窗口。在 Photoshop 主窗口中可以有多个工作窗口，这些工作窗口可以通过打开图像文件创建，或者由用户自行创建。每一时刻，只能有一个工作窗口被激活，接受用户的编辑操作。这个窗口称为“活动窗口”或是“当前窗口”。

2．主菜单

主菜单中几乎包括了所有图像处理的命令，即文件、编辑、图像、图层、文字、选择、滤镜、3D、视图、窗口、帮助等菜单。

3．工具箱

工具箱中包含了制作图像所必需的重要工具。通过鼠标单击、拖动以及部分快捷键操作可以使用这些工具。某些工具按钮的右下方有一个黑色三角形标记如图 3-175 所示，表示这是一个工具组，其中包含多个工具。使用鼠标左键在这样的工具按钮上单击并停留一会儿，就会弹出下一级菜单，该菜单中包含类似功能的工具按钮，这种打开方式可以减少工具箱占用

图 3-174　Photoshop 主窗口

的操作空间。如在图 3-175 中单击修复画笔工具组按钮，会弹出下一级菜单，该菜单中包含功能相似的工具，如污点修复画笔工具、修复画笔工具、修补工具等。

4．窗口

Photoshop 中包含各式各样的窗口，如导航器窗口、颜色窗口、历史记录窗口、图层窗口等，用于对工作窗口中的图像进行编辑和修改，每个窗口中显示的是当前正在操作的图像文件的有关信息。用户可以通过对这些辅助窗口的操作，完成对当前窗口中图像文件选定部分的编辑和修改工作。如图 3-176 所示的是导航窗口，可以通过滑动其底部的滑块调节图片显示的大小。

5．状态栏

Photoshop 状态栏显示当前处理图片的信息，例如，图像缩放比的百分数、文档大小等。

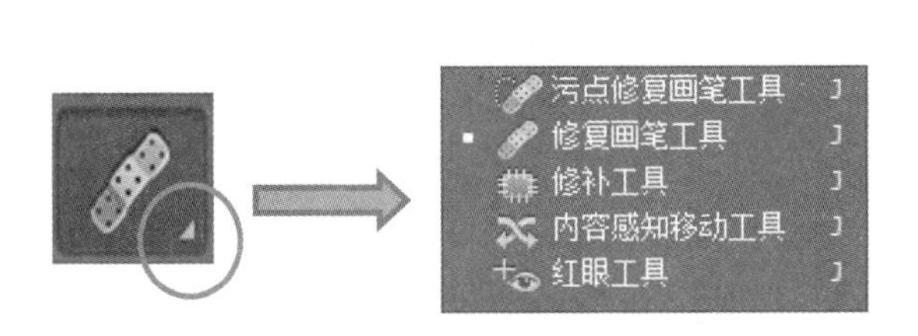

图 3-175　Photoshop 工具箱按钮

图 3-176　导航窗口

二、Photoshop 的基本操作

Photoshop 软件的启动与退出方法和其他应用程序基本相同。创建一个图像文件相当于在白纸（即图像编辑工作区）上作画，默认情况下创建的图像文件格式是 psd 格式，该格式是一

图 3-177 “健康宣传”图片

种可再次编辑格式，其可以将图层、蒙版、通道、路径等信息保存下来。同时 Photoshop 也支持几十种文件格式，可以将图像文件以不同格式进行保存，如果处理的图片已经是最终完成稿，则可以将其保存为其他常见的格式，例如：bmp、pdf、jpg、gif、tga、tiff 等。

例 4-1：制作如图 3-177 所示的“健康宣传”图片。

任务一：打开所有素材图像文件

操作方法一：在工作区空白处双击鼠标或选择“文件”→“打开”命令来完成。针对弹出的窗口，如图 3-178 所示。由于需要打开多个图像文件，因此可以配合使用 Ctrl 键（不连续选择）或 Shift 键（连续选择）。

操作方法二：利用 Adobe Bridge 软件打开图像。可以直接双击 Bridge 软件的快捷方式打开如图 3-179 所示的窗口，或者在 Photoshop 软件中选择菜单“文件”→“在 Bridge 中浏览”命令，在打开的窗口中双击需要打开的图像文件即可。

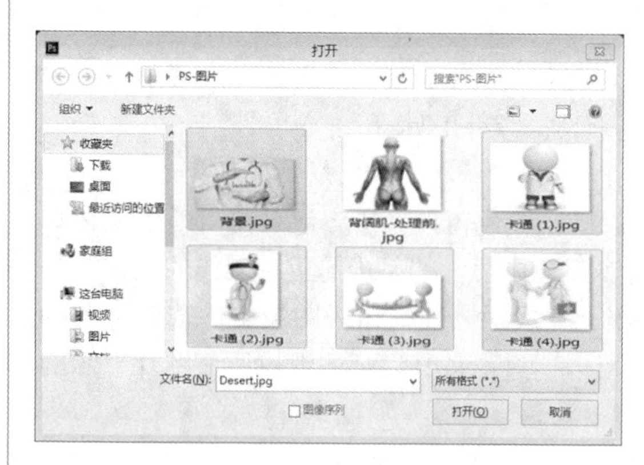

图 3-178 打开文件时的对话框

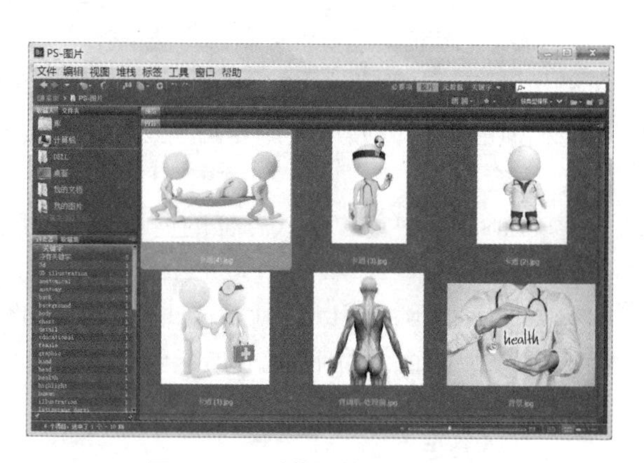

图 3-179 浏览图片时的对话框

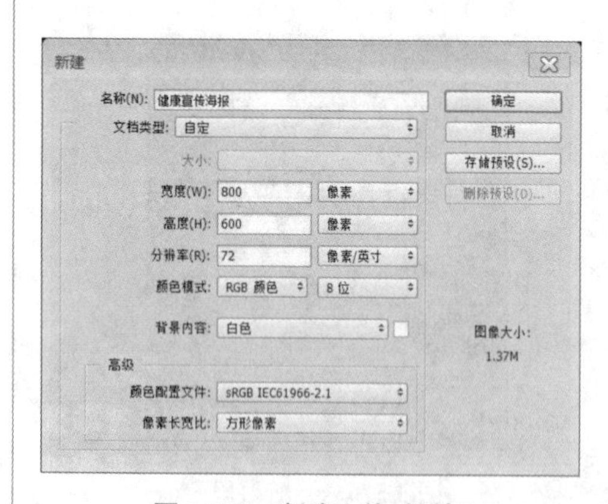

图 3-180 新建文件对话框

任务二：创建的空白图片文档，文件名称为“健康宣传海报”，图片宽度为 800 像素，高度为 600 像素；图片的分辨率为 72dpi；颜色模式为 RGB 模式；背景内容为白色或透明色

操作方法：选择菜单“文件”→“新建”命令，弹出如图 3-180 所示的窗口，设置相应参数，单击“确定”。

设置图像宽度高度大小的单位可以更改的，如像素、厘米等。图像分辨率是指每英寸像素个数，其单位为 dpi。一般设置为 72dpi 或者 96dpi，即设置与计算机的显示屏分辨率一致即可。如果要设计印刷的图片，一般设置其分辨率为 300dpi 以上。颜色模式默认设置为 RGB 模式。

对图像进行处理时，通常会涉及颜色模式的概念，在图 3-180 新建文件对话框中可以

选择不同的颜色模式，对已经生成的图片，也可以对其颜色模式进行更改，更改方式为：使用菜单“图像”→“模式”命令。在 Photoshop 中可以处理的颜色模式包括：

（1）RGB 颜色模式：又叫加色模式，是屏幕显示的最佳颜色，由红、绿、蓝三种颜色组成，每一种颜色可以有 256（0 ~ 255）种不同的变化。

（2）CMYK 颜色模式：又叫减色模式，由青色、洋红、黄色和黑色组成，一般打印输出及印刷图片都是采用这种模式。

（3）HSB 颜色模式：是将色彩分解为色调、饱和度及亮度 3 种度量，通过调整色调、饱和度及亮度得到颜色的变化。

（4）Lab 颜色模式：这种模式通过一个明度通道即 L 和两个色彩通道即 a 和 b 来表示，a 通道包括的颜色是从深绿色（底亮度值）到灰色（中亮度值）再到亮粉红色（高亮度值）；b 通道则是从亮蓝色（底亮度值）到灰色（中亮度值）再到黄色（高亮度值）。因此，这种色彩混合后将产生明亮的色彩。

（5）索引颜色模式：这种颜色模式的图像其每个像素使用一个字节表示，最多包含有 2^8=256 种颜色，其颜色使用色表储存并索引，它图像质量不高，但其占用空间较少。

（6）灰度模式：其包含黑、白、灰三种颜色，0 表示黑色，255 表示白色，1 ~ 254 表示不同程度的灰色。

（7）位图模式：只包含黑白两种颜色，其像素不是由字节表示，而是由二进制表示，即黑色和白色由二进制表示，从而占磁盘空间最小。

任务三：从素材中选取图像。具体要求是“全选方式”选取素材文件夹中“背景 .jpg”；采用“椭圆选框”工具选取“卡通（1）.jpg”“卡通（2）.jpg”，采用魔棒工具选取“卡通（3）.jpg”，采用磁性套索工具选取“卡通（4）.jpg”，分别对“卡通（2）.jpg”“卡通（3）.jpg”“卡通（4）.jpg”3 张图片进行羽化

在 Photoshop 中，大多数的操作都与选取区域密切相关，因此掌握好图像的选取功能非常重要。选取的方式有全选、选取规则区域、选取不规则区域等方式，该实例主要是学习如何使用不同方式对图像进行选择。

（1）全选素材中“背景 .jpg”图片。

操作方法：打开“背景 .jpg”图片，选择菜单“选择”→“全选”命令，或按组合键 Ctrl+A。若要取消选择，可选择菜单“选择”→“取消选择”命令，或按组合键 Ctrl+D。

（2）打开图片“卡通（1）.jpg”“卡通（2）.jpg”，使用椭圆选框工具对这两个图片进行选择。

操作方法：单击工具箱中的▣工具组，弹出其中包括矩形、椭圆、单行和单列 4 种规则区域的选框工具，如图 3-181 所示。选择“椭圆工具”对卡通小人进行框选，即将鼠标移动到“卡通小人”的左上角按住鼠标左键沿斜线方向拖放到“卡通小人”的右下角，此时就会产生一个虚线框，如图 3-182 所示。如果要扩大或缩小所选区域，使用菜单“选择”→“修改”→“扩展”或“收缩”命令；若要撤销当前操作可按 Ctrl+Z 或执行菜单“编辑”→“还原”命令，也可以打开“历史记录窗口”进行撤销操作。

提示：当使用椭圆工具时，如果按住快捷键 Shift 键然后拖拽鼠标进行框选，则选择的区域是正圆；如果按住快捷键 Alt 键然后拖拽鼠标进行框选，则选择出的是以圆心为起始点的椭圆，如果按住快捷键 Shift+Alt 组合键进行拖拽，则选择的是以圆心为起始点的正圆。

（3）使用魔术棒工具将图片“卡通（3）.jpg”从背景中“抠”出来，即删除其白色背景。

操作方法：①打开图片“卡通（3）.jpg”，单击工具箱中的“魔棒工具”，在属性栏上，

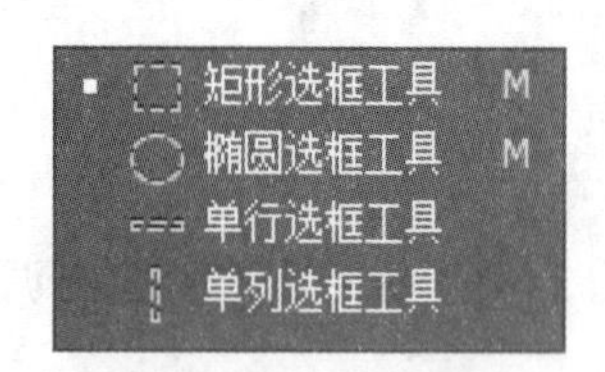

图 3-181　选框工具组

图 3-182　椭圆选框工具

更改容差值为 10，如图 3-183 所示。在“卡通（3）.jpg”图中单击白色区域，选择卡通小人以外的区域，如图 3-184 所示；②在图 3-183 的属性栏上选择“添加到选区”选项，就可以在图像已有的选区上，继续增加选区范围。配合该选项反复使用魔棒工具，将图 3-184 中箭头所指的区域再次框选，使图中所有背景部分全部选中，即除了中间人物的区域其他区域全部选中；③在图中点击鼠标右键，在弹出菜单中选择“选择反向”，即可把卡通图案选择出来，最终的选区如图 3-185 所示。

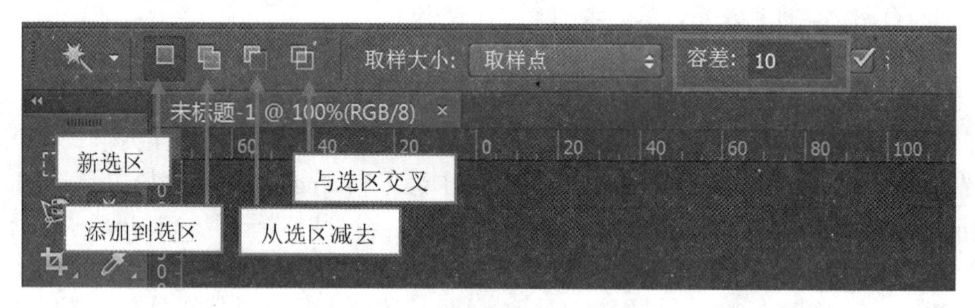

图 3-183　设置魔棒工具的属性栏

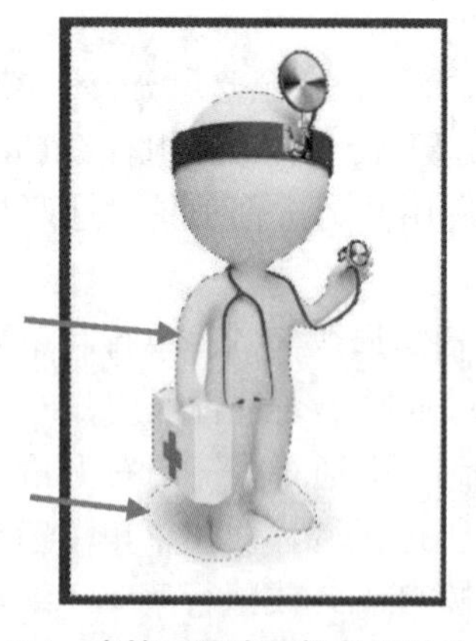

图 3-184　魔棒工具选取颜色相近的范围

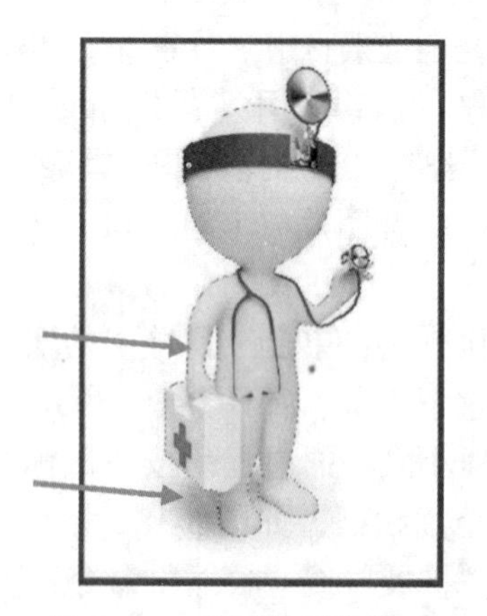

图 3-185　选取的最终选区

对“卡通（3）.jpg”需要选取不规则区域，因此需要使用魔术棒工具来选取颜色相近的连续区域，颜色相近的程度可以通过属性栏中的“容差”来设置，容差值越大即容许的差异性越大，即选择的颜色相近的区域越大。魔棒的属性栏中还可以设置选区的运算模式，如图 3-183

所示，其中包括：新选区、添加到选区、从选区减去，与选区交叉。对于其他选取工具（如：选框工具组、套索工具组等）都可以配合这 4 种选项进行选区的增加或者减少，该实现方法与上述过程类似。

（4）套索工具组：套索工具组用来产生任意形状的选择区域，它包括套索、多边形套索和磁性套索 3 种工具，其中使用最多最方便的是磁性套索工具。磁性套索工具可以在拖动鼠标时自动捕获图像中物体的边缘从而形成选区。对于“卡通（4）.jpg”图片，我们选择工具栏中的磁性套索工具，单击小人边缘左上角的位置，将该位置作为起始位置，然后沿着卡通小人的边缘移动鼠标，该工具自动在小人的边缘产生很多锚点，如图 3-186 所示，如果锚点的位置有误，可以按 Del 键删除当前锚点，也可以在想设置锚点的位置单击鼠标添加锚点，提高选择区域精确性。当鼠标最终移动到起始点时，鼠标下角会出现一个小圆圈，单击鼠标即可完成封闭区域的框选。

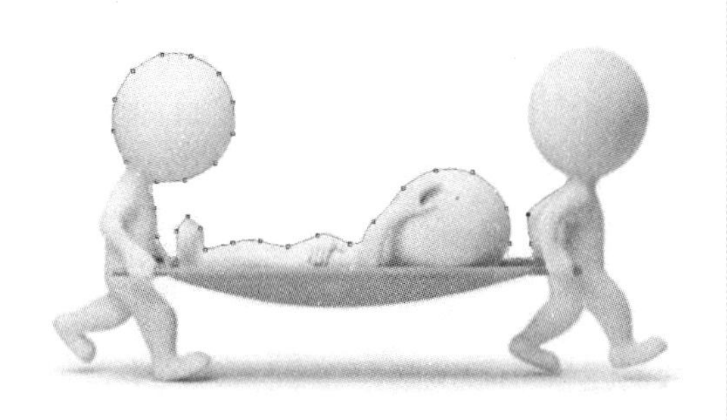

图 3-186　磁性套索工具

（5）选区的羽化是指边缘的虚化，很好地运用羽化将能产生美化效果。对已经使用椭圆工具框选的图片“卡通（2）.jpg”进行羽化。单击菜单“选择”→“修改”→“羽化”命令，在弹出如图 3-187 窗口中设置羽化半径为 30 像素，执行菜单“选择”→“反选”命令，按 Delete 键，在弹出填充窗口中的内容文本框选择“50% 灰色”；设置羽化的效果如图 3-188 所示。对“卡通（3）.jpg”“卡通（4）.jpg”也采用相同的方式进行羽化，该羽化半径可以自行设定。

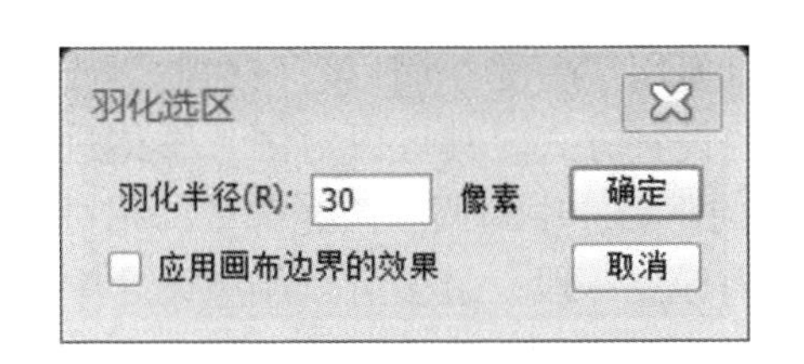

图 3-187　羽化选区工具

图 3-188　选区羽化（左图未羽化，右图羽化后）

任务四：在新建的空白图片文档中，将选择好的“背景 .jpg”和“卡通（1）~（4）.jpg” 5 个图片添加到新建的空白文档“健康宣传海报”中，并对其的大小和位置进行相应的修改，将 4 个卡通小人的图片粘贴到背景图片的四个角上

操作方法：选择“任务三”中已经处理过的“背景 .jpg”和“卡通（1）～（4）.jpg”图片，选择菜单“编辑”→“拷贝”命令，再打开图像文件“健康宣传海报”，选择菜单“编辑”→“粘贴”命令，将该图像文件粘贴到新建文件中。

由于粘贴的“背景 .jpg”图片大小超出了新建画布的大小，可以通过更改画布大小来进行调整，即扩大画布大小。选择菜单“图像”→“画布大小”，设置画布的宽度为 1024 像素，高度为 682 像素（该设置为绝对大小的设置），也可以选择“相对”选项，设置需要扩展画布的相对大小。在“定位”设置中单击向左的箭头，设置画布为向右扩展，在画布扩展颜色中设置为“白色”，具体设置方式如图 3-189，设置好后，单击确定按钮，可以使用移动工具将背景图片移动到整个画布中央。或者只需要选择菜单“图像”→“显示全部”即可扩大画布将遮盖的图像全部显示出来。

按照图 3-177 调整卡通人物的位置和大小，使卡通人物位于整个图片的四个角上。设置方式为选择菜单“编辑”→“自由变换”（或者使用快捷键 Ctrl+T），图像的四周产生控制点（小方块）如图 3-190 所示，拖放该控制点进行图像调整，在该图像上双击鼠标完成图像自由变换，拖动该图片，改变其放置位置。

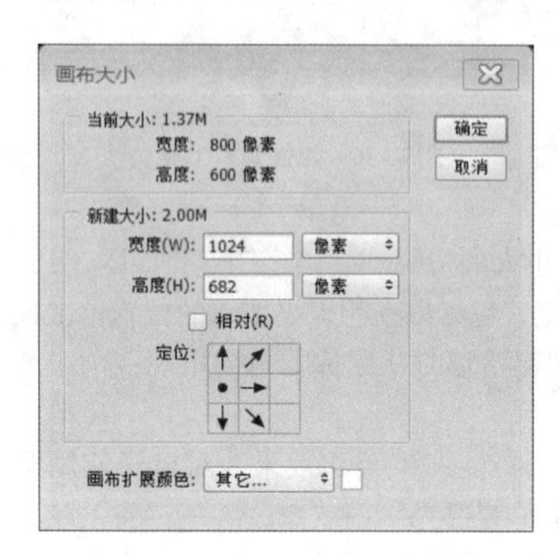

图 3-189　设置画布大小对话框

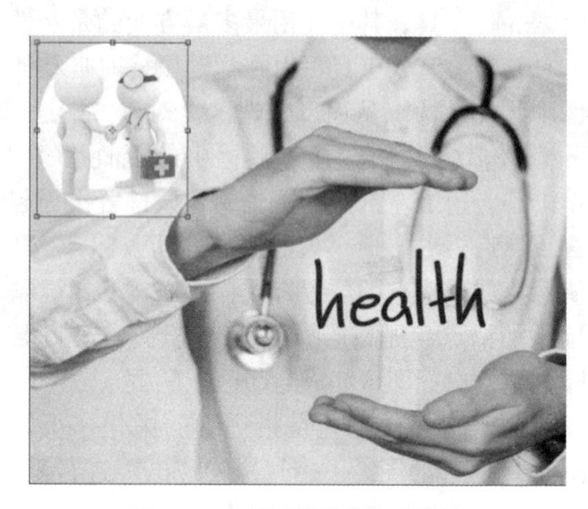

图 3-190　对图像进行自由变换

任务五：保存图像文件

操作方法：保存图像文件可使用菜单“文件”→“存储”或“文件”→“存储为”来完成。可以选择存储图片的格式，通常将图片设置成 jpg 格式。

三、调整图像影调

图像的影调是指图像中的明暗、层次和反差。通常可以使用“亮度 / 对比度”“色阶”或“曲线”命令进行调节。“亮度 / 对比度”的调节是最简单的设置方式，其可以对图片整体进行调节，“色阶”可以依靠直方图更细致地来分别调整图像的阴影、中间调和高光部分。相对“色阶”“曲线”可以调节图像色调范围（从阴影到高光）内任意一段，最多可以调整图片中 14 个不同点的明暗关系，“曲线”还可以对图像中的个别颜色通道进行精确的调整。

例 4-2：对图像“调整影调 .jpg”进行影调的调节，用 3 种方式对同一张图进行图像影调进行调整。

任务一：通过“亮度 / 对比度”命令进行调节

操作方法：打开要调整的图像“调整影调 .jpg”，如图 3-191；选择菜单“图像”→“调整”→“亮度 / 对比度”，打开“亮度 / 对比度”对话框，如图 3-192 所示；向右滑动亮度的滑块提高图像亮度，向右滑动对比度的滑块，使图像暗部和亮部的对比度增强。观察图像变换，调至满意效果。

任务二：通过“色阶”命令进行调节

操作方法：打开要调整的图像“调整影调 .jpg”；选择菜单“图像”→“调整”→“色阶”，打开“色阶”对话框，如图 3-193 所示。

图 3-193 显示了输入色阶的峰值，表明了图像中影调明暗分布状况，对话框中的 3 个滑标，自左向右分别表示黑色、灰色、白色，拖动任何一个都能改变图像的明暗影调。由于“调整色阶 .jpg”图片中表示颜色信息的直方图大部分集中在左面和中间，亮部没有信息，因此将最右面白色滑块向左滑动，滑动到直方图上有信息的区域，图像整体颜色变亮，同样，如果将

图 3-191　“调整影调”图片

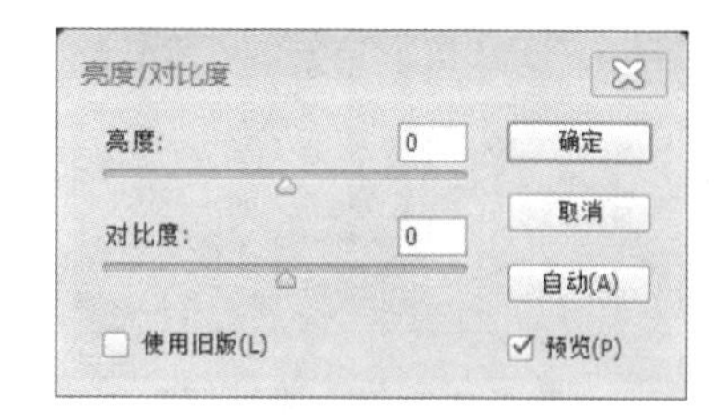

图 3-192　亮度 / 对比度对话框

最左面黑色的滑块向右滑动，图像整体变暗。调整后的直方图如图 3-194 所示，观察调整前后图像的对比。

注意：为了使图像看起来明暗关系清晰，在进行其他图像处理步骤之前，都可以对图片调整色阶，也可以在单击对话框中“自动”按钮进行自动色阶的设置。

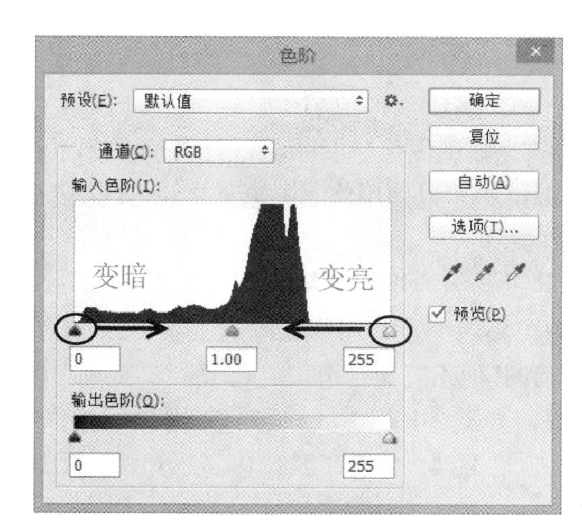

图 3-193　调整色阶窗口（调整前）

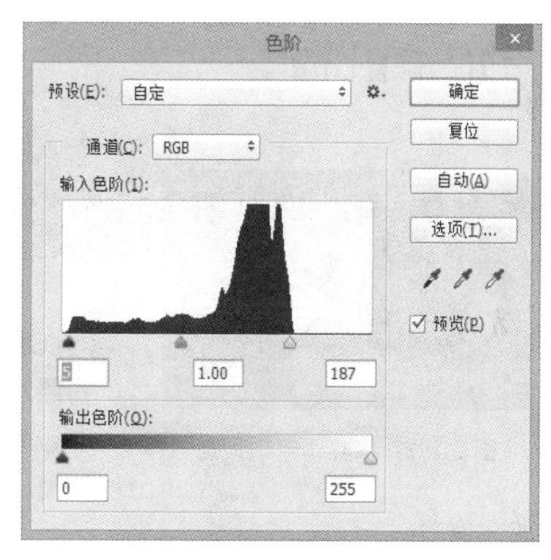

图 3-194　调整色阶窗口（调整后）

任务三：通过“曲线”命令进行调节

操作方法：选择菜单“图像”→“调整”→“曲线”；用鼠标按住斜线上的亮部区域的某一点向上拉动，如图 3-195 所示。改变图像的明暗影调使图像亮部变亮，同样，按住斜线暗部区域的某一点向下拉动，产生如图 3-196 所示，这样可以使暗部变暗，曲线最终变成 S 形，使图片的明暗反差增强。观察调整后的效果。

将该调整后的图片保存为“已调整影调 .jpg”。调整时，若要恢复原状，则按住 Alt 键，单击“复位”按钮（注意未按 Alt 键之前，不会出现“复位”按钮，而是“取消”按钮。此操作也适合其他窗口操作）。

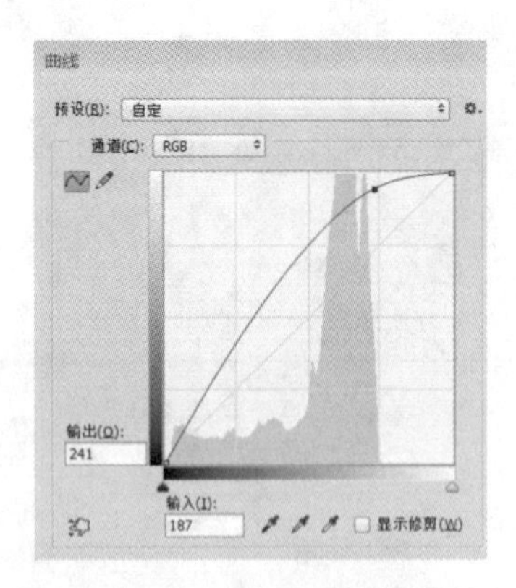

图 3-195　通过曲线调整亮部区域

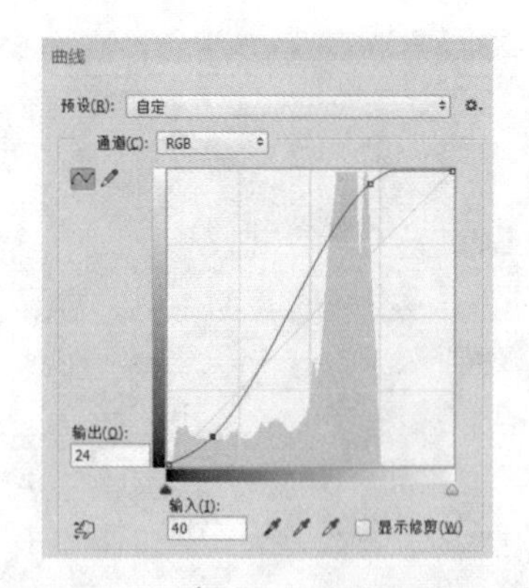

图 3-196　通过曲线调整暗部区域

四、调整图像色调

对于彩色图像来说，颜色正不正至关重要，图像质量的好坏与其色调极其相关，在 Photoshop 中可以对色相与饱和度进行调节，从而提高图像质量。

例 4-3：对已经调整过影调的图像进行色调的调节。

操作方法：打开要调整的图像“已调整影调 .jpg”；选择菜单“图像”→“调整”→“色相 / 饱和度”；将饱和度的滑标向右滑动，观察其调整效果。

五、修补图像

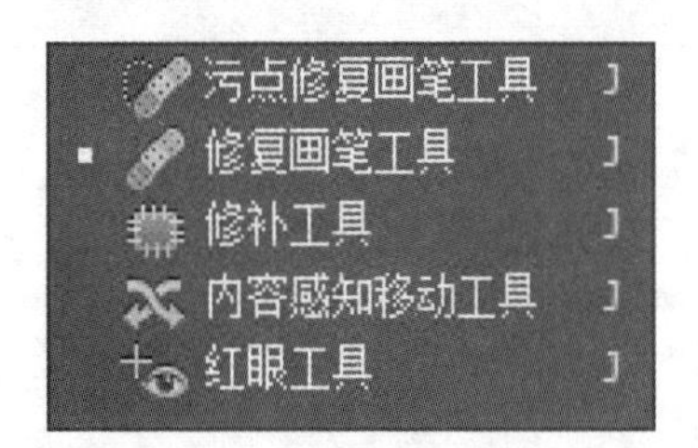

图 3-197　修复画笔工具组

修整残损和有瑕疵的图像是 Photoshop 的重要工作内容之一。在 Photoshop 中可以使用修复画笔工具和仿制图章工具达到修补图像的目的。

1．修复画笔工具组　修复画笔工具组是 Photoshop 中处理照片常用的工具之一，利用修复画笔工具可以快速移去照片中的污点和其他不理想部分。在修复画笔工具组中包含 5 个工具，如图 3-197 所示。它们分别是污点修复画笔工具、修复画笔工具、修补工具、内容感知移动工具、红眼工具。

例 4-4：修整图 3-198（左上）图，将图中的电线杆及电线去掉。

任务一：选择“污点修复画笔工具”，将图中电线杆去掉

“污点修复画笔工具”可以快速移去照片中的污点和其他不理想部分。它使用图像或图案中的样本像素进行绘画，并将样本像素的纹理、光照、透明度和阴影与所修复的像素相匹配。与修复画笔不同，污点修复画笔不需要指定样本点，该工具将自动从所修饰区域的周围取样。

操作方法：在图 3-197 中选择污点修复画笔工具，对图中的电线杆进行涂抹，如图 3-198（右上）所示，Photoshop 自动识别电线杆并将其作为污点去掉，修复效果如图 3-198（左下）所示。

任务二：选择“修复画笔工具”，去除图中的电线

操作方法：①与污点修复画笔的工作方式类似，但该工具需要先选取样本点。按住 Alt 键，在图 3-198（左下）的电线附近单击选取样本点；②松开 Alt 键，在电线所在的区域进行涂抹；③多次重复上述过程，直到图片修复完成，最终效果如图 3-198（右下）所示。

注意：为了更好地进行修图，一般对局部进行修饰时，使用导航器窗口将图片放大，在局

图 3-198　图片处理前（左上）、使用“污点修复画笔工具”处理（右上）、使用“修复画笔工具”处理（左下）、处理最终效果（右下）

部修图完成后，再将图片缩小看最终修图的效果。重复此过程直至修图结束，即可使图片达到较理想的状态。

例 4-5：将“红眼兔子 .jpg”图片中的兔子眼睛变成黑色。

如果拍摄的对象由于光线或者闪光灯等原因造成红眼，可以使用红眼工具将其修改为黑色。

图 3-199　使用红眼工具进行框选

操作方法：打开图片“红眼兔子 .jpg”，选择工具箱中的“红眼工具”，对图片中兔子的眼睛部分进行框选，如图 3-199 所示，则可以直接将兔子的眼睛由红色变成黑色。

在相应属性栏窗口中也可以对红眼工具进行如下设置：

（1）瞳孔大小：设置瞳孔（眼睛暗色的中心）的大小。

（2）变暗量：设置瞳孔的暗度。

2．仿制图章工具

仿制图章工具是通过复制指定区域的像素来修饰图像，它与修复画笔工具的操作步骤相同并且功能类似，它的功能是以指定的像素点为复制取样点，将该取样点周围的图像复制到任何地方。修复画笔工具与仿制图章工具的最大区别是：修复画笔工具将样本像素与所修复像素进行匹配融合，而仿制图章工具只是将样本像素复制到所修复像素上，不进行匹配。

例 4-6：制作仿制图章工具与修复画笔工具效果比较图。

操作方法：

①打开“图案背景 .jpg”以及“钟表 .jpg”文件。并新建文件，设置文件的宽为 17 厘米高为 9 厘米，图像模式为 RGB 模式，背景色为白色，如图 3-200 所示。

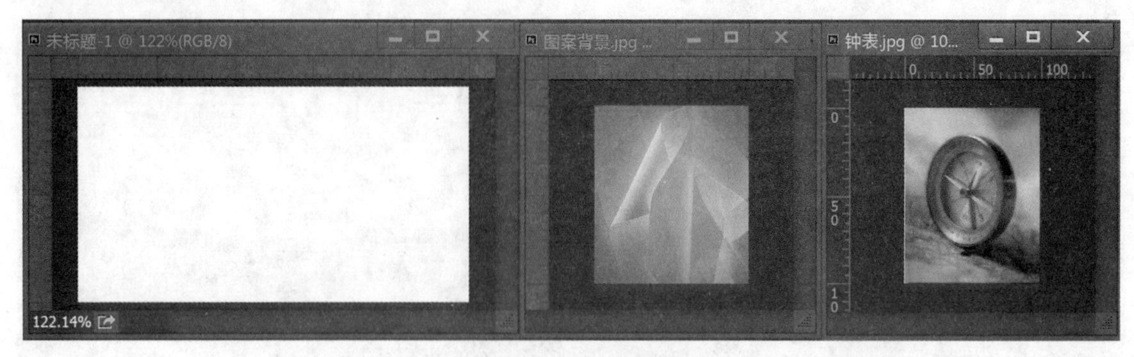

图 3-200 打开素材

②移动“图案背景 .jpg”文件到新建文件中，并将其与画布的左边界对齐，产生图层 1，同样按住 Alt 键并拖动“图案背景 .jpg”产生图层 2，并与画布右边界对齐。产生并排的两个背景，如图 3-201 所示。

③选择修复画笔工具，按住 Alt 键在“钟表 .jpg”图案中间单击，然后在新建文件的图层 1 的中间位置进行涂抹。

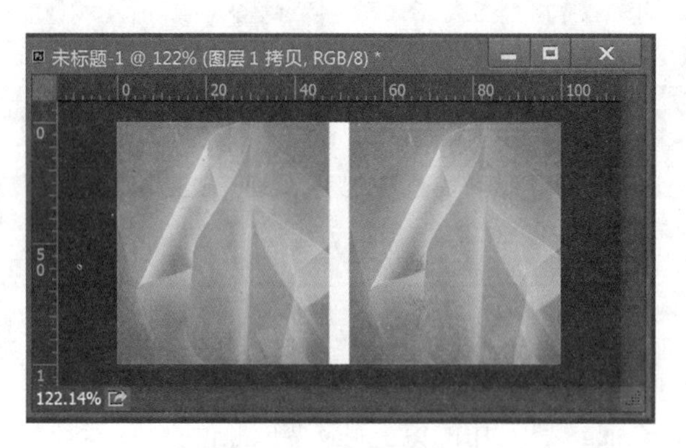

图 3-201 产生的图层

④与操作③类似，选择仿制图章工具，按 Alt 键在“钟表 .jpg”图案中间单击，然后在新建文件的图层 2 的中间位置进行涂抹。

⑤产生如图 3-202 的效果，保存图片为“修补工具 .psd”。从图 3-202 中我们可以看出对同样对象钟表进行两种操作后的明显区别。

图 3-202 修复画笔工具（左）；仿制图章工具（右）

六、着色工具

Photoshop 不仅可以对画面中的瑕疵进行修补，也可以使用画笔工具、渐变工具对图片进行着色，其功能十分强大，如果能将该工具运用灵活，将产生很多意想不到的效果。

1. 画笔工具

画笔工具可以进行如下设置：①画笔的颜色，通过点击工具栏上的前景色，可以设置画笔的颜色；②画笔的样式，在属性窗口中点击按钮的向下箭头，可以弹出如图 3-203 所示菜单，在其中可以选择不同画笔样式；③画笔不透明度和流量设置，设置值范围均为 0 ~ 100%。画笔流量可以叠加，不透明度不可以叠加，如图 3-204 中所示，当设置不透明度为 50% 时，使用画笔进行涂抹时没有叠加效果，颜色只能达到 50%。当设置流量的值为 50% 时，具有叠加效果，只要反复涂抹，就可以达到流量 100% 的效果。

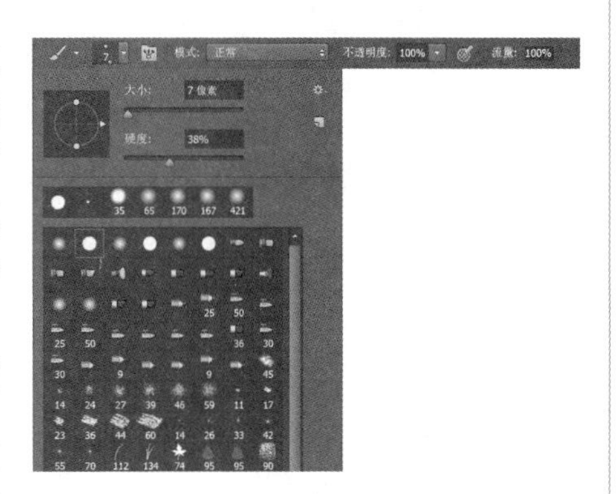

图 3-203　设置画笔样式

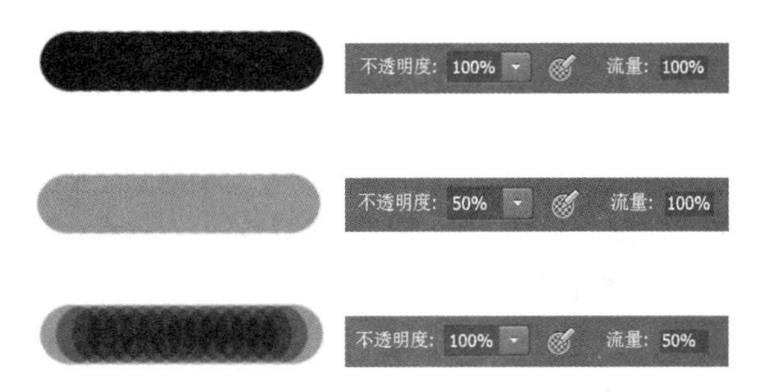

图 3-204　设置画笔的不透明度和流量

例 4-7：图片上色，打开图像“背阔肌 .jpg”，给背阔肌上色，将该部位的肌肉更明显显示出来。

操作方法：

①选择画笔工具，在工具栏中设置前景色颜色，如红色，在属性栏中调整画笔大小；

②如果直接涂抹背阔肌，则将把图片中肌肉纹理覆盖掉了，所以需要在如图所示画笔的属性栏“模式”选项中选择“颜色”，在相应的肌肉纹理上进行涂抹，最终生成如图 3-205 所示效果。

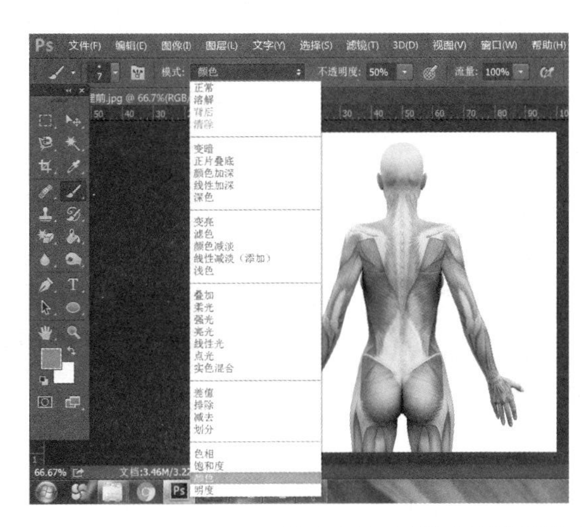

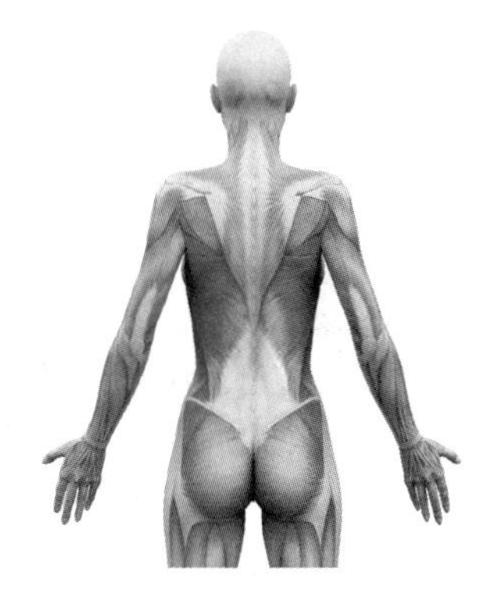

图 3-205　画笔工具处理前后效果图

2．渐变工具

渐变工具可以将渐变过渡效果填充到所选区域。当在工具栏中选择渐变工具，在属性栏中就可以设置相应渐变工具的样式，其中包括线性渐变、径向渐变、角度渐变、对称渐变、菱形渐变。其渐变的颜色默认情况下是从前景色到背景色的渐变，也可以通过单击图 3-206 中的渐变编辑器进行设置。

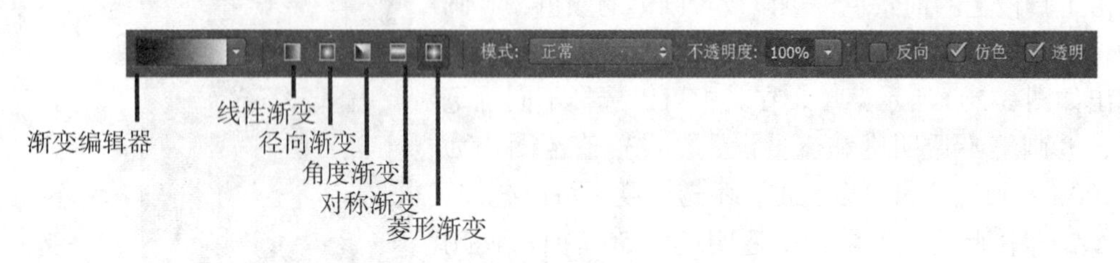

图 3-206　渐变工具的属性设置

例 4-8：制作渐变按钮。

操作方法：

①新建 200×200 像素透明背景的文件，选择椭圆选框工具，按住 Shift+Alt 组合键绘制以圆心为起点的正圆。

②选择渐变工具，前景色设置为蓝色，背景色设置为白色，在属性栏中选择线性渐变，然后拖拽鼠标，将渐变填充到圆形选区中，如图 3-207 所示。

③单击“选择”菜单中的“变换选区”，按住 Shift+Alt 组合键进行拖拽鼠标，将选区收缩，单击属性栏上的按钮✓，确定该调整选区，或者在选区内双击鼠标进行确认。

④单击“编辑”菜单，选择“变换”，单击“旋转 180 度”选项，将中间选中的区域进行翻转，最终制作的按钮效果如图 3-208 所示。

图 3-207　渐变填充

图 3-208　按钮制作完成图

七、去色工具

在 Photoshop 中也可以使用橡皮擦工具进行去色操作。其中包括橡皮擦工具、背景橡皮擦工具、魔术橡皮擦工具，其实现效果如图 3-209 所示。

（1）橡皮擦工具　使用该工具擦除文档中背景图层上任意位置的像素，被擦除的部分显示为背景色。该工具也可以擦除画笔涂抹痕迹。例如在“例 4-7”上色过程中上色区域超出了应该涂抹的区域，可以使用橡皮擦工具，在属性栏中勾选“抹到历史记录”选项，如图 3-210 所示，然后在图片中擦除画笔的涂抹痕迹即可。

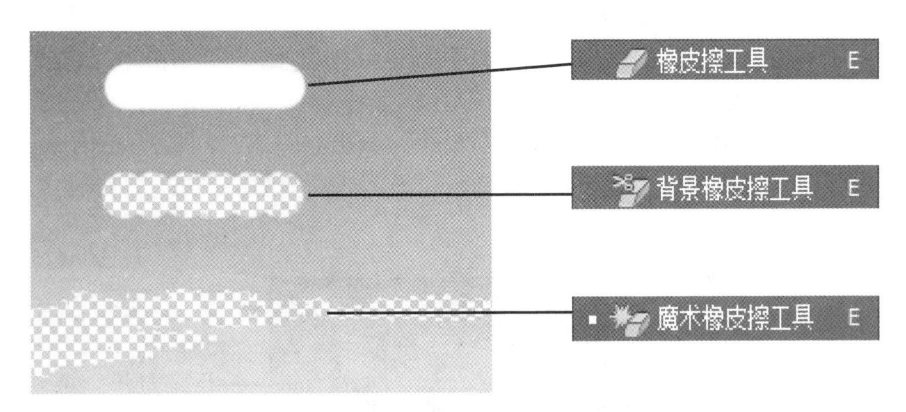

图 3-209 橡皮擦工具组包含的 3 种工具

图 3-210 橡皮擦工具的属性

（2）背景橡皮擦工具 该工具用于制作透明的背景图像，使用该工具在图像上进行涂抹，即可将擦除的图像区域（包括背景图层）变成透明状态。

（3）魔术橡皮擦工具 在需要擦除的颜色范围内单击，可以自动擦除位于容差范围内与单击处颜色相近的图像区域，擦除的图像区域显示为透明状态。

八、图层

Photoshop 的操作基本都与图层有关。学好图层，才称得上是真正在使用 Photoshop。在 Photoshop 中打开的每个文件或图像都包含一个或多个图层。当生成一个新的文件后，它包含有一个缺省的空白背景图层，或者可以选择生成透明背景图层。

例 4-9：通过如图 3-211 所示的贺卡制作来说明层的作用。

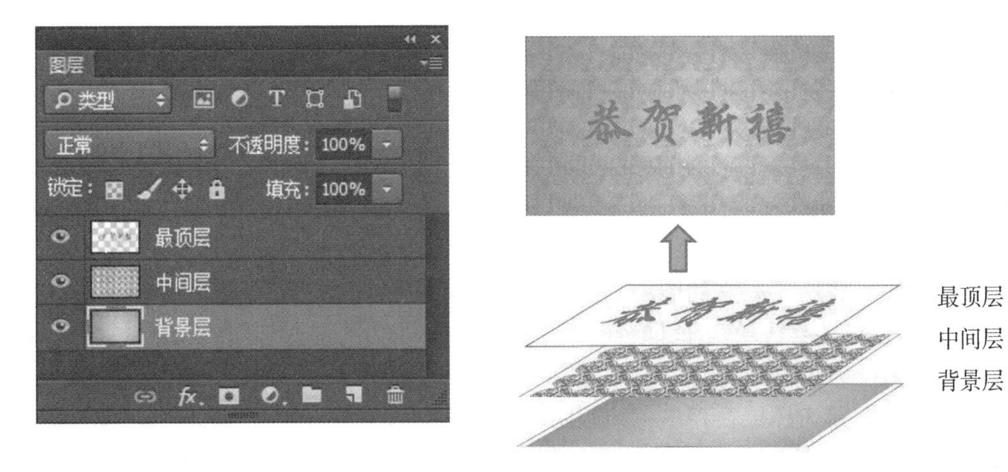

图 3-211 图层示意图

1. 图层窗口

如图 3-211 表示各个图层合成效果，在最底部是背景层，最上层的图像挡住下面的图像，使之不可见。上层没有图像的区域为透明区域，通过透明区域，可以看到下层乃至背景的图像。在每一层中可以放置不同的图像，修改其中的某一层不会改动其他的层，将所有的层叠加起来就形成了一幅生动的图像。

操作方法：选择菜单“窗口”→“图层”命令，调出如图 3-212 所示的图层窗口，使用图层窗口，用户可以创建新图层、删除或合并图层、显示或隐藏图层、添加图层样式等。

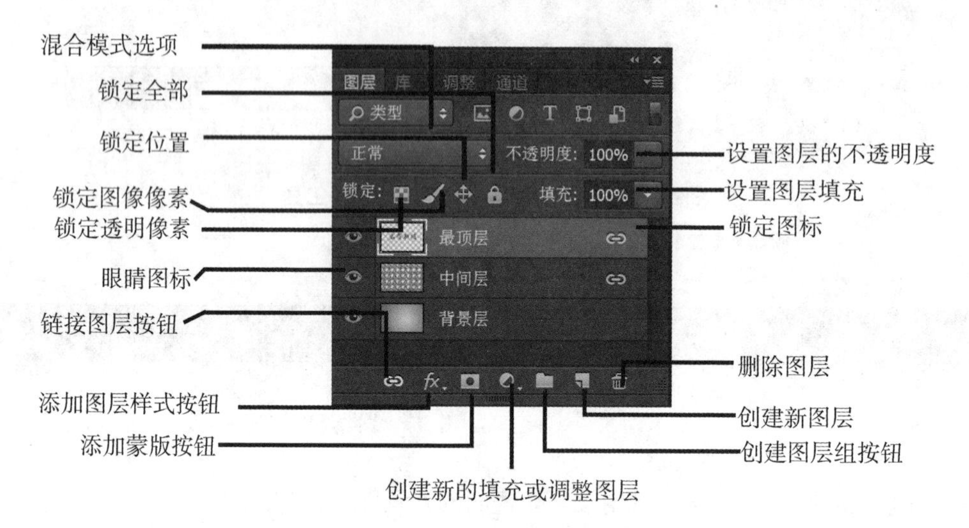

图 3-212 图层窗口说明

（1）新建图层：在图层窗口上单击“创新建图层”按钮，可以新建一个混合模式为“正常”，不透明度为“100%”的普通图层。若按下 Alt 键的同时单击“创建新图层”按钮，可以打开新增图层对话框，如图 3-213 所示，从而可以设置新图层的“模式”和“不透明度”。

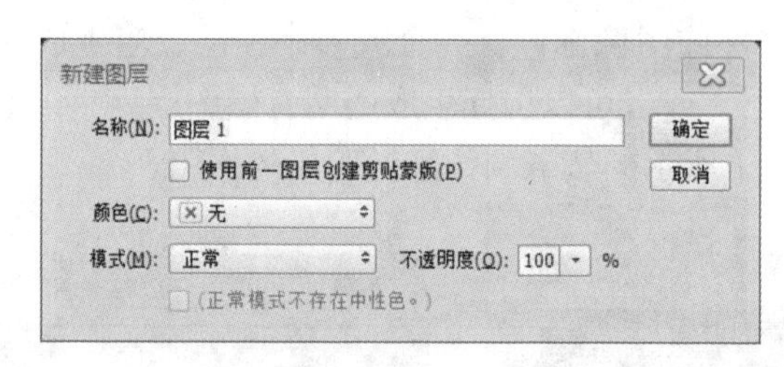

图 3-213 新建图层窗口

（2）复制图层：将所需复制的图层拖拽到创建新图层按钮上，即可将所选图层复制成一个新图层；也可单击图层窗口右上角的三角钮，在打开的快捷菜单中选择“复制图层”命令，从而复制一个新图层。

（3）删除图层：将所要删除的图层直接拖拽到删除图层钮上，即可删除所选图层；也可先选择所要删除的图层，然后单击鼠标右键打开图层快捷菜单，选择“删除图层”命令，从而删除指定图层。

（4）显示图层：单击图层窗口中的“眼睛”图标时，图像窗口将显示该图层的图像，否则就不显示该图层的图像。

（5）移动图层：在图层窗口中选定想要移动的图层，然后拖动该图层到另一图层上面或下面的位置。黑色线条显示在移动的图层的上方或下方时，释放鼠标按钮。

2．合并图层 由于增加图层后将增加图像文件的大小（透明部分不会影响图像文件的大小），所以为了节省磁盘空间，必要时可以进行合并。合并图层可以将两个或两个以上的任何图层合并为一个图层。选择菜单“图层”→“合并图层”命令，可将当前所选的图层合并为一层。

3. 图层样式　对于图层（除了背景层以外），可以添加图层样式，例如：斜面和浮雕、描边、内阴影、内发光、光泽、颜色叠加等，以增强图像的表现力。

在图层窗口上选中需要制作图层样式的图层，在图层窗口中单击图层样式按钮，打开如图 3-214 所示图层样式窗口。设置不同样式的参数，完成特效制作。

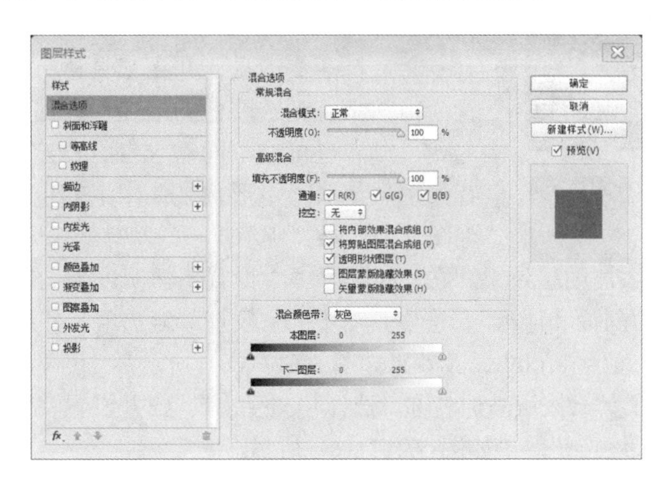

图 3-214　图层样式对话框

例 4-10：根据素材“拳头 .jpg”和“非洲菊 .jpg”，制作一幅“手握花”的合成图片。

操作方法：

①同时打开“拳头 .jpg”和“非洲菊 .jpg”图像文件，如图 3-215（a）和 3-215（b）。

②使用魔棒工具在“非洲菊”图像的白色区域上单击，然后反选，此时花被选取。

③复制（Ctrl+C）“非洲菊 "，切换到“拳头”的图像，粘贴（Ctrl+V），生成图层 1，如图 3-215（c）所示。

④使用工具箱中的“移动工具”把花移到适合的位置，也可以使用图像菜单中的自由变换命令（Ctrl+T）修改“非洲菊”的大小。

⑤使用魔棒工具或者快速选择工具，在“拳头”图层上（在图中是背景层）选取花茎。必要时要配合使用增加或减少选区选项。

⑥复制该选区（Ctrl+C），然后粘贴（Ctrl+V），生成图层 2。

⑦将复制后的图层 2 移动到最上面，图层关系见图 3-216，得到最终效果如图 3-215（d）所示。

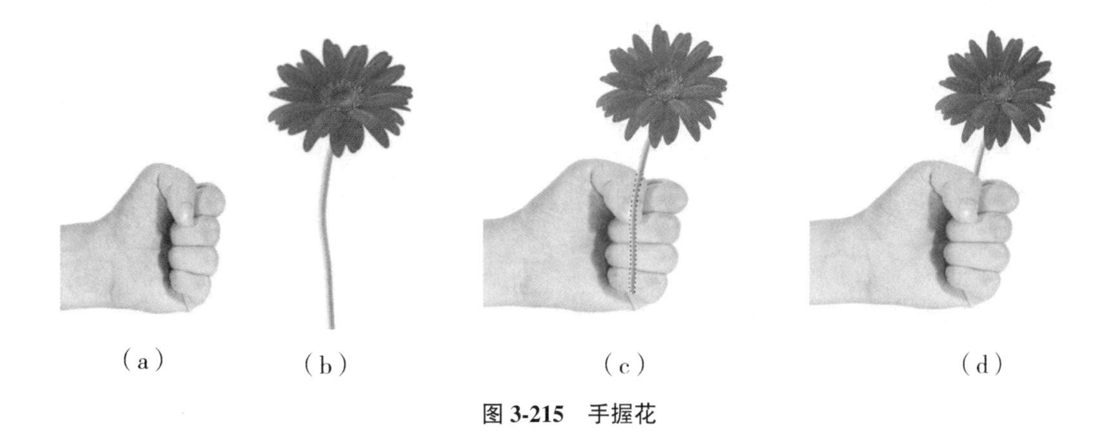

（a）　（b）　（c）　（d）

图 3-215　手握花

图 3-216　图层窗口中三种图层关系

例 4-11：制作按钮。

在 Photoshop 中按钮的制作相对较为简单，在下面的例子中将介绍按钮制作的操作方法。

①使用“文件”→“新建”命令建立新文件，宽度 6cm，高度 2cm，背景为透明色。

②选择圆角矩形工具在图形编辑区拖出一个适当大小的矩形，并在图层窗口中该图层上单击右键，选择“栅格化图层”。

③选择渐变工具，并在工具栏上选择一种前景色，设置为由前景色到透明色的渐变，在属性栏中设置菱形渐变方式，或者也可按不同需求自行设定。按住 Ctrl 键点击该背景图层，取得矩形选区，用渐变色对其进行填充。效果如图 3-217（a）所示。

④接下来为按钮添加图层效果。在“投影”项中设置不透明度为 75%，角度 120°，距离和大小均为 5。设置“斜面和浮雕”，选中其项中的“纹理”复选项，并切换到“纹理”窗口，设置缩放为 305%，深度为 +100%，其效果如图 3-217（b）所示。

⑤最后利用文字工具给按钮添加名称。选择“文字工具”，并设置字体为华文彩云，18 点，字间距 100，加粗。最终按钮效果如图 3-217（c）所示。

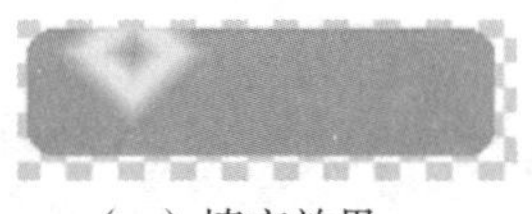

（a）填充效果

（b）图层式样效果

（c）按钮最终效果

图 3-217　图层应用实例

上述只是制作按钮的一般方法，制作按钮的关键在于如何设置图层效果以及按钮图案颜色。

九、蒙版

图层蒙版是一种特殊的选区，但它的目的并不是对选区进行操作，而是要保护选区不被操作。同时，不处于蒙版范围的地方则可以进行编辑与处理。对图层添加图层蒙版，在蒙版上涂黑色表示隐藏图像，使下一图层的图像透过来；白色表示显示图像；在蒙板中，不同程度的灰色代表了图像被蒙住的程度。按 Shift 键同时鼠标单击图层蒙版，则可以屏蔽图层蒙版效果，再次单击则恢复蒙版的效果。按 Alt 键同时鼠标单击图层蒙版，则可以只显示图层蒙版的内容，再次单击则可以恢复图层效果。

例 4-12：肌肉骨骼合成示意图。

①在 Photoshop 中新建文件，分别将“人体肌肉 .jpg”“人体骨骼 .jpg”图片全选（Ctrl+A），复制（Ctrl+C）粘贴（Ctrl+V）至新建文件中，在图层窗口中共有 3 个图层。

②对人体肌肉和人体骨骼两个图层均点击图层窗口中的添加图层蒙版按钮为图层添加蒙版。

③选中“人体骨骼”图层蒙版，使用“矩形选框工具”，在属性栏中设置羽化值为 20，选择右半部分图像，填充黑色，遮盖“人体骨骼”图层的右半部分。

④选中“人体肌肉”图层蒙版，使用“矩形选框工具”，在属性栏中设置羽化值为 20，选

择左半部分图像，填充黑色，遮盖“人体肌肉”图层的左半部分，最终效果图如图 3-218（c），图层关系见图 3-219 所示。

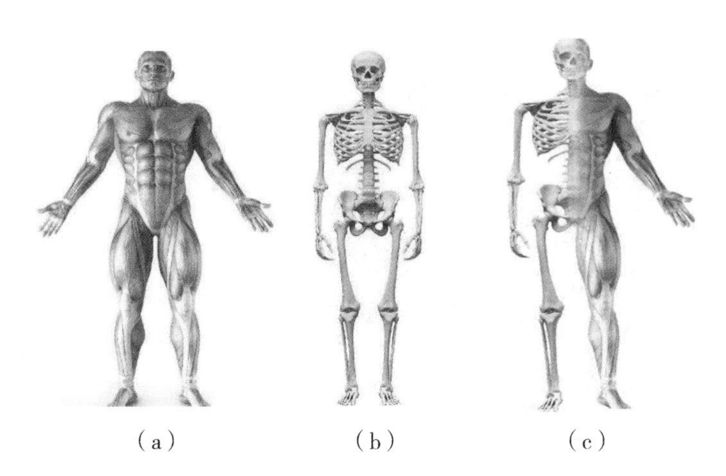

图 3-218　肌肉 - 骨骼合成图

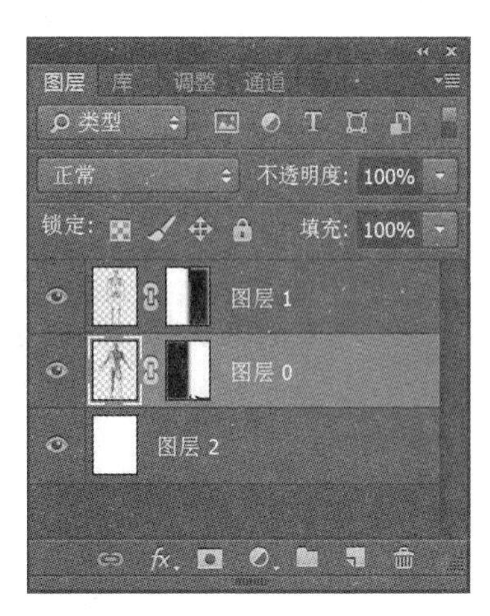

图 3-219　图层窗口

十、滤镜

滤镜是一组功能强大的图像特效处理工具，滤镜可以根据一定的规律和运算的规则，改变图像的像素排列，从而得到我们想要的图像效果。Photoshop 中的滤镜可以对图像进行模糊、锐化、扭曲等处理。

例 4-13：添加镜头光晕。

操作方法：打开图片“镜头光晕 .jpg”，选择菜单“滤镜”→“渲染”→“镜头光晕”，弹出如图 3-220 所示窗口，在预览窗口中移动光晕位置，调整光晕的亮度，也可以选择镜头的不同类型。最终处理的效果如图 3-221 所示。

图 3-220　镜头光晕滤镜窗口

图 3-221　镜头光晕处理后的图片

十一、路径

路径是由贝塞尔曲线构成的线条或图形，所谓贝塞尔曲线是由 3 点组合定义而成的，其中的一个点在曲线上，另外两个点在控制手柄上，拖动这两个点可以改变曲线的曲度和方向。路径是由锚点组成的矢量图，因此，放大、缩小对图像无任何影响，仍可以保持清晰的边缘。路径可以通过选取进行转换，也可以使用工具栏上的钢笔工具进行绘制。其路径窗口的主要按钮如图 3-222 所示。

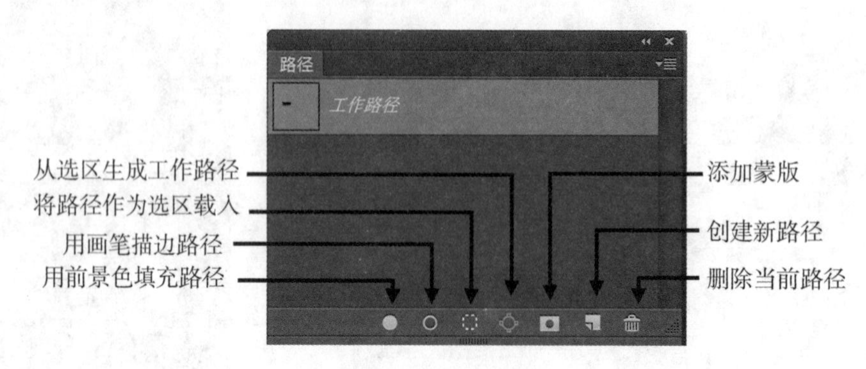

图 3-222 路径窗口

例 4-14：设计发光字。

操作方法：

①新建黑色背景的图像文件，选择工具栏中的文字蒙版工具，设置文字样式，从而添加文字选区。

②点击路径窗口中“从选区生成工作路径”按钮。

③选择画笔工具，在工具栏中设置前景色为黄色，并在属性栏中设置画笔直径大小，点击路径窗口中“用画笔描边路径”按钮。

④点击路径窗口中“将路径作为选区载入”按钮，设置前景色为红色，在路径窗口中点击“用前景色填充路径”按钮，生成如图 3-223 所示最终的发光字效果图。

图 3-223 设计发光字效果图

第五节 视频编辑

在日常生活工作中，通过摄像机、pad、手机等拍摄的活动图像均属于视频，并且视频也是人们接收的各种形式信息中最直接、最具体、信息量最大的信息载体。

一、视频概述

视频（video）是指将一系列有联系的静态影像按一定的频率连续播放而形成的动态图像。连续的图像变化每秒超过 24 帧（frame）画面以上时，根据视觉暂留原理，人眼无法辨别单幅的静态画面，看上去是平滑连续变化的视觉效果，这样连续的画面叫做视频。例如国内的电视制式是每秒钟播放 25 帧画面。

按照处理方式，视频可分为模拟视频和数字视频。模拟视频是用于传输图像和声音且随时间连续变化的电信号。早期视频均采用模拟方式，人们在电视上所见到的视频图像是以模拟电信号的形式记录下来，采用模拟调幅的手段在空间传播，再用磁带录像机将模拟电信号记录在磁带上。

模拟视频不适合在网络传输，同时该图像随时间和频道的衰减较大，不利于检索和编辑。为了让计算机能对视频进行处理，必须将模拟信号转变为数字信号，这就是视频的数字化过程。现在数字视频已广泛应用，例如摄像机、DV、家庭有线电视等都采用了数字视频。数字视频就是以数字形式记录的视频，它有不同的产生、存储和播出方式。比如通过数字摄像机直接产生数字视频信号，存储在 SD 卡、光盘或磁盘上，从而得到不同格式的数字视频；然后通过 PC 和播放器等来播放。

知识拓展

视频能够以不同的文件格式存储于计算机中，不同格式的数字视频播放效果和占用磁盘空间均不同。

（1）MPEG 格式。MPEG（Motion Picture Experts Group，运动图像专家组）是 ISO（International Standardization Organization，国际标准化组织）与 IEC（International Electrotechnical Commission，国际电工委员会）于 1988 年成立的专门针对运动图像和语音压缩制订国际标准的组织。MPEG 制订了包括 MPEG-1、MPEG-2 和 MPEG-4 等在内的多种视频格式标准，该系列标准已成为国际上影响最大的多媒体技术标准。其中 MPEG-1 和 MPEG-2 是采用相同原理为基础的预测编码、变换编码、熵编码及运动补偿等第一代数据压缩编码技术，MPEG-1 广泛地应用于 VCD 的制作和一些视频片段下载的网络应用；MPEG-2 则是应用在 DVD 的制作，同时在一些 HDTV（高清晰电视广播）和一些高要求视频编辑、处理上面也有相当多的应用。MPEG-4 则是基于第二代压缩编码技术制订的国际标准，以视听媒体对象为基本单元，采用基于内容的压缩编码，以实现数字视音频、图形合成应用及交互式多媒体的集成。

（2）AVI 格式。AVI（Audio Video Interleaved，音频视频交错）由微软公司制订的视频格式，在视频领域可以说是历史最悠久的格式之一。AVI 格式调用方便、图像质量好，压缩标准可任意选择，是应用最广泛、应用时间最长的格式之一。

（3）RMVB 和 RM 格式。RMVB 的前身为 RM 格式，它们是 Real Networks 公司所制订的音频视频压缩规范，根据不同的网络传输速率，而制订出不同的压缩比率，从而实现在低速率的网络上进行影像数据实时传送和播放，具有体积小，画质也还不错的优点。

（4）WMV 格式。WMV（Windows Media Video）是微软推出的一种独立于编码方式的在网络上实时传播的流媒体格式，WMV 的主要优点有可扩充的媒体类型、本地或网络回放、可伸缩的媒体类型、流的优先级化、多语言支持、扩展性等。

（5）FLV 和 F4V 格式。FLV（Flash Video）是一种新的视频格式，有效地解决了视频文件导入 Flash 后，使导出的 SWF 文件体积庞大，不能在网络上很好的使用等缺点。F4V 已经逐渐取代了传统 FLV，作为一种更小更清晰，更利于在网络传播的格式，也已被大多数主流播放器兼容，而不需要通过转换等复杂的方式。FLV 在 H.263 的视频规格或是 AAC 的音源规格都达到功能极限，为了克服这个格式上的限制，F4V 诞生了。FLV 格式采用的是 H.263 编码，而 F4V 则支持 H.264 编码的高清晰视频，码率最高可达 50Mbps。在同等体积的前提下，F4V 能够实现更高的分辨率，并支持更高的比特率，更清晰更流畅。另外，很多主流媒体网站上下载的 F4V 文件后缀为 FLV，这是 F4V 格式的一个特点。

（6）3GP 格式。3GP 是一种 3G 流媒体的视频编码格式，是为了配合 3G 网络的高传输速度而开发的，也是目前手机中较为常见的一种视频格式。该格式是“第三代合作伙伴项目”（3rd Generation Partnership Project，3GPP）制订的一种多媒体标准，使用户能使用手机享受高质量的视频、音频等多媒体内容。其核心由包括高级音频编码（AAC）、自适应多速率（AMR）、MPEG-4 和 H.263 视频编码解码器等组成，目前大部分支持视频拍摄的手机都支持 3GP 格式的视频播放。其特点是网络宽带占用较少，但画质较差。

二、会声会影的基本操作

会声会影（Corel VideoStudio）是 Corel 公司为视频爱好者推出的一款操作简单、功能强大的视频编辑软件，用户利用捕获、编辑、特效、覆叠、标题、音频与输出 7 大功能，把视频、图片、声音等素材结合成视频文件。支持多种图像、音频、视频的编码方式。

虽然会声会影无法与 EDIUS，Adobe Premiere，Adobe After Effect 和 Sony Vegas 等专业视频处理软件媲美，但它凭着操作简单、界面简洁、功能强大等优点成为家庭用户首选的视频编辑软件。会声会影是集编辑、效果，录制、交互式视频及各种光盘制作等功能于一体的视频处理软件，它能制作高质量的影片、相册、DVD 等，创建的视频文件也可以在平板电脑、手机等终端上观看，或者直接上传到网络上进行共享。

1．启动会声会影

启动会声会影后进入工作界面，该视频编辑软件主要由标题栏、菜单栏、步骤面板、预览窗口、素材库窗口、工具栏和时间轴窗口组成，如图 3-224 所示。

（1）标题栏：显示会声会影的图标、名称以及当前文件名，若为新项目并且没有保存，则为未命名标题。

（2）菜单栏：包括文件、编辑、工具和设置菜单，这些菜单提供了各种不同的命令集。

（3）步骤面板：由捕获、编辑和分享 3 种按钮组成，分别对应视频编辑的不同步骤，光标默认放在“编辑”按钮上。

（4）预览窗口：显示当前项目或者正在播放素材的内容，包括播放窗口和下方导览面板。

（5）素材库窗口：存储和组织所有媒体素材，并根据媒体类型过滤素材库。

（6）工具栏：包含常用工具，如：媒体、即时项目、转场、标题、滤镜。

（7）时间轴窗口：显示并编辑项目中所有素材、标题和效果。

2．“捕获”和导入素材（包括图片、声音、视频等多媒体文件）

随着数码产品的快速普及，人们出游和旅行时都愿意带上摄像机或者手机，将沿途的美丽风光记录下来，旅游结束后可以和家人朋友一起分享。如果能对旅行过程中拍摄的素材进行剪辑，再配上好听的音乐，才是完美的视频作品。下面介绍如何使用会声会影软件制作旅游纪念视频。

制作视频的第一步是将拍摄的素材从来源设备传输到计算机中。本例的素材文件是使用手机及数码摄像机拍摄了 4 段风景的视频（“天空俯瞰 .mp4”“风景 .mp4”“寄居蟹 .mp4”“本土歌手 .mp4”）以及一些图片素材（1.jpg ~ 6.jpg），首先通过 SD 卡或者 U 盘等外部设备，将拍摄的文件复制粘贴到计算机相应的文件夹中。

（1）导入素材文件到素材库中

任务一：将旅游拍摄的视频、图片文件以及需要为视频配乐的音乐文件捕获到会声会影素材库，或者直接将这些素材添加到时间轴中进行后续编辑

操作方法：选择菜单“文件”→“将媒体文件插入到素材库”→“插入视频”，如图 3-225 所示，弹出“打开视频文件”对话框，选择视频文件保存的路径，单击“打开”按钮，就可以将视频文件导入到素材库中。也可以使用同样方法在图中选择插入图片或音频，分别将图片、声音文件插入到素材库中。还可以通过选择菜单“文件”→“将媒体文件插入到时间轴”选

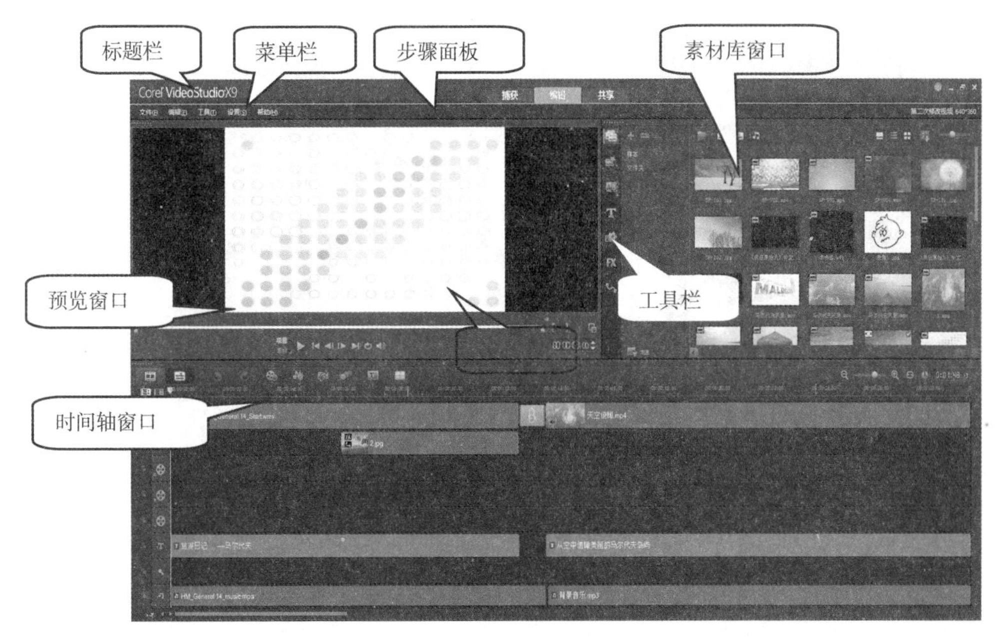

图 3-224　会声会影工作界面

项，直接将拍摄的文件导入到时间轴，进行后续视频剪辑操作。

（2）录制素材文件

会声会影还提供了通过拍摄设备（例如 DV 等）直接与计算机相连接捕获视频的方法，设备连接后在“步骤面板”中单击“捕获”，弹出 3-226 所示的窗口，单击“捕获视频”，弹出“捕获”界面，在下拉框中选择“DV”，单击“文件夹”按钮以确定文件保存的位置后单击“捕获视频”按钮，开始录制视频，单击“停止捕获”，捕获完成的视频文件即可保存到相应路径下同时导入到素材库。

如果想抓取静态图像，需在菜单栏中单击“设置”菜单，选择“参数选择”命令（图 3-227），弹出“参数选择”对话框，选择“捕获”选项卡，在“捕获格式”设置中选择“JPEG”选项（图 3-228），单击“确定”按钮，即完成捕获静态图像参数的设置。然后单击图 3-226 中“捕获视频”按钮，弹出如图 3-229 所示“捕获”选项卡，在该选项卡上单击“抓拍快照”按钮，每单击一次，就通过外部设备捕获一张图片，捕获完成的图片文件即可保存到设置的路径下，也可以在素材库窗口中看到该图片的缩略图。

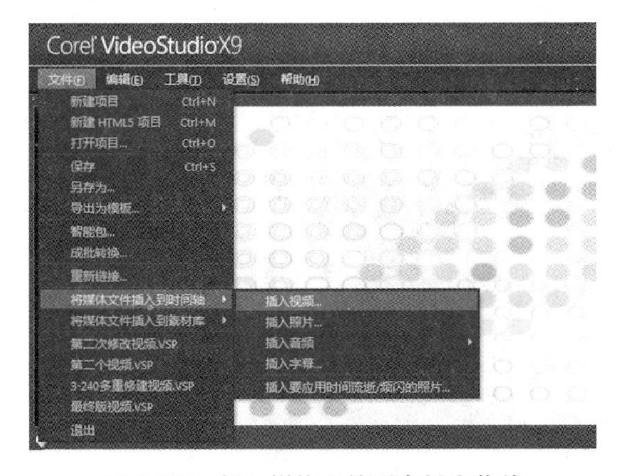

图 3-225　插入媒体文件到素材库菜单

图 3-226　捕获窗口

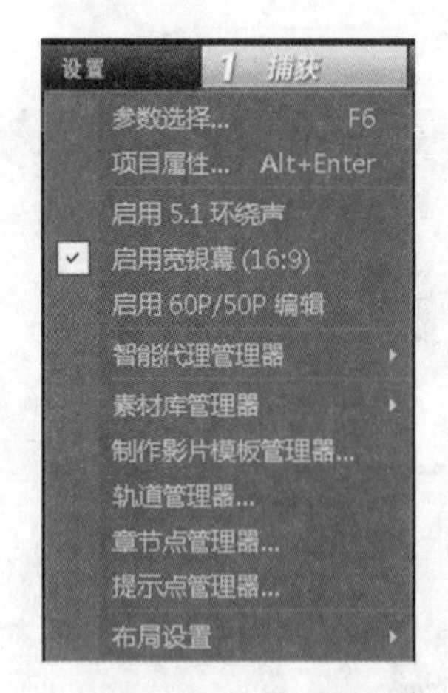

图 3-227 “设置”菜单→“参数选择”命令

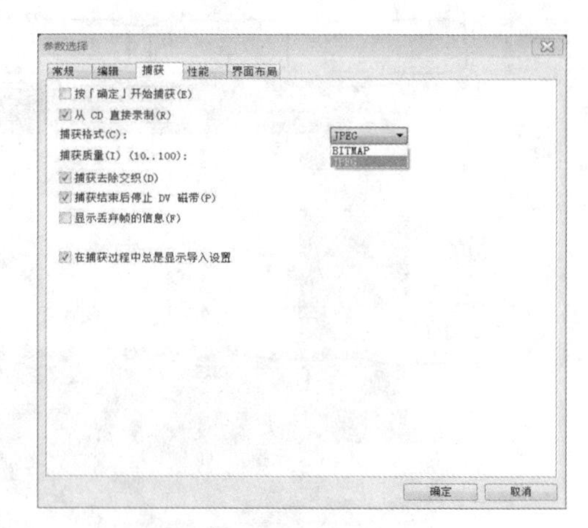

图 3-228 “参数选择”对话框

在制作视频过程中，经常需要对当前操作进行录屏，因此在会声会影中屏幕捕获成为一个独立的命令，在图 3-226 中单击“屏幕捕获”按钮，弹出如图 3-230 所示的“屏幕捕获”窗口，可单击左下方“设置”按钮对文件名、保存位置、格式、声音、系统音频等信息进行设置，然后单击红色圆点的“开始录制”按钮，录制完毕时按快捷键 F10 停止录制，则屏幕视频录制完成，同时自动将录制的视频导入到素材库中。

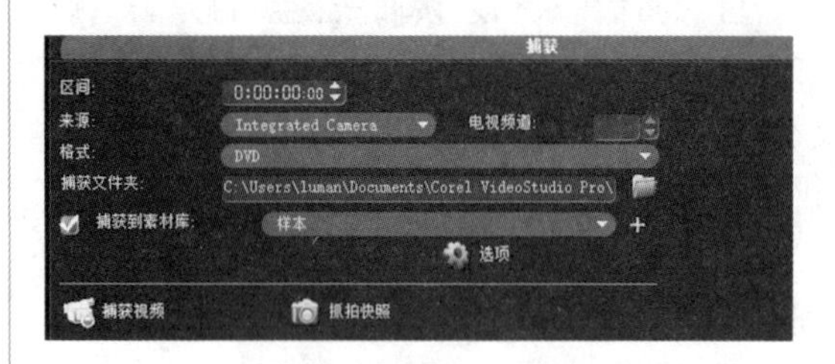

图 3-229 “捕获”选项卡

图 3-230 “屏幕捕获”窗口

3．构建视频文件

收集了所有素材后，可以将素材库中的素材文件按构想的顺序添加到时间轴，并进行视频的初步编辑。

任务二：利用会声会影中自带的模板初步构建视频文件

操作方法：在如图 3-224 所示工具栏上单击“即时项目”按钮，弹出如图 3-231 所示窗口，在其中可以选择开始选项中的 IP-02 片段，将该片段直接拖拽到下方时间轴上，如图

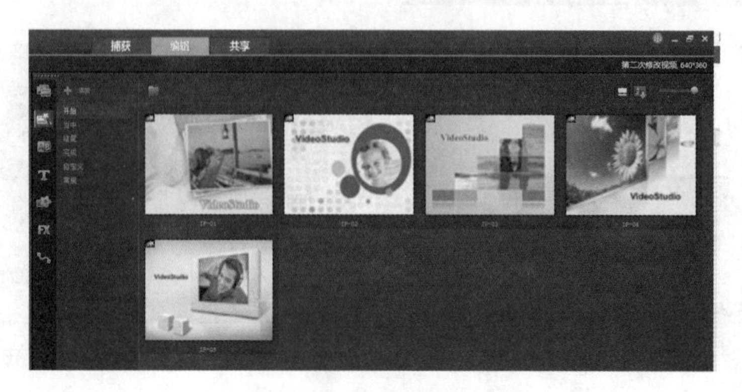

图 3-231 即时项目窗口

3-232 所示，然后对该模板可以进行进一步修改。视频中间及结尾部分也可以采用相应模板来制作视频。使用模板的好处就是可以快速完整的构思整个视频的结构，然后可以通过不断地修改制作出比较满意的作品。

图 3-232　将模板拖拽到时间轴上的显示效果

4．剪辑视频素材

在对视频进行剪辑之前，首先对制作的视频项目进行分辨率的设置。在菜单栏中单击“设置”菜单，选择“项目属性”命令，弹出如图 3-233 所示“项目属性”对话框，选择“编辑”按钮，在“编辑配置文件选项”中设置帧大小为 1920×1080，它表示水平方向像素点数为 1920 个，垂直方向像素点数为 1080 个。同时需要设置整个视频的显示比例，常见的视频比例有：4:3、16∶9，其中 16∶9 是目前主要的视频显示比例。设置方法为在图 3-234 的“显示宽高比”对话框中选择 16∶9，单击“确定”按钮完成参数的设置。

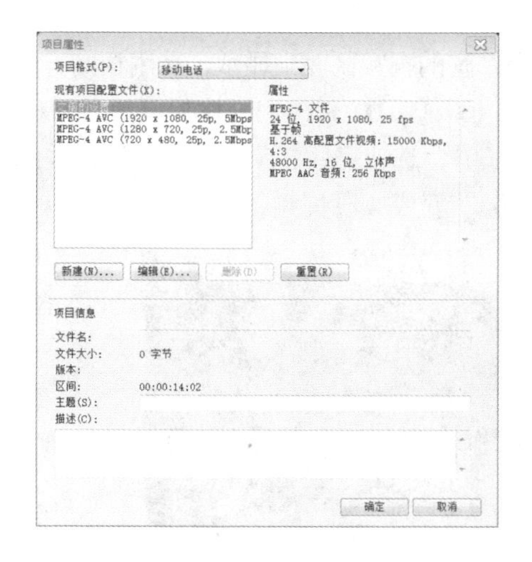

图 3-233　项目属性窗口

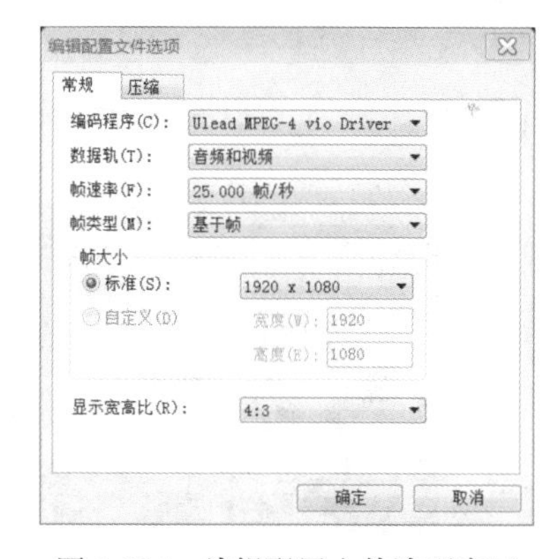

图 3-234　编辑配置文件选项窗口

（1）简单视频剪辑

任务三：对拍摄的风景“天空俯瞰 .mp4”进行简单剪辑

操作方法：选中视频素材“天空俯瞰 .mp4”，将其拖拽到时间轴相应位置上，在预览窗口中将选择器滑动到时间轴 00∶00∶20∶00 位置如图 3-235 所示，然后单击剪切按钮，在滑块所在位置视频被分割成两部分，在时间轴上选中已分割的第二部分视频，按 Del 键将该部分视频删除，素材剪辑后的时间长度如图 3-236 所示。视频剪辑的方式也可以通过将滑块滑动到需要选取视频的起始位置，点击开始标记按钮[设置开始位置，即删除选择器前面的部分，单击结束标记按钮]设置终止位置，即删除选择器后面的部分。

图 3-235 视频剪辑窗口

图 3-236 视频剪辑后的效果

（2）多重修整视频

任务四：在视频素材“风景 .mp4”中截取 4 段视频，为了便于剪辑，对该视频采用多重修整视频命令

操作方法：将视频“风景 .mp4”拖拽到时间轴上，然后选择该视频素材，单击属性设置区中的“选项”按钮，在弹出如图 3-237 所示的界面中单击“多重修整视频”按钮，弹出如图 3-238 所示窗口，在该窗口中，单击播放按钮或者滑动时间轴上的选择器滑块，标记需要截取的视频片断的开头位置，单击开始标记按钮或者按快捷键 F3 标记视频起始位置，即删除该位置之前的视频，然后拖拽选择器滑块，标记需要截取的视频片断的结束位置，单击结束标记按钮或者按快捷键 F4，截取的视频片段将在下面修整的视频区间中显示，采用相同方法对“风景 .mp4”视频文件共选取 4 段视频，选取的时间段为：(00 : 00 : 00 ～ 00 : 10 : 00)、(1 : 25 : 00 ～ 1 : 33 : 00)、(1 : 42 : 00 ～ 1 : 54 : 00)、(3 : 50 : 00 ～ 4 : 00 : 00)，选取完后，单击确定按钮，关闭窗口完成多重修整视频，时间轴就可以看到视频“风景 .mp4”变成 4 段视频，结果如图 3-239 所示。

图 3-237 视频选项面板

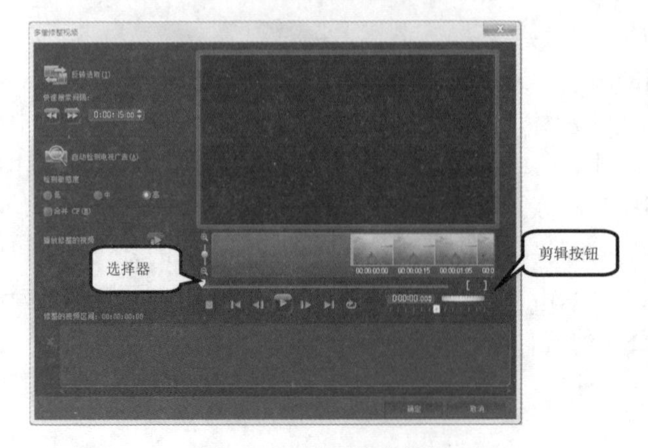

图 3-238 多重修整视频

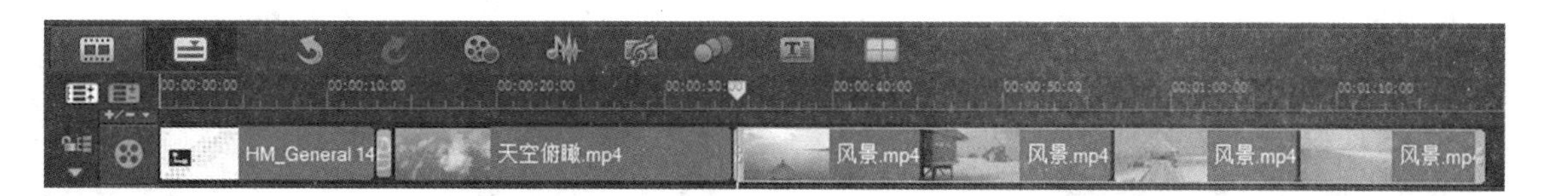

图 3-239　时间轴上显示修整后的视频

5．制作画中画效果

使用时间轴上的覆叠轨制作视频时，可以将多个视频画面同时显示，从而使画面的内容和效果更加丰富。覆叠轨就是设置叠加的轨道，通过覆叠轨可以设置 2 个画面、 3 个画面，甚至更多的画面同时播放的效果。

任务五：使用“任务四”中截取的 4 段视频制作画中画效果

操作方法：拖拽任意的图片到视频轨上作为画中画效果的背景图片。单击时间轴左上方的轨道管理器按钮，弹出如图 3-240 所示轨道管理器窗口，在该窗口中设置覆叠轨个数为 4 个，单击确定按钮，则在时间轴上会显示 4 个覆叠轨。将图 3-239 中已经截成 4 段的视频分别拖拽到不同的覆叠轨上，通过拖拽和移动在预览窗口中视频画面的边框可以调节该素材的大小和位置，从而达到 4 个画面同时播放的效果，并且在时间轴上对每个视频的时间长度进一步调整，使每个视频的播放长度相同。同时调整背景图片的播放时间使其与其他视频长度一致。最终视频效果及时间轴上的显示如图 3-241 所示。

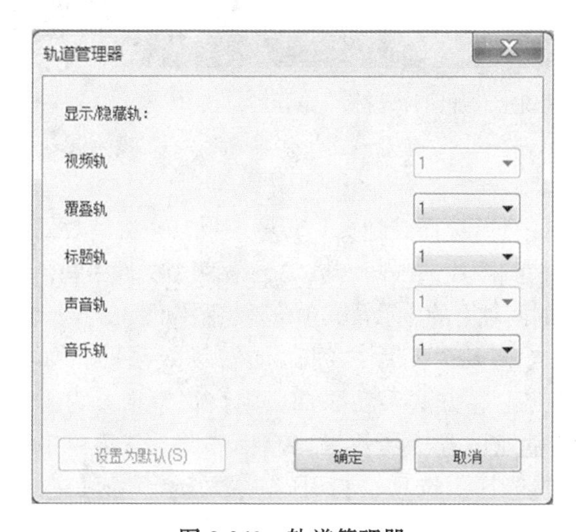

图 3-240　轨道管理器

图 3-241　画中画效果

6．添加图片

任务六：使用拍摄的风景照片替换时间轴上的图片，并在时间轴上添加其他素材图片

操作方法：在时间轴覆叠轨 1 上右键单击需要替换的片头模板图片，弹出如图 3-242 所示菜单，在其中选择“替换素材”→“照片”，其替换前后时间轴及浏览窗口中的变化如图 3-243 所示。将需要添加的其他图片素材直接拖拽到时间轴视频轨上，如图 3-244 所示。

7．设置转场效果

电影、电视剧、宣传片、片头等视频作品经常要对场景与段落的连接采用不同的方式，统称为“转场”。会声会影中提供了多种转场效果，如 3D、相册、取代、时钟等。

任务七：为添加的图片、视频文件添加转场

操作方法：单击工具栏上的“转场”按钮，在素材库中显示转场效果缩略图如图 3-245

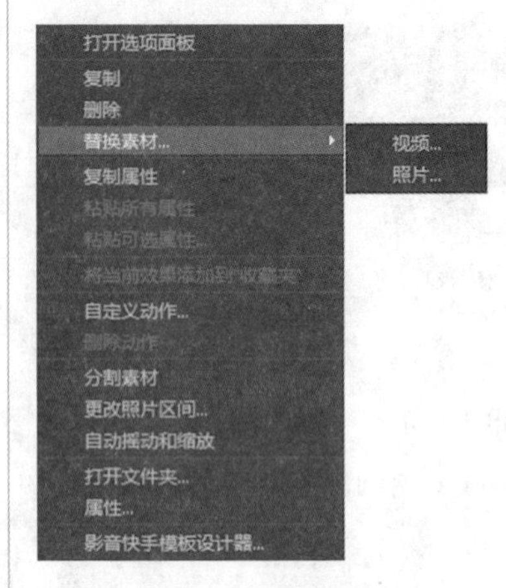

图 3-242　替换素材菜单

图 3-243　替换图片素材前后的变化

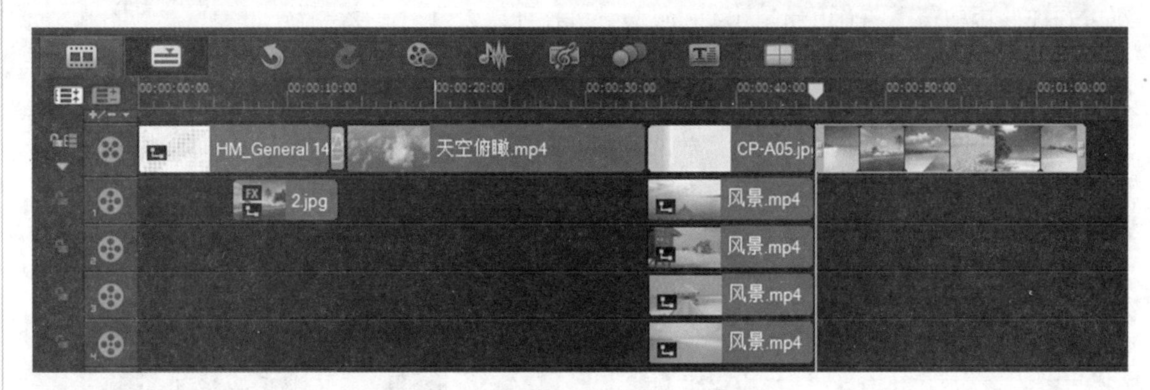

图 3-244　在时间轴视频轨上添加图片素材

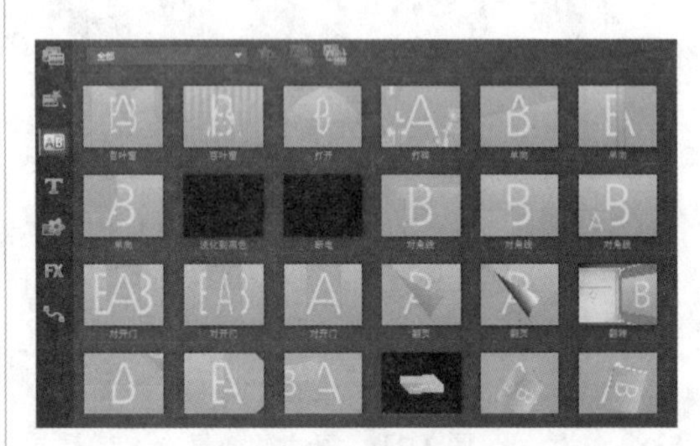

图 3-245　素材文件缩略图

所示，然后选择“翻页”转场效果，并将其效果直接拖拽到图片“1.jpg”与“2.jpg”两个文件中间，最终在时间轴上的显示及其预览效果图如图 3-246 所示。

当对多个图片之间添加转场效果时，如果都按照上述方法手动添加，则会很繁琐。为了可以批量地设置转场效果，选择“设置”菜单中的“参数选择”选项，打开“参数选择”窗口，如图 3-247 所示，在该窗口中单击“编辑”标签，在“转场效果”选项中勾选“自动添加转场效果”，并设置一种默认转场效果。这里，可以将该默认转场效果设置为“随机”，设置完毕后，重新拖拽所有的图片文件到时间轴上，图片之间就自动添加了转场效果，并且其转场效果为随机，最终产生如图 3-248 所示的效果。也可以在图中 3-247 参数选择窗口设置转场的效果区间以及图片的整个播放时间，默认转场持续时间为 1 秒，图片包含前后两个转场的时间为 3 秒。设置视频之间的转场效果与设置图片之间的转场效果完全相同。

8．添加标题及字幕

任务八：为视频添加标题及字幕

操作方法：对添加的“开始”模板中的标题进行修改，双击标题轨 T 中的文字“VideoStudio”，在预览窗口中修改该文字为“旅游日记”，可以通过单击属性设置区中的“选项”按钮，在弹出选项面板中对文字颜色、字号、字形、对齐方式等进行设置，最终的效果如

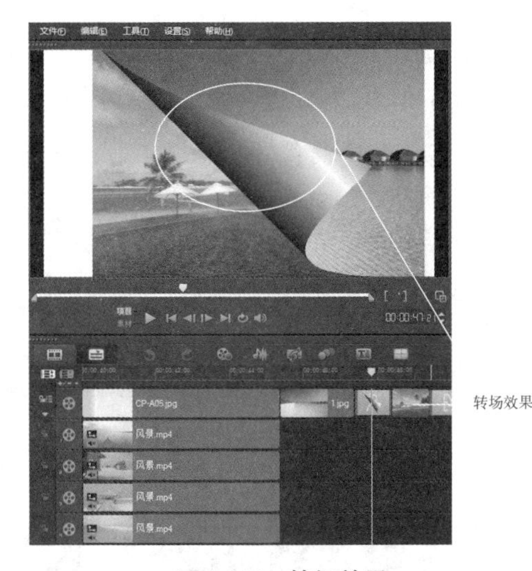

图 3-246　转场效果

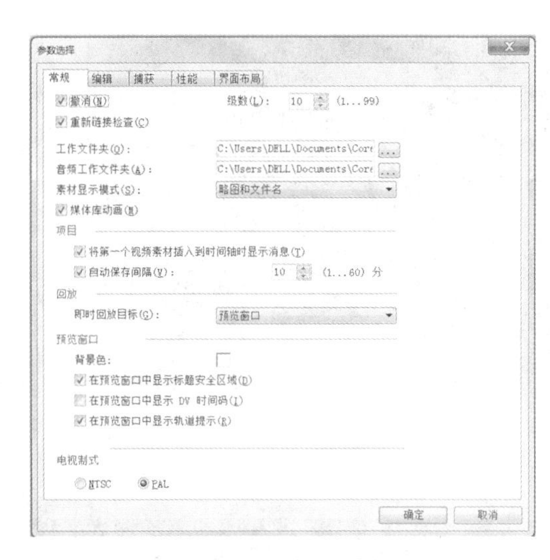

图 3-247　参数选择窗口

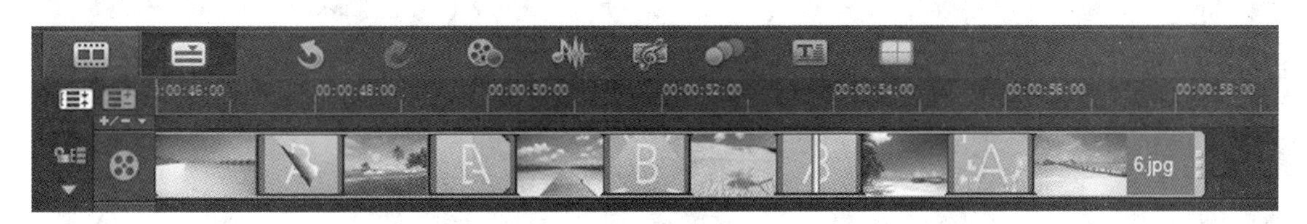

图 3-248　参数选择窗口

图 3-249 所示。对视频“天空俯瞰 .mp4”添加说明字幕，添加方法是：在工具栏中选择标题工具，在标题样式的预览窗口图 3-250 中选择一种文字样式，直接拖拽到时间轴“天空俯瞰 .mp4”视频对应的标题轨上，双击该文字对其进行修改，或者直接双击标题轨，再双击浏览窗口中需要添加字幕的区域，输入要添加的文字并进行字体样式的设置，产生如图 3-251 所示效果。

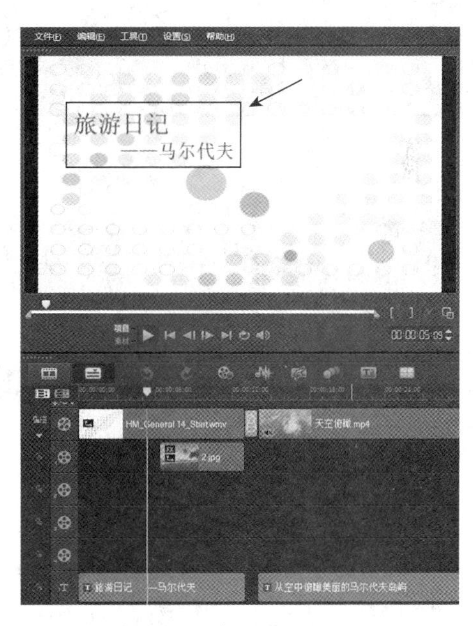

图 3-249　修改标题文字

9．添加背景音乐并对音乐进行设置

任务九：去掉拍摄视频“天空俯瞰 .mp4”“风景 .mp4”“寄居蟹 .mp4”的背景声音，同时为视频添加背景音乐，并进行声音效果的设置

操作方法：右键单击时间轴上的视频文件“天空俯瞰 .mp4”，在弹出菜单中选择“静音”，即可去掉拍摄视频的杂声。使用相同的方法去掉“风景 .mp4”“寄居蟹 .mp4”视频的背景声音。

在素材库窗口中可以直接单击按钮，将声音素材文件“背景音乐 .mp3”导入到素材库中。拖拽该文件到音乐轨上，调整该音乐在时间轴的位置，并对该声音素材进行剪辑，其剪辑方法与视频剪辑的方法类似，最终效果如图 3-252 所示。对添加的背景声音设置效果，单击属性设置区中的“选项”按钮，在弹出菜单中单击如图 3-253 所示的“淡入淡出”按钮，即可对该声音效果进行设置。

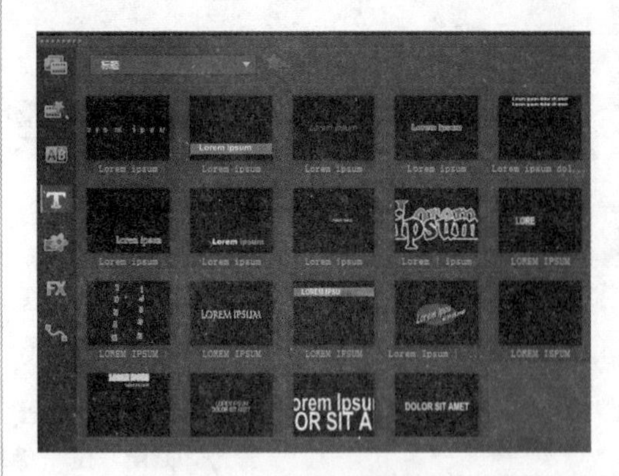

图 3-250 文字样式

图 3-251 添加字幕后视频的显示效果

图 3-252 设置视频为静音

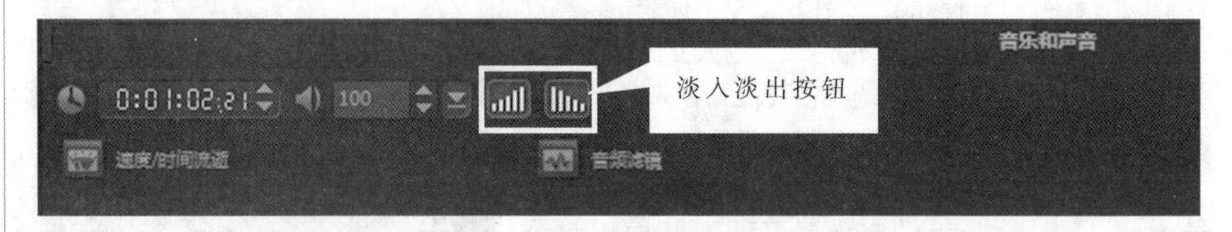

图 3-253 设置声音的效果为淡入淡出

10．制作视频特效

任务十：为视频添加特效，使视频可以呈现出遮罩的效果

操作方法：视频特效可以对视频进行特殊的处理，从而创造出更多的精彩效果。对视频“寄居蟹 .mp4”采用与“任务三”相同的剪辑方法，选取关于寄居蟹生活的这段视频，单击属性设置区中的“选项”按钮，弹出如图 3-254 所示选项面板，在该面板中单击“遮罩和色度键”选项，弹出如图 3-255 所示窗口，在其中勾选“应用覆叠选项”，在类型的下拉菜单中选择遮罩帧，在右面显示的遮罩形状中选择一种椭圆形状进行设置，在预览窗口中调整该视频在整个画面中的位置，并将该视频拖拽到时间轴 00 ：56 ：10 处，让它与“6.jpg”图片同时出现，并且在时间轴上拖拽素材“6.jpg”，使它的播放长度与“寄居蟹 .mp4”相同，最终效果及时间轴的设置如图 3-256 所示。

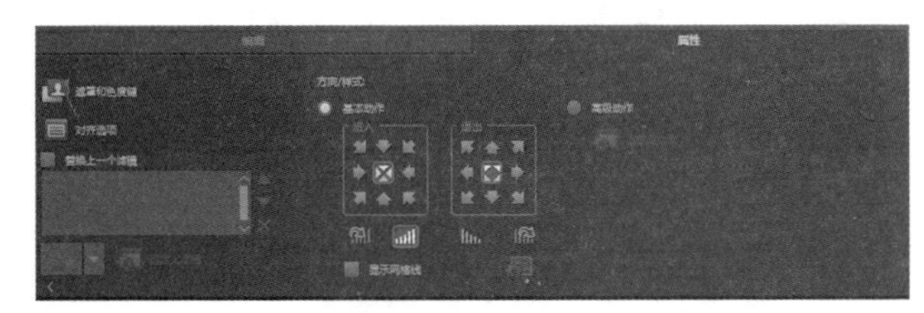

图 3-254　“遮罩和色度键”选项面板

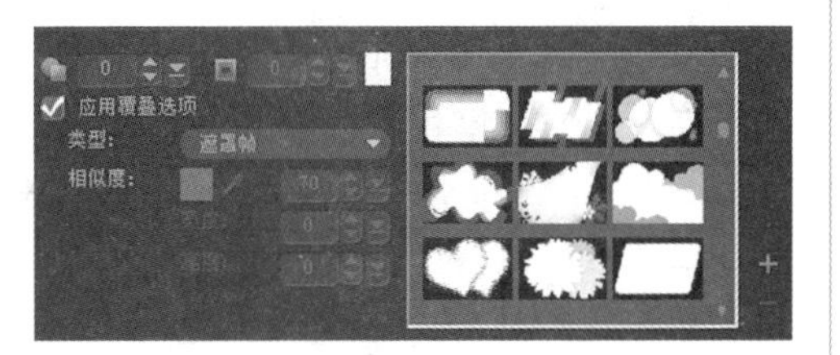

图 3-255　应用覆叠选项——遮罩帧

图 3-256　设置遮罩后的效果

会声会影也可以设置视频的抠像功能，即将视频中的单色抠掉，从而与背景视频镂空地叠加在一起，与常见的电视台的虚拟演播室技术基本一样。在图 3-255 选项卡中，在选项“类型”的下拉菜单中选择“色度键”。在相似度设置中，将色块的颜色设置为需要抠除的背景颜色，即可快速实现视频抠像，实现的效果如图 3-257 所示。

图 3-257　应用覆叠选项——色度键

11．滤镜的使用

滤镜是通过不同的方式改变像素数据，以达到对图像或视频进行抽象、艺术化的特殊处理效果。

任务十一：对“本土歌手 .mp4”视频进行剪辑，并对视频添加滤镜的定格效果

操作方法：使用与“任务三”相同的方法对“本土歌手 .mp4”进行剪辑，选取该视频 00：00：00 ~ 00：22：13 部分，并将选取部分从中间某一位置剪辑成两部分，对第二部分添加滤镜定格效果。选中剪辑完成的第二部分视频，单击工具栏上的“滤镜”按钮，在右面窗口中将显示所有会声会影软件的内置滤镜，如图 3-258 所示。选择其中的“自动草绘”滤镜效果，并将它直接拖拽到时间轴“本土歌手 .mp4”素材上。单击“选项”按钮开启选项面板，弹出如图 3-259 所示窗口。在该面板中单击“自定义滤镜”按钮，弹出窗口如图 3-260 所示，设置该自动草绘动画从 00：00：00 开始到 00：10：00 为视频逐渐从有色的视频变成黑白的草绘图像，从 00：10：00 到最后定格到草绘的图案。设置方式为在图 3-260 中，将时间轴滑块滑动到初始 00：00：00 位置，在时间轴下方详细设置中设置进度为 100，再将滑块滑动到 00：10：00 的位置，然后单击时间轴上方的按钮，在时间轴上新建关键帧，并设置进度为 68，再将滑块滑动到最后，设置进度为 68，即可达到上述效果。在“自动草绘”滤镜效果窗口中还可以进行其他详细设置，如设置视频草绘的精确度、宽度、阴暗度等。

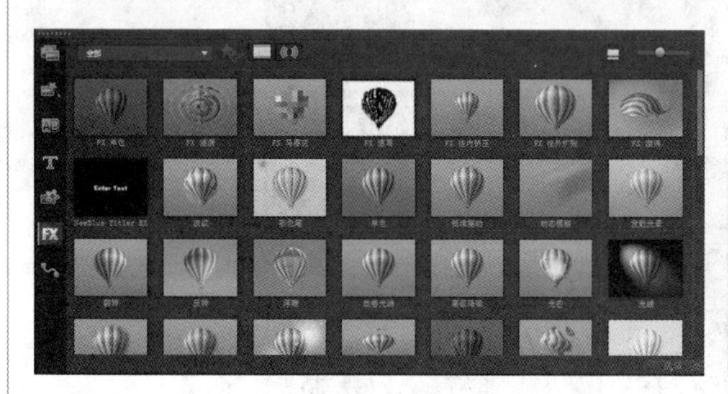

图 3-258　设置自动草绘

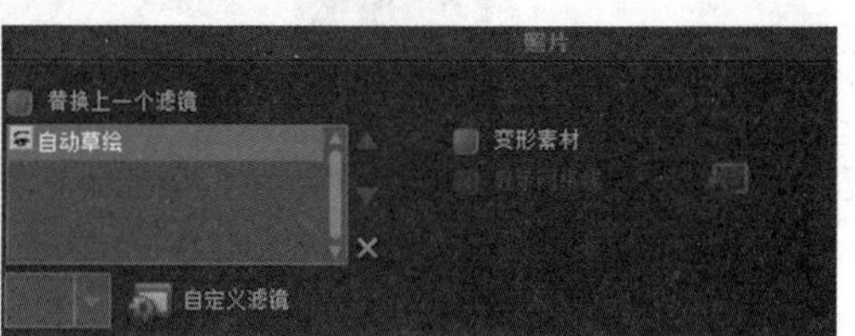

图 3-259　滤镜缩略图

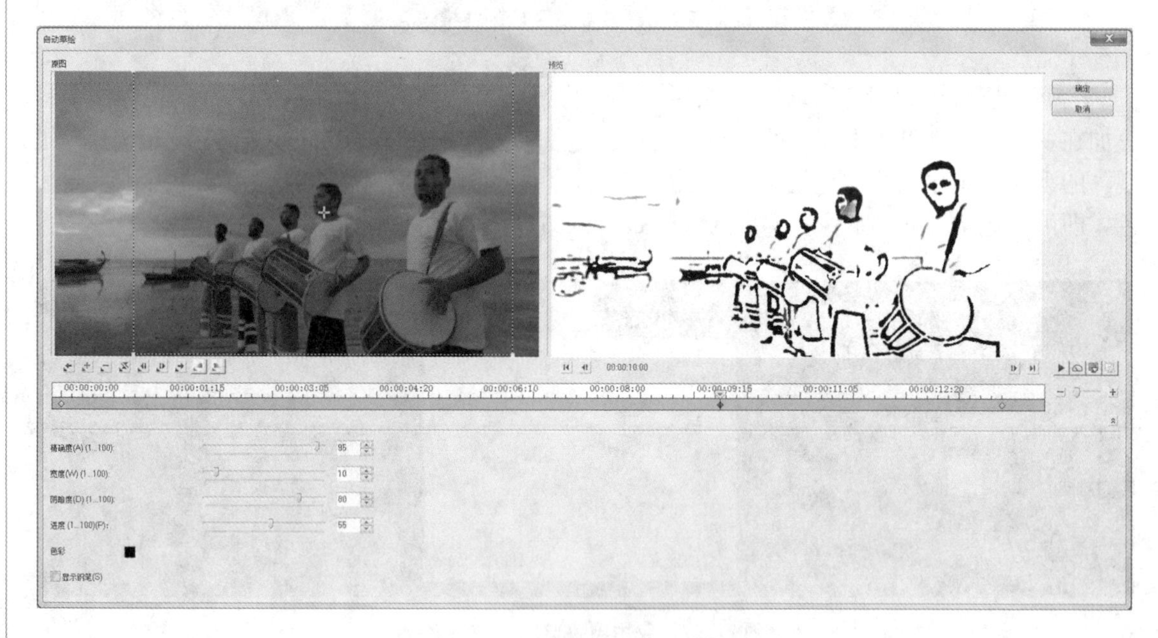

图 3-260　设置自动草绘滤镜

12．文件的保存及导出

vsp 格式是视频项目文件格式，是会声会影专用的保存格式。该格式文件类似引导的程序文件，只是记录视频剪辑过程以及各个原始素材在硬盘上的位置。已创建的 vsp 格式视频文件，可以通过选择“文件”菜单中的“打开项目”选项，打开已保存的 vsp 格式文件，该格式文件方便对原始素材再次进行编辑剪辑，但如果该项目文件中引用的原始素材被移动或删除后，该 vsp 文件相应引用该素材的部分就不能正确加载了。因此当视频编辑完成后，为了将其输出成其他播放器可以播放的视频文件，则需要将建好的 vsp 工程项目文件保存为其他视频格式文件。

任务十二：将视频文件保存为“旅游日记 .vsp”和“旅游日记 .mp4”

操作方法：

（1）对上述编辑的视频项目，可以保存成工程文件，以便日后可以继续编辑，单击“文件”菜单栏中的“另存为”选项，将文件另存为“旅游日记 .vsp”即可。

（2）如果上述视频制作已经完成，则可以直接生成可分享的视频文件，还可以刻录成光盘、上传到网络与更多人进行分享。在“步骤面板”中单击“分享”按钮，弹出如图 3-261 所示窗口，在其中选择要创建的视频格式“MPEG-4”，选择导出视频的位置及创建视频的名称，单击“开始”按钮，开始导出视频。生成的“旅游日记 .mp4”文件可以不依赖于会声会影软件，用视频播放器直接播放。

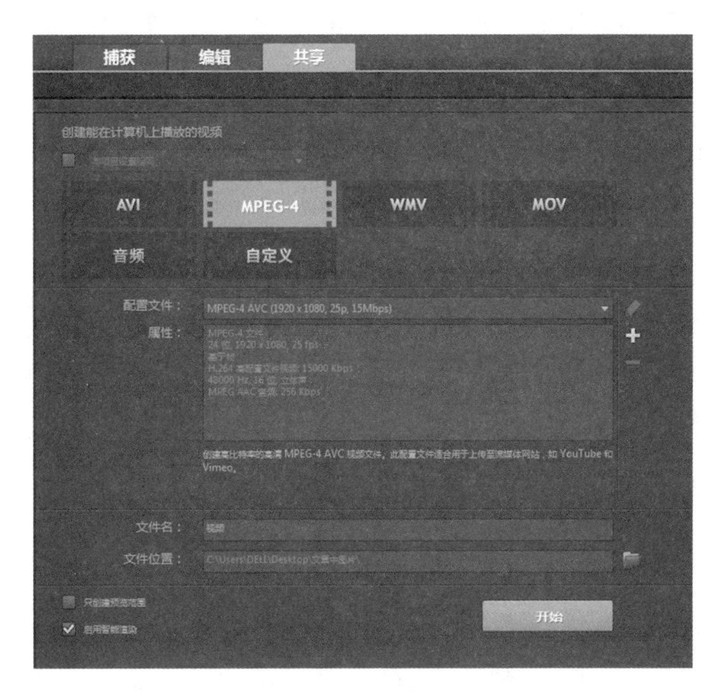

图 3-261　分享窗口

（刘　燕　崔莉萍　魏　飞　王　晨　王路漫）

第4章 程序设计

第一节　程序设计语言绪论

一、Python 语言简介

程序设计是大专院校计算机、电子信息、医学信息等相关专业的必修课程。Python 语言由荷兰的 Guido van Rossum 于 1989 年发明，1991 年发行第一个公开发行版。Python 一经推出，便迅速的受到了各行各业的青睐，并被列入网络 Web 开发最为流行的开源构架——LAMP（Linux、Apache、Mysql/MariaDB、Perl/PHP/Python）组件之一，它已经成为目前最受欢迎的程序设计语言之一。

Python 语言是一种面向对象的解释型计算机程序设计语言，广泛应用于计算机程序设计教学、科学计算等领域，在医学领域中特别适用于快速的文本处理以及简单的应用程序开发。本章节基于 Windows 7 和 Python 3.6.3 构建的 Python 学习平台，通过大量的实例，由浅入深地介绍 Python 语言的基础知识及相关应用。本章节共包括：程序设计语言绪论、数据类型、运算符与表达式、程序控制结构、序列以及函数等部分。

二、Python 语言的版本

目前，Python 官方网站同时发行的版本有：Python 2.X 和 Python 3.X。

Python 2 于 2000 年发布，Python 3 于 2008 年发布。目前两者之间无法兼容，除了输入输出方式的差异，许多其他语法规则的使用也存在一定差异，为了防止初学者糊涂，所以不过多赘述。本书编著时，Python 的最新版本为 2.7.14 和 3.6.3。

例如，Python 3 不支持 Python 2 中的 print，而是使用新增的 print（）函数：

```
print（'hello world!'）          #Python 3 正确，Python 2 错误
print 'hello world!'             #Python 2 正确，Python 3 错误
```

目前对于初学者来说，最纠结的事情莫过于版本的选择，到底应该选择 Python 2 还是 Python 3 呢？其实，版本的选择主要根据使用者的目的，打算从事哪方面的研究，以及自己需要的扩展库支持哪个版本。这些问题全部明确之后，再进行版本的选择，才能防止把时间浪费在 Python 以及扩展库的反复安装和卸载上。同时需要注意的是，当 Python 版本较新的版本推出后，不要急于升级版本，应该等到版本稳定以及相应扩展库也推出了新的版本后再进行升级。

三、Python 的下载和安装

Python 支持多平台，本书基于 Windows 7 和 Python 3.6.3 构建 Python 学习平台。

（一）下载 Python

打开 Python 官方主页。在浏览器地址栏中输入：https：//www.python.org/ 后，选择 downloads

页面下的适当版本进行下载，如图 4-1 所示。

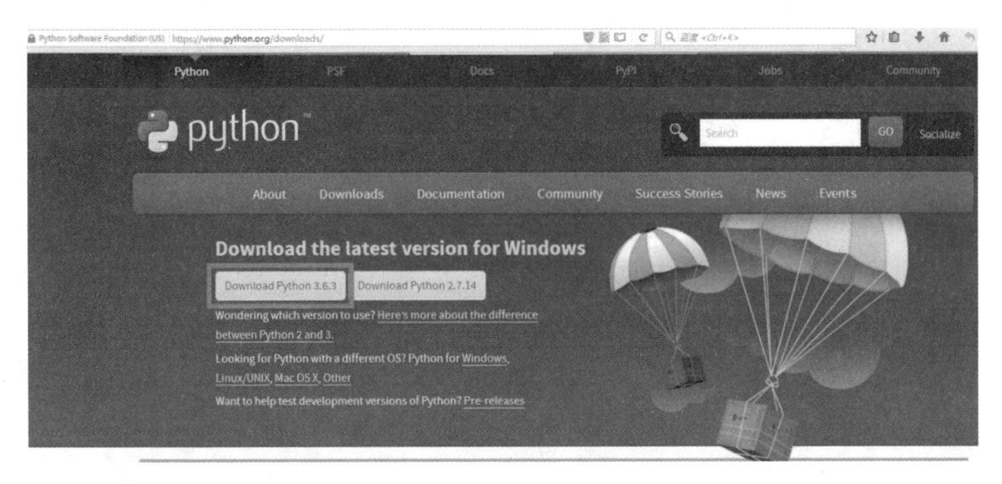

图 4-1　下载 Python 安装包

（二）安装 Python

Python 可执行安装包的安装过程与其他 Windows 软件的安装过程类似。

（1）运行 Python 安装程序，python-3.6.3-amd64.exe。

（2）设置安装选项。根据安装向导，安装 Python。首先勾选 Add Python 3.6 to PATH 复选框，添加环境变量，如图 4-2 所示。

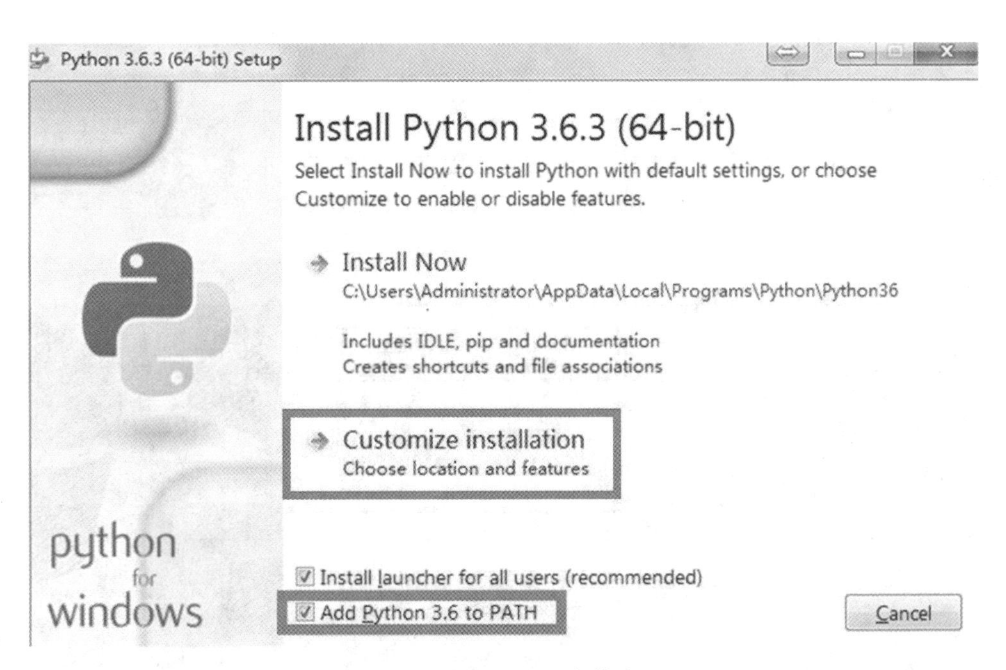

图 4-2　设置 Python 安装选项

（3）修改安装路径，执行安装过程，如图 4-3 所示。

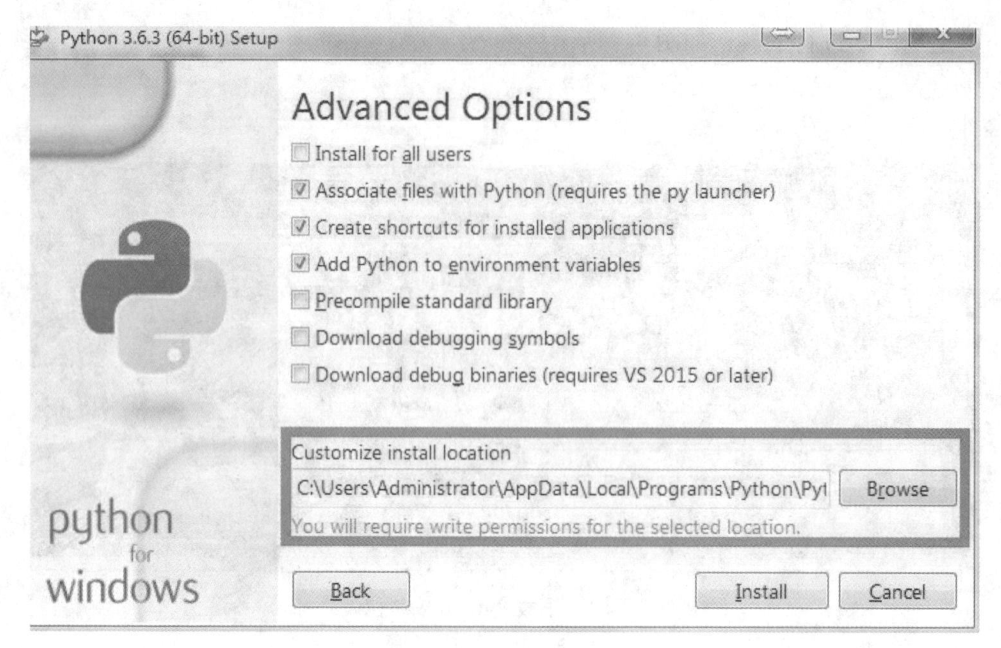

图 4-3　选择安装路径

四、管理 Python 扩展包

Python 3 包含 pip 和 setuptools 库。其中 pip 用于安装 Python 扩展包。setuptools 用于发布 Python 包。Python 3.4.0 之后的版本包含 pip 和 setuptools 库，无须单独安装。

在使用 pip 和 setuptools 包之前，应先将其更新到最新版本。

首先在 Windows 命令提示符窗口中，切换到安装目录下，在窗口中输入命令“python -m pip install -U pip setuptools”，以更新 pip 和 setuptools 包，如图 4-4 所示。如果包已经为最新版则提示“requirement already up-to-date”。包的安装和更新过程中应保持联网状态。

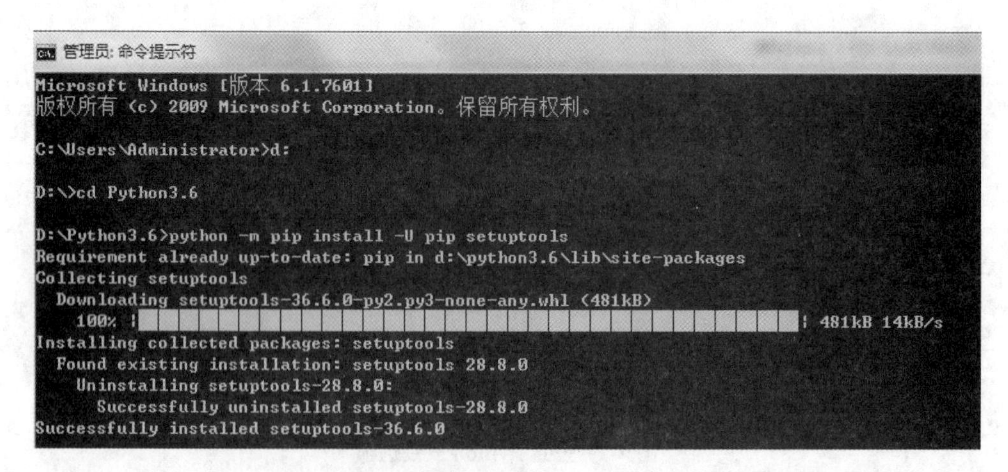

图 4-4　更新 pip 和 setuptools 包

pip 主要从 PyPI（Python Package Index）上安装 Python 包。其基本命令使用方法如下。

（1）安装包的最新版本（以 Matplotlib 为例，该包是 Python 常用的绘图库之一，包含一整套与 MATLAB 相似的命令 API）如图 4-5 所示：

python -m pip install Matplotlib

（2）安装包的某一个特定版本：

python -m pip install Matplotlib==1.5

（3）更新安装包：

python -m pip install -U Matplotlib

（4）卸载安装包：

python -m pip uninstall Matplotlib

（5）列出当前安装的所有包：

python -m pip list

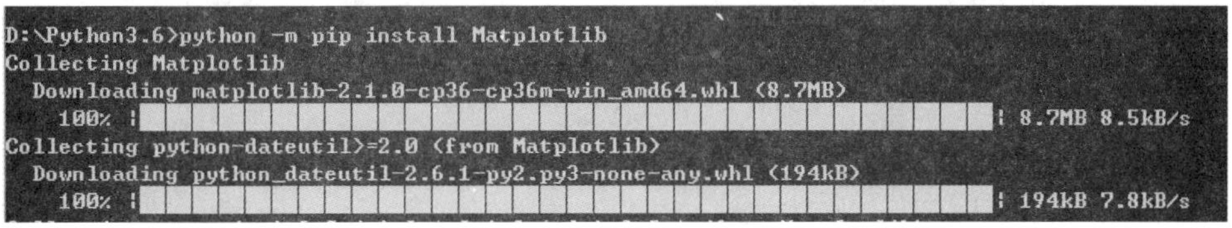

```
D:\Python3.6>python -m pip install Matplotlib
Collecting Matplotlib
  Downloading matplotlib-2.1.0-cp36-cp36m-win_amd64.whl (8.7MB)
    100% |████████████████████████████████| 8.7MB 8.5kB/s
Collecting python-dateutil>=2.0 (from Matplotlib)
  Downloading python_dateutil-2.6.1-py2.py3-none-any.whl (194kB)
    100% |████████████████████████████████| 194kB 7.8kB/s
```

图 4-5　安装 Matplotlib 包

五、Python 程序的执行

Python 的安装路径可以选择默认路径或者自定义路径，本教材选择的安装路径为（D:\ Python3.6）。在该文件夹下包括 python.exe 解释器执行程序以及 Python 库目录和其他相关文件。

Python 解释器是 Python 的默认开发环境之一。进入安装目录，双击 python.exe 运行解释器，也可以在命令提示符窗口输入 python.exe 进行访问。Python 解释器样式如图 4-6 所示，在解释器中可以看到 Python 的版本。

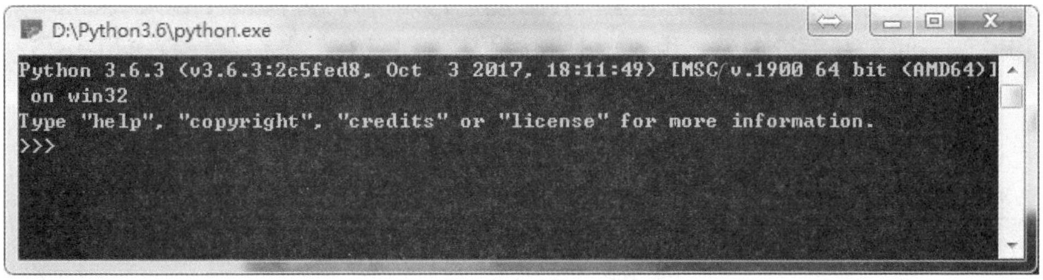

```
D:\Python3.6\python.exe
Python 3.6.3 (v3.6.3:2c5fed8, Oct  3 2017, 18:11:49) [MSC v.1900 64 bit (AMD64)]
 on win32
Type "help", "copyright", "credits" or "license" for more information.
>>>
```

图 4-6　Python 解释器

除此之外，Python 还可以使用 IDLE（Integrated Development and Learning Environment）进行程序开发。其样式与 Python 解释器类似，其可以通过 Windows“开始”菜单进行访问，运行 IDLE，如图 4-7 所示。

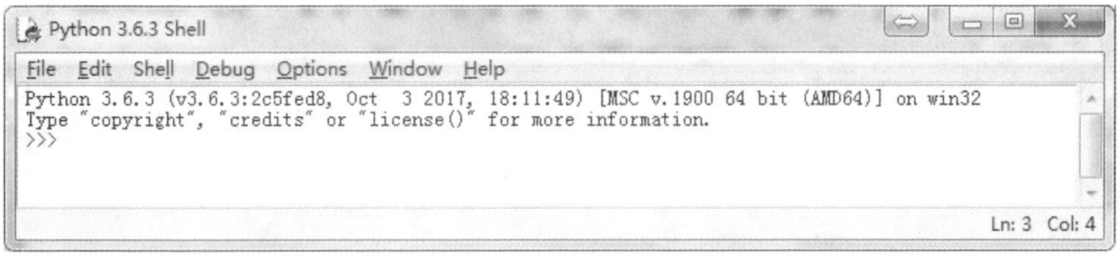

```
Python 3.6.3 Shell
File  Edit  Shell  Debug  Options  Window  Help
Python 3.6.3 (v3.6.3:2c5fed8, Oct  3 2017, 18:11:49) [MSC v.1900 64 bit (AMD64)] on win32
Type "copyright", "credits" or "license()" for more information.
>>>
                                                        Ln: 3  Col: 4
```

图 4-7　IDLE 界面

本教材主要以 IDLE 为例，如果使用交互式编程模式，则直接在“>>>”命令提示符后直接输入命令语句并敲击回车执行，如果代码输入正确，则返回结果。如果代码输入错误，则抛出异常。

在 Python 开发环境 IDLE 下进行简单的单行代码输入，包括简单的文本输出、数学运算等，如图 4-8 所示。除了简单的文本和数学计算输出，还做了错误的输入，并最终抛出了对应的异常。在输入的时候，还规定了一个特殊的变量“_”，该变量表示上一步运算的结果。

```
Python 3.6.3 Shell
File Edit Shell Debug Options Window Help
Python 3.6.3 (v3.6.3:2c5fed8, Oct  3 2017, 18:11:49) [MSC v.1900 64 bit (AMD64)] on win32
Type "copyright", "credits" or "license()" for more information.
>>> print('Hello World!')
Hello World!
>>> 1+2
3
>>> 1/0
Traceback (most recent call last):
  File "<pyshell#2>", line 1, in <module>
    1/0
ZeroDivisionError: division by zero
>>> 123+123
246
>>> _
246
>>> _+123
369
>>> print('Hello World!'*3)
Hello World!Hello World!Hello World!
>>> |
Ln: 20 Col: 4
```

图 4-8　使用 IDLE 运行简单命令

除了简单的单行代码输入，还可以进行复杂的多行代码输入。例如，使用循环语句进行 0 ~ 10 范围内的整数求和，并最终输出结果。

在 IDLE 页面下先赋值一个变量 sum 敲击回车，随后输入“for x in range（11）：”后敲击回车（冒号后代表复合语句），IDLE 在下一行自动进行缩进并等待输入；输入“sum = sum + x”进行求和后敲击回车，等待输入；由于此时 for 循环内部只有一条命令，直接再敲击一次回车结束循环。Python 执行循环语句，随后输入 sum 查看求和结果，如图 4-9 所示。（注：Python 的缩进是 Python 语言的一大特色，缩进的作用将留在程序控制结构部分进行介绍）。

```
Python 3.6.3 Shell
File Edit Shell Debug Options Window Help
Python 3.6.3 (v3.6.3:2c5fed8, Oct  3 2017, 18:11:49) [MSC v.1900 64 bit (AMD64)]
 on win32
Type "copyright", "credits" or "license()" for more information.
>>> sum = 0
>>> for x in range(11):
        sum = sum + x


>>> sum
55
>>> |
Ln: 10 Col: 4
```

图 4-9　执行循环计算 0 ~ 10 范围内的整数和

在 Python 的实际开发中，IDLE 提供了一些快捷键，如果能熟练地使用这些快捷键，将大幅度提升使用者的开发效率，如表 4-1 所示。

表4-1　IDLE常用快捷键

快捷键	功能
Ctrl +]	缩进代码块
Ctrl + [	取消缩进代码块
Alt+3	注释代码行
Alt+4	取消注释代码行
Alt+5、Alt+6	切换缩进方式 空格< = > Tab
Alt+ P	浏览历史命令（上一条）
Alt+N	浏览历史命令（下一条）
F1	打开 Python 帮助文档
Alt+/	自动补全之前出现过的单词

六、使用文本编辑器和命令行编写和执行 Python 程序

使用 IDLE 进行交互式的执行 Python 语句，其本身的优点就是方便。但是在方便之余，也存在一定的弊端，使用者无法将输入的代码保存记录，以方便反复使用。而且如果代码过长，也会造成开发过程中的混乱。

Python 程序是一个纯文本文档，其程序后缀为 .py，通常可以在命令提示符窗口中输入命令行进行代码执行：

（1）新建一个文本文档（记事本），将其后缀改为 .py，并使用 IDLE 的 file 选项下的 open 将其打开。

（2）输入程序代码，并且将其保存，如图 4-10 所示。

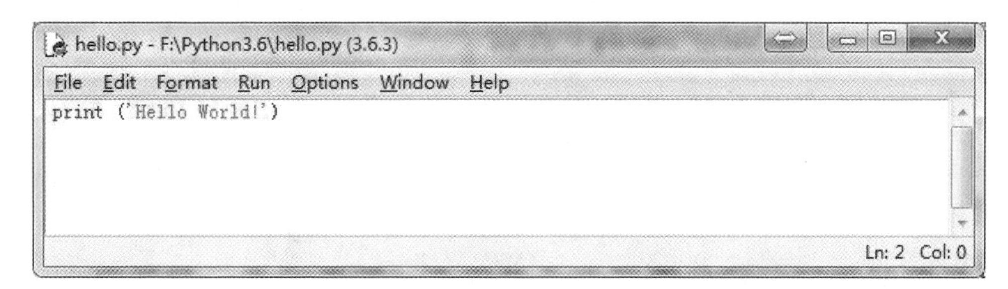

图 4-10　新建 python 程序，并将代码保存至文本中

（3）打开命令提示符窗口，切换到程序所在的工作目录。

（4）在命令提示符窗口输入命令行：python hello.py。即 python+ 程序名字进行运行并输出结果，如图 4-11 所示。

七、在线帮助

Python 通过交互式输入访问内置帮助系统。直接在 IDLE 中输入 help() 进入内置帮助系统。交互式帮助系统使用说明：

（1）进入帮助系统。help ()，如图 4-12 所示。

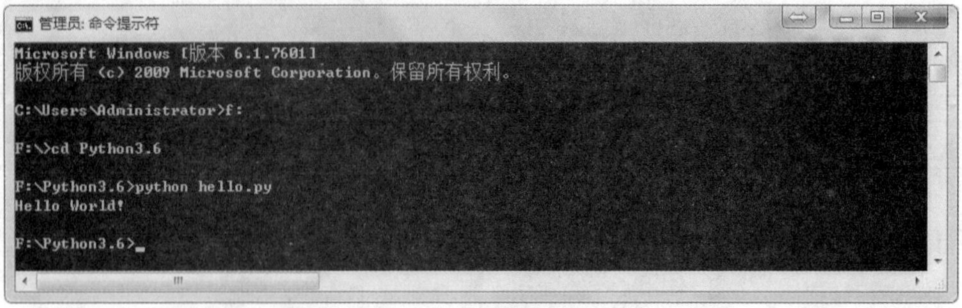

```
管理员: 命令提示符
Microsoft Windows [版本 6.1.7601]
版权所有 (c) 2009 Microsoft Corporation。保留所有权利。

C:\Users\Administrator>f:

F:\>cd Python3.6

F:\Python3.6>python hello.py
Hello World!

F:\Python3.6>_
```

图 4-11　在命令提示符窗口执行程序

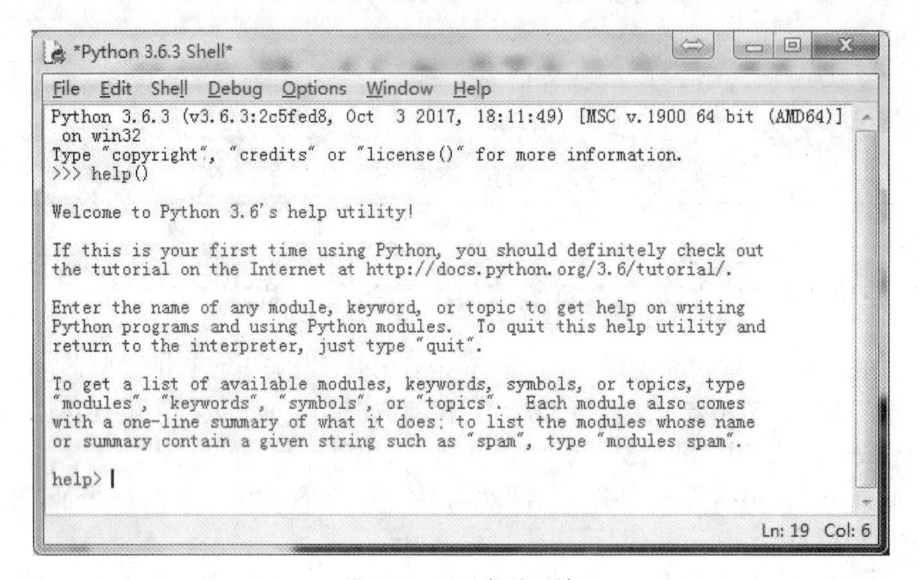

图 4-12　进入帮助系统

（2）显示所有已安装的模块。在 help 交互模式下输入 modules，如图 4-13 所示。

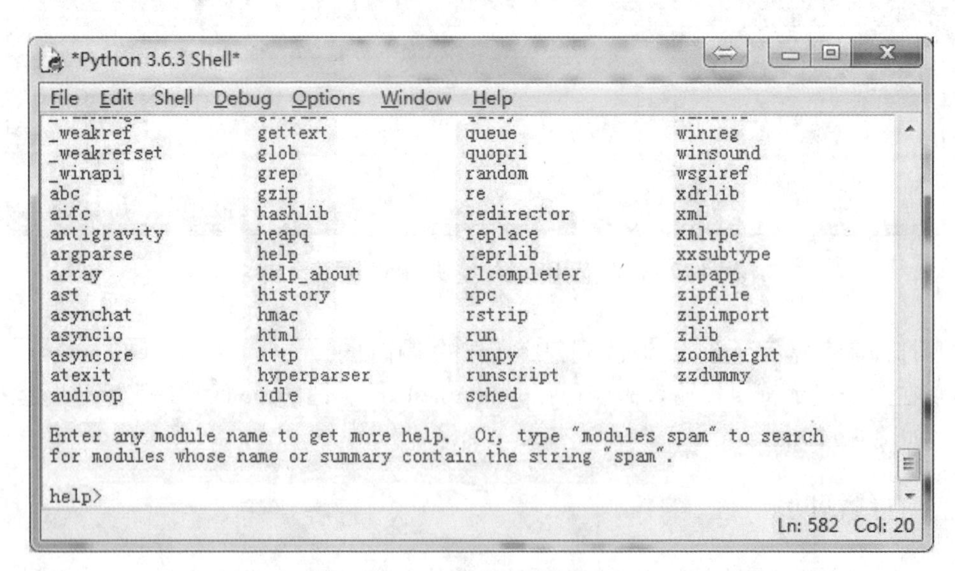

图 4-13　显示所有的模块

（3）显示所有与 abs 相关的模块。输入 modules abs，如图 4-14 所示。

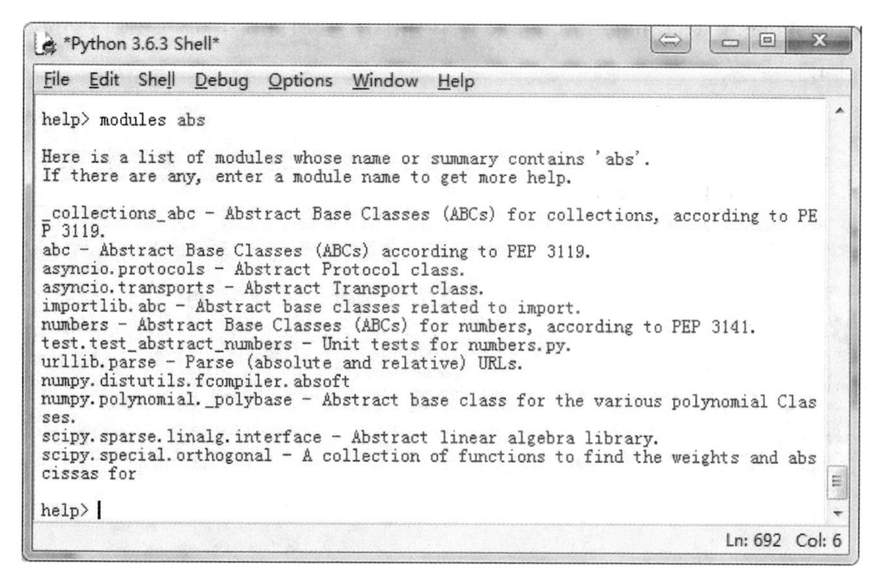

图 4-14　与 abs 相关的模块

（4）退出 help 模式。输入 quit，如图 4-15 所示。

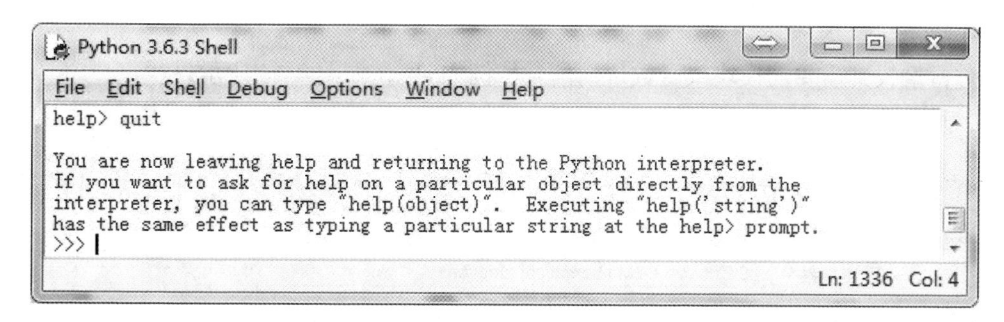

图 4-15　退出 help 交互模式

（5）查看具体模块或函数的帮助信息。输入 help（abs），如图 4-16 所示。

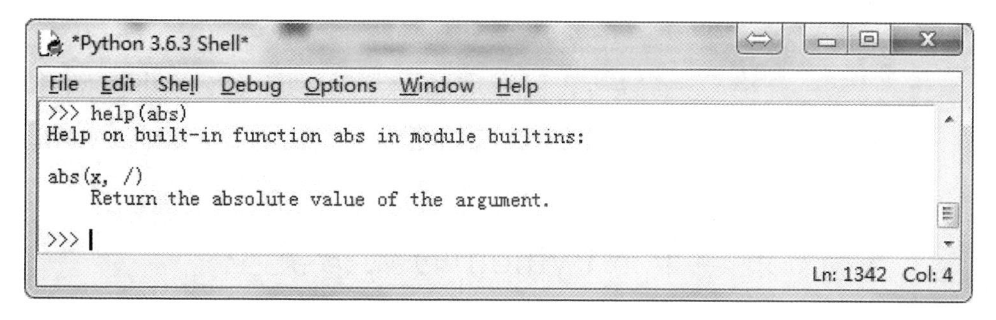

图 4-16　显示具体模块或函数的帮助信息

八、Python 使用手册

Python 软件提供了一款文档，其包含了 Python 语言以及标准模块的详细信息，是学习 Python 的必须工具。

那么如何使用该文档呢？在 Windows 开始菜单找到 Python 的安装目录，在目录文件夹下找到 Python 3.6 Manuals（64-bit）并打开。或者在 IDLE 的 Help 菜单下找到 Python Docs F1 进行访问，如图 4-17 所示。

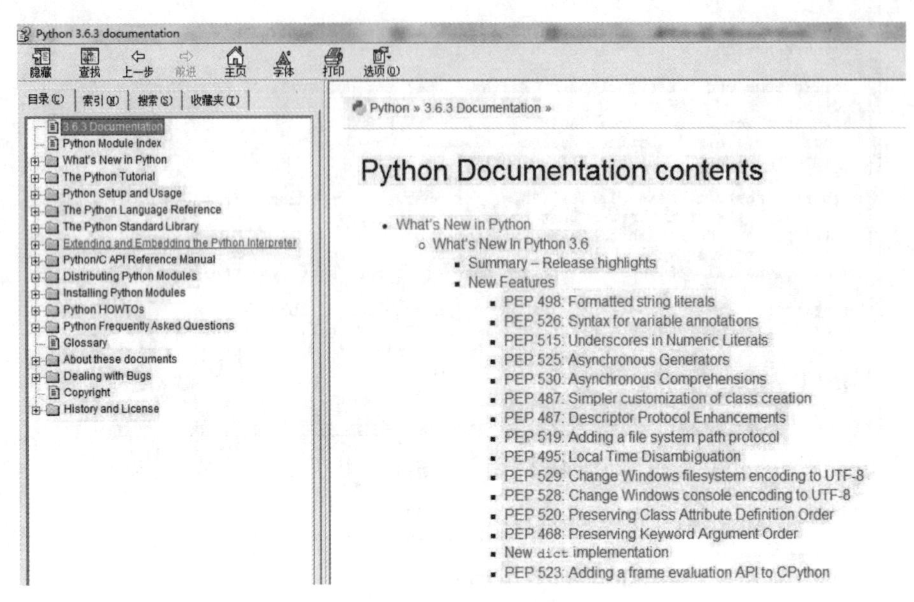

图 4-17　Python Manuals 主界面

通过检索找到需要的模块或函数帮助信息，例如 abs，如图 4-18 所示。

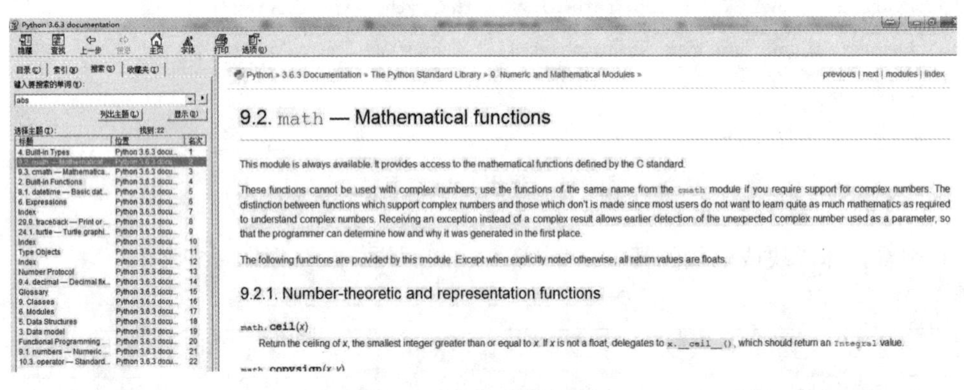

图 4-18　abs 的帮助信息

第二节　Python 的数据类型

Python 的最基本概念之一就是对象。其中各种数据类型也是属于对象的一部分，本节将介绍数据类型的概念。

一、变量

Python 不需要预先声明变量名与变量的类型，在赋值过程中将直接创建各种不同类型的变量。Python 会根据赋值或者运算类型自动推算出变量的类型。变量名由数字、字母和下划线组成；变量名必须以字母或下划线开头，不能以数字开头；变量名中不能包含空格和标点符号；

不能使用 Python 中的关键字作为变量名；变量名区分大小写。例如 abc，a_a，_as，a21a 为正确的变量名；12a，if（关键字），it' s 则不能作为变量名。

关键字查看方法：

>>>import keyword

>>>keyword.kwlist

变量赋值举例：

>>>x = 5　　　　　　　　# 创建了整型变量 x，并赋值为 5。

>>>y = 'Hello World!'　　　　　　# 创建了字符串变量 y，并赋值为 ' Hello World!'。

可以使用 type 函数查看变量的类型，并使用 print 进行输出。

>>>x = 5

>>>print（type（x））　　　　　　# 输出结果 < class 'int' >

>>>y = 'Hello World!'

>>>print（type（y））　　　　　　# 输出结果 < class 'str' >

二、数字

数字是最基本的对象之一。Python 数值类型主要包括整型、浮点型和复数型。

整型包括：十进制整数，使用 0、1、2、3、4、5、6、7、8、9 表示，例如：-1、1、4、159；二进制整数，使用 0、1 表示，以 0b 开头，例如：0b101、0b10101；十六进制整数，使用 0、1、2、3、4、5、6、7、8、9、a、b、c、d、e、f 表示，以 0x 开头，例如：0x1234，0xacdf，0x142abc；八进制整数，使用 0、1、2、3、4、5、6、7 表示，以 0o 开头，例如：0o12，0o345。

浮点型也称之为小数，例如：0.2、3.1514、-0.5、2e12、1e-5。

复数由实部和虚部组成，使用 J 或者 j 表示虚部，例如：3+5j、5-6J。注意：如果直接输入 1+j 会报错，应该输入 1+1j。

Python 中的数字类型能进行常规的数字运算，如图 4-19 所示。

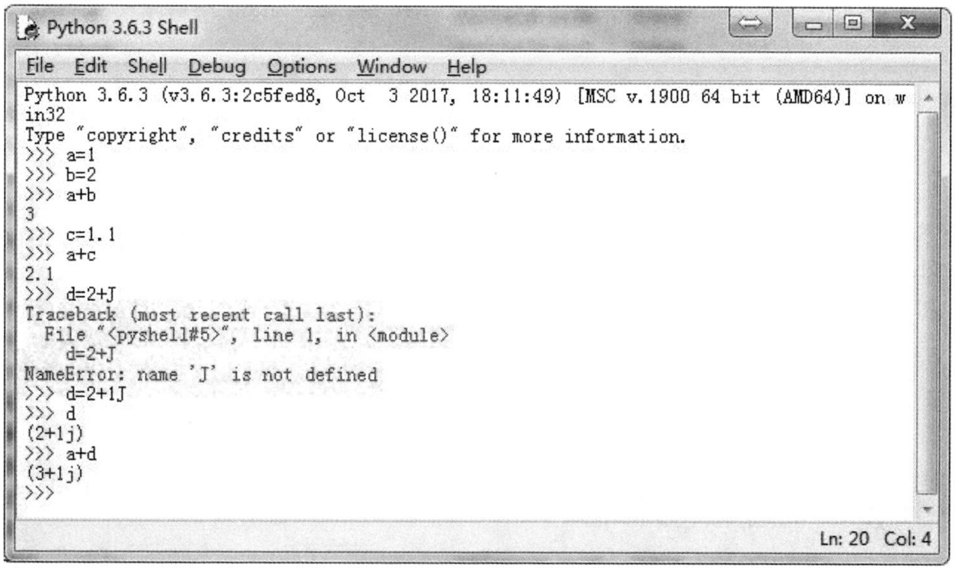

```
Python 3.6.3 Shell
File  Edit  Shell  Debug  Options  Window  Help
Python 3.6.3 (v3.6.3:2c5fed8, Oct  3 2017, 18:11:49) [MSC v.1900 64 bit (AMD64)] on w
in32
Type "copyright", "credits" or "license()" for more information.
>>> a=1
>>> b=2
>>> a+b
3
>>> c=1.1
>>> a+c
2.1
>>> d=2+J
Traceback (most recent call last):
  File "<pyshell#5>", line 1, in <module>
    d=2+J
NameError: name 'J' is not defined
>>> d=2+1J
>>> d
(2+1j)
>>> a+d
(3+1j)
>>>
Ln: 20  Col: 4
```

图 4-19　数字的简单运算

三、字符串

字符串也是最基本的对象之一，由一连串的各种字符任意组成。使用单引号、双引号、三单/双引号进行标识，但是前后的引号并不属于字符串的一部分，它们只是用来让Python识别字符串的开头和结尾。一对三单引号或者一对三双引号支持引用字符串的换行，支持排版格式复杂的字符串，也可以用于较长的注释内容。

```
>>>a = 'abc'
>>>a                          # 输出结果为 'abc'
>>>b = 'cde'
>>>b                          # 输出结果为 'cde'
>>>a + b                      # 输出结果为 'abccde'
>>>c = """I have a dream，
    Hello World!
    """
>>>c                          # 输出结果为 "I have a dream，\n\tHello World!\n\t"
```

大家可能已经注意，为什么上一步的字符串中包含了\n以及\t等字符呢？其实在Python中也是支持转义字符，如表4-2所示。可以通过转义字符输入引号等特殊符号。

表4-2　转义字符

转义字符	含义	转义字符	含义
\（在行尾时）	续行符	\\	反斜杠符号
\'	单引号	\"	双引号
\b	退格（Backspace）	\e	转义
\000	空	\n	换行
\v	纵向制表符	\t	横向制表符
\r	回车	\f	换页

四、删除变量

使用del删除不使用的变量。

```
>>>x = 1          # 为变量 x 赋值整数 1
>>>del x          # 删除变量 x
>>>x              # 变量已经被删除，没有定义。（NameError：name 'x' is not defined）
```

第三节　Python 的运算符与表达式

一、Python 的运算符与表达式

Python支持大部分的运算符，并且遵循与大多数计算机语言一样的运算符优先级，如表4-3所示。表达式是可以计算的代码，由操作数和运算符构成。操作数、运算符和括号共同组

成表达式，表达式的运算结果最终会返回结果对象。

表4-3　Python的运算符列表

<table>
<tr><th>运算符</th><th>算术运算符</th></tr>
<tr><td>a + b</td><td>两个对象相加，列表、元组、字符串合并</td></tr>
<tr><td>a - b</td><td>两个对象相减，集合差集</td></tr>
<tr><td>a * b</td><td>两个数相乘；若列表、元组或字符串和数字相乘，返回一个被重复若干次的列表、元组或字符串</td></tr>
<tr><td>a / b</td><td>除法</td></tr>
<tr><td>a % b</td><td>返回除法的余数</td></tr>
<tr><td>a ** b</td><td>返回 a 的 b 次幂</td></tr>
<tr><td>a // b</td><td>返回商的整数部分</td></tr>
<tr><td colspan="2">比较运算符</td></tr>
<tr><td>a == b，a != b</td><td>值相等比较，不相等比较</td></tr>
<tr><td>a > b，a < b</td><td>值大小比较</td></tr>
<tr><td>a > = b，a < = b</td><td>值大于等于比较，小于等于比较</td></tr>
<tr><td colspan="2">合并运算符</td></tr>
<tr><td>a = b</td><td>赋值运算符</td></tr>
<tr><td>a += b，a -= b</td><td>加（减）法赋值运算符，a+=b 等效于 a=a+b，a-=b 等效于 a=a-b</td></tr>
<tr><td>a *= b，a /= b</td><td>乘（除）法赋值运算符，a*=b 等效于 a=a*b，a/=b 等效于 a=a/b</td></tr>
<tr><td>a %= b</td><td>取模赋值运算符，a%=b 等效于 a=a%b</td></tr>
<tr><td>a **= b</td><td>幂赋值运算符，a**=b 等效于 a=a**b</td></tr>
<tr><td>a //= b</td><td>取整除赋值运算符，a//=b 等效于 a=a//b</td></tr>
<tr><td colspan="2">位运算符</td></tr>
<tr><td>&</td><td>按位与运算符</td></tr>
<tr><td>|</td><td>按位或运算符</td></tr>
<tr><td>^</td><td>按位异或运算符</td></tr>
<tr><td>~</td><td>按位取反运算符</td></tr>
<tr><td><<，>></td><td>左（右）移动运算符</td></tr>
<tr><td colspan="2">逻辑运算符</td></tr>
<tr><td>a and b</td><td>逻辑与</td></tr>
<tr><td>a or b</td><td>逻辑或</td></tr>
<tr><td>not a</td><td>逻辑非</td></tr>
<tr><td colspan="2">成员运算符</td></tr>
<tr><td>a in b</td><td>如果在指定的序列中找到值返回 True，否则返回 False</td></tr>
<tr><td>a not in b</td><td>如果在指定的序列中没有找到值返回 True，否则返回 False</td></tr>
<tr><td colspan="2">身份运算符</td></tr>
<tr><td>a is b</td><td>is 是判断两个标识符是不是引用自一个对象</td></tr>
<tr><td>a is not b</td><td>is not 是判断两个标识符是不是引用自不同对象</td></tr>
</table>

以下为 Python 运算符的使用示例：

```
>>>6 / 4                    # 输出结果为 1.5
>>>6 // 4                   # 输出结果为 1
>>>6 % 4                    # 输出结果为 2
>>>3.0 * 4                  # 输出结果为 12.0
>>>3 * 4                    # 输出结果为 12
>>>'a' + 'b'                # 输出结果为 'ab'
>>>'2' * 5                  # 输出结果为 '22222'
>>> [1, 2, 3] * 3           # 输出结果为 [1, 2, 3, 1, 2, 3, 1, 2, 3]
>>>a = 10
>>>a += 2                   # 输出结果为 12
>>>2 > 1                    # 输出结果为 True
>>>1 > 2                    # 输出结果为 False
>>>'a' in 'a', 'b'          # 输出结果为 (True, 'b')
```

二、Python 的常用内置函数

为了方便使用，Python 有许多功能强大的内置函数，内置函数是指不用导入任何模块就能使用的功能。常用内置函数如表 4-4。

表4-4 Python常用内置函数

函数	功能
abs（a）	求取绝对值
bin（int），hex（int），oct（int）	转换为 2 进制，转换为 16 进制，转换为 8 进制
bool（int），chr（int） int（str），str（int）	转换为布尔类型，转换数字为相应 ASCII 码字符，转换为 int 型，转换为字符型
bytes（str，code）	接收一个字符串，与所要编码的格式，返回一个字节流类型
dict（iterable）	转换为 dict
divmod（a，b）	获取商和余数
enumerate（iterable）	返回一个枚举对象
eval（）	执行一个表达式，或字符串作为运算
exec（）	执行 Python 语句
filter（func，iterable）	通过判断函数 func，筛选符合条件的元素
float（int/str）	将 int 型或字符型转换为浮点型
globals（）	返回当前全局变量的字典
hash（object）	返回一个对象的 hash 值，具有相同值的 object 具有相同的 hash 值
help（）	调用系统内置的帮助系统
id（）	返回一个对象的唯一标识值
isinstance（）	判断一个对象是否为该类的一个实例
issubclass（）	判断一个类是否为另一个类的子类
iter（iterable）	返回一个可迭代的对象
len（list/str/tuple/dict）	返回 list、string、tuple、dict 长度

续表

函数	功能
list（iterable）	转换为 list
map（func，*iterable）	将 func 用于每个 iterable 对象
max（list/str/tuple） min（list/str/tuple） sum（list/str/tuple）	求取 list、string、tuple 最大值， 求取 list、string、tuple 最小值， 求取 list、string、tuple 元素的和
next（iterator［，default］）	接收一个迭代器，返回迭代器中的数值，如果设置了 default，则当迭代器中的元素遍历后，输出 default 内容
ord（str）	转换 ASCII 字符为相应的数字
pow（a，b）	获取乘方数
range（a［，b］）	生成一个 a 到 b 的数组，左闭右开
reversed（sequence）	生成一个反转序列的迭代器
round（a，b）	获取指定位数的小数
set（iterable）	转换为 set
sorted（list）	排序，返回排序后的 list
tuple（iterable）	转换为 tuple
type（）	返回一个对象的类型
zip（*iterable）	将 iterable 分组合并

以下为 Python 内置函数的使用示例：

```
>>>a=-2
>>>abs（2）                     # 计算绝对值，输出结果为 2
>>>type（a）                    # 返回 a 变量的类型，输出结果为< class 'int' >
>>>str（a）                     # 将整型转换为字符型，输出结果为 '-2'
>>>max（[1，2，3]）             # 返回三个中的最大值，输出结果为 3
>>>min（[1，2，3]）             # 返回三个中的最小值，输出结果为 1
>>>sum（[1，2，3]）             # 求三个数的和，输出结果为 6
>>>b= [1，2，3，4，5，6，7，8，9]
>>>sum（b）/len（b）            # 计算 b 中所有数的均值。输出结果为 5.0
>>>sorted（[1，2，4，3，9，8]）# 为数字进行排序，输出结果为 [1，2，3，4，8，9]
```

三、Python 的书写规则

（1）使用换行符进行分隔，一条语句占一行。

（2）续行符（\）用于一条过长语句的跨行输入。

以下为 Python 续行符的使用示例：

```
>>>a=1
>>>b=2
>>>a+\
    b                     # 输出结果为 3
```

（3）分号（；）用于一行输入多条语句。

以下为Python分号的使用示例：

```
>>>a=1；b=2；c=3
>>>a+b+c                    # 输出结果为 6
```

四、Python复合语句的书写规则

Python依靠代码的缩进来实现代码之间的逻辑关系。多行代码组成的语句称为复合语句（条件语句、循环语句、选择结构和函数定义等），行尾的冒号和下一行的缩进表示一个代码块开始，当缩进结束时表示代码块的结束。当进行代码编写时，相同的代码块中的命令缩进量必须相同，如果不相同可能导致编译错误或者输出结果错误。通常情况下，IDLE的默认缩进单位为4个空格，当然编译者也可以选择任意数目的空格或者制表符进行缩进。Python的缩进书写规则，增加了代码的可读性，同时还保证了代码的安全性。

以下为Python的while循环语句缩进的使用示例：

```
>>>sum=0；a=1
>>>while（a < =5）：
        sum+=a
        a+=1
>>>print（sum）             # 输出结果为 15
```

五、Python注释语句

注释语句用于解释和说明代码的含义，良好的注释语句将有利于代码的阅读和理解。通常注释语句以#开始，到该行末尾结束。Python的注释语句可以出现在任意位置，如句首或者句末。通常在运行代码的时候会忽略注释语句，注释语句的存在不会影响代码运行的结果。

以下为Python注释语句的使用示例：

```
# 以下代码用于输出计算 a 和 b 的和
>>>a=1                      # 将 1 赋值给变量 a
>>>b=2                      # 将 2 赋值给变量 b
>>>a+b                      # 计算 a 和 b 的和，输出结果为 3
```

第四节 Python序列

一、列表

Python没有数组的功能，但是内置的列表功能代替了数组，并实现数组的相关功能。列表的所有元素存放在一对方括号中，相邻元素之间使用逗号进行分割：

```
[1，2，3，4，5]
['a'，'b'，'c'，'d']
['a'，1，'c'，'d'，2]
```

（一）列表的创建与删除

列表可以使用等号直接进行赋值；也可以使用list命令进行转换；使用del命令删除列表：

```
>>>list_a=［1，2，3，4，5］              # 输出结果为［1，2，3，4，5］
>>>list_a=［'a'，1，'c'，'d'，2］        # 输出结果为［'a'，1，'c'，'d'，2］
```

```
>>>list_a=list（range（1，10，2））          # 输出结果为［1，3，5，7，9］
>>>list_a=list（）                          # 输出结果为空列表
>>>list_a=［］                              # 输出结果为空列表
>>>list_a=list（'Hello'）                   #［'H'，'e'，'l'，'l'，'o'］
>>>del list_a                               # 删除列表
```

（二）列表元素的访问

列表的元素访问方式与数组相同，索引下标的第一个位置为 0；使用 index 命令可以获取指定元素首次出现的下标，而且还可以指定搜索范围（第一个数字代表元素，第二个数字代表开始，第三个数字代表终止但不包含）；使用 count 命令统计元素在列表中出现的次数，使用 in 命令判断元素是否存在于列表中；使用切片操作（两个冒号）提取列表元素（第一个数字代表开始，第二个数字代表终止但不包含，第三个数字代表步长）：

```
>>>list_a=［1，2，3，4，5，1，6，2，3，3］
>>>list_a.index（3）                        # 输出结果为 2
>>>list_a.index（3，3，9）                  # 输出结果为 8
>>>list_a.count（2）                        # 输出结果为 2
>>>6 in list_a                              # 输出结果为 True
>>>list_a［0：6：2］                        # 输出结果为［1，3，5］
```

（三）列表元素的增加

列表可以使用加号直接在尾部添加元素；使用 append 命令在尾部添加元素；使用 extend 将一个列表的所有元素添加到另一个列表尾部；使用 insert 在列表指定位置 index 处添加元素（第一个数字代表索引，第二个数字代表添加元素）；使用乘法符号扩展原始列表：

```
>>>list_a=［1，2，3，4，5］
>>>list_a=list_a+［6］              # 输出结果为［1，2，3，4，5，6］
>>>list_a.append（7）               # 输出结果为［1，2，3，4，5，6，7］
>>>list_a.extend（［8，9］）        # 输出结果为［1，2，3，4，5，6，7，8，9］
>>>list_a.insert（3，0）            # 输出结果为［1，2，3，0，4，5，6，7，8，9］
```

（四）列表元素的删除

列表可以使用 del 命令删除指定位置上的元素；使用 pop 命令删除并返回指定位置上的元素；使用 remove 命令删除首次出现的指定元素：

```
>>>list_a =［1，2，3，4，5，1，6，2，3，3］
>>>del list_a［1］                  # 输出结果为［1,3,4,5,1,6,2,3,3］
>>>list_a.pop（）                   # 默认为最后一个元素，输出结果为 3
>>>list_a.pop（3）                  # 输出结果为 5
>>>list_a.remove（3）               # 输出结果为［1，4，1，6，2，3］
```

（五）列表的其他操作

列表可以使用 reverse 命令翻转列表中的元素；使用 sort 命令排序列表中的元素；使用 len 命令计算列表长度；使用 max 命令计算列表元素最大值；使用 min 命令计算列表元素最小值；使用 sum 命令计算列表元素和：

```
>>>list_a =［1，2，3，4，5，1，6，2，3，3］
>>>list_a.reverse（）               # 输出结果为［3，3，2，6，1，5，4，3，2，1］
>>>list_a.sort（）                  # 输出结果为［1，1，2，2，3，3，3，4，5，6］
>>>len（list_a）                    # 输出结果为 10
>>>max（list_a）                    # 输出结果为 6
```

```
>>>min（list_a）                    # 输出结果为 1
>>>sum（list_a）                    # 输出结果为 30
```

二、元组

元组与列表类似，但与列表的不同之处是元组属于不可变序列，一旦创建无法使用任何方法修改元组内部的元素，也无法增加或者删除元组内部的元素。元组使用原括号进行表示。

（一）元组的创建与删除

元组可以使用等号直接进行赋值（注意，当元组只包含一个元素时，需要在元素后面添加一个逗号，多元素则不需要）；也可以使用 tuple 命令进行转换；使用 del 命令删除整个元组，无法删除单个元素：

```
>>>tuple_a =（'a'）            # 输出结果为 'a'，因为没加逗号所以不是元组
>>>tuple_a =（'a',）                # 输出结果为（'a',）
>>>tuple_a =（）                    # 输出结果为空元组
>>>tuple_a = tuple（）              # 输出结果为空元组
>>>tuple_a =（1，2，3，4，5，6）  # 输出结果为（1，2，3，4，5，6）
>>>tuple_a [0]                      # 输出结果为 1
>>>list_a = [1，2，3，4，5，6，7]
>>>tuple_a = tuple（list_a）        # 输出结果为（1，2，3，4，5，6，7）
>>>del tuple_a                      # 删除元组
```

（二）元组的聚合运算

元组还可以使用 sum，max 和 min 等命令进行操作，但是 remove，insert 和 append 等命令则无法使用。虽然元组的元素无法进行修改，但如果内部还包含一个可变序列，则元组内部元素则可以进行修改，如序列：

```
>>>tuple_a =（1，2，3，4，5，6）
>>>sum（tuple_a）                         # 输出结果为 21
>>>max（tuple_a）                         # 输出结果为 6
>>>min（tuple_a）                         # 输出结果为 1
>>>tuple_a =（[1，2，3，4]，5）           # 输出结果为（[1，2，3，4]，5）
>>>tuple_a [0] [0] = 'a'                  # 输出结果为（['a'，2，3，4]，5）
```

三、字典

字典中的每个元素包含“键”和“值”两部分，可以使用任意不可变数据表示“键”，如数字、字符串以及元组等，不可使用列表、集合等。字典中的“键”不允许重复，“值”可以重复。字典的所有元素存放在一对大括号中，“键”和“值”之间用冒号分割，相邻元素之间用逗号分隔。

（一）字典的创建与删除

字典可以使用等号直接进行赋值；也可以使用 dict 命令创建；使用 del 命令删除指定“键”的元素以及全部字典；可以使用 pop 命令删除指定“键”的元素并返回该“键”；可以使用 popitem 命令删除末尾的元素并返回该“键 - 值”对；可以使用 clear 命令清除所有元素；可以使用 fromkeys 命令建立“值”为空的字典：

```
>>>dict_a = {'a'：1，'2'：2，'c'：3}       # 输出结果为 {'a'：1，'2'：2，'c'：3}
>>>dict_a = dict（）                      # 输出结果为空字典
```

```
>>>dict_a = {}                                   # 输出结果为空字典
>>>keys= ['a', 'b', 'c', 'd']
>>>values= [1, 2, 3, 4]
>>>dict_a=dict(zip(keys, values))               # 输出结果为{'a': 1, 'b': 2, 'c': 3, 'd': 4}
>>>del dict_a ['a']                              # 输出结果为{'b': 2, 'c': 3, 'd': 4}
>>>dict_a.pop('b')                               # 输出结果为 2，并删除字典中的键“b”
>>>dict_a.popitem()                              # 输出结果为('d', 4)，删除字典末尾的
                                                 “键 - 值”对
>>>dict_a.clear()                                # 输出结果为空字典{}
>>>del dict_a                                    # 删除整个字典
>>>dict_a = dict(a = 1, b =2)      # 输出结果为{'a': 1, 'b': 2}
>>>dict_a = dict.fromkeys(['a', 'b'])  # 输出结果为{'a': None, 'b': None}
```

（二）字典的读取

字典可以使用“键”读取“值”；也可以使用 get 命令读取“值”；可以使用 items 命令返回“键 - 值”对列表；可以使用 keys 命令返回“键”列表；可以使用 values 命令返回“值”列表：

```
>>>dict_a = {'a': 1, 'b': 2, 'c': 3}
>>>dict_a ['a']                              # 输出结果为 1
>>>dict_a.get('b')                           # 输出结果为 2
>>>dict_a.items()
# 输出结果为 dict_items([('a', 1), ('b', 2), ('c', 3)])
>>>dict_a.keys()                             # 输出结果为 dict_keys(['a', 'b', 'c'])
>>>dict_a.values()                           # 输出结果为 dict_values([1, 2, 3])
>>>for a in dict_a.items():
      print(a)                               # 输出结果为('a', 1)('b', 2)('c', 3)
>>>for a in dict_a:
      print(a)                               # 输出结果为 a b c
>>>for a, b in dict_a.items():
      print(a, b)                            # 输出结果为 a 1 b 2 c 3
```

（三）字典元素的添加与修改

字典可以使用指定“键”为字典元素赋值，如果该“键”不存在，则添加一个新的“键 - 值”对，如果该“键”存在，则修改原来的“值”；也可以使用 update 命令一次性将新的字典添加到原来字典中，如果有重复的“键”，则以新字典的“值”去更新原字典：

```
>>>dict_a = {'a': 1, 'b': 2, 'c': 3}
>>>dict_a ['d'] = 4                # 添加了一个新的“键”
>>>dict_a ['d'] = 5                # 将“键”d 的“值”更新为 5
>>>dict_b = {'d': 4, 'e': 5, 'f': 6}
>>> dict_a.update(dict_b)          # 输出结果为{'a': 1,'b': 2,'c': 3,'d': 4,'e': 5,'f': 6}
```

四、可变对象和不可变对象

Python 中的常用对象可以分为可变对象和不可变对象两种。

（一）不可变对象

该对象所指向的内存中的值不能被改变。当改变某个变量时候，由于其所指的值不能被

改变，相当于把原来的值复制一份后再改变，这会开辟一个新的地址，变量再指向这个新的地址，原来变量对应的值因为不再有对象指向它，就会被作为垃圾回收。

（二）可变对象

该对象所指向的内存中的值可以被改变。变量（准确地说是引用）改变后，实际上是其所指的值直接发生改变，并没有发生复制行为，也没有开辟新的地址，通俗点说就是原地改变。

之前我们介绍中的数值类型（int 和 float）、字符串（str）、元组（tuple）都是不可变类型，而列表（list）、字典（dict）是可变类型。

第五节　程序控制结构

Python 语句的执行顺序分为：顺序结构、选择结构以及循环结构。本节将重点对选择结构和循环结构进行介绍。

一、选择结构

1．单分支选择结构的格式

```
if 条件表达式：
    语句 / 语句块
```

当条件表达式的值为真（True）时，执行冒号后面的语句 / 语句块；当条件表达式的值为假时（False），不执行冒号后面的语句 / 语句块，跳转到 if 语句的结束点，并执行后续代码。

以下为 Python 的 if 单分支选择结构的使用示例：

```
# 判断小明是否及格
a=int（input（' 请输入小明的 Python 考试成绩：'））
if a ＞ =60：
    print（' 小明考试及格！成绩为：'，a）
```

第一行代码的作用为输入一个数字，将其赋值给变量 a。第二行代码 if 语句，判断 a 是否大于等于 60，如果括号内的条件表达式结果为真，则执行代码块中的代码（请分别输入一个大于 60 和一个小于 60 的数字进行验证）。

2．双分支选择结构的格式

```
If 条件表达式：
    语句 / 语句块 1
else：
    语句 / 语句块 2
```

当条件表达式的值为真（True）时，执行 if 冒号后面的语句 / 语句块 1；当条件表达式的值为假时（False），执行 else 冒号后面的语句 / 语句块 2。

以下为 Python 的 if 双分支选择结构的使用示例：

```
# 判断小明是否及格，将输出结果更详细
a=int（input（' 请输入小明的 Python 考试成绩：'））
if a ＞ =60：
    print（' 小明考试及格！成绩为：'，a）
else：
    print（' 小明考试不及格！成绩为：'，a）
```

第一行代码的作用为输入一个数字，将其赋值给变量 a。第二行代码 if 语句，判断 a 是否大于等于 60，如果括号内的条件表达式结果为真（True），则执行 if 冒号后代码块中的代码（第三行代码）。如果括号内的条件表达式结果为假（False），则执行 else 冒号后代码块中的代码（第五行代码）。

3．多分支选择结构的格式

```
If 条件表达式 1：
    语句 / 语句块 1
elif 条件表达式 2：
    语句 / 语句块 2
elif 条件表达式 3：
    语句 / 语句块 3
    .
    .
    .
else：
    语句 / 语句块 n
```

当条件表达式 1 的值为真（True）时，执行 if 冒号后面的语句 / 语句块 1；当条件表达式 1 的值为假时（False），则不执行。随后判断 elif 后的条件表达式 2 的值是否为真，决定是否执行语句 / 语句块 2。以此类推，最终如果所有条件表达式的值都为假，则执行 else 后面的语句 / 语句块 n。

以下为 Python 的 if 多分支选择结构的使用示例：

```
# 判断小明的成绩等级
a=int（input（' 请输入小明的 Python 考试成绩：'））
if a ＞ = 90：
    print（' 小明考试为优秀！成绩为：'，a）
elif a ＞ = 80：
    print（' 小明考试为良好！成绩为：'，a）
elif a ＞ = 70：
    print（' 小明考试为中等！成绩为：'，a）
elif a ＞ = 60：
    print（' 小明考试为及格！成绩为：'，a）
else：
    print（' 小明考试为不及格！成绩为：'，a）
```

第一行代码的作用为输入一个数字，将其赋值给变量 a。第二行代码 if 语句，判断 a 是否大于等于 90，如果括号内的条件表达式结果为真（True），则执行 if 冒号后代码块中的代码（第三行代码）。如果括号内的条件表达式结果为假（False），则继续进行下一步判断，直到输出结果。

4．if 嵌套结构

```
If 条件表达式 1：
    语句 / 语句块 1
    If 条件表达式 2：
        语句 / 语句块 2
    else：
```

```
    语句 / 语句块 3
else：
语句 / 语句块 4
```

以下为 Python 的 if 嵌套结构的使用示例：

```
# 先判断小明是否及格，再评定成绩等级
a=int（input（' 请输入小明的 Python 考试成绩：'））
if a > = 60：
    if a > = 90：
            print（' 小明考试为优秀！成绩为：', a）
    else：
            print（' 小明考试为中等！成绩为：', a）
else：
    print（' 小明考试为不及格！成绩为：', a）
```

if 的嵌套结构的执行方法与之前的 if 选择结构执行类似，但是需要严格的注意缩进，防止语句的逻辑关系发生错误。

二、循环结构

当需要重复执行一条或者多条命令时，使用循环结构减少代码的书写工作量，增加代码的可读性，Python 主要使用 for 和 while 语句实现循环结构。

1．for 循环

for 循环语句用于遍历对象集合中的所有元素，for 循环结构如下：

```
for 变量 in 对象集合：
    循环体语句 / 语句块
```

以下为 Python 的 for 循环结构的使用示例：

```
# 计算 1，2，3，4，5 之和
sum= 0
for i in（1，2，3，4，5）：
    sum += i
print（sum）                        # 输出结果为 15
```

for 循环变量 i 会分别遍历对象集合中的每一个元素，并对每一个元素执行循环体语句 / 语句块，最终返回集合元素的加和。

如果需要计算 1 ~ 100 个数字的加和，是否需要将 100 个数字都写入括号中呢？为了简便操作，Python 提供了一个功能 range，能够产生指定范围内的数字序列，以方便大家的使用。

range 结构如下：

```
range（start，stop，step）
```

range 的返回值序列从 start 开始，到 stop 结束（不包含 stop）。其中步长 step 为可选参数，如果设置了步长 step，序列则按照步长持续增长。

以下为 Python 的 range 的使用示例：

```
# 计算 1 ~ 100 范围内奇数的和
sum=0
for i in range（1，101，2）：
   sum+=i
```

print（'1 ～ 100之间奇数的和为：'，sum）# 输出结果为1 ～ 100之间奇数的和为：2500

i从1开始进行遍历，但是并没有遍历从1到100的所有元素，而是每次加2，遍历1，3，5……99等元素，并进行加和，得到所有奇数的和。

2．while 循环

while循环根据括号内的条件表达式的真假情况进行执行，如果为真（True）则进入循环，如果为假（False）则跳出循环。while循环结构如下：

```
while 条件表达式：
    循环体语句 / 语句块
```

以下为Python的while循环结构的使用示例：

```
# 计算1 ～ 100范围内奇数的和
sum = 0
i = 1
while i ＜ =100：
    if i%2==1：
        sum+=i
    i+=1
print（'1 ～ 100之间奇数的和为：'，sum）# 输出结果为1 ～ 100之间奇数的和为：2500
```

当i小于等于100的时候，会进行while循环。在循环体内，使用if语句判断i是否为奇数，如果为奇数则进行加和，最终求出1 ～ 100间所有奇数的和。

3．break 和 continue 语句

break语句和continue语句在for循环和while循环中使用，当满足某种条件时将跳出循环。当break语句执行时，整个循环提前结束。当continue语句执行时，结束本次循环，并且直接返回到循环顶端，继续执行下一次循环。

以下为Python的break使用示例：

```
# 返回缺考同学的序号。缺考同学的成绩登记为 -1，同学成绩按照序号排列
score = （90，89，77，65，50，-1，100，99，87）
num=1
for i in score：
    if i==-1：
        print（' 缺考同学的序号为：'，num）
        break
    else：
        num+=1
    # 输出结果为 " 缺考同学的序号为：6"
```

当for循环遍历到 -1时，循环体内部if的条件表达式为真（True），执行if内部的语句块：先输出缺考同学的序号，随后执行break，跳出循环。该操作可以减少循环耗费的时间，当找到需要的选项时，则立刻结束循环。

以下为Python的continue使用示例：

```
# 计算所有同学的平均成绩，缺考的同学不在计算范围内，缺考同学的成绩登记为 -1
score = （90，89，77，65，50，-1，100，99，-1，87）
num = 0
sum = 0
count = 0
```

```
for i in score：
    if（i ==- 1）：
        num += 1
        continue
    sum += i
    count += 1
ave=sum / count
print（'缺考同学的数目为：'，num）
print（'正常参加考试同学的数目为：'，count）
print（'正常参加考试同学的平均成绩为：'，ave）
```

输出结果为："缺考同学的数目为：2 正常参加考试同学的数目为：8 正常参加考试同学的平均成绩为：82.125"

当 for 循环遍历到 -1 时，循环体内部 if 的条件表达式为真（True），执行 if 内部的语句块：先统计缺考同学的数目，随后执行 continue，回到循环顶端。当 if 的条件表达式为假（False），计算正常考试同学的总成绩以及数目。结束循环后，计算平均值，并打印结果。

第六节 Python 函数

Python 在实际开发中，有很多命令是完全相同或者相似的，只是处理的数据不同而已。如果单纯地将相似的代码复制到不同位置进行执行，那么将增加代码量和代码的理解难度，而且还为代码调试带来了很大的困难。解决上述问题的一种常用方式就是函数的编写。通常函数分为 4 类：①内置函数。例如 abs、len、sum 等，在程序中可以直接使用；②标准库函数。例如 math、random 等，通过 import 进行导入并使用；③第三方库。这些库需要安装后，通过 import 进行导入并使用；④自定义函数。用户通过自定义的方式进行数据处理，本部分将重点介绍自定义函数。

一、函数对象的创建和调用

Python 中使用 def 命令创建函数，其结构如下：

```
def 函数名（[形式参数列表]）：
    函数体
```

以下为 Python 的 def 自定义函数的使用示例：

```
def average（a，b，c）：
    return（a + b + c）/3
```

Python 中通过传入实际参数对函数进行调用，其结构如下：

```
函数名（[实际参数列表]）
```

以下为 Python 的函数调用的使用示例：

```
>>>def average（a，b，c）：                    # 自定义一个计算三个数均值的函数
        return（a + b + c）/3
>>>print（average（1，2，3））                  # 输出结果为 2
```

二、形式参数和实际参数

当调用函数时，如果传递的是不可变对象，如数字、字符串等，当调用结束时，实际参数

的值并不会发生改变，而是创造了一个新的对象：

```
>>>i = 100                          # 为 i 赋一个新的数值
>>>def new (a, b):
     a = b
>>>new (i, 20)
>>>print (i)                        # 输出结果为 100
```

当调用函数时，如果调用的是可变序列，如列表、字典等，当调用结束时，实际参数的值会发生改变：

```
>>>i= [1, 2, 3]
>>>def new (a, b):
     a [0] =b
>>>new (i, 20)
>>>print (i)                        # 输出结果为 [20, 2, 3]
>>>i={'a': 1, 'b': 2}
>>>def new (a, b):
     a ['a'] =b
>>>new (i, 20)
>>>print (i)                        # 输出结果为 {'a': 20, 'b': 2}
```

三、参数类型

默认值参数：在定义函数时，为形式参数设置默认值。当调用函数时，可以不给该参数传递实际参数，则此时函数将会使用默认值进行操作，其结构如下：

```
def 函数名（……，形式参数名 = 默认值）：
   函数体
```

以下为 Python 的默认值参数的使用示例：

```
>>>def add (a, b=100):
     a=a+b
     print (a)
>>>add (2, 200)                          # 输出结果为 202
>>>add (2)                               # 输出结果为 102
```

关键参数：在参数传递时，使用形式参数的名字进行传递，实际参数的顺序可与形式参数的顺序不一致，但是不影响传递的结果。

以下为 Python 的关键参数的使用示例：

```
>>>def minus (a, b):
     a=a-b
     print (a)
>>>minus (a=10, b=5)                     # 输出结果为 5
>>>minus (b=5, a=10)                     # 输出结果为 5
>>>minus (5, 10)                         # 输出结果为 -5
```

可变长度参数：在定义函数时可以使用星号，向函数传递数目可变的参数。可变参数有两种形式，*para 和 **para，前者将任意数目的实际参数存放在一个元组中，后者将任意实际参数存放在字典中。需要注意的是，在使用可变长度参数时，需要将其放在形式参数的最后位置。

以下为 Python 的可变长度参数的使用示例：

```
>>>def para1（*p）：
        print（type（p））
        print（p）
>>>para1（1，2，3，4，5）                # 输出结果为< class 'tuple' >（1，2，3，4，5）
>>>def para2（**p）：
        print（type（p））
        for i in p.items（）：
            print（i）
>>>para2（a=1，b=2，c=3）                # 输出结果为< class 'dict' >（'a'，1）（'b'，2）
                                         （'c'，3）
>>>def mix（a，b，c，*p1，**p2）：
        print（a，b，c）
        sum=0
        for i in p1：
            sum+=i
        print（p1）
        print（sum）
        print（p2）
>>>mix（1，2，3，4，5，6，7，8，9，x1=1，x2=2，x3=3）
# 输出结果为 1 2 3（4，5，6，7，8，9）39 {'x1'：1，'x2'：2，'x3'：3}
```

四、return 语句

Python 开发中，在函数中 return 语句可以用于返回并结束函数的执行，同时还可以使用 return 返回任意值。不论 return 出现在函数中的任何位置，只要执行到此函数立刻结束。

以下为 Python 的 return 语句的使用示例：

```
>>>def positive（*p）：
        for i in p：
                if（i < =0）：
                        return i
        print（p）
        print（"All is positive"）
>>>positive（1，2，3，4，5，6）       # 输出结果为（1，2，3，4，5，6）All is positive
>>>positive（1，2，3，-1，5，6）      # 输出结果为 -1
```

第七节　实例分析

例：现有一组糖尿病患者与正常人的血糖数据，如表 4-5，请根据数据编写代码回答以下问题：

①分别求出糖尿病患者和正常人的平均血糖值。

②统计血糖值高于 12 的患者数目。

③求出 51 ~ 60、61 ~ 70 年龄间的糖尿病患者的平均血糖值。
④求出糖尿病患者中的最高血糖值，并返回编号、性别以及年龄等信息。
⑤分别求出男性糖尿病患者和女性糖尿病患者的平均血糖值。

表4-5　糖尿病患者与正常人血糖数据

糖尿病患者				正常人			
编号	性别	年龄	血糖值	编号	性别	年龄	血糖值
1	男	52	10	1	男	51	6.2
2	男	54	11	2	女	53	7.1
3	男	56	11.3	3	男	52	7.3
4	女	58	12.6	4	男	54	6.3
5	女	59	13.5	5	女	55	5.5
6	女	57	9.8	6	女	58	5.9
7	女	53	10	7	女	61	5.2
8	男	62	12	8	男	62	5.3
9	女	66	14	9	男	64	5.7
10	男	64	13.6	10	男	63	6.1
11	男	63	12.6	11	女	66	6.5
12	女	68	13.2	12	男	68	6.9
13	女	69	12.4	13	男	65	5.7
14	男	61	12.1	14	女	64	6.5
15	男	66	11.5	15	女	66	5.1

```
# 生成糖尿病患者和正常人的编号
num = list（range（1，16，1））
# 通过列表，导入糖尿病患者和正常人的各种信息
disease_sex = ['m'，'m'，'m'，'w'，'w'，'w'，'w'，'m'，'w'，'m'，'m'，'w'，'w'，'m'，'m']
disease_age = [52，54，56，58，59，57，53，62，66，64，63，68，69，61，66]
disease_value = [10，11，11.3，12.6，13.5，9.8，10，12，14，13.6，12.6，13.2，12.4，12.1，11.5]
normal_sex = ['m'，'w'，'m'，'m'，'w'，'w'，'w'，'m'，'m'，'m'，'w'，'m'，'m'，'w'，'w']
normal_age = [51，53，52，54，55，58，61，62，64，63，66，68，65，64，66]
normal_value = [6.2，7.1，7.3，6.3，5.5，5.9，5.2，5.3，5.7，6.1，6.5，6.9，5.7，6.5，5.1]
# 生成糖尿病患者和正常人的字典，用于存储数据，通过编号区分不同人
dis_sex = dict（zip（num，disease_sex））
dis_age = dict（zip（num，disease_age））
dis_value = dict（zip（num，disease_value））
nor_sex = dict（zip（num，normal_sex））
nor_age = dict（zip（num，normal_age））
nor_value = dict（zip（num，normal_value））
# 统计糖尿病患者和正常人的平均血糖值，并且统计血糖值大于等于 12 的患者数目
dis_sum = 0；nor_sum = 0；dis_num12 = 0
```

```
for i in num：
    dis_sum += dis_value [i]
    nor_sum += nor_value [i]
    if dis_value [i] > = 12：
            dis_num12 += 1
# 使用 round 命令保留小数点后两位有效数字
dis_ave = round (dis_sum/15，2)
nor_ave = round (nor_sum/15，2)
print (' 糖尿病患者平均血糖值为：'，dis_ave)
print (' 正常人平均血糖值为：'，nor_ave)
print (' 血糖高于 12 的患者数目为：'，dis_num12)
# 统计不同年龄区间糖尿病患者的血糖值
dis_sum1 = 0；dis_num1 = 0；dis_sum2 = 0；dis_num2 = 0
for i in num：
    if dis_age [i] > = 51 and dis_age [i] < = 60：
            dis_sum1 += dis_value [i]
            dis_num1 += 1
    elif dis_age [i] > = 61 and dis_age [i] < = 70：
            dis_sum2 += dis_value [i]
            dis_num2 += 1
dis_ave1=round (dis_sum1 / dis_num1，2)
dis_ave2=round (dis_sum2 / dis_num2，2)
print (‘51 ~ 60 年龄间糖尿病患者平均血糖值为：'，dis_ave1)
print ('61 ~ 70 年龄间糖尿病患者平均血糖值为：'，dis_ave2)
# 查找出糖尿病患者中的最高血糖值，并返回相应信息（为方便大家理解，最大值只有一个）
for i in num：
    if i==1：
            max_value = dis_value [i]
            max_num =i
            max_sex = dis_sex [i]
            max_age = dis_age [i]
    else：
            if (dis_value [i] > = max_value)：
                    max_value = dis_value [i]
                    max_num = i
                    max_sex = dis_sex [i]
                    max_age = dis_age [i]
print (' 血糖值最大的患者信息为：'，' 编号：'，max_num，' 年龄：'，max_age，' 性别：'，max_sex，' 血糖值：'，max_value)
# 求出男性糖尿病患者和女性糖尿病患者的平均血糖值
man_sum = 0；woman_sum = 0；man_num = 0；woman_num = 0
for i in num：
```

```
    if (dis_sex [i] == 'm'):
            man_sum += dis_value [i]
            man_num += 1
    else:
            woman_sum += dis_value [i]
            woman_num += 1
man_ave = round (man_sum / man_num, 2)
woman_ave = round (woman_sum / woman_num, 2)
print (' 男性的平均血糖值为：', man_ave)
print (' 女性的平均血糖值为：', woman_ave)
```

输出结果为：

糖尿病患者平均血糖值为：11.97
正常人平均血糖值为：6.09
血糖高于 12 的患者数目为：9
51 ～ 60 年龄间糖尿病患者平均血糖值为：11.17
61 ～ 70 年龄间糖尿病患者平均血糖值为：12.68
血糖值最大的患者信息为：编号：9 年龄：66 性别：w 血糖值：14
男性的平均血糖值为：11.76
女性的平均血糖值为：12.21

（李　燕　张春龙）

第5章 数据管理

数据管理是计算机的一个重要应用领域。早期的数据管理方式是使用数据文件来存放数据，支持这种数据文件管理方式的软件称为文件管理系统（file management system，FMS），由于FMS管理的数据文件与应用程序相关，独立性差，不能满足现代数据管理的应用需求，数据的正确性、安全性、保密性、并发性等得不到保证，这些缺陷驱使人们不断寻求新的数据管理方法，因而出现了以数据库为中心的数据库管理系统（database management system，DBMS）。数据库技术所研究的问题就是如何科学地组织和存储数据，如何高效地获取和处理数据。

第一节 数据库技术概述

早期的计算机主要用于科学计算，后来计算机的应用逐渐进入了人类活动的各个领域。当计算机应用于管理、商业、经贸、检索时，需要处理大量的数据，为了迅速有效地对数据进行管理，在20世纪60年代中期，产生了数据库技术。

数据库技术将数据独立集中存放，不仅可以解决数据的冗余问题，实现数据共享，保证数据的安全和统一，而且由于数据与程序分开，将数据独立于具体的应用程序，数据可为所有应用程序所共享。

一、数据库技术的产生与发展

数据库技术是计算机科学领域中发展最快的分支之一。应用计算机进行数据管理经历了人工处理、文件系统和数据库系统3个阶段。

1．人工处理阶段（20世纪50年代中期以前） 早期的数据处理都是通过手工进行的，包括现在很多部门的数据处理也是如此。在数据量不大，数据关系不复杂的情况下，手工处理数据比较容易进行，但是当数据量比较大，关系比较复杂时，手工处理就非常繁杂。

20世纪50年代初期，计算机一出现，人们就试图使用计算机来处理这些数据。在这阶段，计算机除硬件外，没有任何软件可供数据处理使用，因而计算机主要用于科学计算。对数据管理时，设计人员除考虑应用程序、数据的逻辑定义和组织外，还必须考虑数据在存储设备内的存储方式和地址。在这个阶段处理数据的方式见图5-1。从图中可以看出，数据完全面向特定的应用程序，每个用户使用自己的数据，数据与程序没有独立性，当数据在逻辑或物理结构上稍有改变，就要修改程序。程序与数据相互结合成为一体，互相依赖。数据需要由应用程序自己管理，没有相应的软件系统负责数据的管理工作。应用程序中不仅要规定数据的逻辑结构，而且要设计物理结构，包括存储结构、存取方法、输入方式等。

2．文件系统阶段（20世纪50年代后期～20世纪60年代中期） 20世纪50年代后期，随着计算机技术的发展，硬件方面有了磁盘、磁鼓等直接存取设备，软件方面有了专门管理数据的软件，一般称为文件系统，包括在操作系统中。处理数据的方式也有了变化（图5-2）。

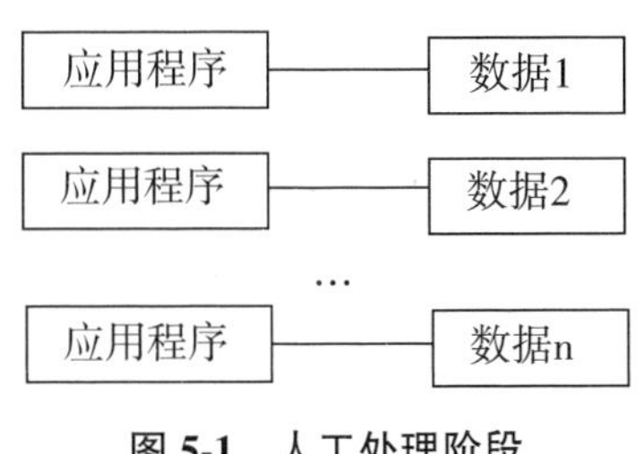

图 5-1　人工处理阶段

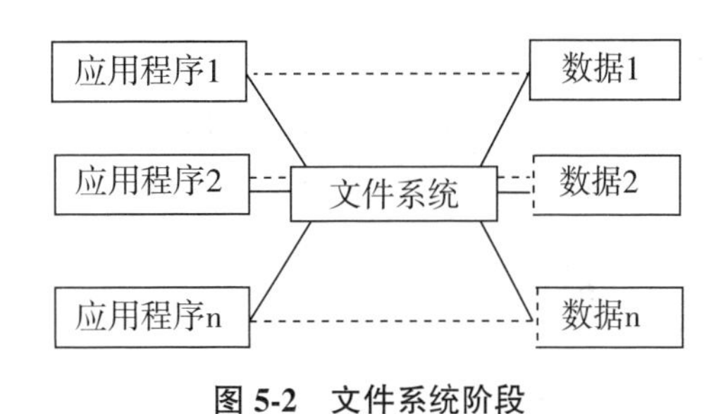

图 5-2　文件系统阶段

在这个阶段数据以文件的形式保存。一个数据文件对应一个或几个用户程序。数据与程序有一定的独立性，因为程序与数据由系统提供的存取方法进行转换，程序员可以不必过多地考虑物理细节，将精力集中在算法上。但是，这些数据在数据文件中只是简单地存放，文件中的数据没有统一的结构，文件之间并没有有机地联系起来，数据的存放仍然依赖于应用程序的使用方法，基本上是一个数据文件对应于一个或几个应用程序，数据面向应用，独立性较差，不同的应用程序很难共享同一数据文件。因此出现数据重复存储、冗余度大、一致性差（同一数据在不同文件中的值不一样）等问题。同时造成应用程序编制繁琐，数据的正确性、安全性、保密性、并发性等得不到保证。

3．数据库系统阶段（20 世纪 60 年代后期开始）

数据库技术使得计算机数据处理进入了一个新阶段。在一个数据库系统中，全部数据存放在一个数据库中，数据面向整个系统，而不是面向某一应用程序。数据库管理系统（database management system，DBMS）是数据库系统的核心，它对数据集中管理，并可以被多个用户和多个应用程序所共享（图 5-3）。减少了数据冗余，节省存储空间，减少存取时间，并避免数据之间的不相容性和不一致性。由于数据与程序相对独立，使得可以把数据库的定义和描述从应用程序中分离出去。存储在数据库中的数据由 DBMS 统一管理和存取，程序中不必考虑数据的定义和存取路径，大大简化了程序设计的工作。

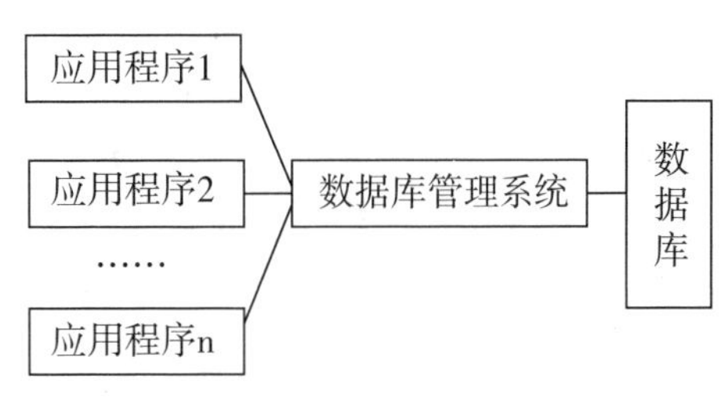

图 5-3　数据库系统阶段

4．数据库技术的发展　数据库技术自从产生至今，已历经三代。

第一代数据库系统是指 20 世纪 60 年代所使用的层次和网状数据库系统。它的代表是 1969 年 IBM 研制的 IMS（Information Management System）。

第二代数据库系统是指采用关系模型建立的数据库系统。在 20 世纪 70 年代关系型数据库系统逐渐取代了层次和网状数据库系统，它的代表是 IBM 开发的 System R 和美国加州大学伯克利分校开发的 INGRES。这时，数据库技术已经成为相当成熟的计算机软件技术，应用范围也越来越广。

第三代数据库系统是面向对象数据库系统。20 世纪 80 年代开始，程序设计进入了面向对象的时代。面向对象的程序设计方法（Object Oriented Programming，OO）与以往的程序设计不同，不再将问题分解为过程，而是将问题分解为对象。数据库管理系统也开始了采用面向对象的数据模型。

面向对象数据库的实现一般有两种方式，一种是在面向对象的环境中加入数据库功能；另一种是对传统数据库系统进行改进，使其支持面向对象的数据模型。

面向对象的数据模型借鉴了面向对象程序设计语言和抽象数据模型的一些思想，用面向对象的观点来描述现实世界实体的逻辑组织和联系，能够存储图像、大文本、声音、视频等数据类型，比以往的数据库具有更为丰富的表达能力，且使用方便，很快得到了广泛的应用。

在面向对象数据模型中，所有现实世界中的实体都可被模拟为对象，一个对象包含若干属性，用以描述对象的外观、状态和特性等。对象还具有若干方法，可以改变对象的状态。

二、数据库系统的组成

1．一个完整的数据库系统，包括硬件、软件和用户 3 部分

（1）硬件部分　硬件包括足够的内存，以运行操作系统、数据库管理系统（DBMS）以及应用程序和提供数据缓存；足够的存取设备如磁盘，提供数据存储和备份；足够的 I/O 能力和运算速度，保证较高的性能；以及其他设备。

（2）软件部分

1）数据库　数据库是按照一定方式组织起来的有联系的数据集合。数据集中存放在数据库，并按照它们之间的关系组织起来，数据库不仅存放了数据，而且存放了数据之间的关系。

2）数据库管理系统　数据库管理系统是对数据库信息进行存储、处理、管理的软件。数据库的建立、使用和维护是由数据库管理系统统一管理、统一控制。

数据库管理系统使用户能方便地定义数据和操纵数据，并能够保证数据的安全性和完整性、多用户对数据的并发使用及发生故障后的系统恢复。

（3）用户　用户包括数据库管理员、数据库设计者、系统分析员和程序员、最终用户。

2．数据库系统的体系结构　数据库系统的体系结构有 4 种，它们是：单用户结构、主从式结构、分布式结构和客户 / 服务器结构。

（1）单用户结构　整个数据库系统，包括应用程序、DBMS、数据，都装在一台计算机上叫做单用户结构。在单用户结构中，整个数据库系统由一个用户独占，不同机器之间不能共享数据。

（2）主从式结构　一个主机带多个终端。数据库系统集中存放在主机上，所有处理任务都由主机来完成叫做主从式结构（图 5-4）。在主从式结构中，各个用户通过主机并发地存取数据库，共享数据资源。

（3）分布式结构　分布式结构是通过网络将若干个计算机系统连接起来的（图 5-5），每个节点都可以独立地处理本地数据库中的数据，执行局部应用；也可以同时存取和处理多个异地数据库中的数据，执行全局应用。

（4）客户 / 服务器结构　客户 / 服务器结构见图 5-6，服务器专门用于执行 DBMS 功能，客户机安装外围应用开发工具，支持客户的应用，客户端向服务器发出请求，服务器处理后将结果返回。

客户与服务器一般都能在多种不同的硬件和软件平台上运行，可以使用不同厂商的应用开发工具，应用程序具有更强的可移植性，同时也减少软件维护开销。

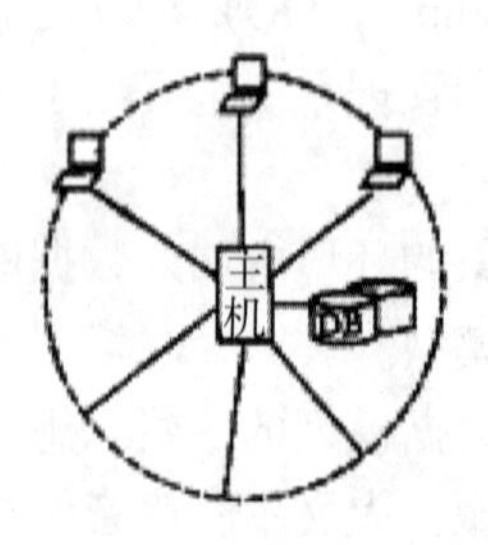

图 5-4　主从式结构

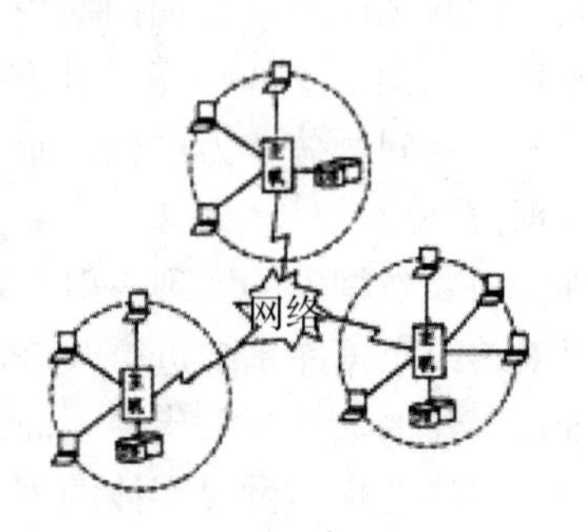

图 5-5　分布式结构

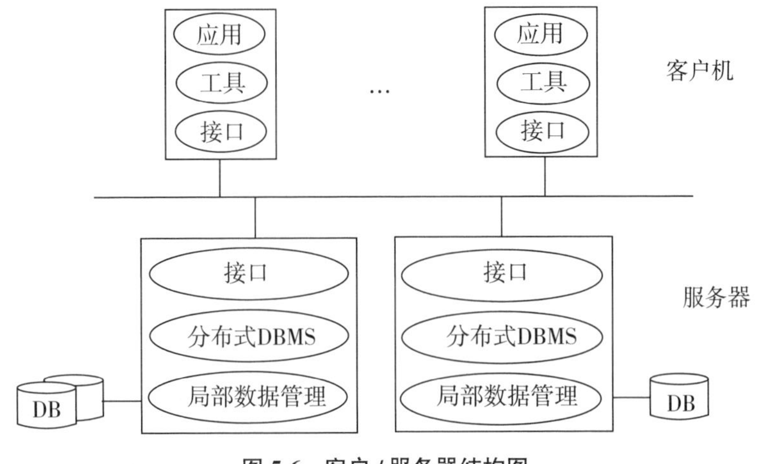

图 5-6　客户 / 服务器结构图

三、数据模型

数据模型是现实世界数据特征的抽象，也就是说，它是将具体事物转换成计算机能够处理的数据的一种工具。它包括以下组成部分：

- 数据结构：描述系统的静态特性，即组成数据库的对象类型。
- 数据操作：一般有检索、更新（插入、删除、修改）操作。
- 数据的约束条件：完整性规则的集合。

1．数据模型的分类　根据模型应用的不同目的，可以将它们划分为 3 类：概念数据模型、逻辑数据模型和物理数据模型。

（1）概念数据模型　也称信息模型，它是按用户的观点来对数据和信息建模，是面向用户和现实世界的数据模型，与具体的 DBMS 无关，主要用于与用户交流，建立现实世界的概念化结构。

（2）逻辑数据模型　从计算机实现的观点来对数据建模。是信息世界中的概念和联系在计算机世界中的表示方法。一般有严格的形式化定义，以便于在计算机上实现。如层次模型、网状模型、关系模型。逻辑数据模型是用户从数据库所看到的模型，是具体的 DBMS 所支持的模型。逻辑数据模型既要面向用户（便于用户使用和理解），也要面向实现（便于计算机处理）。用概念数据模型表示的数据必须转化为逻辑数据模型表示的数据，才能在 DBMS 中实现。

（3）物理数据模型　数据库的数据最终必须存储到介质上，反映数据存储结构的数据模型称为物理模型，它涉及逻辑数据的存储方式和存取方法，是保证数据库效率的重要因素。物理数据模型不但与 DBMS 有关，而且与操作系统有关。

物理数据模型是从计算机的物理存储角度对数据建模。是数据在物理设备上的存放方法和表现形式的描述，以实现数据的高效存取，如索引文件等。

2．数据模型的主要概念

（1）实体（Entity）　客观存在并可相互区分的事物叫实体。实体可以是具体的人、事、物，如一个患者、一张处方、一种药品等。

（2）属性（Attribute）　实体所具有的某一特性叫做属性。一个实体可以由若干个属性来刻画。例如，患者实体具有病历号、姓名、性别，出生年份、就诊日期、病情诊断等属性。药品实体可以具有药品名称、单位、数量、单价等属性。

（3）域（Domain）　属性的取值范围称作这个属性的域。例如，性别的域为（男、女），月份的域为 1 ~ 12 的整数。

（4）实体型（Entity Type） 具有相同属性的实体必然具有共同的特征和性质，因此用实体名与其属性名集合来抽象和刻画同类实体，称为实体型。例如，患者（病历号、姓名、年龄、性别、就诊日期、病情诊断）就是一个实体型。

注意实体型与实体（值）之间的区别，后者是前者的一个特例。例如（0414006，王平，21，男，2015 年 3 月 1 日，上呼吸道感染）是一个实体。

（5）实体集（Entity Set） 具有同型实体的集合称为实体集，如全体患者。

（6）键（Key）能唯一标识实体的属性集称为键，如病历号是患者实体的键，每个患者有唯一病历号。

（7）联系（Relationship） 联系是实体之间的相互关联，如医生与患者间的治疗关系，医生与医院间有所属关系。

（8）联系的种类包括 3 种（图 5-7）：一对一（1∶1）、一对多（1∶n）、多对多（m∶n）。

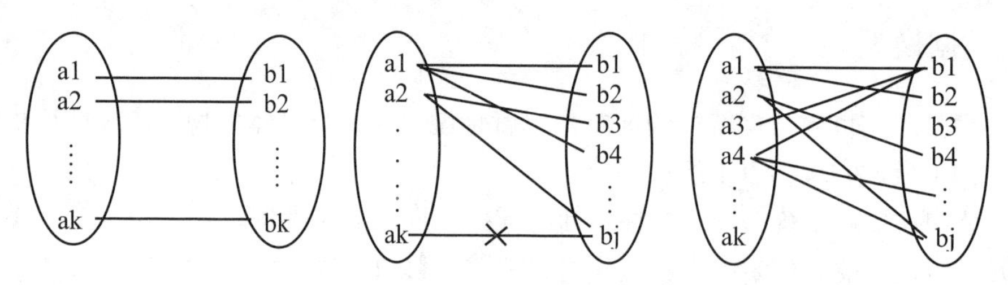

图 5-7　实体之间的相互联系的种类

一对一：如果对于实体集 A 中的每一个实体，实体集 B 中至多有一个（也可以没有）实体与之联系，反之亦然，则称实体集 A 与实体集 B 具有一对一联系，记为 1∶1。例如在某场演出中，剧场座位与观众之间的联系；在医院中，患者与病历之间的联系等。

一对多：如果对于实体集 A 中的每一个实体，实体集 B 中有 n 个实体（n ≥ 0）与之联系，反之，对于实体集 B 中的每一个实体，实体集 A 中至多只有一个实体与之联系，则称实体集 A 与实体集 B 有一对多联系，记为 1∶n。例如班主任与班上同学之间的联系、医生与处方之间的联系等。

多对多：如果对于实体集 A 中的每一个实体，实体集 B 中有 n 个实体（n ≥ 0）与之联系，反之，对于实体集 B 中的每一个实体，实体集 A 中也有 m 个实体（m ≥ 0）与之联系，则称实体集 A 与实体集 B 有多对多联系，记为 m∶n。例如医生与患者之间的联系，处方与药品之间的联系等。

3．概念模型的表示方法 概念模型是为了将现实世界中的事物及事物之间的联系在数据世界里表现出来而构建的一个中间层次，能完整、准确地表现实体及实体之间的联系。

概念模型的表示方法很多，最常用的是 E-R（Entity-Relationship）图法。E-R 图提供了实体、属性和联系这 3 个简洁直观的概念，可以比较自然地模拟现实世界，并且可以方便地转换成 DBMS 支持的逻辑数据模型。

在 E-R 图中，实体型用矩形表示，在框内写上实体名；属性用椭圆形表示；联系用菱形表示。

例如：患者、医生、病历和处方分别是 4 个实体，患者有姓名、年龄、性别等属性。患者和病历之间是一对一的联系；医生开处方、治疗患者，医生与处方之间是一对多的联系；患者与医生之间是多对多的联系（图 5-8）。这 4 个实体之间的联系用 E-R 图法表示（图 5-9）。

4．逻辑数据模型 逻辑数据模型有 3 种：层次型、网状型、关系型。

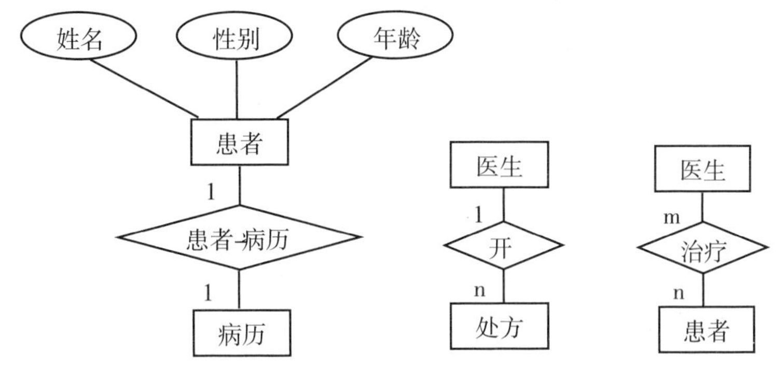

图 5-8 4 个实体的关系

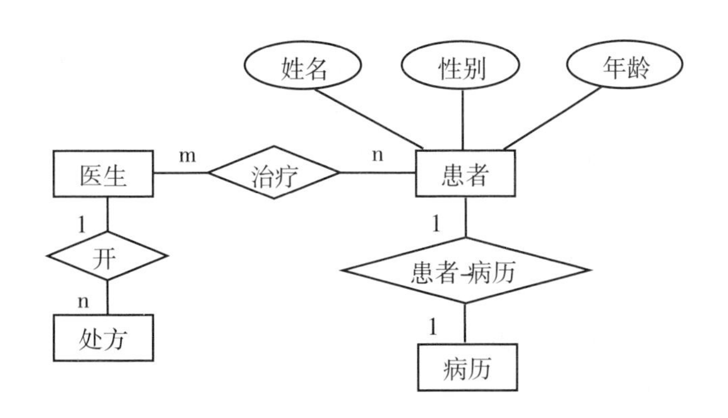

图 5-9 4 个实体之间的联系 E-R 图

在层次模型中，各个数据之间的联系为树型（图 5-10），每个数据之间只有单一的联系。层次模型结构简单，各个数据之间的联系一目了然，它的缺点是不能表示复杂的数据关系。

网状模型（图 5-11）能够表示数据之间的复杂关系，但不便于管理。

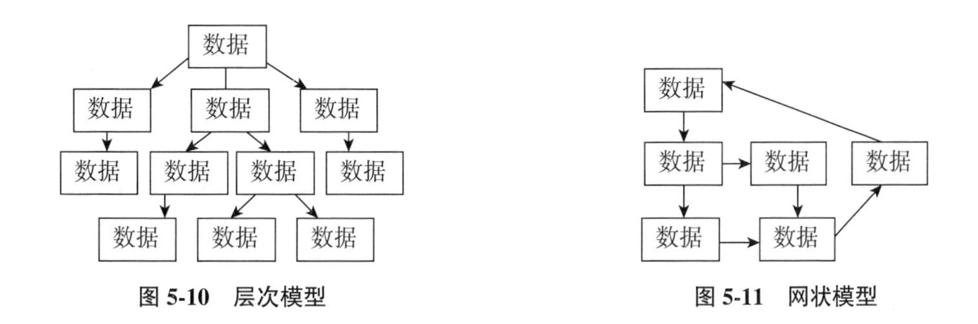

图 5-10 层次模型

图 5-11 网状模型

关系模型是一个二维表格，它能够表示数据之间的复杂关系，又便于管理（图 5-12）。关系模型将数据组织成由若干行、每行又由若干列组成的表格形式，这种表格在数学上称为关系。表格中存放了表示实体本身的数据和实体之间的联系。一个数据表是具有相同属性的记录的集合。在表格中，行代表记录，列代表各种属性（数据项或字段）。在表中不允许有复合数据项（图 5-13）。

若干个二维表组成一个数据库，例如，在“体检记录”表中，每一个患者是一条记录，每条记录都有体检日期、病历号、姓名、出生日期、家庭住址和邮编等属性；在“超声波”表中，每一个患者一条记录，每条记录都有日期、病历号、姓名、超声检查结果、检查医生等属性；在“血脂化验记录表”中，每一张化验单是一条记录，每条记录都有送检日期、病历号、姓名、三酰甘油、总胆固醇、高密度脂蛋白等属性。这些表就可以组成一个体检数据库。

姓名	身高	体重	左视力	左视力
章林	1.60	48.5	4.6	6.7
刘晓	1.78	66.0	5.0	5.1
周凡	1.82	61.5	4.9	5.0
宋星	1.56	50.0	4.8	4.6

图 5-12　关系模型

姓名	身高	体重	视力	
			左	右
章林	1.60	48.5	4.6	6.7
刘晓	1.78	66.0	5.0	5.1
周凡	1.82	61.5	4.9	5.0
宋星	1.56	50.0	4.8	4.6

图 5-13　原始记录

由于关系模型直观简便，符合人们日常处理数据的习惯，它自 20 世纪 70 年代提出后，就得到了迅速推广。各种关系型数据库管理系统层出不穷。新发展的 DBMS 产品中，近 90% 是采用关系数据模型。例如，小型数据库系统有 FoxPro、Microsoft Access、Paradox、Mysql 等，大型数据库系统有 DB2、Oracle、Informix、Sybase 等。

四、关系数据库的设计

数据库设计是指对于一个给定的应用环境，构造出最优的关系模式，建立数据库，使之能够有效地存储数据，满足用户的应用需求。良好的数据库设计是建立性能优良的管理信息系统的基础。数据库设计的好坏，对于一个数据库应用系统的效率、性能及功能等起至关重要的作用。关系数据库的设计目标是生成一组关系模式，使得数据库既能存储必要的信息，又可以方便地从数据库获取信息。设计数据库之前必须深入了解用户的需求，分析需要的数据，理清数据之间的关系，设计数据库结构。

设计一个数据库可以分为以下几个步骤：

1．需求分析　首先要对用户需求及现有条件进行分析，确定数据库设计的目的，确定数据库中需要存储哪些信息、建立哪些对象及具有哪些功能，然后再决定如何在数据库中组织信息，以及如何在现有条件下满足用户的需要。

2．概念模型设计　把信息划分为各个独立的实体，确定每个实体的属性和它们之间的关系，画出 E-R 图。

3．逻辑模型设计　根据 E-R 图，规划数据库中实体的表及表之间的关系。我们采用关系模型，每一个实体作为一个表，每一个属性是一个字段。表之间要通过公共字段来联系。由于在关系模型中不能直接表示多对多的联系，必要时可以加入字段或者新建一个中间表来体现两表之间的联系。

4．物理模型设计　根据所应用的数据库管理系统的规定，设计每个表的结构，即有几个字段、字段的名称、字段的数据类型等。在计算机中创建数据库及表，必要时输入一些实际的记录，检查能否得到需要的结果。

下面以药房收费计算为例，说明数据库设计的过程。

第一步，进行需求分析　药房收费数据库要求能够将医生所开的处方存储起来，并根据已有的药品价格表计算每个患者的药费，输出个人收费记录单。主要功能有：

（1）通过系统对医生处方录入、修改和查询；

（2）能够自动计算出每个患者的药费；

（3）能够查询患者所用药品情况；

（4）能够打印收费记录单。

因此，数据库应包括以下信息：

①处方信息：患者病历号、姓名、诊断、药品名、数量、医生等。一张处方最多能开 4 种药品。

②药品信息：药品编号、名称、单位、单价等。

第二步，概念模型设计　将处方记录和药品记录各作为一个实体，在这里，“处方”实体通过“药品名”属性和“药品”实体中的“名称”建立了联系，这是一个多对多的联系。由于关系模型不能直接表示多对多的关系，因此需要将“处方”实体拆分为两个实体：“处方记录”和“处方”。对信息的组织修改如下：

（1）处方记录：日期、病历号、姓名、性别、年龄、诊断、处方号、医生等。

（2）处方：处方号、药品名、药品数量、单位等。

（3）药品：药品编号、名称、单位、单价等。

“处方记录”和“处方”实体之间通过“处方号”建立一对多的联系，“药品”和“处方”实体之间通过“药品名”建立一对多的联系，画出 E-R 图如图 5-14。

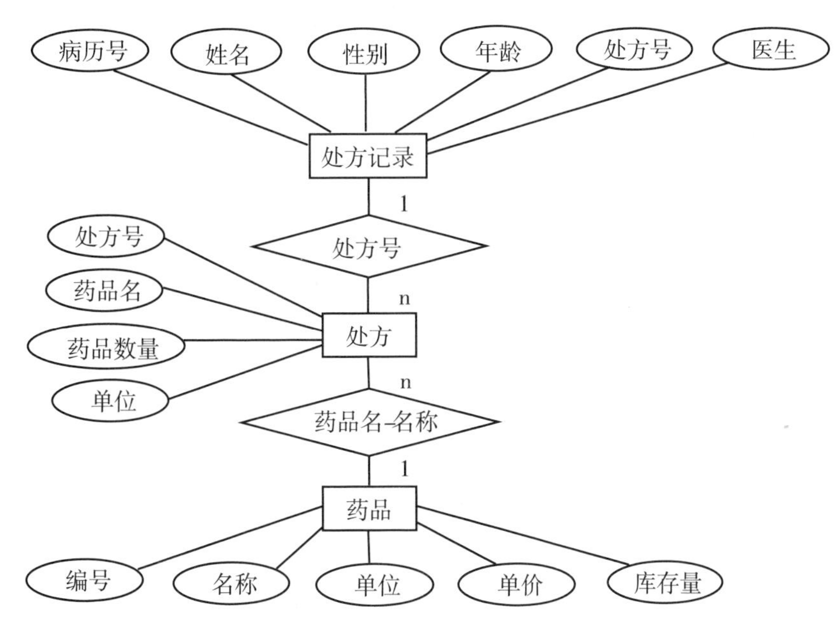

图 5-14　药房收费数据 E-R 图

第三步，逻辑模型设计　根据 E-R 图设计 3 个表格：“处方记录”（表 5-1）、“处方”（表 5-2）、“药品”（表 5-3）。由这 3 个表组成了数据库，所有的基本数据都存放在这 3 个数据表中，然后通过查询、窗体、报表等方式对数据的选择、组织、计算，生成用户所需的功能。

表5-1　处方记录

处方号	日期	病历号	姓名	性别	年龄	诊断	医师
1508150232	2015-8-15	2008023	赵枫林	男	56	高脂血症	赵
1508150304	2015-8-15	1005012	刘占修	男	45	头晕、失眠	林
1508160023	2015-8-16	2006088	张枚	女	25	慢性肾炎	林
1508160217	2015-8-16	1003022	常应正	男	42	消化不良	刘
1508151108	2015-12-1	1007009	章玲	女	33	上呼吸道感染	刘

第四步，物理模型设计 由于不同的数据库管理系统对表结构的规定不同，所以设计也不同。本书在第二节中将介绍使用 Microsoft Access 数据库管理系统设计表结构的方法。

表5-2 处方

处方号	药品名	药品数量	单位
1508150232	血脂康	4	盒
1508150304	艾司唑仑	1	盒
1508151108	复方甘草合剂	2	瓶
1508151108	维 C 银翘片	2	盒
1508151108	先锋Ⅳ号	1	盒
1508160023	泼尼松	1	盒
1508160217	多潘立酮	1	盒

表5-3 药品

药品编号	名称	批号	出厂日期	单位	单价
1	先锋Ⅳ号	040704	2014-7-17	0.25g × 14/ 盒	￥16.80
2	血脂康	20050417	2015-4-18	12 粒 / 盒	￥22.00
3	艾司唑仑	0501030	2015-1-23	1mg × 20 片 / 盒	￥6.50
4	维 C 银翘片	041226X	2015-12-14	18 片 / 袋	￥6.60
5	贝那普利	050002	2015-2-1	5mg × 14/ 盒	￥32.00

第二节 构建数据库

Microsoft Access 是 Microsoft Office 办公集成软件的成员之一，是一个关系型数据库管理系统。它具有 Office 软件的界面清晰、操作简单的特点，无须编写程序代码，仅通过直观的可视化操作即可完成数据的收集、存储、分类、计算、加工、检索、传输和制表等管理工作；同时它又提供了 VBA（Visual Basic for Application）编程语言，可用于开发高性能、高质量的桌面数据库系统。

Microsoft Access 可以通过 ODBC 与 Oracle、Sybase 等其他数据库实现数据交换和共享，同也可以和 Office 其他软件 Word、Excel、Outlook 等进行数据交互。本节我们利用 Microsoft Access 2010 数据库管理系统讲解数据库的建立和操作。

一、创建数据库

启动 Access 后，将看到 Access 2010 的启动界面，如图 5-15，选择 Access 模板，创建数据库文件。Access 2010 文件的扩展名是“.accdb”。和前几章介绍的 Office 办公软件有所不同的是，需要先在“文件名”栏写入要建立的数据库文件名和指定文件保存的位置。如果不填写的话，单击“创建”，这时就在磁盘默认位置创建“Database”加序号的空数据库文件。

例 5-1：创建名为“药房收费”数据库管理系统，数据库中建立 3 个数据库表“处方记录”表，“处方”表，“药品”表，并建立表之间的关系。

任务一：创建一个名为“药房收费”的空数据库

图 5-15　Access 2010 的创建数据库界面

操作方法：启动 Access，打开如图 5-15 所示的创建数据库界面，选择模板“空数据库”，在文件名文本框内输入文件名“药房收费”，可以单击文件名文本框后面的文件夹图标重新选择保存位置，单击“创建”按钮，创建了“药房收费 .accdb”空数据库文件并打开该数据库。如图 5-16 所示。

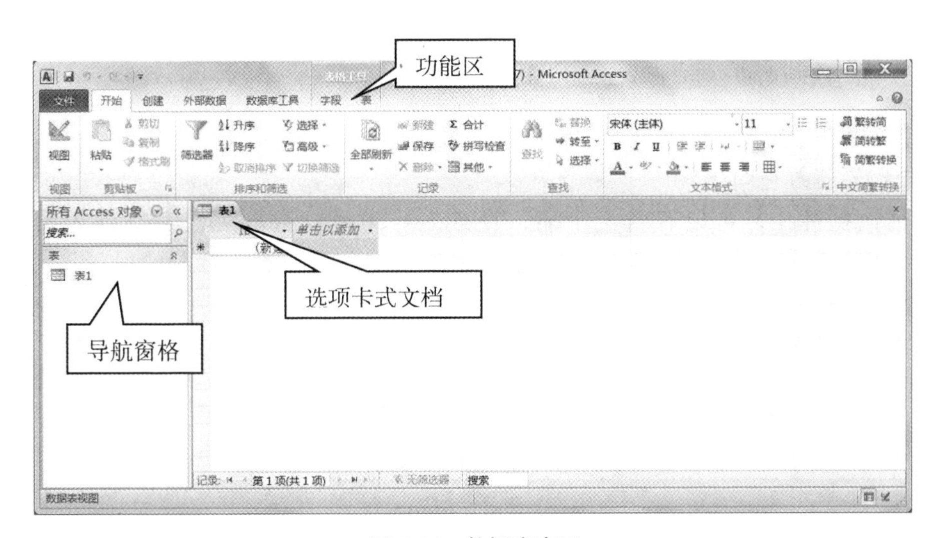

图 5-16　数据库窗口

数据库窗口由以下部分组成：

“导航窗格”栏：导航窗格位于窗口左侧，用于列出 Access 数据库中所包含的对象类型。单击导航窗格右上方的小箭头，即可弹出“浏览类别”菜单，可以在该菜单中选择对象查看的方式。

“选项卡式文档”位于窗口的中心区域，默认状态下，Access 2010 将表、查询、窗体、报表等都显示为选项卡式文档，供用户进行选择。

功能区：位于程序窗口顶部的区域，功能区代替早期版本中的多层菜单和工具栏，以选项卡形式，将各种相关的命令组组合在一起。Access 2010 功能区有 4 个选项卡，分别为“开始”“创建”“外部数据”和“数据库工具”，在每个选项卡下都有不同的操作工具。

上下文命令选项卡：上下文命令选项卡就是根据用户正在使用的对象或正在执行的任务而显示的命令选项卡。如图 5-16 所示，创建空数据库会自动创建一个新数据表，在数据表视图下出现“表格工具”上下文命令选项卡，含有“字段”和“表”选项卡。

Access 的主要功能是通过数据库的 6 个数据对象来完成的。

1．表 表是数据库中存储数据的地方。可以建立、修改、查看等。一个数据库中可以有多个表，每个表中存储不同类型的数据。通过在表之间建立关系，就可以将存储在不同表中的数据联系起来使用。例如“药房收费”数据库，它由“处方记录”“处方”和“药品”3 个表组成，通过“处方号”及“药品名称”建立联系。

2．查询 查询基于表的数据建立，可以设置各种条件，可以分析和统计数据。例如可以建立一个查询，只显示“处方记录”表中患“上呼吸道感染”患者的记录。一个查询可以由若干个表及其他查询的字段组成。查询还可以对数据进行组织和计算，例如通过“处方”和“药品”表可以计算出每个患者的药费。

3．窗体 窗体基于表或查询建立，可以用于录入、编辑、查找数据的应用窗口。在窗体中，每条记录用一页显示。窗体中不仅可以包含普通的数据，还可以包含图片、图形、声音、视频等多种对象。

4．报表 报表基于表或查询建立，可以用屏幕或打印机输出。利用报表可以进行统计计算，如求和、求平均值等。

5．宏 宏是一系列命令的集合，以达到自动执行重复性工作的功能。

6．模块 Access 提供了开发应用程序的工作环境，供程序设计人员编写代码。每个模块是一个 VBA 程序的集合。

二、创建数据表

建立数据库文件后，首先要设计数据库中所需的表，然后依次建立各个表，表建立好以后，还可以编辑修改它们。

在一个数据库中，可以有若干个表，在 Access 中建立数据表之前，要先设计表。在 Access 中每一个表分为两部分：表结构和表内容。表结构是指表头部分的设计，不但要说明每一列的名称，还要说明它的数据类型、宽度、小数位数、是否有索引等。只有将表结构设计好，才能将数据组织好。

“处方记录”表的结构见表 5-4。

表5-4 “处方记录”表的结构

字段名称	数据类型	字段属性		
		常规		
		字段大小	小数位数	索引
处方号	文本	10		有（无重复）
日期	日期 / 时间			
病历号	文本	7		有（有重复）
姓名	文本	8		
性别	文本	1		
年龄	数字	整型	0	
诊断	文本	100		
医师	文本	20		

在 Access 中，对于表结构有一些规定，在设计时一定要遵守。

1．字段的名称

Access 对字段名的规定有：

（1）长度最多只能有 64 个字符。

（2）可以是英文字母、汉字、数字、空格、特殊字符等，但不允许有小数点、感叹号、方括号等。

（3）不能以空格开头。

2．字段的数据类型

在 Access 中字段的数据类型有以下几种：

（1）文本型　文本类型是 Access 字段的默认数据类型，长度不得超过 255 个字符。

文本型数据可以是一切可以印刷的字符，包括英文字母、汉字、标点符号等，也可以是数字，但是不能参加运算。一般将电话号码、邮政编码、病历号等都设置为字符型。

（2）备注型　备注型字段用于保存较长的文本，最长可以达到 65536 个字符。“简历”“病情”等字段通常都设置为备注型。与文本型字段不同，备注型字段不能用来排序。

（3）数字型　数字型字段保存可以进行数学运算的数据，该字段的大小分为字节型、整型、长整型、单精度型、双精度型、同步复制 ID、小数等。不同大小的数据占据的存储空间不同，除“同步复制 ID”外，都可以设置格式（常规数字、科学计数等）和小数位数。

（4）日期 / 时间型　日期 / 时间型字段固定长度为 8 个字节，常用于存储“出生日期”“就诊日期”等字段。

（5）货币型　固定长度为 8 个字节，精确度为小数点左边 15 位、小数点右边 4 位。

（6）自动编号　自动编号类型字段用于存储整数和随机数。再新增记录时，其值顺序增加 1 或随机编号。自动编号类型的数据不能修改，也不能更新。

（7）是 / 否　是 / 否字段的字段值为逻辑值，是 / 否（yes/no）、真 / 假（true/false）、开 / 关（on/off）等。

（8）OLE 对象　用于链接或嵌入各种对象，如文档、电子表格、图像、声音、动画等。

（9）超链接　用于存储超级链接的地址。

（10）附件　任何系统支持的文件类型，可以将图像、电子表格、文档和图表各种文件附加到数据库记录中。“附件”字段和“OLE 对象”字段相比，由于“附件”字段不用创建原始文件的位图图像，有着更大的灵活性，而且可以更高效地使用存储空间。

（11）计算　计算字段是 Access 2010 新规定的一个字段类型，计算字段的来源是引用其他字段计算的结果。

（12）查阅向导　功能与超级链接类似，用于创建从其他对象中查阅字段数据。不同的是超级链接中各条记录可以链接不同的对象，而查阅向导中每个字段只能链接同一个对象。

3．字段的属性

不同类型的字段属性有所不同，主要有大小、格式、默认值、有效性规则、有效性文本、必需、索引等。

（1）字段大小：Access 的文本型、数字型、自动编号类型字段可以由用户自己定义字段的大小。定义时要选择合适的大小。字段小了会造成数据错误甚至丢失，字段大了又会浪费存储空间。日期、备注、是否型字段大小都是固定的。文本型字段默认为 255 个字符，可选择的范围为 0 ~ 255；数字型字段的大小可以设置为字节型、整型、长整型、单精度型、双精度型、同步复制 ID 和小数等，默认字段为长整型。常用数字型字段大小范围见表 5-5。

表5-5 “数字”字段属性

数据类型		字段大小范围
数字	字节型	用 1 个字节存储，可以存放 1 ～ 255 之间的整数。如果字段值为小数，则自动取整。
	整型	用 2 个字节存储，可以存放 -32768 ～ 32767 之间的整数。如果字段值为小数，则自动取整。
	长整型	用 4 个字节存储，可以存放 -2147483648 ～ 2147483647 之间的整数。如果字段值为小数，则自动取整。
	单精度型	用 4 个字节存储，可以存放 $\pm 10^{38}$ 之间的数，精度可达 10^{-45}。
	双精度型	用 8 个字节存储，可以存放 $\pm 10^{308}$ 之间的数，精度可达 10^{-324}。

（2）格式：用来设置字段数据的显示格式。

不同的数据类型有不同的格式，可参见表 5-6 所示。

表5-6 数据类型的格式

类型	格式
文本、备注型数据	数据的格式最多可有 3 个区段，以分号分隔，分别指定字段内的文字、零长度字符串、Null 值的数据格式。用于字符串格式的字符有： @ 字符占位符，输入字符为文本或空格 & 字符占位符，不必使用文本字符 < 强制小写，将所有字符用小写显示 > 强制大写，将所有字符用大写显示 ! 强制由左向右填充字符占位符，默认值是由右向左填充字符占位符。
数字、货币型	数据的格式有：常规数字、货币、欧元、固定、标准、百分比、科学计数等。常用的数字格式字符有：0、#、$、%、E- 或 e-、E+ 或 e+ 等。
日期 / 时间型	常规日期、长日期、中日期、短日期、长时间、中时间、短时间
是 / 否型	是 / 否 -1 为是，0 为否。 真 / 假 -1 为 True，0 为 False。 开 / 关 -1 为开，0 为关。

（3）输入法模式：用于确定在该字段输入数据时是否打开默认的中文输入法。

（4）输入掩码：用于创建字段模板。

（5）标题：允许用户为字段另起一个名字，作为输出时的标签。

（6）默认值：默认值是在建立新记录时自动添加到该字段中的预设数据。

（7）有效性规则：有效性规则用来自定义某个字段数据输入的规则，以保证所输入数据的正确性。例如，表示年龄应在 0 ～ 150 之间，在有效性规则中写入“> =0 And < =150”等。

（8）有效性文本：有效性文本是指当用户输入的数据违反了有效性规则时，系统提出的提示。例如，有效性规则定义了年龄字段的数据在 0 ～ 150 之间，当用户输入了 345 时，系统显示一个对话框：“年龄不能大于 150”。这个“年龄不能大于 150”就填写在有效性文本中。

（9）必需：指定在该字段中是否允许有空值。

（10）索引：索引有助于快速查找和排序记录。索引属性分为“无”、“有（有重复）”和“有（无重复）”3 种。

任务二：从设计视图创建“处方记录”表，即先建立表结构再输入数据

操作方法：

（1）在数据库窗口中，选择“创建”选项卡，单击“表格”组中的“表设计”按钮，打开表的设计视图。

（2）在“字段名称”栏中输入第一个字段的字段名称“处方号”，在“数据类型”下拉列表框中选择数据类型为“文本”，在下面的“常规”标签中设置字段的大小为“10”。第一个字段建立好后，再依次建立其他字段。

（3）选择“处方号”字段，单击鼠标右键，在弹出的对话框中选择“主键”，建立“处方号”为主键。因为“处方号”在每条记录中是唯一的，可以将它设置为主键，利用它与“处方”表建立一对多的联系（图 5-17）。

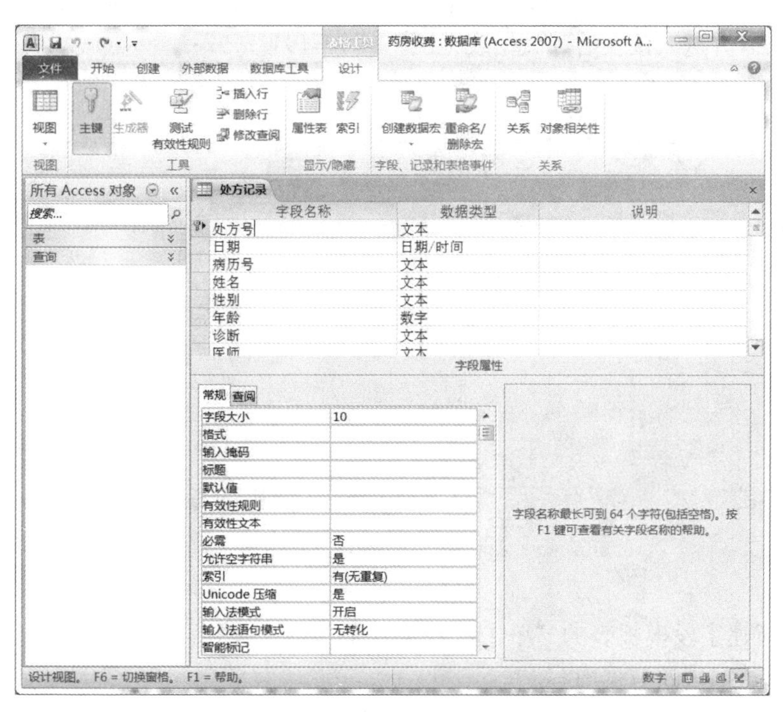

图 5-17　创建“处方记录”表设计视图

（4）设计完毕后，单击“视图”按钮转换为“数据表视图”输入数据，此时系统会提示必须先保存表，单击“是”按钮，在弹出的“另存为”对话框中输入表名称“处方记录”，然后单击“确定”按钮。

值得注意的是，如果在定义结构时没有创建主键，当保存表时计算机会提示“尚未定义主键”，是否创建主键？如图 5-18 所示。若回答“是”，计算机会自动为表增添“自动编号”主键；如果选择自己定义主键或不设立主键则选择“否”；选择“取消”则返回修改表设计视图。

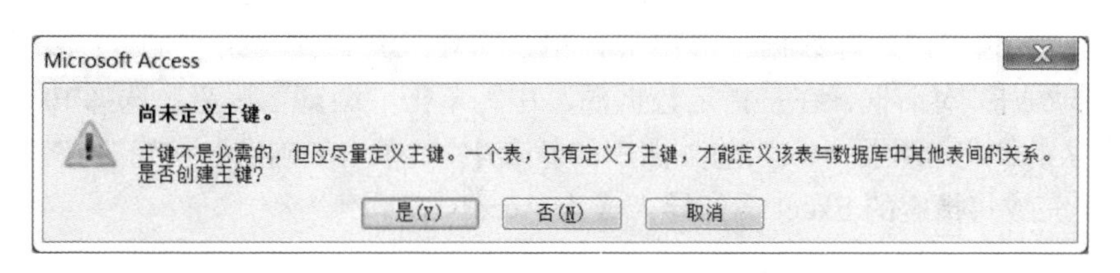

图 5-18　设立主键提示框

（5）在数据视图中，按表 5-1“处方记录”表的内容输入记录。输入表内容时，如果是文本、数字、货币型数据，可以直接在表窗口的网格中输入数据；输入日期/时间型数据时，只需按最简洁的方式输入，计算机会自动转换为设计好的格式显示。关闭表设计视图窗口后，若要再输入或修改数据记录，可在数据库窗口中双击表图标，打开表数据表窗口。

在数据库中创建表还有其他两种方式：使用表模板创建表和导入或链接其他形式的表（如：Excel）。

任务三：其他方法创建表“处方”表和“药品”表

1．通过字段模板创建“处方”表

在Access 2010中提供了一种新的创建表的方法，即通过字段模板创建数据表。操作方法如下：

（1）打开“药品收费”数据库，选择“创建”选项卡，单击“表”组中的“表”选项，新建一个空白表，并进入该表的“数据表视图”（图5-19）。

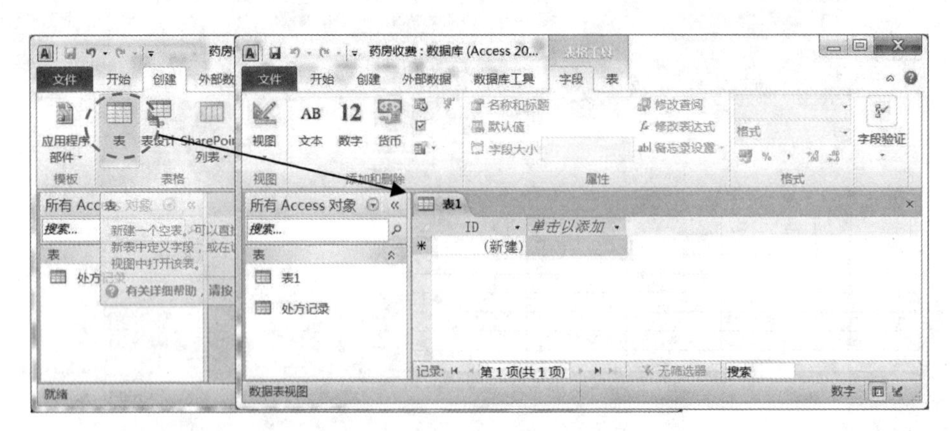

图5-19 用字段模板创建数据表

（2）单击新建字段模板表的“单击以添加”下拉箭头按钮，选择数据类型，键入字段名称，逐一建立字段名表及数据内容。

（3）或者单击“表格工具”选项卡下“字段”，在“添加和删除”组中，单击“其他字段”右侧的下拉按钮，弹出要建立的字段类型，单击要选择的字段类型，如选择“格式文本”，接着在表中输入字段名“处方号”即可。重复操作建立其他字段。需要提示的是，通过字段模板创建的数据表被自动加入作为主键的“自动编号”ID字段。针对表5-2，可对“处方号”建“索引（有重复）”，将自动编号ID字段删除。

2．导入表

Access提供了数据的导入、导出操作，使不同的程序之间的数据实现了相互传递，从而达到数据交流的目的。数据的导入就是将另一个Access库对象导入到当前Access数据库中，或者将其他格式文件换成Access格式。以导入Excel表为例，将表5-3的数据存为Excel文件“药品.xlsx”，选择“外部数据”选项卡，单击“导入并链接”组中的“Excel”选项，打开“获取外部数据”对话框，在“指定数据源”中，单击“浏览”按钮，选择Excel文件（图5-20）。用默认的“将源数据导入当前数据库的新表中”，单击“确定”按钮，按“导入数据表向导”导引，完成将指定的Excel文件导入成为Access表。

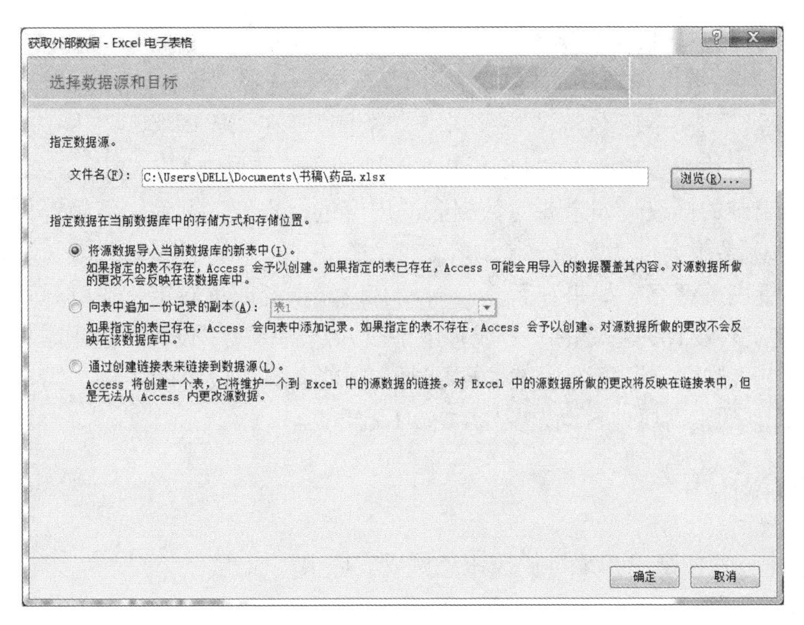

图 5-20 “获取外部数据”对话框

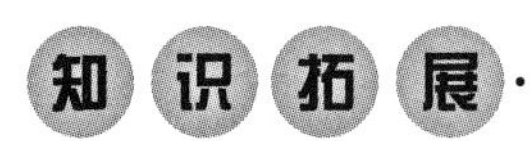

主键又叫做关键字，是用于唯一地标识每条记录的一个或一组字段。Access 建议为每个表设置一个主键，这样在执行查询时用主键作为主索引可以加快查找速度，还可以利用主键定义多个表之间的关系，以便检索存储在不同的表中的数据。

在 Access 中，可以定义 3 种主键：自动编号主键、单字段主键和多字段主键。

①自动编号主键：在表中每添加一条记录时，自动编号字段可以自动输入连续数字的编号。

②单字段主键：如果一个字段中包含了唯一的值可以将不同的记录区别开来，就可以将它设置为主键。

③多字段主键：如果没有一个字段具备设置为主键的条件，可以将几个字段结合起来设置为主键，例如“药品”表中将药品名和批号设置为多字段主键。多字段主键的设置方法，按下 Ctrl 键或 shift 键选多个字段，单击右键，在快捷菜单中选择“主键”。也可以选择“表格工具”的“索引”命令按钮，在弹出的对话框中进行设置。

三、修改表

Access 数据表建立之后，可以进行编辑修改，修改表结构和修改表内容要在不同的视图进行。修改数据表的结构要在设计视图中进行，如添加和删除字段、修改字段名称和属性等。修改数据表的内容要在数据表视图中完成，如添加和删除记录、修改记录内容等。

1. 修改表结构 如果需要修改字段属性，应该在设计视图窗口中进行。在数据库窗口中右键单击表名称，选择快捷菜单上的“设计视图”，打开设计视图，可以在其中修改字段名称、数据类型、字段大小、添加索引等。如果需要随时保存结构修改，可以单击窗口顶端的“保存”按钮。

任务四：对“药品”表，增加一计算字段“金额”，该字段是根据药房库存药品的“单价”

和“库存”量计算而来。根据该字段可对药房药品需要流转资金进行预估

操作方法：在数据库窗口中右键单击“药品”表，选择“设计视图”，打开表设计视图；单击表结构最后行的“字段名称”栏，键入“金额”，在“数据类型”栏选择“计算”，在“字段属性”的“表达式”栏键入“[单价] * [库存]”；“结果类型”选择“双精度型”。

2．数据表记录的修改 如果要对数据表的内容进行添加、删除、编辑等修改，应该在数据表视图中进行。系统会自动保存记录内容。

3．重新设置主关键字 如果在新建表时没有设置主键或重新定义主键，可以再打开表设计视图窗口，选定要设置为主键的一个或多个字段，然后单击“设计”选项卡中“工具”组的“主键”按钮，将该字段设置为主键，再单击一次就会取消设置的主键。当一个字段被设置为主键的以后，它的索引属性自动定义为“有（无重复）”。

四、其他操作

在 Access 中，使用菜单和工具栏按钮还可以完成很多操作。

1．数据表的隐藏

右击数据表，选择快捷菜单中的“在此组中隐藏”命令，可以隐藏该表。当一个表被设置为“隐藏”后，当前表窗口就不能看到它了。如果需要显示隐藏的对象，可以右击导航栏标题，在弹出的快捷菜单中选择“导航选项”。在弹出导航选项对话框中有一个“显示隐藏对象”，勾选就可以看到隐藏的表了，选中该表后选择快捷菜单中的“取消在此组中隐藏”命令，该表就重新回到显示状态了。

2．字段的隐藏

打开数据表，在需要隐藏的字段上单击右键，在弹出的快捷菜单中选择“隐藏字段”命令，字段即被隐藏。

若要显示隐藏字段，把鼠标放到隐藏字段位置所在的两个字段间的分割线上，当鼠标变成双向箭头时，单击右键，在弹出快捷菜单中选择“取消隐藏字段”命令，隐藏字段即被显示。

3．调整表的外观 Access 表窗口的使用与 Windows 中的窗口一样，可以改变大小、移动位置、最大化和最小化等。在表窗口中，可以改变字段的顺序，改变行高和列宽，也可以排序和筛选，以及冻结列和隐藏列等。操作时可以使用鼠标拖动，也可以使用菜单或工具栏按钮。

打开数据表后，在显示的“表格工具”选项卡中的“文本格式”组中有各种调整改变 Access 数据表窗口的文本格式的按钮，如字体、字形、字号、颜色和下划线等。

使用“文件”→“选项”命令，可以改变数据表的默认设置，例如数据表的字体、背景颜色、打印页边距等。

4．查看汇总或聚合数据

Access 允许通过添加“汇总”行来查看任何数据表（以行列格式显示的来自表、窗体、查询、视图或存储过程的数据）中的简单聚合数据。“汇总”行是位于数据表底部的行，可显示汇总值或其他聚合值。

例如打开“药品”数据视图，在“开始”选项卡上的“记录”组中，单击“合计”，数据表的底部随即会出现一个新行，该行的第一列将显示“汇总”一词。单击数据表“汇总”行的各列单元格，单元格中将出现下拉箭头，单击该箭头弹出下拉列表，可选择列表上给出的聚合函数，查看到对当前表该字段的聚合函数返回的数据。

五、建立数据库中表关系

Access 数据库是一个关系型数据库管理系统，它的数据保存在多个数据表中，再由这些数据表中相同的字段关联起来，实现信息的共享。

关系是通过两个表中匹配关键字段的数据来执行，关键字字段通常是两个表中具有相同名称的字段。建立表间关系之后，用户在创建查询、窗体、报表时可以从多个相关联的表中获取信息。

任务五：在“药房收费”数据库中，对“处方记录”“处方”及“药品”表，建立表之间的关系

在“处方记录”和“处方”表中，需要通过共有的“处方号”字段来建立关系。其中，“处方记录”是主表，在“处方记录”表中“处方号”是主键；“处方”是子表，在“处方”表中，“处方号”字段的索引属性是“有（有重复）”，它们之间建立的关系则为“一对多”的关系；“药品”表中的“名称”字段索引属性设为“有（无重复）”，在“处方”表中的“药品名”字段的索引属性设为“有（有重复）”，它们之间建立的关系也为“一对多”的关系。

操作方法：

（1）打开数据库窗口，在“数据库工具”选项卡中，单击“关系”组的“关系”按钮，可以打开“关系”窗口。在打开“关系”窗口时，如果数据库中存在任何关系，这些关系就会显示出来，如果初次建立关系，就会弹出“显示表”对话框。在“显示表”对话框中，选定表名后，单击“添加”按钮，就可以将表添加到“关系”窗口中（图 5-21）。

（2）在“关系”窗口中，拖动“处方记录”表中的“处方号”字段，到“处方”表中相应的“处方号”字段上，系统弹出“编辑关系”对话框（图 5-22），单击“创建”按钮，即建立两个表之间的关系了。

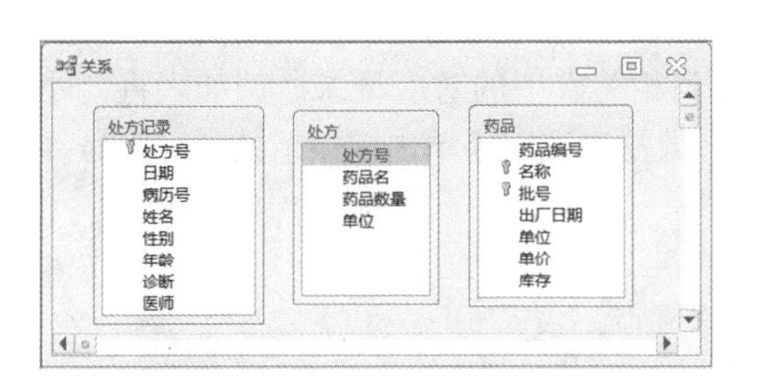

图 5-21　添加表后的“关系”窗口

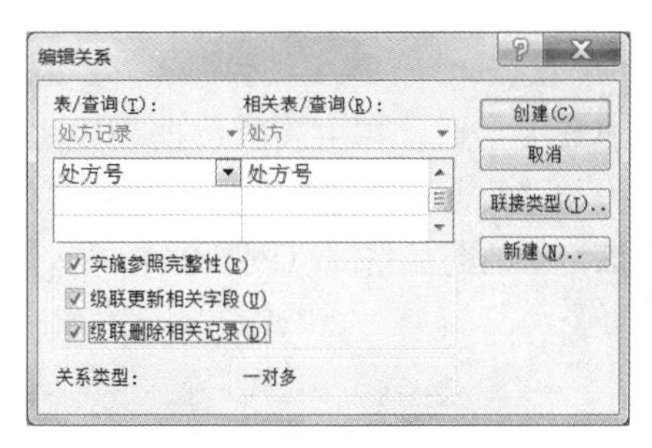

图 5-22　“编辑关系”对话框

（3）如果需要修改两个表之间的关系，右键单击两表之间的连线，在快捷菜单中选择“编辑关系”即可弹出“编辑关系”对话框。

图 5-23 为各表之间建立关系后的关系窗口。

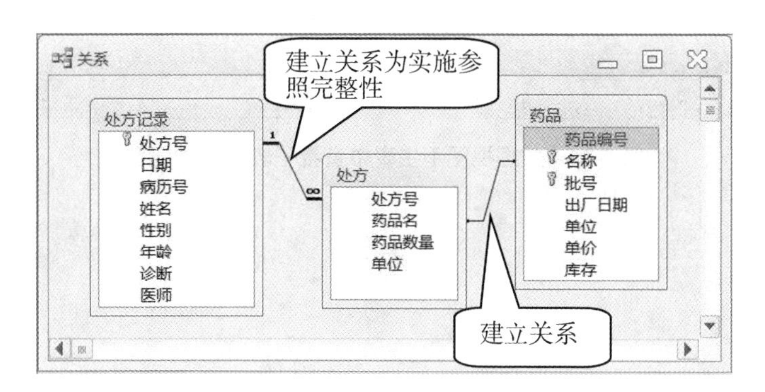

图 5-23　建立关系窗口

知识拓展

关系数据库的完整性规则是数据库设计的重要内容。参照完整性（Referential Integrity）属于表间规则。对于永久关系的相关表，在更新、插入或删除记录时，如果只改其一，就会影响数据的完整性。如删除主表的某记录后，子表的相应记录未删除，致使这些记录成为孤立记录。对于更新、插入或删除表间数据的完整性，统称为参照完整性。

在“编辑关系”对话框中，有“实施参照完整性”“级联更新相关字段”和“级联删除相关记录”3个复选框。只有先选择“实施参照完整性”，才能再选择“级联更新相关字段”和“级联删除相关记录”复选框。

当只选择“实施参照完整性”后，在输入和删除记录时，主表和相关表要遵循的规则，用它可以确保有关系的表中的记录之间关系的完整有效性，并且不会随意地删除或更改相关数据。如果主表中没有相关记录，则不能将记录添加到相关表中。如果在子表中存在着与主表匹配的记录，则不能从主表中删除这个记录，同时也不能更改主表的主键值。

选择“级联更新相关字段”复选框，即设置在主表中更改主键值时，系统自动更新子表中所有相关记录中的外键值。如果将“处方记录”表中的第一条记录的处方号由“1508150232”改为“1234567890”，则“处方”表中的相应数据也随之改变。

选择“级联删除相关记录”复选框，即设置删除主表中记录时，系统自动删除子表中所有相关的记录。如果将“处方记录”表中的处方号为“1508151108”的记录删除，则“处方”表中的相应的3条记录也被删除了。

建立关系后，在主表的数据表视图中可以看到相关表中的对应记录。例如，将“处方记录”表与“处方”表建立联系后，在“处方记录”数据表视图中单击记录前的“+”号，可以看到该记录的药品情况（图5-24）。

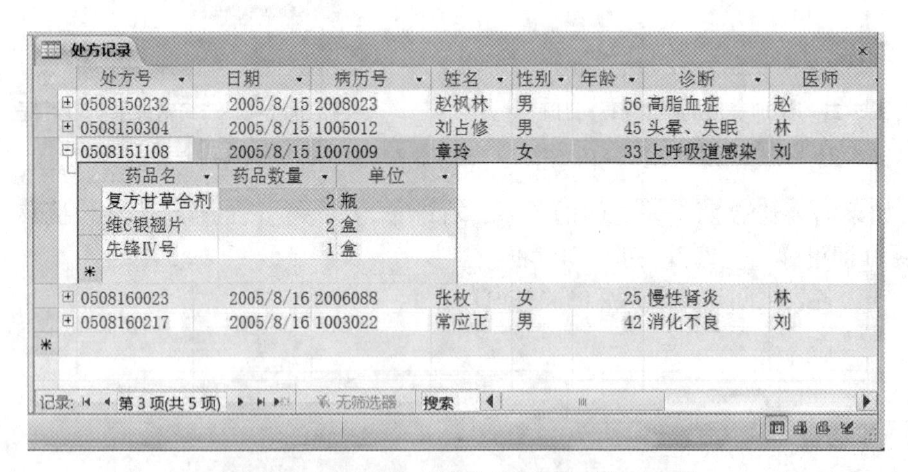

处方记录

处方号	日期	病历号	姓名	性别	年龄	诊断	医师
0508150232	2005/8/15	2008023	赵枫林	男	56	高脂血症	赵
0508150304	2005/8/15	1005012	刘占修	男	45	头晕、失眠	林
0508151108	2005/8/15	1007009	章玲	女	33	上呼吸道感染	刘
0508160023	2005/8/16	2006088	张枚	女	25	慢性肾炎	林
0508160217	2005/8/16	1003022	常应正	男	42	消化不良	刘

药品名	药品数量	单位
复方甘草合剂	2	瓶
维C银翘片	2	盒
先锋Ⅳ号	1	盒

图5-24 数据视图下主表中查看子表的相关记录

第三节　查询数据

在数据库的对象中，查询是功能最强大的。查询基于表建立，它可以把一个或多个表中的数据，按照一定的条件进行数据的重新组合，使多个表中的数据在一个虚拟表中显示出来。查询可以选择记录、进行排序、统计计算，还可对表进行操作。如果在查询窗口对数据进行修改，其结果会自动写入相关的表中。

另外，和表一样，查询还可以作为查询、窗体、报表等对象的数据来源。

查询分为：选择查询、交叉表查询、参数查询、操作查询（包括追加查询、删除查询、更新查询、生成表查询 4 种）、SQL 查询等多种类型。

一、查询表数据

选择查询是最常用的查询。它按照一定的规则从一个或多个表，或其他查询中获得数据，并按所需的排列次序显示。利用选择查询可以方便地查看一个或多个表中的部分数据。

创建简单的选择查询可以使用向导，在系统的引导下一步步地建立查询。对查询条件复杂的则需要在查询的设计视图中进行设计。

1．利用查询向导建立查询

例 5-2：建立一个基于“处方”表和“处方记录”表的选择查询。要求显示“处方记录”表中的“病历号”“日期”“姓名”“性别”“年龄”“诊断”以及“处方”表中的“药品名”和“药品数量”字段。

这是一个基于两个表的选择查询，在建立查询之前，必须为这两个表建立关系。如果没有建立表之间的关系，查询向导会提示要求建立表之间的关系。在关系建立好后，再使用查询向导的操作，方法如下：

（1）在“数据库”窗口中，选择“创建”选项卡的“查询”组中的“查询向导”图标按钮，在弹出的“新建查询”对话框中选择“简单查询向导”选项，再单击“确定”按钮，弹出“简单查询向导”对话框（图 5-25）。

（2）单击“表 / 查询”栏右边的向下的箭头，选择查询中所需要的表“处方记录”，这时“处方记录”表中所有字段名都显示在“可用字段”栏中，使用 > 按钮选择查询中所需要的字段：“病历号”“日期”“姓名”“性别”“年龄”“诊断”。

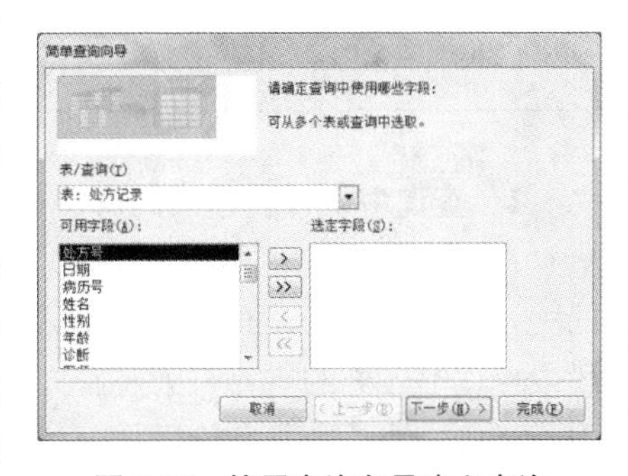

图 5-25　使用查询向导建立查询

（3）单击“表 / 查询”栏右边的向下的箭头，选择“处方”，使用 > 按钮选择所需要的“药品名”和“药品数量”字段，然后单击“下一步”按钮。

（4）在“请为查询指定标题”栏中输入查询的标题“处方信息”，然后单击“完成”按钮，显示查询结果。

2．利用设计视图建立查询

查询设计视图是一个设计查询的窗口，包含了创建查询所需要的各个组件，可以灵活地建立各种查询。当希望在查询中添加一些条件，比如只显示女患者的记录，或要查询高血压患者的记录时，仅使用查询向导不能完成，就需要使用设计视图了。

在“数据库”窗口中，单击“创建”选项卡的“查询”组中的“查询设计”图标按钮，在“显示表”对话框中选择所需要的数据表，然后单击“添加”按钮（图 5-26）。添加完后单击“关闭”按钮。当多个表之间建立了关系之后，可以利用选择查询同时显示多个表中的字段。也可以在查询的设计视图中自定义两个表之间的关联关系。

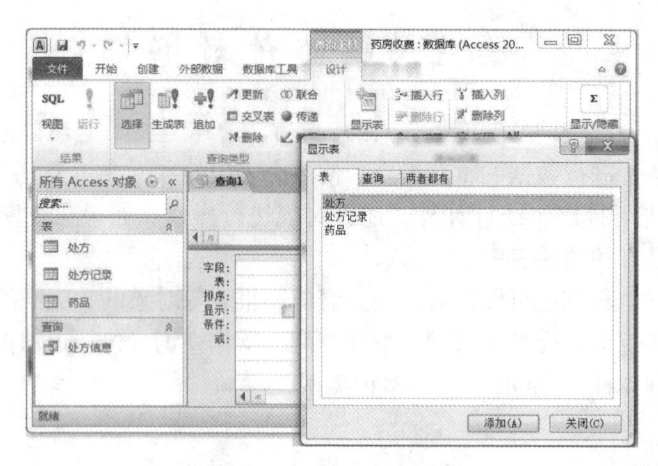

图 5-26　向查询中添加表

在查询的设计视图的下半部分为“设计网格”，其中各行的作用见表 5-7。

表5-7　查询设计网格中行的作用

行的名称	作用
字段	在此输入字段名称。单击字段栏右边的向下箭头来选择所需的字段名，如果需要表中的全部字段，则选择“*”。
表	字段所在的表或查询的名称。
排序	选择查询所采用的排序方式，可以升序或降序。
显示	利用复选框来确定是否在查询结果中显示该字段。
条件	用于输入限定记录的条件表达式。
或	用于输入条件表达式，与上一行是“或”的关系。

3．查询中条件表达式的写法

在查询的设计视图中，查询条件写在“条件”栏中。多个查询条件时，查询条件是“与”的关系写在同一行，查询条件是“或”的关系写在不同行。在条件表达式中，窗体、报表、字段或控件的名称的定界符为左右方括号（[ ]）；日期的定界符为井号（#）；文本的定界符为双引号（"）。注意：所有的运算符和各种符号都必须是以半角的形式输入。

在条件栏中可以使用的条件表达式由常量、字段名、字段值、属性和运算符组成。除了在 Excel 中使用过的关系运算符和逻辑运算符以外，Access 还有一些特殊运算符（表 5-8）。

表5-8　特殊运算符及其含义

运算符	说明	举例
In	用于指定一个字段值的列表，列表中的任意一个值都可与查询的字段相匹配。	In（20，40）
Between	用于指定一个字段值的范围，指定的范围之间用 And 连接。	Between 20 and 40
Like	用于指定查找文本型字段的字符模式，在所定义的字符模式中，用“？”表示其所在位置上的任意一个字符，用“*”表示其所在位置上的任意一串字符，用“#”表示其所在位置上的任意一个数字，用方括号描述一个字符范围。	Like“* [1-5]”
Is	与 Null 一起使用，用于确定值是空还是非空 Is Null 用于指定一个字段为空 Is Not Null 用于指定一个字段为非空	Is Null Is Not Null

例 5-3：在“处方记录”表的基础上建立一个简单条件查询，查找女性患者的处方记录。

操作方法：

（1）单击“创建”选项卡的“查询”组中的“查询设计”图标按钮，在“显示表”对话框中选择“处方记录”表，然后单击“添加”按钮。

（2）依次单击设计网格中字段行上要放置字段的列，然后单击向下箭头按钮，选择所需的字段。

（3）为查询设置条件，在“性别”字段列的条件行中写上“女”（图 5-27）。

（4）单击“保存”，在“另存为”对话框中输入查询名称“例 5-3”，再单击“确定”按钮。

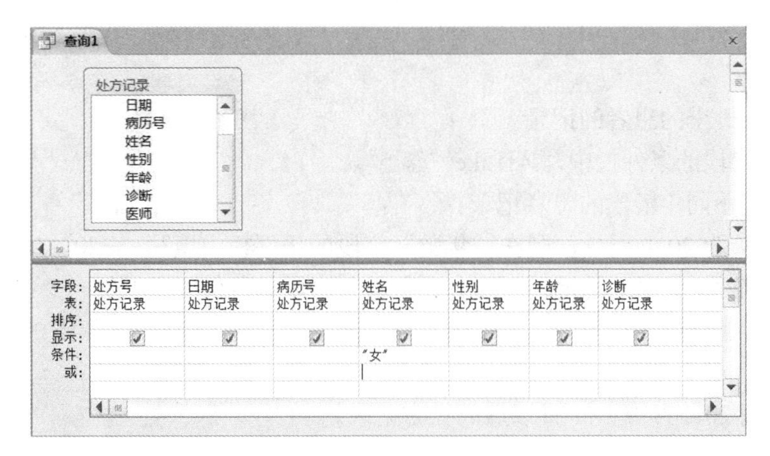

图 5-27　在设计视图中建立查询

例 5-4：查询年龄在 20 岁以下或 50 岁以上的女患者的记录。

操作方法：创建方法参照“例 5-3”，只是在查询条件上有所不同：在条件行中，在同一行“性别”字段列写入“女”，“年龄”字段列写入中“< =20”，然后在下一行的“性别”字段列中写入“女”，“年龄”字段列写入“> =50”。如图 5-28 所示。保持查询为“例 5-4”。

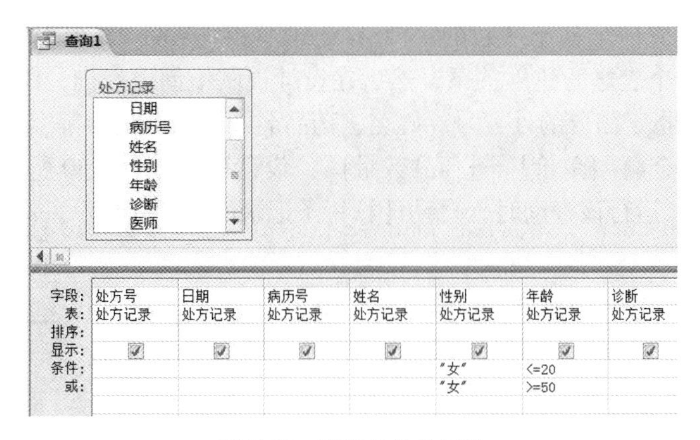

图 5-28　查询条件的写法

例 5-5：查询条件为查找患有“高血压”或“高脂血症”的患者的记录。

操作方法：在条件行中的“诊断”字段列写入“高血压”，然后在下一行的“诊断”字段列中写入“高脂血症”，如图 5-29 所示。

还可以在条件行中的“诊断”列写入：“高血压” Or “高脂血症”，或写成：In（“高血压”，“高脂血症”）。

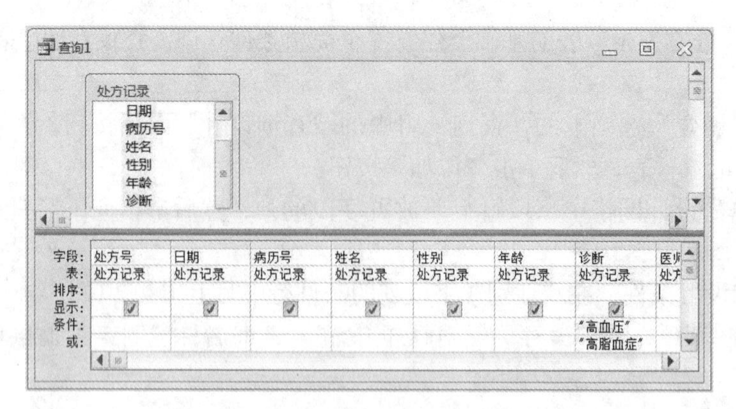

图 5-29　查询

例 5-6：查询姓李的患者的记录。

在“姓名”字段的条件栏中写入 Like“李 *”。

例 5-7：查询不同年龄段的患者记录：

查询所有年龄为 20 的记录，则在“年龄”字段的条件栏中填写“=20”或“20”；

查询所有年龄为 20 以上的记录，则在“年龄”字段的条件栏中填写“> =20”；

查询所有年龄在 20 ~ 40 岁之间的患者的记录。在“年龄”字段的条件栏中填写“Between 20 And 40”，或“> =20 and < =40”。

例 5-8：查询 2015 年 9 月 1 日以后的处方记录。

“日期”的“条件”栏中填写：> =#2015-9-1#。

与其他的应用程序一样，Access 提供了大量的函数供用户使用。如要查询 8 月份的记录，可以在日期的“条件”栏中填写：Month（[日期]）=8。

4．在查询中创建计算字段

在查询的设计中可以通过灵活运用表达式将表中的数据提取出来，并进行数学计算。

例 5-9：查询每个患者的处方号、姓名、数量、单价和花费的金额，并保存为“药费明细”。

操作方法：需建立一个基于“处方”“处方记录”和“药品”3 个表的金额计算查询，确认关系窗口中为这 3 个表之间建立关系，然后在设计视图中创建查询，添加“处方”“处方记录”和“药品”表，指定需要的处方号、姓名、药品名、数量、单价等字段后，最后再添加一个新字段，名称为“金额：[单价] * [药品数量]”。设计视图如图 5-30 所示，保存并为该查询起名为“药费明细”，运行该查询时，自动计算每条记录的金额并显示。

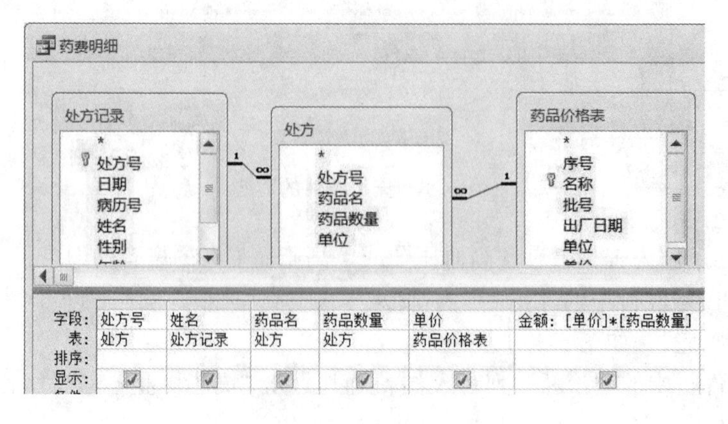

图 5-30　添加计算字段

5．多条记录的统计计算

在查询中，实现多条记录的汇总信息是数据库常用的统计计算，可以使用SQL聚合函数进行简单的列计算，包括：总和（Sum）、平均值（Avg）、最大值（Max）、最小值（Min）、计数（Count）、标准偏差值（StDev）和方差（Var）等，见表5-9。通常用于计算付款的合计、学生成绩的平均分、分别统计男女患者人数等。

表5-9 SQL聚合函数

函数	说明	字段类型
Avg（）	平均值	除Text、Memo外的字段和OLE对象的所有类型
Count（）	非空的数目	字段中的所有字段类型
First（）	字段值	第一条记录的所有字段类型
Last（）	字段值	最后一条记录的所有字段类型
Max（）	最大值	所有数值数据类型和字段文本
Min（）	最小值	所有数值数据类型和字段文本
StDev（）、StDevP（）	统计标准	字段中的所有数值类型的偏差
Sum（）	总和	字段中的所有数值类型
Var（）、VarP（）	统计标准	字段中的所有数值类型

例5-10：在“药费明细”查询的基础上建立每个人的药费总金额的查询。

操作方法如下：

（1）在创建查询的设计视图中的“显示表”对话框中单击“查询”标签，选择“药费明细”后单击“添加”按钮。在关闭“显示表”对话框后，设置3个字段：“处方号”“姓名”和“金额”。

（2）单击“查询工具”选项卡的Σ“汇总”按钮，设计视图中插入了“总计”行，在“金额”字段的“总计”栏中选择“合计”（图5-31）。

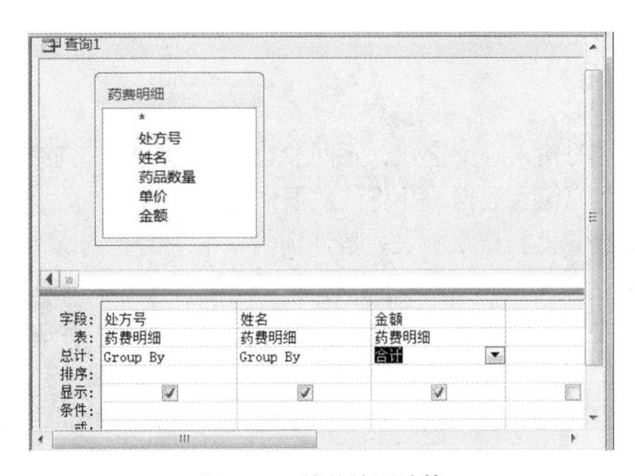

图5-31 简单的列计算

（3）保存并起名为“药品收费”。

二、创建交叉表查询

交叉表查询类似于Excel中的数据透视表，它可以对数据字段的内容进行计算，如汇总、求平均值、计数、求最大值、求最小值等。计算的结果显示在行与列交叉的单元格中。

创建交叉表查询可以使用“交叉表查询向导”。

例 5-11：在“药费明细”查询的基础上，建立一个交叉表查询显示每张处方的药费总金额。

操作方法如下：

（1）在药房收费数据库中，单击“创建”选项卡的“查询”组中的“查询向导”图标按钮，在弹出的“新建查询”对话框中选择“交叉表查询向导”，单击“确定”；

（2）在交叉表查询向导对话框中单击“查询”单选按钮，从已创建的查询列表中选择“药费明细”查询作为数据源，单击“下一步”按钮；

（3）选择“处方号”和“姓名”作为行标题，单击“下一步”按钮，选择“药品名”作为列标题，单击“下一步”按钮，选择“金额”作为计算字段，并选取函数为“Sum”（图5-32）。

（4）单击“下一步”按钮，为查询指定名称后，单击“完成”按钮即可。

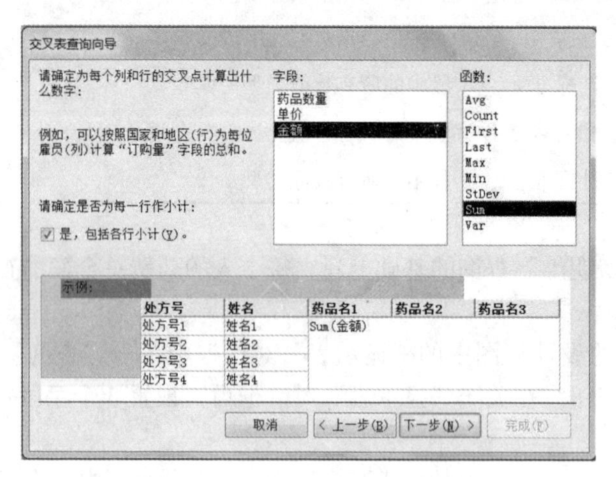

图 5-32 “交叉表查询向导”对话框

三、创建参数查询

参数查询就是在查询时输入查询参数，不同参数显示不同的查询结果。参数查询在运行时弹出一个对话框，提示用户输入数据，并将该数据作为查询的条件。

例 5-12：建立一个在“处方记录”表中按性别检索记录的查询。

操作方法如下：

（1）在药房收费数据库中，单击“创建”选项卡的“查询”组中的“查询设计”图标按钮，弹出“设计视图”和“显示表”对话框。

（2）选择“处方记录”表，单击“添加”按钮，将“处方记录”表中的字段直接拖到“字段”行中，在性别字段的条件栏中输入“[请输入性别：]”作为参数查询的提示信息（图5-33）。

（3）保存并为查询起名“按性别检索”，操作完成。

运行参数查询时，系统弹出“输入参数值”对话框如图 5-34，提示“请输入性别：”，等待用户输入查询参数，如果输入“女”，则显示女患者的记录。如果输入“男”，则显示男患者的记录。

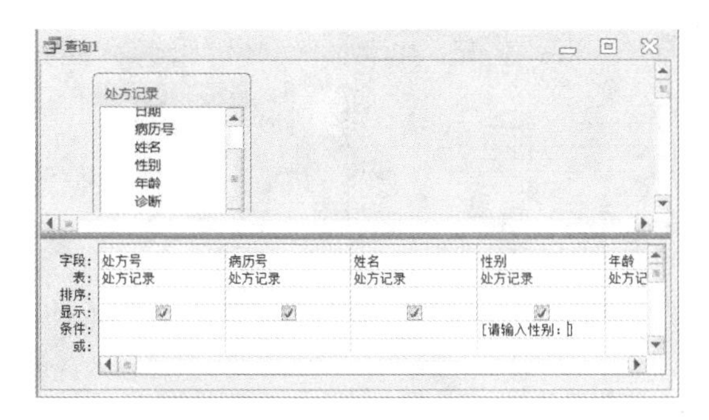

图 5-33 参数查询的设计视图

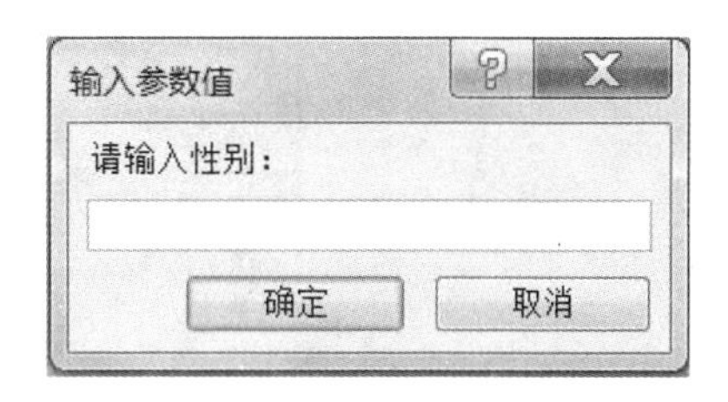

图 5-34 “输入参数值”对话框

四、创建操作查询

操作查询可以批量地对表中的数据进行修改，主要包括追加查询、删除查询、更新查询、生成表查询等。

追加查询是对已经存在的表进行追加记录的操作；删除查询是删除已经存在的表中的满足指定条件的记录；更新查询是对已经存在的表中的数据进行更新；生成表查询是根据已经存在的表或查询中的数据建立一个新表。

例 5-13：在“药品价格表”中，将单价字段都降价 3%。

操作方法如下：

（1）在药房收费数据库中，单击“创建”选项卡的“查询”组中的“查询设计”图标按钮，在弹出“显示表”对话框中选择“药品价格表”，将表添加到“设计视图”；

（2）单击“查询类型”组中的“更新”图标按钮，设计视图中插入了“更新到”行；

（3）在“字段”栏选择字段名为“单价”，在“更新到”栏中输入“[单价] *0.97”（图 5-35）。

（4）单击工具栏“运行”按钮，执行更新查询，结果为“药品”表中的单价字段全部减少 3%。

例 5-14：将药房收费数据库中的“处方记录”表中年龄大于 40 岁的患者保存到一个“大于 40 岁患者”表中。

操作方法如下：

（1）在药房收费数据库中，单击“创建”选项卡的“查询”组中的“查询设计”图标按钮，在弹出“显示表”对话框中选择“处方记录”，将表添加到“设计视图”。

（2）单击“查询类型”组中的“生成表”图标按钮，弹出“生成表”对话框，在“表名称”中输入新生成表的名称“大于 40 岁患者”，单击“确定”按钮（图 5-36）。

（3）将“处方记录”表字段拖到“字段”行中，在“年龄”字段的条件栏中输入“> 40”。

当运行这个查询时，系统会将满足“> 40”记录写入新表“大于 40 岁患者”。

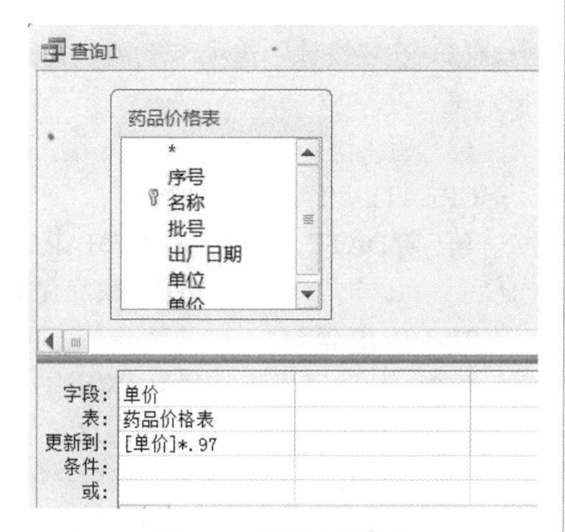

图 5-35 更新查询设计

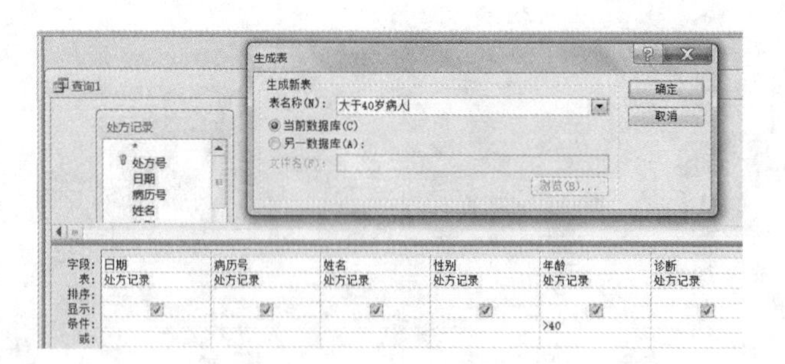

图 5-36　生成表查询设计

五、SQL 查询

SQL（Structure Query Language）是一种结构化查询语言，是数据库操作的工业化标准语言。目前世界上所有关系数据库系统（如 DB2、ORACLE、Microsoft SQL Server、INGRES、Informix 等）都采用 SQL 语言。SQL 有多种使用方式：联机交互使用方式、与应用程序连接使用方式、自含式使用方式等。

SQL 语句按功能分为数据定义（CREATE、DROP、ALTER）、数据查询（SELECT）、数据操纵（INSERT、UPDATE、DELETE）、数据控制（GRANT、REVOTE）4 类。其中数据查询语句 SELECT 是 Access 查询中应用最多的语句，将在本节中详细介绍。

书写时，一条 SQL 语句可以分成若干行，以分号结束。

1．CREATE 语句

功能：创建基本表、索引或视图

格式：CREATE TABLE

　　（＜字段名＞＜数据类型＞ [字段约束条件]

　　[，＜字段名＞＜数据类型＞ [字段约束条件]] ……）

　　[表约束条件]；

例 5-15：建立一个名为“体检”的表，包含体检日期、身份证号、姓名、性别、出生日期、家庭住址和邮编等属性，其中身份证号不能为空，并且其值是唯一的。

操作方法：

（1）在“创建”选项卡上的“查询”组中，单击“查询设计”，关闭“显示表”对话框。

（2）在“设计”选项卡上的“查询类型”组中，单击“数据定义”，显示 SQL 视图选项卡。

（3）写入语句：

CREATE　TABLE 体检

（日期 DATE，身份证号 CHAR（18）NOT NULL UNIQUE，姓名 CHAR（10），性别 CHAR（1），出生年月 DATE，家庭住址 CHAR（30），邮编 CHAR（6））；

2．DROP 语句

功能：删除基本表、索引或视图

格式：DROP　TABLE ＜表名＞；

　　DROP　INDEX ＜索引名＞；

　　DROP　VIEW ＜视图名＞；

例 5-16：删除“体检”表的语句为：

DROP　TABLE 体检；

3．ALTER 语句

功能：修改表结构

格式：ALTER　TABLE ＜表名＞

　　[ADD ＜新字段名＞ ＜数据类型＞ [约束条件]]

　　[DROP ＜字段名＞ ＜约束条件＞]

　　[ALTER ＜字段名＞ ＜数据类型＞　[约束条件]]

说明：ADD 子句为添加字段，DROP 子句为删除字段，ALTER 子句为修改字段。

例 5-17：将“体检”表中姓名字段的长度改为 12 的语句为：

ALTER TABLE 体检 ALTER 姓名 CHAR（12）;

4．SELECT 语句

功能：在数据库中进行查询

格式：SELECT [ALL / DISTINCT] ＜字段表达式＞ [，＜字段表达式＞] ……

　　FROM ＜表名＞ [，＜表名＞] ……

　　[WHERE　＜条件表达式＞]

　　[GROUP BY　＜字段 1 ＞ [HAVING ＜条件表达式＞]]

　　[ORDER BY　＜字段 2 ＞ [ASC/DESC]

说明：根据 WHERE 子句的条件从 FROM 子句指定的基本表中找出满足条件的记录，再按 SELECT 查询显示的字段表达式指定的字段顺序，形成查询结果的数据表。ALL 为默认值限定词，表示所有满足条件的记录，DISTINCT 用于忽略重复数据的记录，还有 TOP n 表示前 n 个记录，TOP n PERCENT 表示前 n% 的记录等。

GROUP BY 子句将结果按指定的字段分组，字段值相同的为一组，每组取第一条记录。HAVING 后面的表达式给出分组条件。

ORDER BY 子句将结果以给定的字段排序显示。ASC 表示升序，DESC 表示降序。

例 5-18：在“处方记录”表中查询全体患者的病历号、姓名、性别和年龄的语句为：

　　SELECT 病历号，姓名，性别，年龄 FROM 处方记录;

例 5-19：在“处方记录”记录表中查询女患者的信息语句为：

　　SELECT 处方记录 .*

　　FROM 处方记录

　　WHERE 处方记录 . 性别 =" 女 ";

5．INSERT 语句

功能：插入一个记录或子查询结果

格式：INSERT　INTO ＜表名＞ [（＜字段 1 ＞ [，＜字段 2 ＞] ……）]

　　VALUES （〈常量 1〉 [，〈常量 2〉] ……）];

例 5-20：在“处方记录”表增加一条记录的语句是：

　　INSERT　INTO 处方记录

　　VALUES（1812345678,#2018/3/1#,3000001," 张三 "," 女 ",60," 肺炎 "," 刘 ");

6．UPDATE 语句

功能：修改指定表中满足 WHERE 子句的记录。

格式：UPDATE　＜表名＞

　　SET ＜字段名 1 ＞ = ＜表达式 1 ＞ [，＜字段名 2 ＞ = ＜表达式 2 ＞] ……

　　WHERE　＜条件＞;

例 5-21：将“处方记录”表中的张三的性别改为“男”，年龄改为 62 岁，语句是：

　　UPDATE 处方记录 SET 性别 = " 男 "，年龄 =62

WHERE 姓名 =" 张三 ";

7. GRANT 语句 GRANT 用于将指定操作对象的指定操作权限授予指定的用户。

8. REVOTE 语句 REVOTE 用于收回所授予的权限。

六、在 Access 中查看和使用 SQL 语句

1. 将查询设计视图创建的查询转换为 SQL 语句

任何类型的查询都可以在 SQL 视图中打开，通过修改查询的 SQL 语句，可以修改现有的查询，使之满足用户的要求。

在 Access 中查看和使用 SQL 语言的方法是，右击查询视图，选择“SQL 视图”。例如，打开“例 5-3”中查找女性患者的处方记录信息查询设计视图（图 5-27），右键单击该设计视图，选择“SQL 视图”，就可以看到相应的 SQL 语句了（图 5-37）。

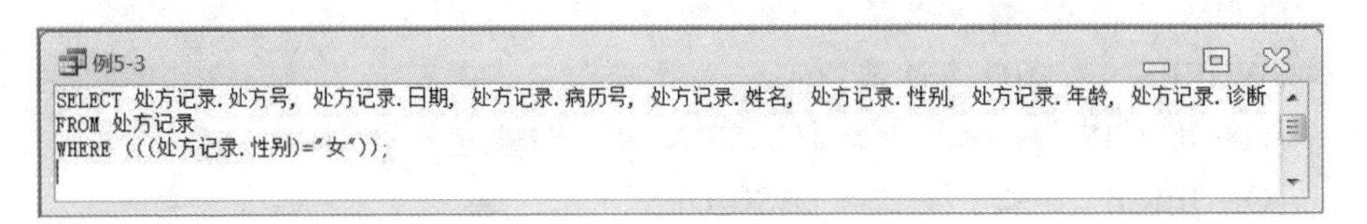

图 5-37 例 5-3 的 SELECT 查询语句

因为该查询数据来源仅用到一个数据库表，字段名的数据表名前缀可以省略不写，则 SQL 查询语句可以简洁书写为：

SELECT 处方号，日期，病历号，姓名，性别，年龄，诊断 FROM 处方记录 WHERE 性别 =" 女 ";

“例 5-12 药品收费”查询相应的 SQL 语句是：

SELECT 药费明细表 . 处方号，药费明细表 . 姓名，Sum（药费明细表 . 金额）AS 药费

FROM 药费明细表

GROUP BY 药费明细表 . 处方号，药费明细表 . 姓名；

SELECT 语句既可以完成简单的单表查询，也可以完成复杂的多表连接查询和嵌套查询。进行多表查询时，需要在 FROM 中使用 INNER JOIN 来说明表之间的关系，格式为：

INNER JOIN ＜表名＞ ON ＜表达式＞；

“例 5-9 药品明细”查询相应的 SQL 语句是：

SELECT 处方记录 . 处方号，处方记录 . 姓名，处方 . 药品名，处方 . 药品数量，药品 . 单价，[单价] * [药品数量] AS 金额

FROM 处方记录 INNER JOIN（药品 INNER JOIN 处方 ON 药品 . 名称 = 处方 . 药品名）ON 处方记录 . 处方号 = 处方 . 处方号；

2. 直接写 SQL 语句

在 Access 中使用向导或设计视图建立的查询经常不能完全符合我们的需要，这时就需要直接写 SQL 语句了。

例 5-22：基于“处方记录”表建立一个查询，显示与章玲同一个医生的患者。SQL 语句创建方法如下：

（1）单击“创建”选项卡的“查询”组中的“查询设计”图标按钮，打开了查询设计视图窗口和“显示表”窗口，关闭显示表窗口；

（2）右键单击该设计视图，选择“SQL 视图”切换到 SQL 视图窗口，写入查询语句：

SELECT 处方号，姓名，性别，年龄，医师

FROM 处方记录

WHERE 医师 IN（SELECT 医师 FROM 处方记录 WHERE 姓名 =' 章玲 '）;

无论是高级查询还是简单查询，SQL 查询语句需求是最频繁的，功能也非常强大，是使用和操作数据库的“利器”。

第四节　窗体

简单地说，窗体就是一个交互的界面，用户可以通过窗体显示、编辑表中的数据，还可以通过窗体上的记录浏览器添加记录，Access 的窗体功能可以方便使用者对数据库进行各种操作。窗体的分类方法有多种。

从功能上分为：数据性窗体、控制性窗体和提示性窗体。数据性窗体用于数据的显示和编辑；控制性窗体中有菜单和按钮，用以完成一些控制转换功能；提示性窗体相当于一个对话框。

从逻辑上分为：主窗体和子窗体。子窗体是作为主窗体的一个组成部分存在的，显示时可以把它嵌入到指定的位置处。

从布局方式上分为：纵栏式、表格式、数据表、图表和数据透视表等。

一、创建窗体

在 Access 2010 的“创建”选项卡下的“窗体”组中，有多种创建窗体的方法（图 5-38），可以根据自己的需要选择不同的方法。

图 5-38　创建窗体选项卡

窗体：利用当前打开或选定的数据表或查询自动创建一个窗体。

窗体设计：进入窗体的“设计视图”，通过各种窗体控件设计窗体。

空白窗体：建立一个空白窗体。

窗体向导：利用向导帮助完成窗体的创建。

导航：Access 2010 新增的导航控件包含了由多子窗体组成的窗体，可以将多个窗体或报表添加到导航窗体设计视图顶部或侧部的“新增”标签。

其他窗体：单击“窗体”组中的“其他窗体”按钮，弹出一个选择菜单，在该菜单中又提供了多种创建窗体的方式：①分割窗体：利用当前打开或选定的数据表或查询自动创建一个分割窗体；②多个项目：利用当前打开或选定的数据表或查询自动创建一个包含多个项目的窗体；③数据透视图：以图形的方式显示统计数据，增强数据的可读性；④数据表：利用当前打开或选定的数据表自动创建一个数据表窗体；⑤模式对话框：创建一个带有命令按钮的浮动对话框窗口；⑥数据透视表：数据透视表是一种交互的表，它可以按设定的方法进行计算，如求和、计数等。数据透视表可以将字段值作为行号或列标，在每一个行列的交会处计算。

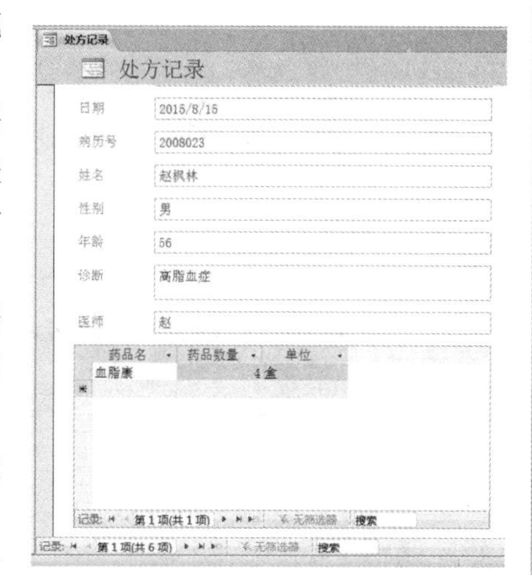

图 5-39　快速创建窗体

例 5-23：在药房收费数据库中，对“处方记录”表使用“窗体”图标按钮快速创建窗体。

操作方法：在数据库窗口左侧导航窗格的表对象栏

中，选中“处方记录”表，单击“创建”选项卡下“窗体”组中的“窗体”按钮，即可快速创建窗体，保存即可。保持的窗体名与数据表名一致，如图 5-39 所示。

使用“窗体”图标按钮快速创建窗体，是 Access 2010 版新增添的功能，快速自动创建的窗体形式与所选择的数据表相关，“处方记录”表与处方表已建立“一对多”的关系，所以对“处方记录”表自动创建的是带有子窗体的窗体。

例 5-24：在药房收费数据库中，对“处方记录”表使用“分割窗体”图标按钮创建分割窗体。分割窗体是将一张表用两个窗格显示，便于从整体到局部不同角度查看。

操作方法：选中“处方记录”，单击“创建”选项卡下“窗体”组中的“其他窗体”的下拉按钮，在弹出的下拉列表框中选择“分割窗体”，结果如图 5-40 所示。

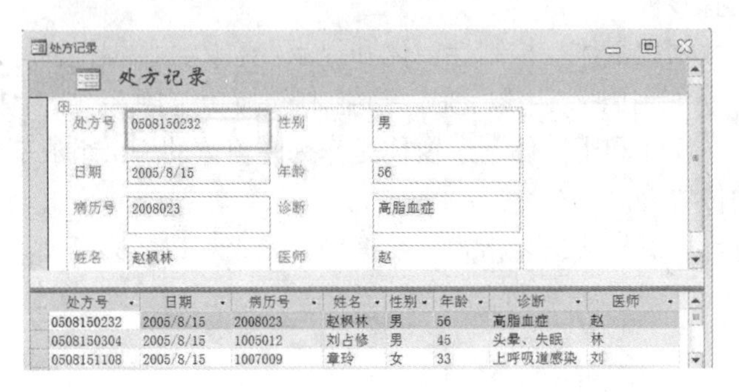

图 5-40　分割窗体设计

例 5-25：在药房收费数据库中，使用“窗体向导”创建基于“药品收费”查询和“处方”表的多表（主 / 子）窗体。

操作方法如下：

（1）在药房收费数据库中，单击“创建”选项卡下“窗体向导”按钮，在弹出的“窗体向导”对话框中，可从多个表或查询中选取要在窗体上显示的字段；

（2）单击“表 / 查询”下拉列表按钮，选择“查询：药品收费”作为该窗体的一个数据源，单击▷▷按钮将“药品收费”中的所有字段添加到“选定字段”栏中；

（3）再重复操作，选择“表：处方”作为另一个数据源，单击▷▷按钮将“处方”表的所有字段添加到“选定字段”栏中；

（4）单击“下一步”按钮，在“窗体向导”对话框中确定查看数据的方式，因为“药品收费”已计算出的每张处方收费金额，创建子窗体查看对应处方的药品信息，所以选择“通过药品收费”方式查看；

（5）单击“下一步”按钮，选择窗体的布局，选择“数据表”，单击“下一步”按钮，设置窗体标题；

（6）单击“完成”按钮，保存窗体“药品收费”结果如图 5-41 所示。

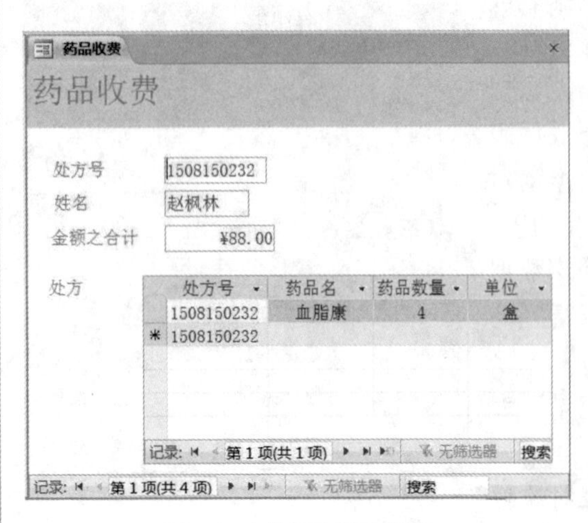

图 5-41　带子窗体的窗体

使用“窗体向导”常用来创建显示来自多个表数据的窗体，数据来源可以是表也可以是查询。

例 5-26：在药房收费数据库中，以“处方记录”表为数据源，建立一个数据透视表窗体，在透视表中能够按性别分类显示各类疾病的患者的年龄情况。

操作方法如下：

（1）选中“处方记录”表，单击“创建”选项卡下的“窗体”组中“其他窗体”按钮，在弹出的下拉列表框中选择“数据透视表”选项，进入数据透视表“设计视图”。

（2）单击设计视图窗体，弹出“数据透视表字段列表”窗格，将窗格中的“诊断”字段拖到“将列字段拖至此处”栏中，即“诊断”作为列字段；将窗格中的“性别”字段拖到“将行字段拖至此处”栏中，即“性别”作为行字段；将窗格中的“年龄”拖到“将汇总或明细字段拖至此处”中，效果如图 5-42 所示。

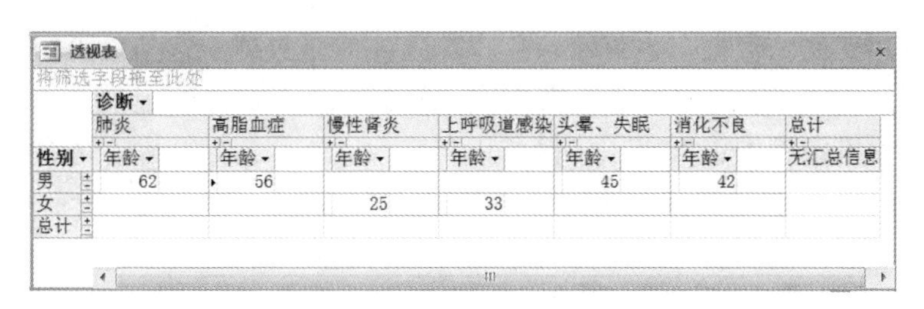

图 5-42　数据透视表窗体

例 5-27：在药房收费数据库中，以“处方记录”表为数据源，建立一个数据透视图窗体，在表中能够分类显示各类疾病的男女患者的平均年龄。

操作方法如下：

（1）选中“处方记录”表，单击“创建”选项卡下的“窗体”组中“其他窗体”按钮，在弹出的下拉列表框中选择“数据透视图”选项，进入数据透视表“设计视图”。

（2）单击窗体，弹出“图表字段列表”窗格，将窗格中“诊断”字段拖至“将系列字段拖至此处”栏中；将窗格中“性别”字段拖至“将分类字段拖至此处”栏中；将窗格中“年龄”字段拖至“将数据字段拖至此处”栏中，右键单击“年龄的和”按钮，在弹出的快捷菜单中选择“自动计算”子菜单的“平均值”选项，单击“图例”，效果如图 5-43 所示。

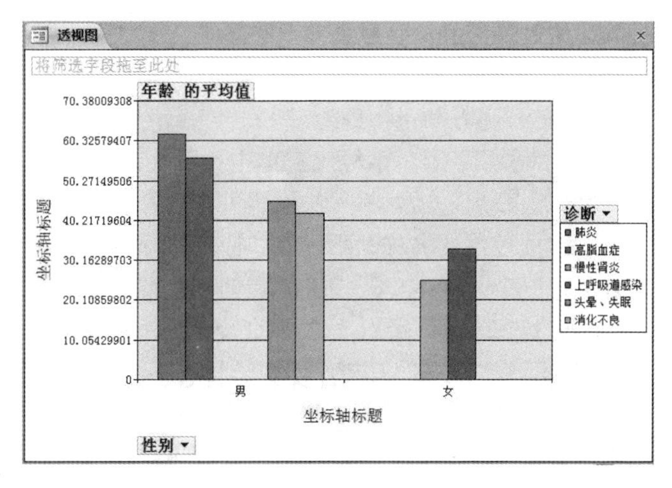

图 5-43　数据透视图窗体

二、使用窗体控件

在窗体“设计视图”中灵活地运用控件可以创建功能强大、界面美观的窗体。控件就是各种用于显示、修改数据，执行操作和修饰窗体的各种对象，它是构成用户界面的主要元素。通常，可以将控件分为绑定型、非绑定型和计算型3类。

绑定型控件：用于显示、输入及更新数据表中的字段，当表中记录改变时，控件内容也随之改变。

非绑定型控件：没有链接数据源，包括标签控件显示信息、线条和图像控件。非绑定型控件主要用于美化窗体。

计算型控件：数据源是表达式而不是字段的控件。表达式可以是运算符、控件名、字段名等。表达式所用数据可以来自窗体的数据源或查询中的字段，也可以来自窗体上的其他控件。

1. 文本框控件

文本框控件用于显示数据，也可以让用户输入或编辑数据，它是最常用的控件。文本框既可以是绑定型的，也可以是计算型（非绑定型）的。如果文本框用于显示表或查询中的记录，那么文本框是绑定型的；如果用于接受用户输入或显示结算结果，那么该文本框是非绑定型的。

例5-28：药房收费数据库中，在已经建立好的“处方记录”窗体（例5-23）的页眉处建立一个文本框（非绑定型），用于显示当前日期。操作方法如下：

（1）打开“处方记录”窗体的设计视图窗口，单击“控件”组中的文本框按钮，在页眉处拖动鼠标画一个框，弹出“文本框向导”对话框，如图5-44。

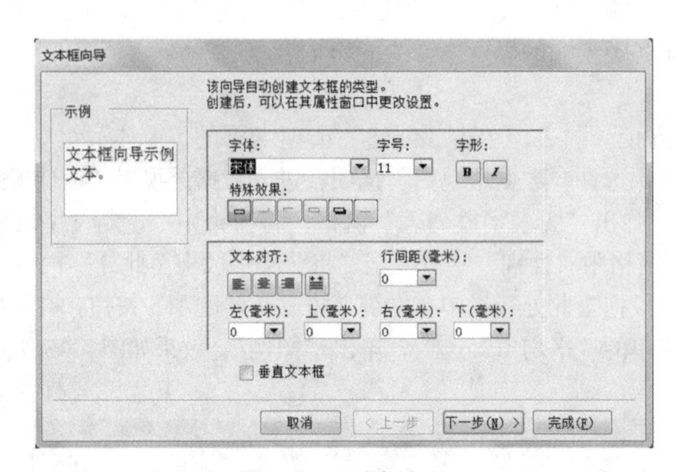

图5-44 文本框向导

（2）选择设置文本框的字体、字形、字号等，单击“下一步”按钮，如果需要在文本框中输入汉字，可以选择“输入法开启”项对输入法模式进行设置，本例不需设置；再单击“下一步”按钮，在此处设置文本框控件的名称，不设置即使用系统给出默认名称；最后单击“完成”按钮，在窗体页眉处创建一个“文本框”控件，在创建文本框的同时系统会自动添加一个“标签”控件，标签显示在文本框前面，可对文本框加以说明，在标签中输入“今天日期：”，文本框内显示“未绑定”，表示该文本框没有与任何字段联系。

（3）单击文本框，输入“=Date（）”（图5-45）。这是一个当前日期函数，运行窗体时，该文本框中会自动显示系统日期。当然，还可以利用各种表达式来显示所需的数据。

调整文本框及其标签的大小及位置，保存设计并关闭窗体的设计窗口。运行窗体时，文本框中显示出当天日期。

2. 组合框和列表框控件

组合框或列表框可以让用户在列表中选择所需的项目，不但简化了操作，还避免了人工输入可能出现的错误。

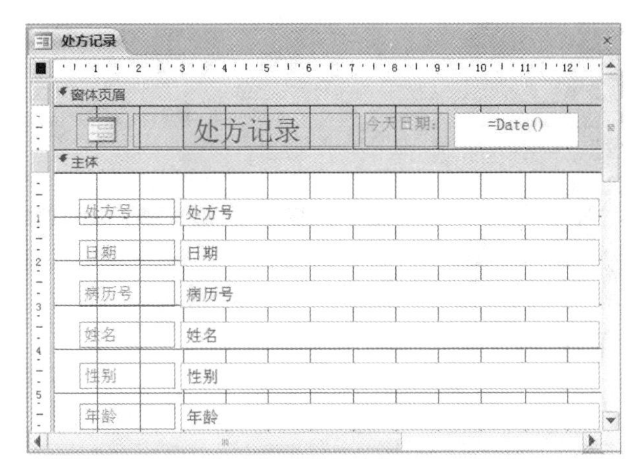

图 5-45　文本框设计

例 5-29：药房收费数据库中，在“处方记录”窗体中建立一个组合框，浏览时可单击“处方号”下拉列表选择相应的记录。

操作方法如下：

(1) 在“处方记录”窗体的设计视图中，可先删除原有的“处方号”文本框，单击“控件”组中的组合框按钮，在窗体上合适的位置拖动鼠标创建组合框；

(2) 弹出的“组合框向导”对话框提供了 3 个单选项：“使用组合框查阅表或查询中的值”“自行键入所需的值”和“在基于组合框中选定的值而创建的窗体上查找记录”。选择“在基于组合框中选定的值而创建的窗体上查找记录”单选项；

(3) 单击“下一步”按钮，选择“处方号”字段；再单击“下一步”按钮，设置组合框宽度；再单击“下一步”按钮，为组合框指定标签为：“请选择处方号”；单击“完成”按钮。

运行该窗体时，单击组合框右边的向下箭头即可以显示表中所有患者的处方号（图 5-46），选中哪个患者的处方号，窗体中会显示该患者的记录。

列表框的创建方法和组合框相同，只是显示略有不同。

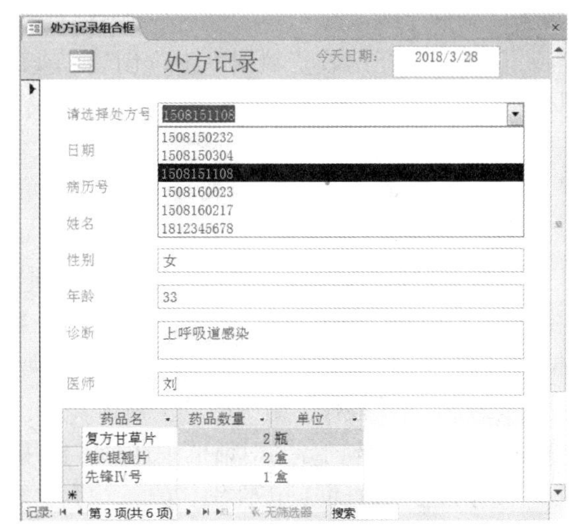

图 5-46　组合框

3．命令按钮控件

在窗体中，可以使用命令按钮来执行某个特定操作，例如可以创建一个命令按钮来打开、关闭或打印一个窗体。使用“命令按钮向导”可以创建 30 多种不同类型的命令按钮。

例 5-30：药房收费数据库中，创建一窗体“主页”，在窗体中添加一个按钮，名为“退出”，单击它时将关闭窗口。

操作方法如下：

(1) 在数据库窗口，单击“创建”选项卡下“窗体”组中的“窗体设计”按钮，在设计视图中新建空表单，单击“控件”组中的“命令按钮”，然后在窗体的右下角画一个按钮。Access 自动打开“命令按钮向导”对话框，如图 5-47 所示。可以选择“记录浏览”“记录操作”“窗体操作”“报表操作”“应用程序”“杂项”6 类操作。

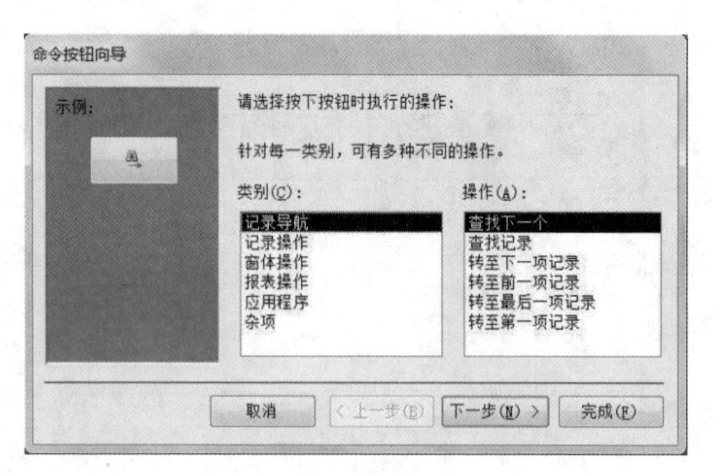

图 5-47　命令按钮向导

（2）在“类别”中选择“窗体操作”，在“操作”中选择“关闭窗体”，然后单击“下一步”按钮。

（3）选择“文本”单选项，并在栏中输入“退出”，如果不设置命令按钮控件的默认名称，单击“完成”即可。

4．子窗体 / 子报表控件

在窗体的设计视图中，还可以使用“子窗体”控件添加子窗体，以显示其他表或查询中的数据。

例 5-31：药房收费数据库中，创建“查询”窗体，在窗体中创建一个文本框和一个子窗体，当在文本框中输入性别时，子窗体则显示按性别查询的结果。

操作方法如下：

（1）首先在查询设计视图中打开已建立的查询“按性别检索”，将“性别”列的条件栏中“[请输入性别：]”改为“[txt1]”并保存。

（2）在数据库窗口，单击“创建”选项卡下“窗体”组中的“窗体设计”按钮，在设计视图中新建空表单中，单击“控件”组中的“文本框”控件，拖动鼠标创建文本框，设置文本框的名称“txt1”（切记，文本框的名称一定要与查询条件栏中括号中的文本相同）；

（2）单击“控件”组中的“子窗体 / 子报表”，然后在窗体的下方位拖动鼠标创建子窗体，在弹出的“子窗体向导”对话框中选择“使用现有的表和查询”，单击“下一步”按钮；

（3）选择“查询：按性别检索”，将其字段添加到“选定字段”中，单击“下一步”，按

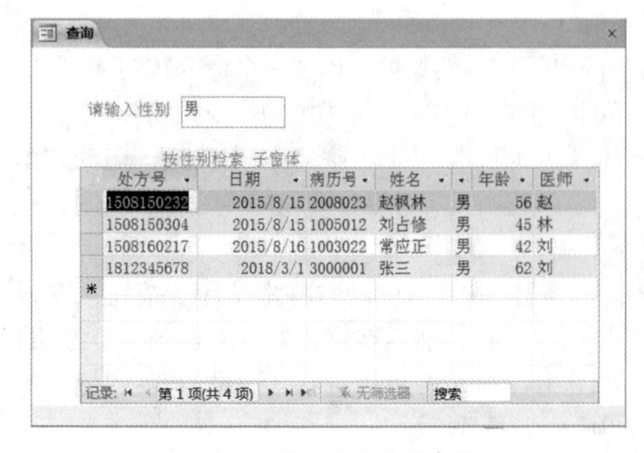

图 5-48　嵌入子窗体的窗体

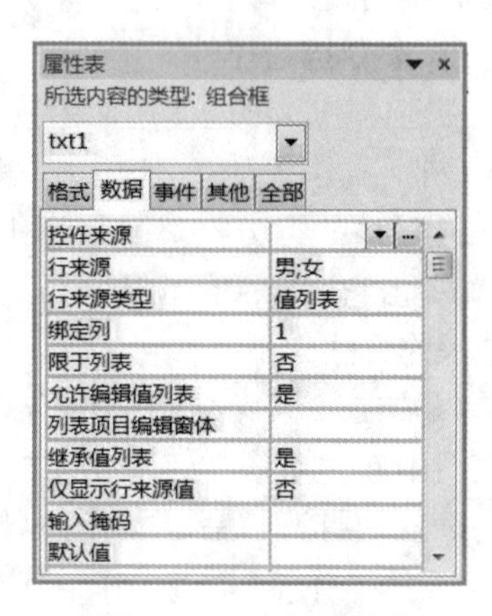

图 5-49　组合框属性表

照向导的指引完成子窗体的设计。调整窗体上各个控件的大小和位置，使得数据能够正确完整的显示。保存窗体为“查询”，运行该窗体，结果见图 5-48。

对输入性别的文本框还可以更改为组合框，单击组合框下拉列表中选择“男”或“女”进行查询更便捷，具体操作：在窗体的设计视图中，右键单击文本框“txt1”，在弹出的快捷菜单中选择“更改为”→“组合框”，将组合框的属性表中的“行来源类型”改为“值列表”，“行来源”的值改为“男，女”即可（图 5-49）。

三、编辑窗体

窗体创建好后，常不能尽如人意，尤其是自动创建的窗体或使用向导创建的窗体。这时就需要对窗体及其控件进行修改和编辑，修改在窗体设计视图中完成。在窗体的设计视图中，可以通过设置窗体属性，进行格式设置和调整。同样，窗体上的控件对象都可以通过属性表进行设置和调整。

在窗体的“设计视图”中，单击“设计”选项卡“工具”组上的“属性表”按钮，打开“属性表”窗格（图 5-50），可以设置不同对象的属性。

图 5-50 窗体属性

在所选对象类型的下拉列表框中可以看到当前窗体上的全部控件名称。选择“窗体”可以看到，窗体的属性包括格式、数据、事件、其他、全部等 5 个选项卡，每个选项卡中包含若干个属性。

在格式选项卡中除了可以设置窗体的大小、对齐方式等，还有：①标题：是整个窗体的标题，若不设置标题则以窗体保存名称为默认标题。②默认视图：表示打开窗体后的视图方式，可以选择“单一窗体”“连续窗体”和“数据表”3 种形式；③记录选定器：设置窗体是否有记录选定器。例如图 5-48 所示的“查询”窗体，是将主窗体的“记录选定器”和“导航按钮”属性值设置为“否”。

在数据选项卡中有：①记录源：指出窗体的数据来源，可以是表或查询的名称。例如“处方记录”窗体的记录源是“处方记录”；②排序依据：可以指定某个字段作为排序的依据。在“处方记录”窗体中选择“性别”作为排序的依据，在运行窗体时，先依次显示男患者的记录再依次显示女患者的记录；③允许编辑：用于设置在窗体的运行过程中是否允许用户修改数据。

在窗体上选定对象（控件或工作区部分），属性对话框中就显示控件或工作区部分的属性。通过对这些属性的设置来设计控件。例如，文本框的属性对话框和窗体的属性对话框一样，也有格式、数据、事件、其他、全部等 5 个标签。在格式标签中，可以设置文本框的高度和宽度、字体和字号、边框样式、阴影效果、背景、是否可以调整宽度和高度等。在“数据”标签中，可以设置文本框的控件来源（即数据源）、是否锁定（即文本框内的数据是否允许修改）等。

例 5-32：药房收费数据库中，编辑修改“例 5-30”创建的“主页”窗体，设计为图 5-51 所示的样例。

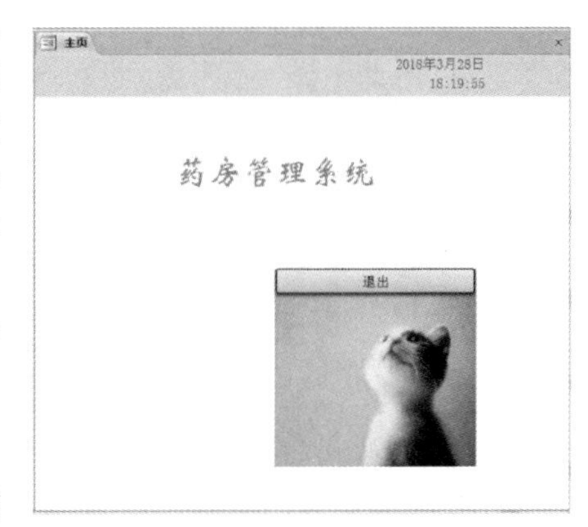

图 5-51 主页

操作方法如下：

(1) 在数据库窗口左侧窗格的窗体对象栏中，右键单击“主页”窗体，选择“设计视图”，单击“窗体设计工具”选项卡下“控件”组中的“标签”，拖动鼠标创建标签，标签标题内容为“药房管理系统”，设置其字体字号及颜色；

（2）单击“控件”组的“插入图像”→“浏览”，选择合适的图片，调整到满意的位置；

（3）单击“页眉/页脚”组的“日期和时间”，在窗体页眉处插入系统提供的日期和时间函数；

（4）单击“工具”组的“属性表”，设置窗体属性“记录选择器”“导航按钮”的值为“否”；保存窗体。

四、“导航”窗体

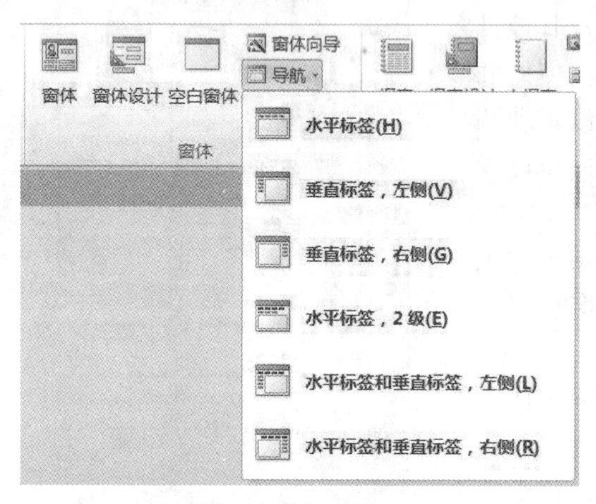

图 5-52　创建导航菜单

前面创建的都是一个个独立的窗体，作为一个应用程序，需要将这些窗体集成在一个主窗体中，由用户选择和切换，切换窗体可以实现这样的导航作用，在该窗体中建立各个功能模块的链接，当用户单击该窗体的按钮时，即可进入相应的功能模块。

Access 2010 增添了“导航”窗体工具，可以快速轻松将独立的窗体和报表集成一起。在数据库窗口的“创建”选项卡的“窗体”组中，单击“导航”下箭头，弹出下拉菜单，如图 5-52 所示，根据实际需求，选择一种导航结构，创建导航窗口，完成功能模块集成。

例 5-33：在药房收费数据库中，建立“导航窗体”，提供“浏览”“查询”“统计”等功能（图 5-53）。

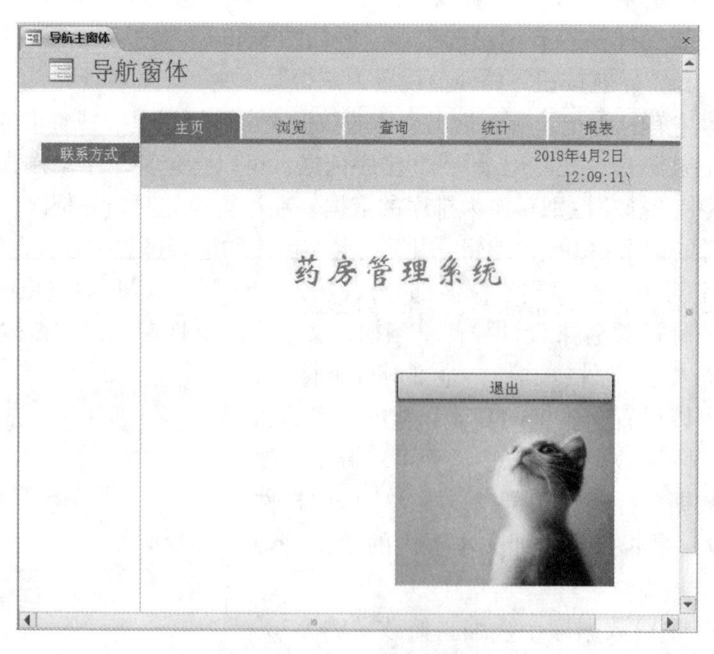

图 5-53　导航窗体

操作方法如下：

（1）打开“药房收费”数据库，单击“创建”选项卡下“窗体”组中的“导航”下拉按钮，在弹出的下列菜单中，选择“水平标签和垂直标签，左侧”项，打开窗体的设计视图（图5-54）。

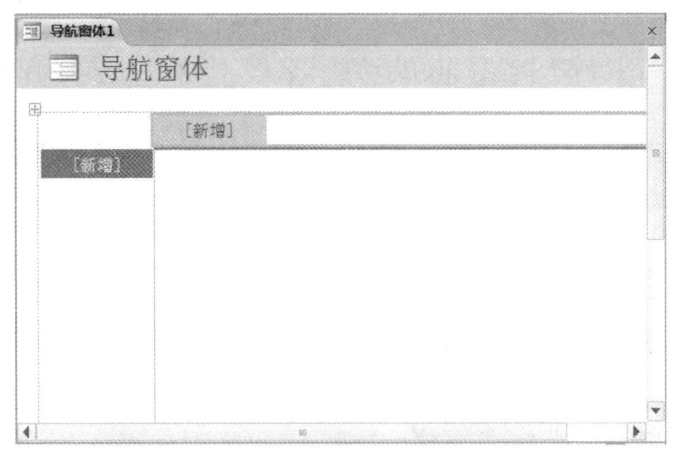

图 5-54　“水平标签和垂直标签，左侧”窗体

（2）添加标题，单击“页眉 / 页脚”组中的“标题”按钮，窗体显示“窗体页眉”节，将窗体标题框中输入“欢迎使用药房管理系统”。

（3）在设置窗体的水平标签和垂直标签框架结构之前，先准备好欲连接的窗体及导航框架间的关系，见表 5-10。

表5-10　导航窗口水平标签和垂直标签结构表

水平标签：	主页 （窗体：主页）	查询 （窗体：查询）	浏览	统计	报表
垂直标签：	联系方式 （窗体：联系方式）		处方记录 （窗体：处方记录）	药费细目 （窗体：药费细目）	
			药品收费 （窗体：药品收费）	透视表 （窗体：透视表）	
				透视图 （窗体：透视图）	

（4）选择“水平标签”的“新增”标签，输入“主页”；设置属性表“数据”标签的“导航目标名称”栏，选择窗体列表中“主页”，如图 5-55 所示；再选择相应左侧标签“新增”标签输入“联系方式”；

（5）重复类似操作，再选择水平标上的“新增”标签，输入“查询”“统计”和“报表”，在相应左侧标签单击“新增”标签，添加“处方记录”“药费细目”“透视图”“透视表”等标签；保存窗体名称为“导航主窗体”。

图 5-55　属性表工具

五、设置启动窗体

在数据库中，建立了若干个窗体，可以选择其中一个作为进入数据库的启动窗体，同时设置打开启动窗体时，隐藏除“开始”菜单功能区之外的所有功能区，使应用窗

体显更简洁。

例 5-34：设置“导航主窗体”窗体作为启动窗体，操作方法如下：

（1）单击“文件”菜单的“选项”命令，选择“当前数据库”，在“应用程序选项”组下，在“显示窗体”下拉列表中选择作为启动窗体名称“导航主窗体”（图 5-56）；

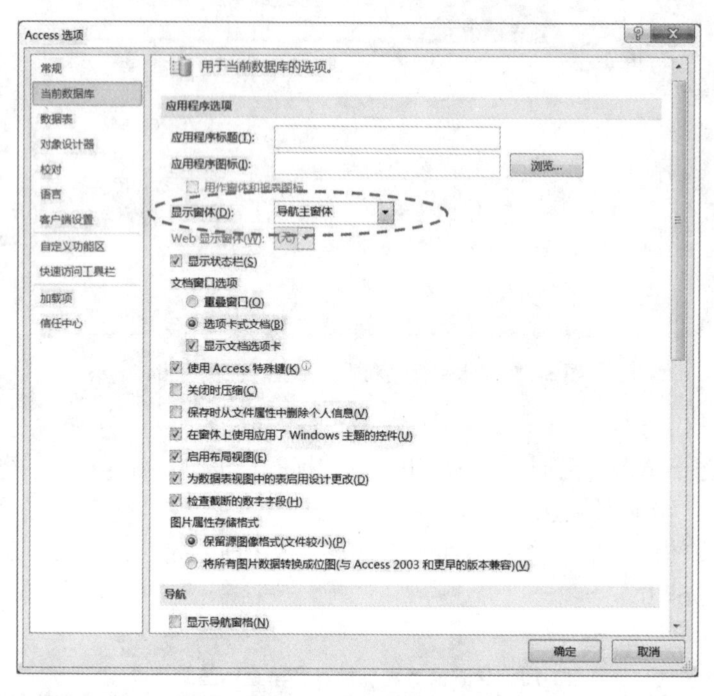

图 5-56 设置启动窗体

（2）在“导航”组下，取消“显示导航窗格”复选框设置，以及取消“功能区和工具栏选项”组下的“允许全部菜单”“允许默许快捷菜单”复选框设置，单击“确定”即可。重新启动数据库后，“导航主窗体”启动设置更改生效。

如果在设置不变的情况下对该数据库内容进行修改和调整，则需按下 Shift 键，同时打开该数据库即可。

如果要恢复到原始状态，则打开该数据库后，单击“文件”菜单的“个人信息选项”命令，选择“当前数据库”的“应用程序选项”，在“显示窗体”中选“无”；再设置选择“导航”栏下的“显示导航窗格”复选框和选择“功能区和工具栏选项”栏下的“允许全部菜单”和“允许默许快捷菜单”复选框，按“确定”即可。

第五节 报表

报表是查看和打印数据库中信息的方式。大部分数据库应用程序的最终产品都是报表。随着互联网的发展，人们越来越普遍的需要阅读预览在线报表，并实时发布报表。Access 提供了方便、快捷地生成灵活格式的报表功能。报表可以在屏幕上查看，但通常打印效果会更好。

使用报表来打印数据的主要优点有：可以很容易地控制字体的样式和尺寸；可以在基础数据上轻松地完成计算；可以格式化数据，使它们符合已设计和打印好的窗体格式，如购买订单、发货单和邮件标签；可以添加图案，如图片、图形和其他元素；可以组织和集中数据来形成一个更易读的报表。下面就几种制作报表的方法分别介绍。

一、创建“处方记录”报表

创建报表和创建窗体的方法相似，在左侧导航窗格中选中表或查询，通过单击“创建”选项卡下“报表”组中的“报表”按钮，Access 自动创建一个基本报表。在默认的情况下，基本报表包含了被选中的表或查询中的所有记录字段。

例 5-35：利用“报表”按钮快速创建“药品”基本报表。

在数据库窗口左侧导航窗格的表对象栏中，选中“药品”表，单击“创建”选项卡下“报表”组中的“报表”按钮，快速创建“药品”报表。

如果要对报表外观和显示内容进行较详细的设定，可以使用“报表向导”来创建新报表，向导会提示输入有关的记录源、字段、版面以及所需格式。

例 5-36：利用“报表向导”创建“处方记录”报表。

操作方法如下：

（1）在“药房收费”数据库中，单击“创建”选项卡下“报表”组中的“报表向导”按钮，弹出“报表向导”对话框，单击“表 / 查询”下拉列表中的下拉箭头，在弹出的下拉列表中选择“表：处方记录”表，将该表的字段添加到右边的“选定字段”列表框中，如图 5-57 所示；

（2）单击“下一步”按钮，报表向导对话框提示是否添加分组级别，在左边列表框中选择“日期”作为分组依据。在“报表向导”中允许选定多个字段来设定多级分组，在多级分组时，可以使用屏幕上的“优先级”按钮↑或↓来改变分组级别（图 5-58）。完成设置字段的分组级别后，单击“下一步”按钮进入下一个对话框；

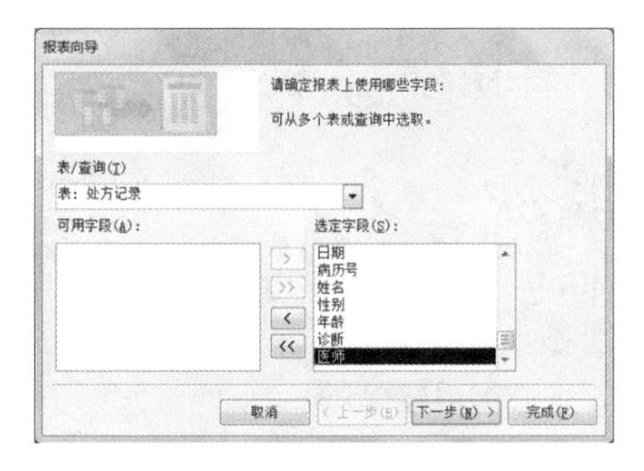

图 5-57　报表向导之一

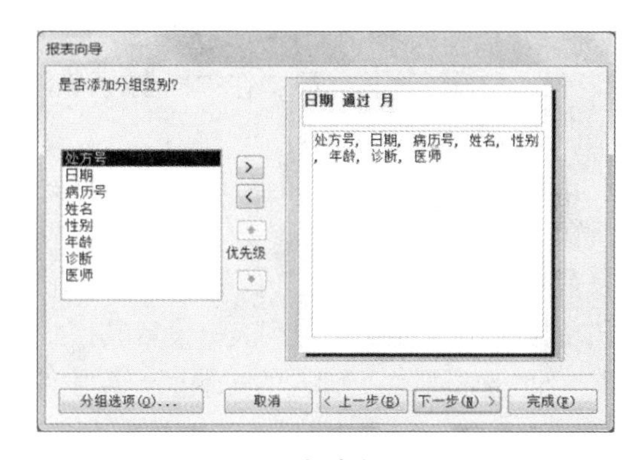

图 5-58　报表向导之二

（3）在对话框中，可以设定按选定的字段对记录进行排序和汇总选项进行设置。报表最多可以按 4 个选定字段对表中记录进行排序。如果在报表中不需要排序，可以直接单击“下一步”按钮跳过此项设置。假设需要按“处方号”对表中记录进行排序，单击“1”框右边的箭头，从下拉列表中选择“处方号”字段，按升序进行排序。注意：分组与排序是两个不同的概念，分组是将符合某一准则的相关记录放在同一个组内，而排序则是指以一个或多个字段内容对记录按指定顺序进行排列。

（4）单击“下一步”按钮，选择报表的布局和打印方向。在该对话框中，可以设定报表的布局和方向。选择“横向”，然后单击“下一步”按钮。

（5）在最后一个报表向导对话框中，给报表加一个标题。在对话框上部的文本框中输入“处方记录”作为报表标题，选择在屏幕上显示报表的预览窗口，单击“完成”按钮，完成创建报表。

二、美化“处方记录”报表

对于已经创建的报表，为了更加个性化和美观还常常使用设计视图进行编辑修改操作。在报表的设计视图中，信息被划分成以节的形式显示。在每一个节中，可以放置Access提供的各种控件来实现特定目的，并依照一定的顺序打印出来。按照默认方式，报表窗口分为5节：报表页眉、页面页眉、主体、页面页脚及报表页脚。

1．报表页眉 报表页眉只在报表首部显示。可以利用它来放置公司图标、报表标题或打印日期等项目，可以在报表页眉中放置介绍报表的信息。报表页眉打印在第一页的页眉之前。

2．页面页眉 页面页眉显示在报表中每一页的最上方，可用来显示列标题、日期或页码。

3．报表主体 主体节包含了报表数据的主体。基表记录源中的每一条记录都放置在这里。在报表的主体节中，使用字段列表可以放置带有附加标签的文本框，使用工具箱可以放置各种控件。

4．页面页脚 页面页脚显示在报表中每一页的最下方，可用显示页面摘要、日期或页码等信息。

5．报表页脚 报表页脚只显示在报表的末尾，可以利用它来显示报表汇总、总计或日期等信息，报表页脚是报表设计中的最后一个节，但是显示在最后一页的页脚之前。

例5-37：以“药房收费”数据库中的“药品”报表为例，使用报表设计视图修饰报表并将报表页脚上的计算控件改写为计算药房所有库存的药品总金额。

操作方法如下：

（1）在“药房收费”数据库窗口中，右键单击Access对象中“报表”组中的“药品”报表，在弹出的快捷菜单中选择“设计视图”，进入到报表的设计视图状态；

（2）在“报表格式工具”选项卡的“格式”下的“字体”组中，对标题的字体和颜色进行设置；和设计窗体一样，在“报表设计工具”选项卡的“设计”下的“控件”组中，选择插入图像等。

（3）调整主体字段文本框控件和页眉的标签控件大小和位置，以及页面布局，使得报表布局更合理美观；

（4）选择主体节中“单价”和“金额”字段控件，选择“报表设计工具”中“格式”选项卡的数字格式定义下拉列表，设置其格式为“货币”型；

（5）选择报表页脚上的文本框计算控件，修改文本框内的函数公式为“=Sum([金额])”。

三、创建主/次报表

子报表就是插入到其他报表中的报表。

例5-38：在已有的“处方记录”的报表中创建“处方”子报表。

操作方法如下：

（1）在“药房收费”数据库窗口中，右键单击Access对象中“报表”组中的的“处方记录”报表，在弹出的快捷菜单中选择“设计视图”，进入到报表的设计视图状态；

（2）将鼠标箭头移动到报表的“主体”节下方，当光标变为双向箭头使按下鼠标左键并拖动，增加“主体”节高度；

（3）单击“报表格式工具”选项卡的“设计”下的“控件”组中的“子报表”按钮，拖动鼠标在“主体”节创建子窗体控件，弹出的“子报表向导”对话框，选择“使用现有的表和查询”单选按钮，单击下一步按钮；

（4）在弹出的对话框选择要作为数据源的表或查询，单击“表/查询”下拉列表框，选择“处方”表，并将所有字段添加到“选定字段”列表框中，单击“下一步”按钮；

（5）在弹出的对话框中选择主次报表的链接方式，接受默认设置，按处方号链接；

（6）单击“下一步”按钮，在弹出的对话框中输入报表名称，这里使用默认名称，单击“完成”按钮，完成子报表的创建。建立的主 / 次报表的设计视图如 5-59 所示。

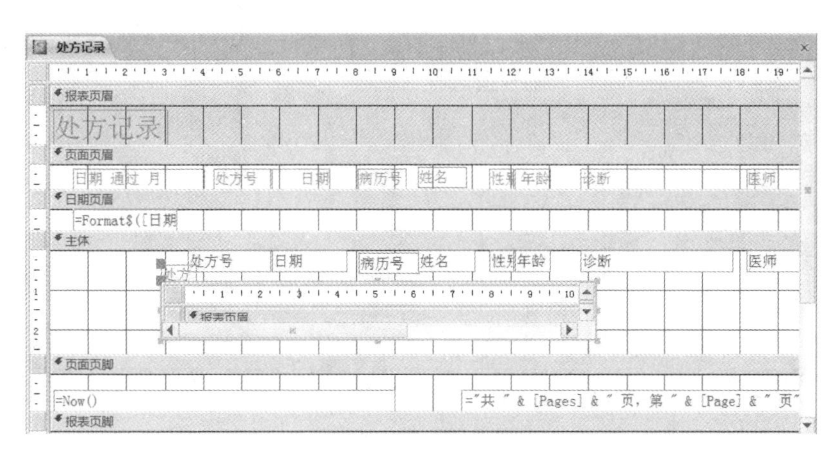

图 5-59　带子报表的报表

第六节　宏

宏是一个能执行一个或一系列特定任务的 Access 对象。每个单独的任务叫做一个“操作”。使用数据库中的宏操作，来执行重复任务或一系列任务以节约时间、提高效率。因此，可以将宏看成一种简化了的编程语言，这种语言是通过一系列要执行的操作来编写的。通过宏，无须编写程序就可以向窗体、报表和控件增加功能。从形式上看 Access 提供了 3 种宏：作为 Access 对象独立存在的宏、嵌入在事件运行中的宏和存在数据表操作中的宏（数据表宏暂不作讨论）。

一、创建独立宏

与创建 Access 对象相同，创建宏时，需使用宏生成器。

例 5-39：创建独立宏“宏 1”，执行该宏时弹出消息对话框。

操作方法：

（1）单击“创建”选项卡下“宏与代码”组中的“宏”按钮，进入“宏生成器”窗格，如图 5-60 所示。

（2）用户可通过“添加新操作”选择各种操作。单击“添加新操作”下拉列表，就会弹出各种操作宏的列表。选择“MessageBox”操作命令，然后为该宏填写参数；

（3）单击“保存”按钮，宏名用默认“宏 1”，按“确定”按钮，完成创健宏的操作。在 Access 对象导航窗格可以看到创建的“宏 1”；

（4）运行“宏 1”会弹出消息框提示信息，如图 5-61 所示。

二、创建嵌入宏

设计的宏常是通过事件触发执行其功能的，在设计窗体控件的事件触发中，可以链接执行宏，可以直接打开宏设计器编写宏，这样的宏不是以独立的宏对象出现，而是嵌入在控件的事件中。

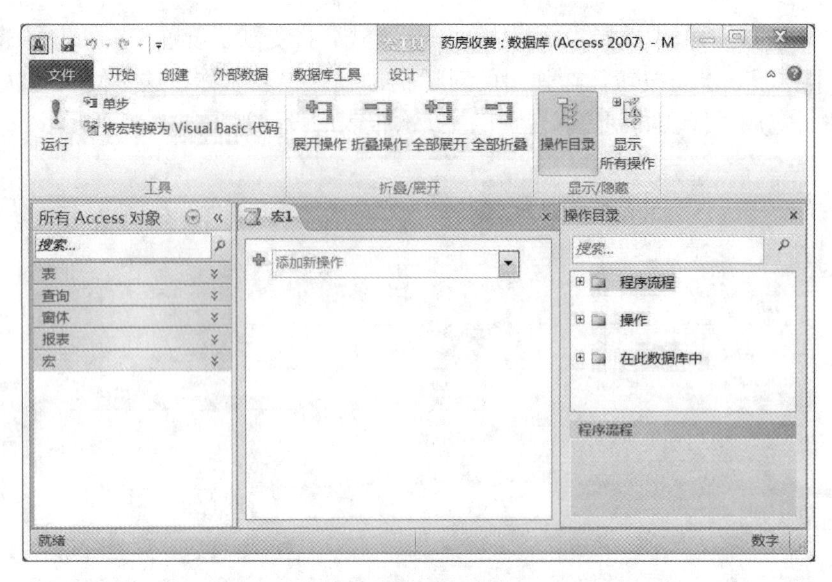

图 5-60　宏生成器

图 5-61　设置“MessageBox”宏及运行结果

例 5-40：设置一个登录密码验证功能，当启用“导航主窗体”的窗体，在没登录验证密码，仅可使用部分功能（主页、浏览），不能使用导航窗体的“查询”“统计”和“报表”3部分功能。当输入正确的密码后，方可使用全部功能，查看到更多信息；若密码为空或不正确，将弹出对话框提示“密码错误”。

分析：首先利用属性表，将“查询”“统计”“报表”3个导航按钮的“可用”属性的初始值设置为“否”；在“导航主窗体”的窗体页眉区创建一个文本框“txtPW”，用于密码输入；创建一个命令按钮“cmdOK”，单击该按钮判断密码输入是否正确，若正确则“查询”“统计”“报表”选项卡被启用，即处于“可用”状态；否则弹出对话框提示用户密码错误，并要求重新输入密码。其效果如图 5-62 所示。

操作方法如下：

(1) 右键单击左侧导航窗格中的窗体“导航主窗体”，选择“设计视图”，进入窗体的“设计视图”；单击工具组的“属性表”打开属性表，选择“查询”导航标签对应的名称“NavigationButton18”的“可用”属性，设置为“否”；同样也设置“统计”“报表”的“可用”属性为“否”。

(2) 在“导航主窗体”的窗体页眉处创建一个文本框，在“创建文本框向导”的最后一

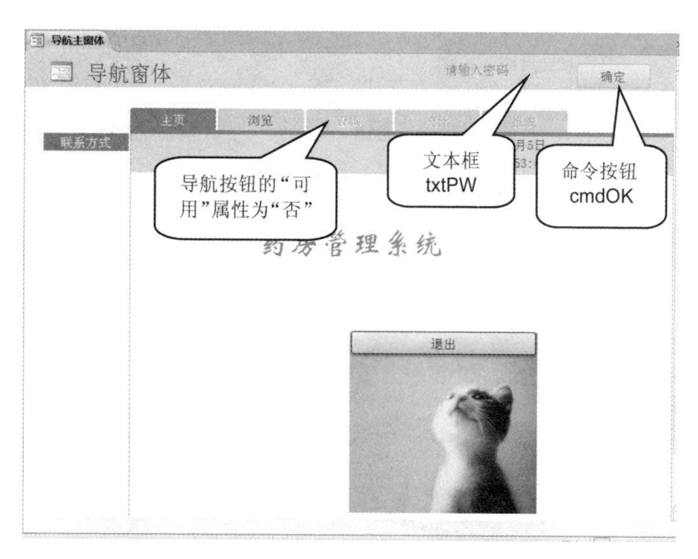

图 5-62　导航主窗体设置密码验证功能

步提示“请输入文本框名称”栏中输入“txtPW”，设置文本框名称；单击文本框前面的标签控件直接改写为“请输入密码：”；

（3）右键单击文本框，在弹出的快捷菜单中选择属性，在属性窗口中将“输入掩码”属性设置为“密码”，如图 5-63 所示。设置后的文本框在输入密码时将显示一串“*”号。

（4）单击控件工具栏中的“命令按钮”控件，在窗体页眉处“txtPW”文本框右侧创建命令按钮，在弹出“命令按钮向导”对话框上单击“取消”，关闭向导对话框；

（5）右键单击命令按钮，选择“属性”，在命令按钮的属性对话框中，选择“全部”选项卡，将“名称”栏键入“cmdOK”，“标题”栏键入“确定”；

（6）选择“事件”选项卡，在“单击”栏的右侧单击⋯按钮，在弹出的对话框选择“宏生成器”（图 5-64），单击“确定”进入宏生成器窗口；

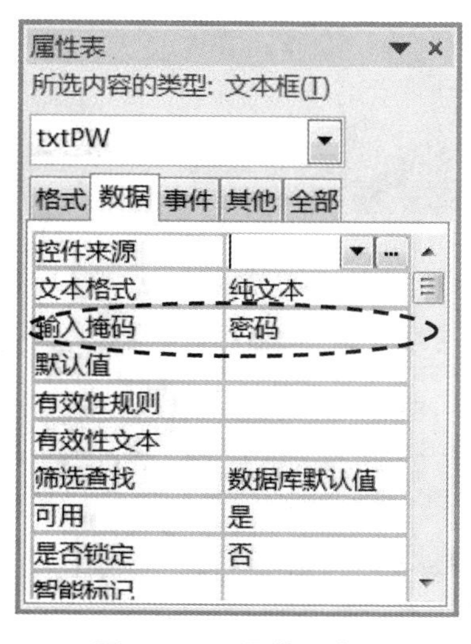

图 5-63　设置输入掩码

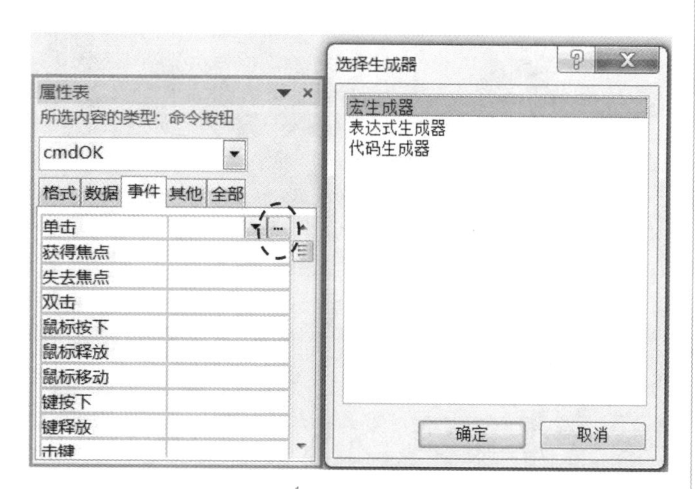

图 5-64　通过事件创建嵌入的宏

（7）在宏生成器窗口，单击“添加新操作”下拉箭头，选择“If”操作，在条件框中输入：[txtPW] ="123"（“txtPW”是文本框名称，“123”是设定密码）；

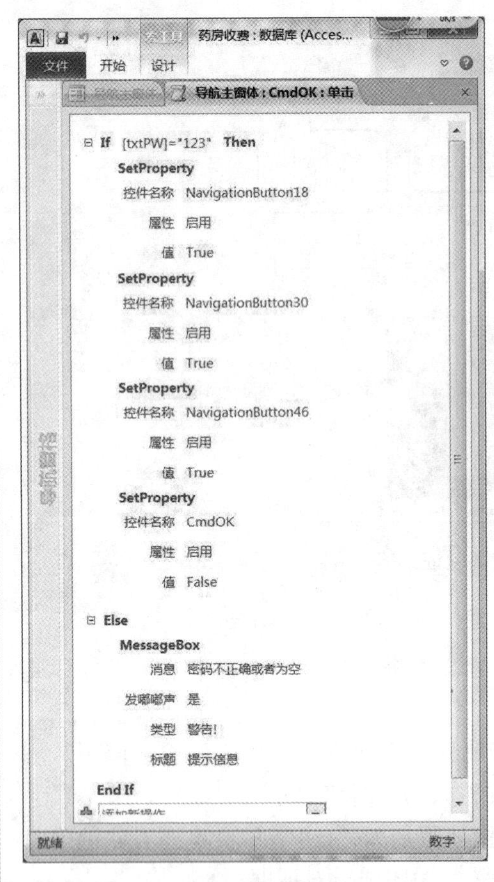

图 5-65 设置宏

(8) 单击下面的“添加新操作”下拉箭头，选择“SetProperty”(设置控件属性) 操作，在“控件名称”栏，输入导航标签“查询”的名称“NavigationButton18”(输入时系统后自动列出控件名称表供选择)，在“属性”栏选择“启用”，在“值”的一栏中键入“True”；相同操作，依次将“统计”“报表”导航标签的属性均设置为“启用”状态；

(9) 单击右侧的“添加else”命令，单击“else”命令下面的“添加新操作”下拉箭头，选择的“MessageBox”操作，在“操作参数”的“消息”行输入“密码不正确或者为空”，在“类型”栏选择“警告！”，在“标题”栏输入“提示信息”；如图5-65所示，保存并关闭宏设计器。

如果将“导航主窗体”设为启动窗体，可以修改“主页”窗体上的“退出”按钮的“单击”事件设置为嵌入的宏操作“QuitAccess”，当单击“退出”按钮则直接关闭数据库并退出Access数据库系统。至此，一个简单的药房收费数据库应用系统就完成了。

（齐惠颖）

第6章 医学大数据分析

21世纪是数据信息大发展的时代，移动互联、社交网络、电子商务等极大拓展了互联网的边界和应用范围，各种数据正在迅速膨胀并变大。互联网（社交、搜索、电商）、移动互联网（微博、微信）、物联网（传感器，智慧地球）、车联网、GPS、医学影像、安全监控、金融（银行、股市、保险）、电信（通话、短信）都在"疯狂"产生着数据。而有市场研究机构预测，到2020年整个世界的数据总量将会增长44倍，达到35.2ZB（$1ZB=2^{40}GB$）。近年来，随着互联网、云计算和物联网技术的成熟和发展，医疗健康数据急剧并呈几何级数增长。有报告显示，2011年美国的医疗健康数据量就达到了150EB（$1EB=2^{30}GB$）。按照目前的增长速度，很快就会达到ZB（$2^{40}GB$）和YB（$2^{50}GB$）级别。

第一节　认识医学大数据

一、医学大数据的概念

健康医疗大数据是指健康医疗活动产生的数据的集合，既包括个人从出生到死亡的全生命周期过程中因免疫、体检、治疗、运动、饮食等健康相关活动所产生的数据，又涉及医疗服务、疾病防控、健康保障和食品安全、养生保健等多方面数据的聚合。

医学大数据主要分为以下几类：

1．诊疗数据

涵盖居民健康档案及基本公共卫生、健康体检、临床诊疗、疾病检测和健康保险等数据，如各类门诊记录、住院记录、影像记录、用药记录、手术记录、随访记录等。

2．可穿戴设备数据

智能可穿戴的健康产品通过收集、处理个人的一般情况（性别、年龄等）、目前健康状况和疾病家族史、生活方式（饮食、运动、吸烟、饮酒等）、体格指标（身高、体重、血压、心跳）和血、尿实验室检查数据（血脂、血糖等）等个人信息数据，对个人患病的可能性做出评估，并在健康评估的基础上帮助对象进行行为和生活习惯的纠正改善。用户还可以通过网络，将个人健康管理的数据发送给医疗机构数据中心，医护人员可以直接访问数据中心来了解患者目前的状况，准确把握患者健康情况，为患者诊断制订出有效的治疗手段。智能可穿戴产品的应用促进了"量化自我运动"和"个人健康管理"新模式的形成和发展。这样，一方面可以帮助人们改善不健康的行为习惯，积极健康地去生活；另一方面，有助于人们识别疾病病因、防控疾病或个性化临床诊疗，从而塑造一种全新的医疗或健康管理模式。

3．组学数据

组学技术的推广应用使得基因数据也呈指数级剧增。组学数据包括功能基因组、单细胞、宏基因组数据等。所有这些数据存储于美国国立生物技术信息中心（National Center for Biotechnology Information，NCBI）或欧洲生物信息研究所（European Bioinformatics Institute，

EBI）等大型通用数据中心，同时随着高通量测序技术的发展和应用以及生物技术与信息技术的融合，NCBI 等大型通用数据中心中生物医学数据类型和数据规模不断增大，一次全面的基因测序，产生的个人数据能达到 300GB。

4．网络媒体数据

IT 时代涌现出各种网络社交媒体数据，目前这些包罗万象的网络大数据被认为最大的医学价值是对疫情的有效、及时的监控和预防。最著名的例子是在美国甲型 H1N1 流行性感冒爆发的前几周，互联网巨头谷歌公司就监测到了“网络疫情”，并预测在美国特定的地区将有甲型 H1N1 流行性感冒疫情爆发。他们保存了多年来美国范围内所有的网上搜索记录，把 5 千万条最频繁检索的词条和美国疾控中心在 2003 年到 2008 年间季节性流行性感冒传播时期的数据进行比较，来判断人们是否患上流行性感冒以及流行性感冒从哪里传播出来，为疫情控制争取宝贵的时间。

5．研发数据

主要来自研发外包公司、科研机构和器械医药研发企业在研发过程中产生的数据，主要的数据来源如临床研究数据和医药研发过程中的临床试验数据。

二、医学大数据特征

2001 年，麦塔集团（META Group，现为“高德纳”，Gartner Group）分析员道格·莱尼（Doug Laney）指出数据增长的挑战和机遇有 3 个方向：数量（Volume），即数据多少；速度（Velocity），即资料输入、输出的速度；多样性（Variety），即多样性。

在莱尼的理论基础上，IBM 提出大数据的 4V 特征得到了业界的广泛认可。第一，数量（Volume），即数据巨大，从 TB 级别跃升到 PB 级别；第二，多样性（Variety），即数据类型繁多，不仅包括传统的格式化数据，还包括来自互联网的网络日志、视频、图片、地理位置信息等；第三，速度（Velocity），即处理速度快；第四，真实性（Veracity），即追求高质量的数据。

1．大容量

我们周围到底有多少数据？数据的增长速度有多快？许多人试图测量出一个确切的数字。南加州大学的马丁·希尔伯特（Martin Hilbert）和圣地亚哥加泰罗尼亚开放大学的普里西利亚·洛佩兹（Priscila López）2011 年在《科学》上发表了一篇文章，对 1986—2007 年人类所创造、存储和传播的一切信息数量进行了追踪计算。其研究范围大约涵盖了 60 种模拟和数字技术：书籍、图画、信件、电子邮件、照片、音乐、视频（模拟和数字）、电子游戏、电话、汽车导航等。据他们估算，2007 年人类大约存储了超过 300EB 的数据；1986—2007 年，全球数据存储能力每年提高 23%，双向通信能力每年提高 28%，通用计算能力每年提高 58%；预计到 2013 年，世界上存储的数据能达到约 1.2ZB。

这样大的数据量意味着什么？据估算，如果把这些数据全部记在书中，这些书可以覆盖美国全境 52 次。如果存储在只读光盘上，这些光盘可以堆成 5 堆，每堆都可以伸到月球。

基因组学是最早产生大数据变革的领域。2003 年，人类第一次破译人体基因组密码时，用了 10 年才完成了 30 亿对碱基对的测序；而现在，只需 15 分钟就可以完成同样的工作量。

2．多样性

在大数据时代，数据格式变得越来越多样，涵盖了文本、音频、图片、视频、模拟信号等不同的类型；数据来源也越来越多样，不仅产生于组织内部各个环节，也来自于组织外部。

例如，在交通领域，北京市交通智能化分析平台数据来自路网摄像头 / 传感器、公交、轨道交通、出租车以及省际客运、旅游、化学危险品运输、停车、租车等领域，还有问卷调查和地理信息系统数据。4 万辆浮动车（浮动车一般是指安装了车载 GPS 定位装置并行驶在城市主干道上的公交汽车和出租车）每天产生 2000 万条记录，交通卡刷卡记录每天 1900 万条，手机定位数据每天 1800 万条，出租车运营数据每天 100 万条，电子停车收费系统数据每天 50 万条，定期调查覆盖 8 万户家庭等，这些数据在体量和速度上都达到了大数据的规模。发掘这些形态各异、快慢不一的数据流之间的相关性，是大数据做前人之未做、能前人所不能的机会。

苹果公司在 iPhone 手机上应用的一项语音控制功能 Siri 就是多样化数据处理的代表。用户可以通过语音、文字输入等方式与 Siri 对话交流，并调用手机自带的各项应用，读短信、询问天气、设置闹钟、安排日程、搜寻餐厅、电影院等生活信息，收看相关评论，甚至直接订位、订票，Siri 会依据用户默认的家庭地址或是所在位置判断、过滤搜寻的结果。为了让 Siri 足够聪明，苹果公司引入了谷歌、维基百科等外部数据源，在语音识别和语音合成方面，未来版本的 Siri 或许可以让我们听到中国各地的方言，比如四川话、湖南话和河南话。

多样化的数据来源，正是大数据的威力所在。不同数据源间的关联挖掘和逻辑推理，使精准的预测成为可能。例如通过研究其他领域的数据与交通的关联性，从而预测交通情况：可以从供水系统数据中发现早晨洗澡的高峰时段，加上一个偏移量（通常是 40 ~ 45 分钟）就能估算出交通“早高峰”时段；同样可以从电网数据中统计出傍晚办公楼集中关灯的时间，加上偏移量估算出“晚高峰”时段。

3．“快”速度

在数据处理速度方面，有一个著名的“1 秒定律”，即要在秒级时间范围内给出分析结果，超出这个时间，数据就失去价值了。

英特尔中国研究院首席工程师吴甘沙认为，快速度是大数据处理技术和传统的数据挖掘技术最大的区别。大数据是一种以实时数据处理、实时结果导向为特征的解决方案，它的“快”有两个层面。

一是数据产生得快。有的数据是“爆炸式”产生，例如，欧洲核子研究中心的大型强子对撞机在工作状态下每秒产生 PB 级的数据；有的数据是涓涓细流式产生，但是由于用户众多，短时间内产生的数据量依然非常庞大，例如，点击流、日志、射频识别数据、GPS 位置信息。

二是数据处理得快。正如水处理系统可以从水库调出水进行处理，也可以直接对涌进来的新水流进行处理。大数据也有批处理（“静止数据”转变为“正使用数据”）和流处理（“动态数据”转变为“正使用数据”）两种范式，以实现快速的数据处理。

三是数据跟新闻一样具有时效性。很多传感器的数据产生几秒之后就失去意义了。美国国家海洋和大气管理局的超级计算机能够在日本地震后 9 分钟内计算出海啸的可能性，但 9 分钟的延迟对于瞬间被海浪吞噬的生命来说还是太长了。

越来越多的数据挖掘趋于前端化，即提前感知预测并直接提供服务对象所需要的个性化服务。例如，对绝大多数商品来说，找到顾客“触点”的最佳时机并非在结账以后，而是在顾客还提着篮子逛街时。电子商务网站从点击流、浏览历史和行为（如放入购物车）中实时发现顾客的即时购买意图和兴趣，并据此推送商品，这就是“快”的价值。

4．真实性

在以上 3 项特征的基础上又归纳总结了大数据的第 4 个特征——真实性。

追求数据高质量是大数据技术一项重要的要求和挑战，即使最优秀的数据清理方法也无法消除某些数据固有的不可预测性，例如，人的感情和诚实性、天气形势、经济因素以及未来。

在处理这些类型的数据时，数据清理无法修正这种不确定性，然而，尽管存在不确定性，数据仍然包含宝贵的信息。必须承认、接受大数据的不确定性，并确定如何充分利用这一点，例如，采取数据融合，即通过结合多个可靠性较低的来源创建更准确、更有用的数据点，或者通过鲁棒优化技术和模糊逻辑方法等先进的数学方法进行处理。

业界还有人把大数据的基本特征从 4V 扩展到了 11V，包括价值密度低（Value）、可视化（Visualization）、有效性（Validity）等。价值密度低是指随着物联网的广泛应用，信息感知无处不在，在连续不间断的视频监控过程中，可能有用的数据仅一两秒。如何通过强大的机器算法更迅速地完成数据的价值“提纯”，是大数据时代亟待解决的难题。

国际数据公司报告里有一句话概括出了大数据基本特征之间的关系：大数据技术通过使用高速的采集、发现或分析，从超大容量的多样数据中经济地提取价值（具体可查看马海祥博客《如何通过大数据来获取商业价值》的相关介绍）。

除了上述主流的定义，还有人使用 3S 或者 3I 描述大数据的特征。

3S 指的是：大小（Size）、速度（Speed）和结构（Structure）。

3I 指的是：

第一、定义不明确的（Ill-defined）：多个主流的大数据定义都强调了数据规模需要超过传统方法能处理数据的规模，而随着技术的进步，数据分析的效率不断提高，符合大数据定义的数据规模也会相应不断变大，因而并没有一个明确的标准。

第二、令人生畏的（Intimidating）：从管理大数据到使用正确的工具获取它的价值，利用大数据的过程中充满了各种挑战。

第三、即时的（Immediate）：数据的价值会随着时间快速衰减，因此为了保证大数据的可控性，需要缩短数据搜集到获得数据洞察之间的时间，使得大数据成为真正的即时大数据，这意味着能尽快地分析数据对获得竞争优势至关重要。

生物医学大数据和其他科学大数据一样，具有典型的“3H”特点，即高维度（high dimension）、高度计算复杂性（high complexity）和高度不确定性（high uncertainty）。具体而言：

第一、生物医学大数据在对于样本的多重分析、多组学数据和多样本量等方面均具有高维度特点，需要对多维数据进行叠加、索引、学习。例如谷歌利用所监测的数百天内数百万人的流行性感冒疫情数据建立了 FluTrend 模型，并利用该模型预测了流行性感冒疫情的蔓延图谱，为医生能够有效地阻止流行性感冒疫情的蔓延提供了有力支持（http：//www.google.org/flutrends）；另外由于美国在电子病历和大数据方面工作的推进，收集了来自全美数千家医院数百万患者的各类型电子病历的数据，这些高维度数据不仅为发掘蕴含于高维数据中的深刻规律提供了基础，同时也在数据整合与分析方面对研究者提出了挑战。

第二、生物医学研究目标和过程的复杂性包括：不同组学数据的系统性整合需求、不同样本的比对需求、结果的统计验证等，这些均需要基于大数据进行数据建模并归纳生物学规律。

第三、生物医学研究中样本在来源、处理方法、存储格式上的差异性（heterogeneity）导致研究对象的高度不确定性和不吻合性，需要智能化的数据模型来加以深入分析。

第二节 数据分析工具和流程

在面对庞大而复杂的大数据，选择一个合适的分析工具显得很有必要。“工欲善其事，必须利其器”，一个好的工具可以使工作事半功倍。

针对数据分析主要使用的编程语言是 Python、R 语言。R 语言属于 GNU 系统的一个免费、开源的软件，最适合统计研究背景的人员学习使用，其具有丰富的统计分析功能库和可视化绘图函数；在非统计领域，Python 功能比 R 语言强大的多，比如在高效的网络爬虫、大数据吞吐计算、数据库联动等方面具有先天的语言优势。从定位角度看，R 语言致力于提供更好的，对用户友好的数据分析、统计分析和绘图模型等功能；而 Python 则强调生产效率和代码的可读性。

数据分析的工具有很多，应用最广的也是最常被提到的有 Weka、SPSS、SAS、MATLAB 等。SPSS、SAS 都是用于统计分析，围绕统计学知识的一些基本应用，包括描述统计、方差分析、因子分析、主成分分析、基本的回归、分布的检验等。MATLAB 是美国 MathWorks 公司出品的商业数学软件，用于算法开发、数据可视化、数据分析以及数值计算的高级技术计算语言和交互式环境。本章将介绍使用简单、容易上手的 Weka 数据分析工具。

一、Weka 软件概述及数据存储格式

目前进行数据分析的软件有很多，例如 IBM 公司开发的 QUEST 多任务数据挖掘系统，由 SGI 公司和美国斯坦福大学（Stanford University）联合开发的多任务数据挖掘系统 MineSet，西蒙弗雷泽大学（Simon Fraser University）开发的 DBMiner 数据挖掘系统、SPSS Clementine 数据挖掘平台等。本章主要介绍新西兰怀卡托大学（University of Waikato）研究人员开发的基于 JAVA 环境下的可以进行数据分析的非商业化的软件——Weka。它集合了大量能承担数据挖掘任务的机器学习算法，包括对数据进行预处理、关联规则、分类、聚类以及可视化的交互式界面。由于 Weka 强大的数据分析处理功能，并且用户界面友好，因此非常易于数据分析初学者学习及使用。

Weka 软件可以通过登录网址 http：//www.cs.waikato.ac.nz/ml/weka 免费下载，该软件中可以存储的默认数据格式为 ARFF（Attribute-Relation File Format），同时 Weka 也可以打开“.csv”“.dat”等格式的文件，并且在其安装路径的“data”子文件夹下也有一些供练习使用的数据文件。

例如使用写字板打开其中一个练习数据“weather.numeric.arff”，数据内容如图 6-1 所示。

```
@relation weather

@attribute outlook {sunny, overcast, rainy}
@attribute temperature numeric
@attribute humidity numeric
@attribute windy {TRUE, FALSE}
@attribute play {yes, no}

@data
sunny, 85, 85, FALSE, no
sunny, 80, 90, TRUE, no
overcast, 83, 86, FALSE, yes
rainy, 70, 96, FALSE, yes
rainy, 68, 80, FALSE, yes
rainy, 65, 70, TRUE, no
overcast, 64, 65, TRUE, yes
sunny, 72, 95, FALSE, no
sunny, 69, 70, FALSE, yes
rainy, 75, 80, FALSE, yes
sunny, 75, 70, TRUE, yes
overcast, 72, 90, TRUE, yes
overcast, 81, 75, FALSE, yes
rainy, 71, 91, TRUE, no
```

图 6-1 数据文件“weather.numeric.arff”

ARFF 格式文件主要包含以下 3 部分数据（以“%”开头的行是对文档数据进行注释和解释）。

1．关系声明部分

@relation < relation-name >

其中< relation-name >是一个字符串。如果这个字符串包含空格，它必须加上引号（英文标点的单引号或双引号）。

2．属性声明部分

@attribute 属性名称 数据类型

其中属性名称是必须以字母开头的字符串。和关系名称一样，如果这个字符串包含空格，它必须加上引号。Weka 支持的数据类型有：Numeric（数值型）、Nominal（分类型）、String（字符串型）、Date（日期和时间型）这 4 种。

3．数据部分，以“@data”标记独占一行，接着是各条实例数据

每个实例占一行。实例的各属性值用逗号隔开。如果某个属性的值缺失，则用问号表示，且这个问号不能省略。

二、Weka 软件的主要功能

Weka 软件主要有 4 大功能模块，其名称及各自的功能如下：

（1）Explorer 模块：是数据分析基本的功能模块。

（2）Experimenter 模块：是算法试验比较模块，对不同数据分析方法进行对比分析和测试。

（3）KnowledgeFlow 模块：“拖 - 拉”式数据分析模块。

（4）Simple CLI 模块：以命令行执行数据分析功能的模块。

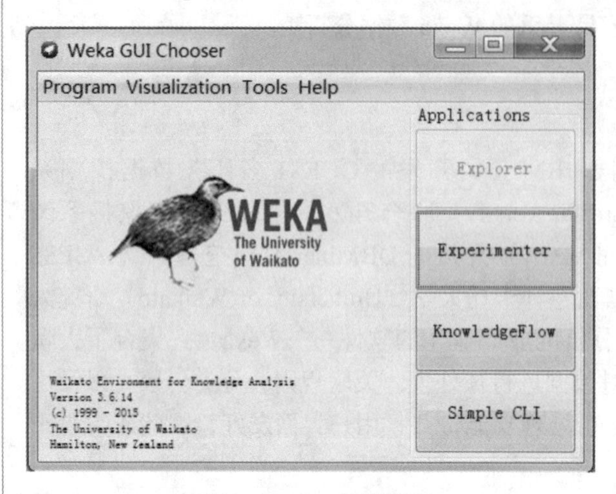

图 6-2 Weka 初始界面

下面重点介绍 Explorer 模块，在图 6-2 中单击 Explorer 按钮，进入图 6-3 界面。图中显示的是用“Explorer”模块打开数据文件的情况，根据不同的功能把这个界面分成 8 个区域，各个区域的不同含义如下：

区域 1：包含 6 个选项卡，可以执行不同数据挖掘任务，其中包括：预处理（Preprocess）、分类方法（Classify）、聚类方法（Cluster）、关联关系分析（Associate）、属性选择（Select attributes）、可视化（Visualize）。

区域 2：是一些常用按钮，包括打开数据，保存及编辑功能。可以对不同数据格式文件进行转化，例如：把“breast-cancer.csv”另存为“breast-cancer.arff”。

区域 3：进行数据预处理，点击“Choose”按钮，选择某个“Filter”，可以实现筛选数据或者对数据进行某种变换。

区域 4：展示数据集的一些基本情况，例如数据名称、数据实例个数、属性个数。

区域 5：展示数据集中包含的所有属性。可以通过勾选一些属性并“Remove”进行快速删除，删除后还可以利用区域 2 的“Undo”按钮还原回来。

区域 6：在区域 5 中选中某个属性，则在区域 6 中有展示关于这个属性的信息，其中包括属性名称、属性类型、缺失值以及每个属性的数据值分布情况。例如，对于数值型数据，其描述信息包括该属性的最小值、最大值、均值、方差，对于分类型数据，统计每种取值的个数等。

区域 7：显示区域 5 中选中属性的直方图。

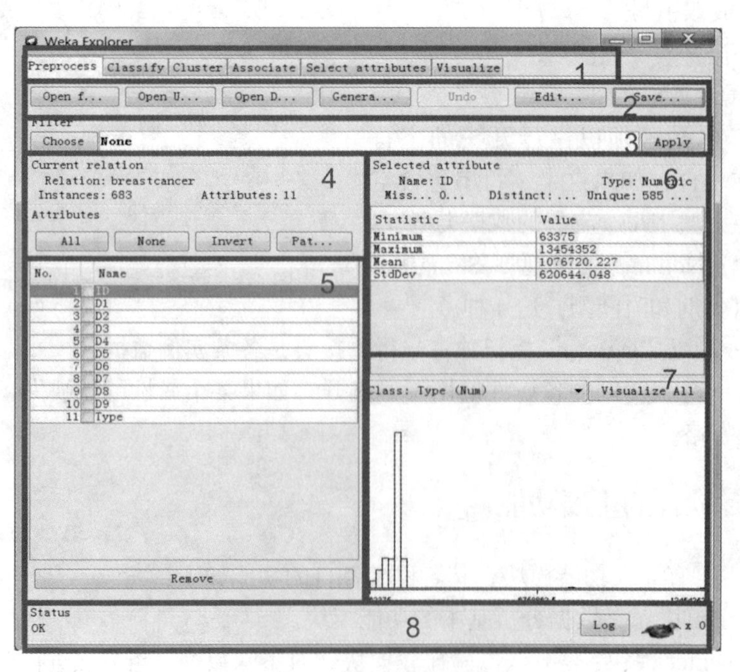

图 6-3 新窗口打开界面

区域 8：状态栏，可以点击 Log 按钮查看数据分析过程，也可以显示当前数据分析的运行状态。

第三节　关联规则分析

关联规则是数据分析的最基本的方法之一，它是挖掘事物之间潜在联系的分析方法之一。最早的关联规则分析是来源于美国沃尔玛公司（WalMart Inc.）为了挖掘顾客的购物习惯而提出的方法，其中最著名案例是关于啤酒与尿布的故事。该故事的背景是这样的：当沃尔玛数据分析师分析超市的销售记录时发现，每周五啤酒的销售额和尿布的销售额都有大幅上升，紧接着他们分析了用户的背景，原来周末有孩子的家庭都会让孩子的父亲去超市买尿布，结果孩子的父亲都会顺手买自己喜欢喝的啤酒回家过周末犒劳自己。因此根据这一有趣的发现，沃尔玛调整了货架，将啤酒和尿布的货架摆放到了一起，结果啤酒和尿布的销量均大大增加，这个案例也促进了数据挖掘学科的兴起。

从以上这个典型的“购物篮”分析案例发现，关联规则寻找的是所购买商品之间的关联关系，即购买某种商品是否也会购买另外一种商品，但不去探究这两种商品之间是否存在因果关系。关联也可以称为联系，例如人与人之间的联系，事物与事物之间潜在的联系。著名的“六度空间理论”很好地说明了人与人之间潜在的联系。该理论认为：假设世界上所有互不相识的人只需要很少中间人就能建立起联系。1967 年哈佛大学的心理学教授斯坦利・米尔格拉姆（Stanley Milgram）根据这概念做过一次连锁信件实验，结果证明平均只需要 5 个中间人就可以联系任何两个互不相识的美国人。因此联系是事物之间普遍存在的一种关系，除了可以对购物篮行为进行关联分析外，也可以将该理论运用到多个领域，例如：保险行为挖掘、用户购物习惯发现、潜在用户习惯挖掘、患者的典型特征等。

为了量化事物之间存在的关联关系，更好地进行数据分析，应执行如下定义：

（1）定义关联关系的形式为 A= ＞ B，即事物 A 的发生是否可能推出事物 B 的发生；

（2）支持度（support）：是指事物 A、B 同时发生的概率，即 Support（A= ＞ B）=P（A ∪ B）；

（3）置信度（confidence）：是指如果事物 A 发生，则事物 B 发生的概率，即条件概率 Confidence（A= ＞ B）=P（B|A）；

（4）最小支持度和最小置信度：是指由用户或者专家设定的支持度和置信度阈值，表示使关联规则有意义的最低度量指标；

（5）强关联规则：如果同时满足最小支持度和最小置信度阈值的规则称作强关联规则；

（6）项集：包含事物的集合，包含 k 个事物的集合称为 k 项集。满足最小支持度的项集称为频繁项集。如果频繁项集的所有超集都是非频繁项集，那么称该频繁项集为最大频繁项集。

一、Apriori 算法

很多算法都可以实现关联规则挖掘，其中最经典的算法是 Apriori 算法。该算法的主要思想是找出存在于事物数据集中的最大频繁项集，利用该最大频繁项集产生强关联规则。该算法依据如下关于项集的重要性质：

1．频繁项集的子集必为频繁项集

例如：假设项集 {A，C} 是频繁项集，则 {A} 和 {C} 也为频繁项集。

2．非频繁项集的超集一定是非频繁的

例如：假设项集 {D} 不是频繁项集，则 {A，D} 和 {C，D} 也不是频繁项集。

Apriori 算法实现的主要步骤如下：

第一步：扫描整个数据集，获得 1 项集，根据设定的最小支持度，对 1 项集进行剪枝，找到所有频繁 1 项集。

第二步：根据频繁 1 项集进行连接操作，生成可能的所有 2 项集，再次进行剪枝获得频繁 2 项集，不断重复上述过程，直到得到最大的频繁项集。

第三步：由以上所有频繁项集产生强关联规则。通过频繁项集生成所有关联规则，找到满足最小置信度的规则即为强关联规则。关联规则 A= ＞ B 的置信度可以使用以下公式通过已知集合 {A ∪ B} 和 {B} 的支持度计算得到。

$$\text{Confidence}（A=>B）=P（B|A）=\frac{P（AB）}{P（A）}=\frac{\text{Support}(A\cup B)}{\text{Support}（A）},$$

因此如果频繁项集（A ∪ B）的置信度大于等于最小置信度，则可以得到强关联规则（A= ＞ B）。

二、关联规则挖掘实例

下面使用 Weka 软件对数据集“breastcancer.csv”进行 Apriori 关联规则挖掘，该数据来源于美国威斯康星大学医院（University of Wisconsin Hospitals）的关于威斯康星州乳腺癌临床病例报告，它可以直接从加州大学欧文分校（University of California Irvine）建立的用于机器学习的 UCI 数据库中获得，该网址为：http：//archive.ics.uci.edu/ml/datasets.html。该数据集的具体含义如表 6-1 所示。

表6-1 数据的具体含义

属性名称	说明	特征编号
样品编号	患者身份证号码	无
块厚度	范围 1 ~ 10	1
细胞大小均匀性	范围 1 ~ 10	2
细胞形态均匀性	范围 1 ~ 10	3
边缘黏附力	范围 1 ~ 10	4
单上皮细胞尺寸	范围 1 ~ 10	5
裸核	范围 1 ~ 10	6
Bland 染色质	范围 1 ~ 10	7
正常核仁	范围 1 ~ 10	8
核分裂	范围 1 ~ 10	9
分类	分类属性：2 为良性 4 为恶性	10

首先在 Explorer 模块中打开该数据集，切换到“Associate”选项卡，单击 Choose 按钮，选择 Apriori 算法，如图 6-4 所示。

在 Weka 软件中，所有属性的类型默认为数值型，但是根据上述对数据实际情况的描述，所有数据应为离散型，因此采用数据预处理的方法将所有属性值数据类型进行修改。其中第一个属性列 ID，在关联规则中不需要，因此选中该属性，然后选择下面的 Remove 按钮

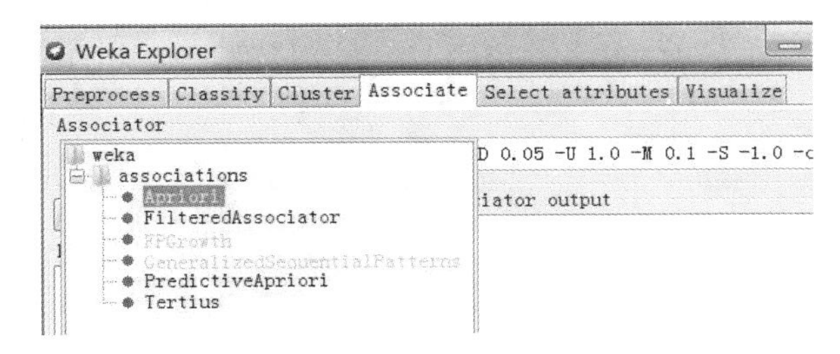

图 6-4　选择 Apriori 算法

删除该属性。选择其余所有属性，单击 Filter 中的 Choose 按钮，选择 filters → unsupervised → attribute → NumericToNominal 将所有属性列由数值型转换为离散型。

单击 Choose 按钮后面的文本框，设置 Apriori 参数，其具体含义如下：

（1）car：包含两种值 True 和 False，如果设置为 True，则会挖掘出的关联规则为类关联规则，即规则右侧是类属性；

（2）classIndex：如果 car 设置为 True，该参数需要指定类属性的序号，这样可以将挖掘出的关联规则变成类关联规则而不是全局关联规则。如果设置为 -1，则最后的属性被当做类属性；

（3）delta：以此数值为迭代递减单位。不断减小支持度直至达到最小支持度或产生了满足数量要求的规则；

（4）lowerBoundMinSupport：最小支持度下界；

（5）metricType：对规则进行排序的度量依据；

（6）minMtric：度量的最小值；

（7）numRules：需要产生的规则数量；

（8）outputItemSets：如果设置为真，会在结果中输出频繁项集；

（9）removeAllMissingCols：删除包含缺失数据的列；

（10）significanceLevel：重要性测试（仅适用于置信度度量）；

（11）upperBoundMinSupport：最小支持度上界；

（12）verbose：如果设置为真，则算法会以冗余模式运行。

设置参数如图 6-5，其中 lowerBoundSupport=0.55，metricType=Confidence，minMetric=0.9，numRules=20。点击 start 按钮进行数据挖掘，可以获得图中分析结果。从图中挖掘结果可以看出，当最小支持度为 0.55 时，可以获得 13 个频繁项集，其中 6 个频繁 1 项集，5 个频繁 2 项集，2 个频繁 3 项集，挖掘出的满足最小置信度 0.9 的关联规则有 10 条，其具体含义如下：

对于挖掘出来的第一个规则：D6=1 Type=2387 == > D9=1380 conf：0.98，其含义为裸核值为 1 并且乳腺癌类型为良性的记录数有 387 条，其中包含核分裂值为 1 的记录数为 380 条，该规则的置信度为 0.98。

也可以将分类属性设置为关联规则的右侧，即设置参数 car=True，设置 classIndex 为 -1，即将分类字段默认为最后一列属性。产生的挖掘结果如图 6-6 所示。

从图 6-6 的挖掘结果可以看出，当最小支持度为 0.55 时，可以获得 5 个频繁项集，其中 3 个频繁 1 项集，2 个频繁 2 项集。挖掘出满足最小置信度 0.9 的关联规则有 4 条，产生的关联规则 A= > B 中的后键均为最后一个 Type 属性列。

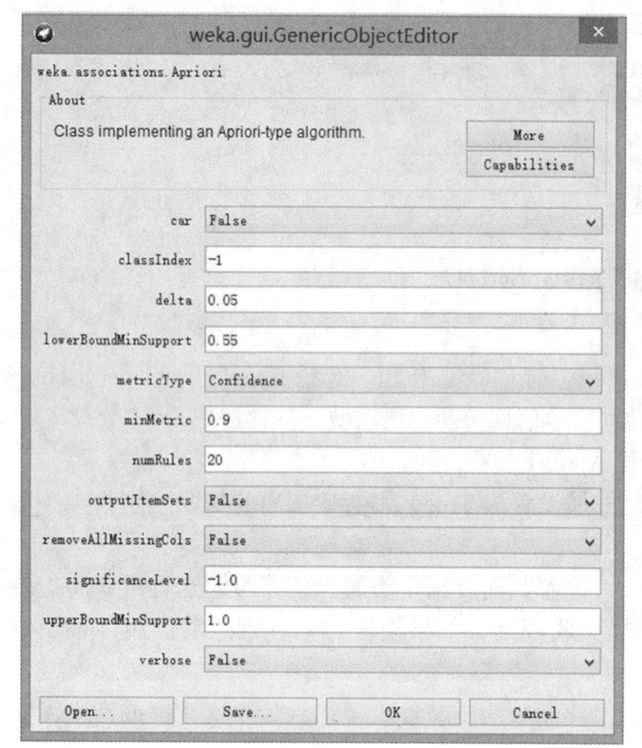

图 6-5　挖掘类关联规则

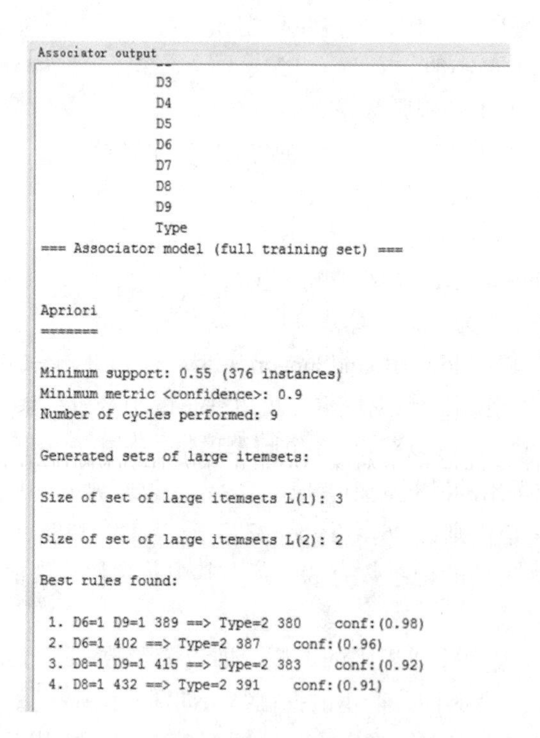

图 6-6　数据挖掘结果

三、其他关联规则挖掘算法

Apriori 是经典的关联规则挖掘方法，其实现原理简单易懂，但是它存在两个先天缺陷。第一，它需要通过频繁 k 项集产生频繁 k+1 项集，当事物个数较多时，将会产生大量 2 项候选集，占用大量存储空间。第二，当每次判断候选集是否为频繁项集时，需要重新扫描数据库，即整个运行过程，需要多次扫描数据库，当数据量很大时，算法运行时间将大大加大。因此，针对 Apriori 算法这些缺陷，研究人员提出了很多改进的方法，例如为了节省候选集的存储空间使用散列表来存储生成的大量候选集，或对数据集进行划分、抽样、使用垂直数据格式等方式进行存储。除了以上算法，由韩家炜创新性地提出了一种 FP-growth 算法，该算法采用树型结构保存频繁项集，只需要扫描两次数据库，就可以产生所有的频繁项集，大大减少运行时占用的时间和空间，尤其当需要处理的数据量增大时，该算法的运行效率远远优于 Apriori 算法。

第四节 聚类分析

俗话说“物以类聚，人以群分”，通过对日常事物的分类，可以将纷繁复杂的事物进行简化，便于抓住事物本质特性，更好地进行学习。因此为了让计算机像人一样可以识别事物，不断从数据中获取知识，其中很重要的能力是当面对现实中纷繁复杂的数据时，如何按照数据自身的规律进行分类。只有将现实中的数据进行很好的分类，才能更快速更准确地进行学习，让机器具有像人一样识别事物的能力，聚类分析就是一种将抽象的数据集合划分为多个类别的数据分析方法。该方法是在不知道数据归属的情况下，根据数据自身的特征进行分类，使聚类之后每个类别中任意两个数据样本之间具有较高的相似性，而不同类别的数据样本之间具有较低的相似性。对数据进行聚类分析时，通常采用距离进行该相似性的度量。

聚类分析在很多领域都有应用，例如网站的信息分类问题、用户信誉度评价、患者病情严重程度预测等。同时，聚类算法也可以作为一种工具来观察数据的分布，并在其他算法的预处理步骤中进行离群点检测。离群点是“远离”任何类的值，可能比普通情况更值得注意，例如信用卡交易中的异常情况等。

为了对数据实施聚类分析，需要对该问题进行抽象描述。假设对包含 n 条数据记录的数据集 D 进行聚类，生成 κ（$\kappa \leqslant n$）个分区，每个分区称为一个簇，其需要满足如下要求：

（1）每个簇至少包含一条记录；

（2）每条记录必须属于且只属于一个簇。

一、κ 均值聚类算法

很多算法都可以实现聚类分析，最基本的聚类分析方法是 κ 均值聚类和 κ 中心点聚类。κ 均值聚类算法的主要步骤如下：

（1）从数据集 D 中任意选择 κ 个对象（κ 条记录）作为初始簇中心；

（2）根据每个对象与各个簇中心的距离，将其重新分配到与它最近的簇中；

（3）计算每个簇的平均值，并用该平均值代表相应的簇；

（4）回到第 2 步，直到不再有新的分配发生。

二、聚类算法实例

使用 Weka 软件对经典数据集“iris.arff”进行聚类分析，该数据是用来描述鸢尾花的主要性状，根据鸢尾花的测量数值进行花种类的判定。使用 Weka 软件打开该数据集，其界面如图 6-7 所示，该数据中包含的属性字段有：sepallength（萼片长度）、sepalwidth（萼片宽度）、petallength（花瓣长度）、petalwidth（花瓣宽度）和 class（鸢尾花类别）。

在图 6-7 中选择 Cluster 选项卡，单击 Choose 按钮，在下拉列表中选择 SimpleKMeans 算法，单击设置参数对话框，其中包含的主要参数有：

（1）distanceFunction：距离函数，其中可以选择 Euclidean Distance（欧氏距离）、

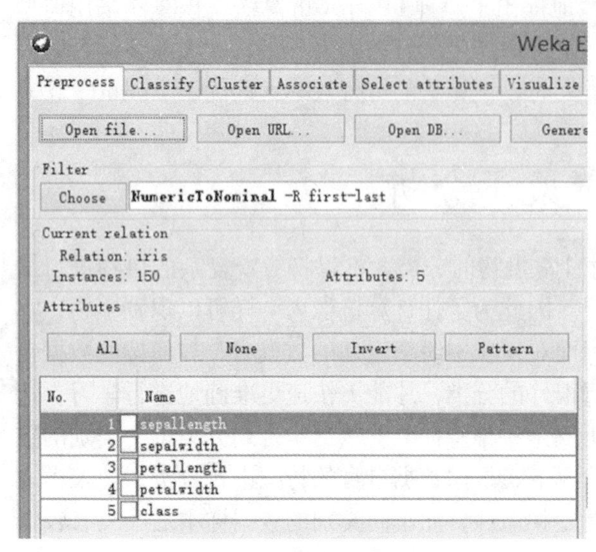

图 6-7 “iris.arff”数据集

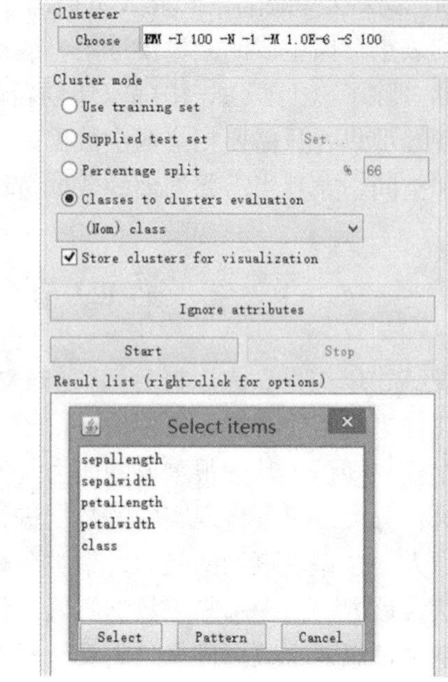

图 6-8 聚类分析设置及结果

Manhattan Distance（曼哈顿距离）、Chebyshev Distance（切比雪夫距离）、Hamming Distance/EditDistance（汉明距离 / 编辑距离），默认情况下使用欧氏距离；

（2）dontReplaceMissingValues：在全局范围内用平均值或中数替换缺失值；

（3）maxIterations：执行聚类算法的最大迭代次数；

（4）numClusters：设置簇数 K；

（5）preserveInstancesOrder：设置记录读取顺序是否固定；

（6）seed：设置随机数种子值，如果不想设置随机数，则将该种子值设置为 -1。

首先仅对参数 numClusters 进行设置，即设置聚类簇数 K= 3，其他采用默认设置。由于聚类是要产生数据集的分类结果，如果这个聚类的数据集中已经包含类别属性，则得到聚类结果的准确率高于实际值，但结果是错误的。因此要在 Cluster mode 选项卡中单击 Ignore attributes 按钮，选择 class 属性字段，即忽略该属性字段。如果想使用已知分类属性字段 class 来判断该算法运行结果的准确性，可以在 Cluster mode 选项卡中选择 Class to clusters evaluation 选项，选择其中的 class 属性字段，单击 Start 按钮进行聚类分析（图 6-8），这样得到图 6-9 所示结果，其具体含义是：

（1）Within cluster sum of squared errors：6.998114004826762，这是评价聚类好坏的标准，数值越小说明簇内相似性越强。由于设置了随机种子数 seed，则每次运行得到的数值都不一样，可以通过改变 seed 值，得到不同的参数值，也可以多尝试设置几次 seed 值，并采纳这个参数值最小的那个结果。

（2）Cluster centroids：包含聚类中各个簇中心的位置，即每个簇的所有数据点的均值。

（3）Clustered Instances：得出每类中包含的数据记录个数及其占整个数据集的百分比。

（4）Classes to Clusters：聚类分析得到的每类数据中正确和错分的个数，以及每类对应的类别。例如 Cluster 0 对应 Iris-versicolor 类，Cluster 1 对应 Iris-setosa 类，Cluster 2 对应 Iris-virginica 类。根据得到的聚类的混淆矩阵，我们可以看到每类正确和错误分类的个数。例如对于 Iris-setosa 类，需要查看是否正确分到 Cluster 1 中，对于混淆矩阵中的第 1 行，可以看到所有 50 个数据均被正确分到了 Iris-setosa 类；同样对于 Iris-versicolor 类，其对应 Cluster

```
kMeans
======

Number of iterations: 6
Within cluster sum of squared errors: 6.998114004826762
Missing values globally replaced with mean/mode

Cluster centroids:
                          Cluster#
Attribute      Full Data         0          1          2
                 (150)        (61)       (50)       (39)
=========================================================
sepallength      5.8433     5.8885      5.006     6.8462
sepalwidth        3.054     2.7377      3.418     3.0821
petallength      3.7587     4.3967      1.464     5.7026
petalwidth       1.1987      1.418      0.244     2.0795
```

```
=== Model and evaluation on training set ===

Clustered Instances

0       61 ( 41%)
1       50 ( 33%)
2       39 ( 26%)

Class attribute: class
Classes to Clusters:

  0  1  2  <-- assigned to cluster
  0 50  0 | Iris-setosa
 47  0  3 | Iris-versicolor
 14  0 36 | Iris-virginica

Cluster 0 <-- Iris-versicolor
Cluster 1 <-- Iris-setosa
Cluster 2 <-- Iris-virginica

Incorrectly clustered instances :       17.0      11.3333 %
```

图 6-9　聚类结果

0 这一类，其中正确分类的有 47 个，分到 Iris-setosa 的 0 个，错分到 Iris-Virginica 中的 3 个。为了将聚类结果保存下来，记录每个数据被划分的簇类，则可以在图 6-10 的窗口中选择 Preprocess，在 Filter 中单击 Choose 按钮，选择 unsupervised 中 attribute 下拉菜单中的 addCluster 选项，单击文本框，并设置聚类算法中相关参数，例如设置 numClusters 为 3，点击 Apply 按钮则可以将聚类结果加到属性最后一列，同时可以点击 Edit 按钮查看聚类结果，得到的 Cluster 属性列表示聚类算法给出的该记录所在的簇，点击 Save 按钮将上述聚类结果保存下来。

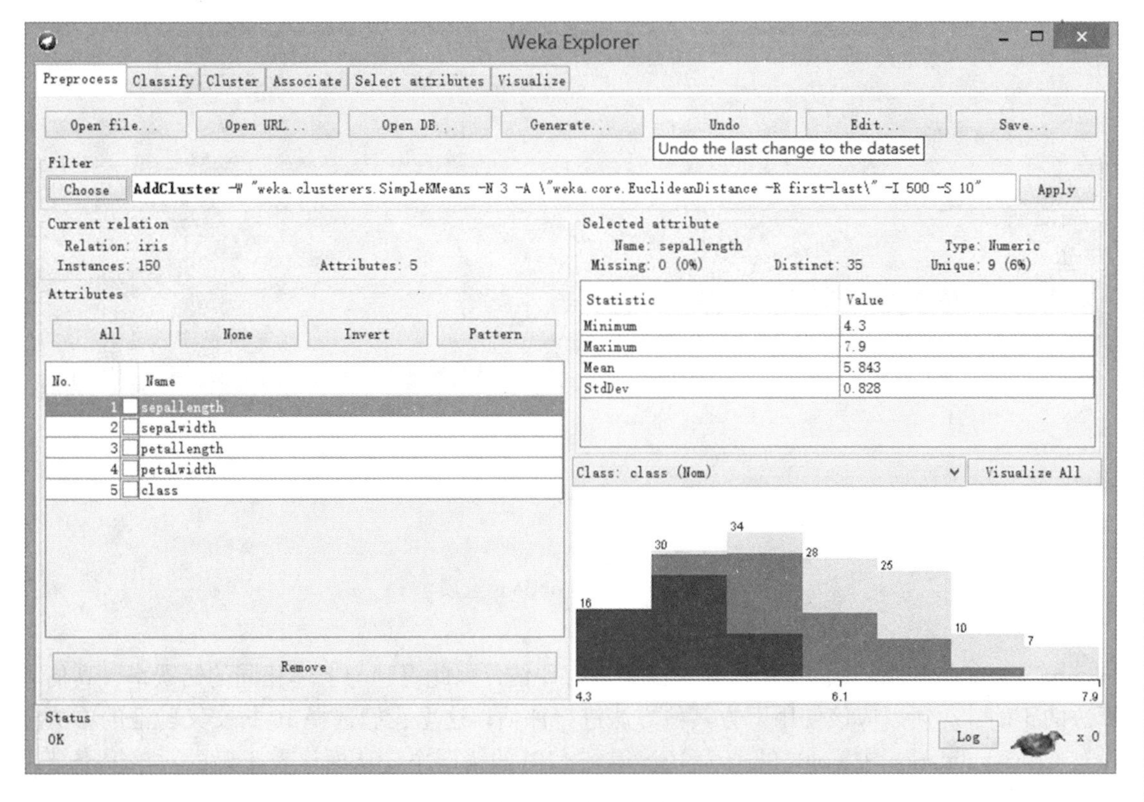

图 6-10　聚类分析

使用上述方式评估聚类分析结果的错误率为 11.333%，该结果其实是高估了该算法的正确性。为了更准确评估聚类分析结果，在图 6-11 Classify 选项卡中点击 Choose 按钮，选择其中的 classificationViaClustering 选项，如图 6-12 所示，在其中 Choose 按钮后面的文本框中进行聚类分析相关参数的设置，例如设置簇数 κ=3。在左下方的 Test options 中如果选择 Use

图 6-11 Classify 选项卡

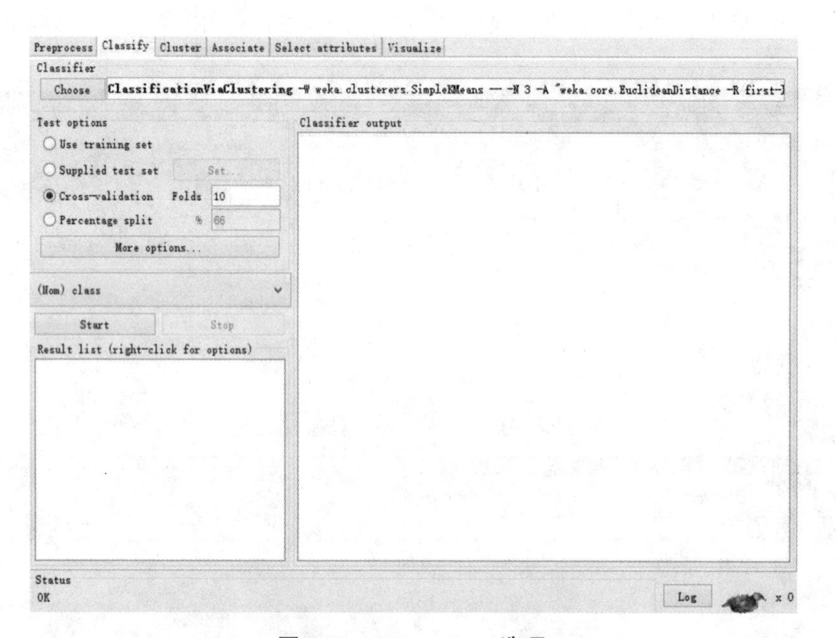

图 6-12 Test options 选项

training set 选项，即使用训练集作为测试集进行评估，因此得到与上述相同的错误率，高估了算法的正确性。所以应该使用下方其他方法进行评估，这里我们选择 10 折交叉验证的方法即设置 Cross-validation 中 Folds 的值为 10，得到 12% 的错误率，从而比较正确的对该聚类结果进行评估。

为了更直观显示聚类结果，Weka 软件可以对聚类分析结果进行可视化，在图 6-12 中左下方“Result list”窗口中列出的运行结果上点击右键，在弹出菜单中选择“Visualize cluster assignments”，即打开可视化窗口。弹出的窗口给出了各条记录的散点图。最上方的两个下拉框是可以选择散点图的横坐标和纵坐标属性列，第二行的“Color”是散点图着色的依据，默认是根据不同的簇“Cluster”给实例标上不同的颜色，如图 6-13 所示。

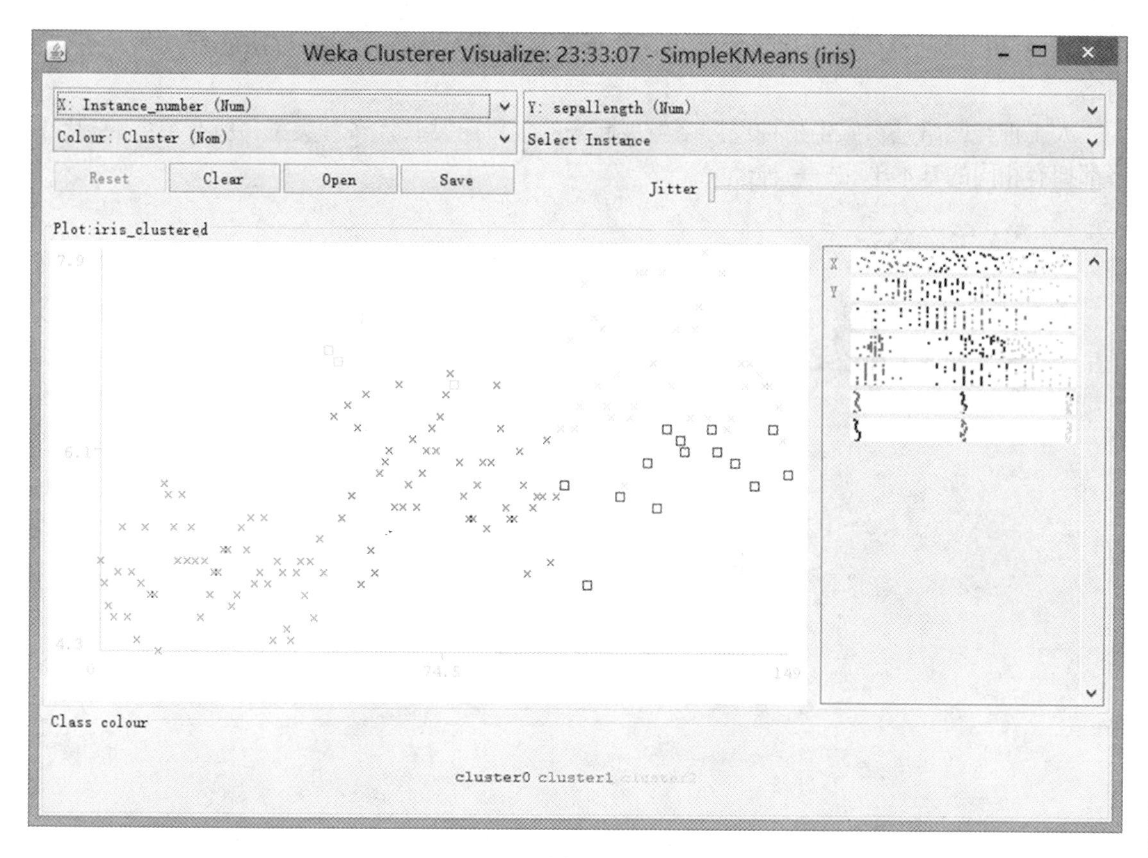

图 6-13 聚类分析的可视化

三、其他聚类分析算法

κ- 均值算法的运行速度相对高效，当数据的分布较密集，簇与簇之间的区别比较明显时，该算法得到的聚类结果较好。但该算法存在以下缺陷：

（1）该算法只有当属性的平均值有意义的情况下才能使用，对于分类属性不适用；

（2）对极值数据敏感，极值数据将在很大程度上影响聚类分析的结果；

（3）必须事先给定簇的个数 κ。

为了克服极值数据对聚类结果的影响，可以对 κ 均值聚类算法进行改进，使用中心点（位于簇最中心位置的对象）而不是簇中对象的平均值作为簇中心进行聚类分析，该算法称为 κ 中心点算法。此外，簇数 κ 的设定对最终聚类结果的优劣也有很大影响，而密度聚类则可以不必提前设定簇数 κ 就可以进行聚类分析，同时该算法也可以挖掘出非球形簇，大大提高算法的鲁棒性。自然事物之间的界限，有些是确切的，有些则是模糊的。例如人群中的面貌相像程度之间的界限是模糊的，天气阴、晴之间的界限也是模糊的，因此当聚类涉及事物之间的模糊界限时，需运用模糊聚类分析方法。该方法对于聚类算法的前提条件中每条记录必须属于且只属于一簇这个条件可以适当放宽，即用值介于 0 ～ 1 的隶属度来确定每条记录属于各个类的程度，更准确刻画实际数据的分布情况。

第五节 人工神经网络

人工神经网络（Artificial Neural Network，ANN）是由具有适应性的简单单元组成的具有广泛并行互联的网络，其组织能够模拟生物神经系统对真实世界物体所做出的交互反应。人工神经网络目前已经广泛应用于大数据的分析。目前流行的深度学习算法就是一种人工神经网络。

人工神经网络是参照生物神经网络发展起来的，目前已有许多种类型，所有类型的神经网络都拥有相同的基本单元——神经元。

一、人工神经元

人工神经元模型是生物神经元的模拟与抽象，是构成神经网络的基本单元。图 6-14 所示是生物神经元和人工神经元模型。

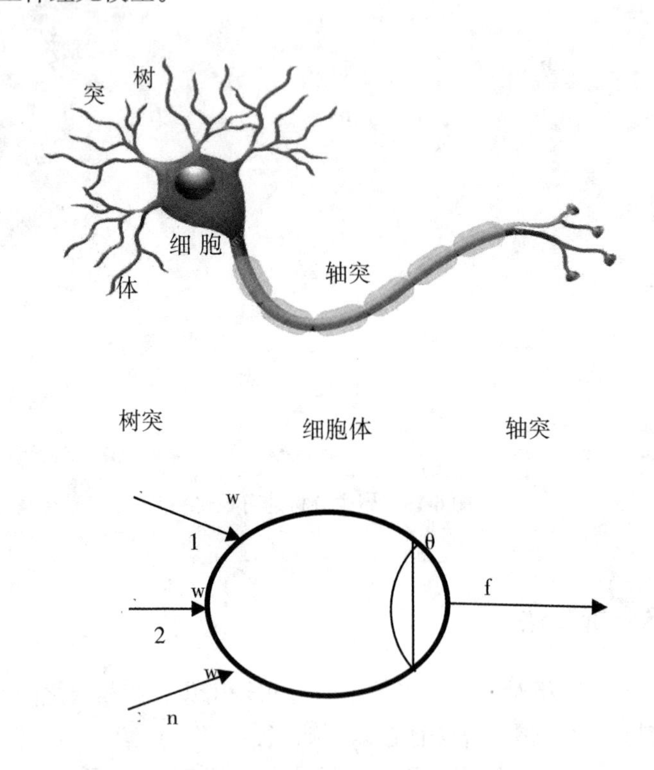

图 6-14　生物神经元和人工神经元模型

人工神经元相当于一个多输入单输出的非线性阈值器件。这里的 x_1，x_2，⋯，x_n 表示 n 个输入；ω_1，ω_2，……，ω_n 表示与它相连的 n 个突触的连接强度，其值为权值；输入信号的加权和表示输入总和，对应于生物神经细胞的膜电位；θ 为人工神经元的阈值，如果输入信号加权和大于 θ，则人工神经元被激活。o 为人工神经网络的输出，可描述为：

$$o = f\left(\sum_{i=1}^{N} \omega_i x_i - \theta\right)$$

其中，$f\ ()$ 表示神经元输入 / 输出关系函数，称为激活函数或输出函数。激活函数有许多种类型，常见的激活函数有：阈值函数、Sigmoid 函数和分段线性函数。

1．阈值函数

阈值函数定义为：

$$f(t) = \begin{cases} 1 & t \geqslant 0 \\ 0 & t < 0 \end{cases}$$

若激活函数采用阈值函数（图 6-15A），则人工神经元模型为著名的 MP（McCulloch-Pitts）模型，此时神经元的输出取 1 或 0，反映了神经元的兴奋或抑制。

此外，符号函数 $sgn\ (t)$ 也常常作为神经元的激活函数，如图 6-15B 所示。

$$sgn\ (t) = \begin{cases} 1 & t \geqslant 0 \\ -1 & t < 0 \end{cases}$$

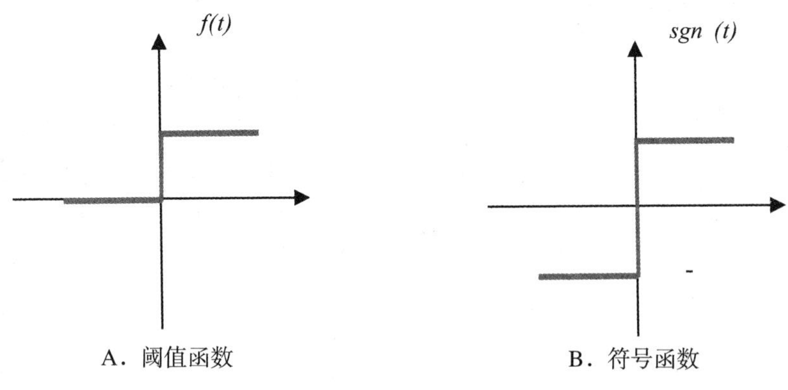

图 6-15　阈值函数

2．Sigmoid 函数

Sigmoid 函数也称为 S 函数，是人工神经网络中最常用的激活函数。S 函数定义为：

$$f(t)=\frac{1}{1+e^{-at}}$$

式中，a 为 Sigmoid 函数的斜率参数，通过改变参数 a，获得不同斜率的 Sigmoid 函数，图 6-16 所示为 a=1 时的 Sigmoid 函数。

3．分段线性函数

分段线性函数定义为：

$$f(t)=\begin{cases}1 & t\geqslant 1\\ t & -1\leqslant t\leqslant 1\\ -1 & t\leqslant -1\end{cases}$$

如图 6-17 所示：

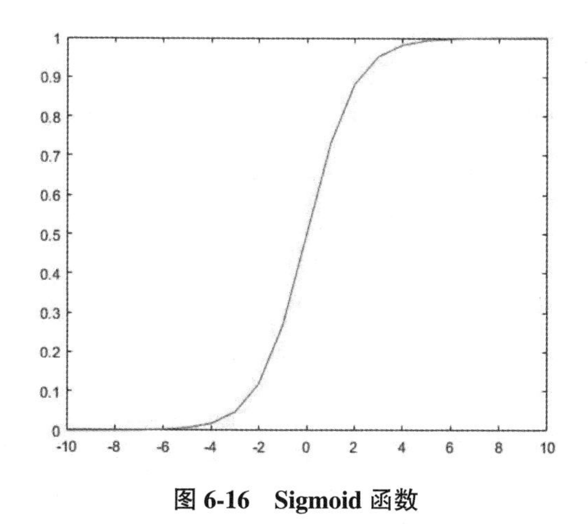

图 6-16　Sigmoid 函数

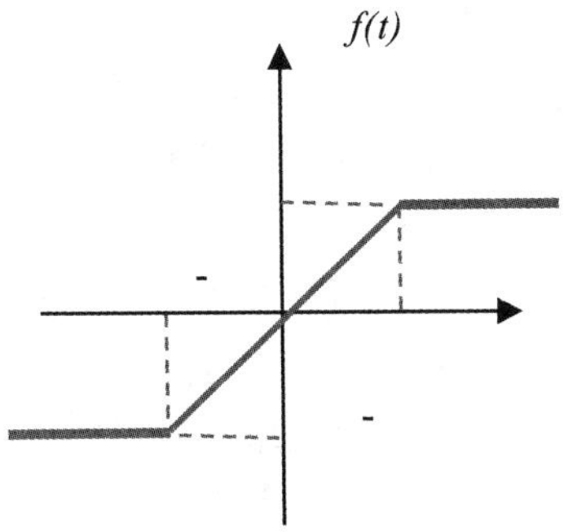

图 6-17　分段线性函数

二、神经网络

神经元互相连接就构成了神经网络。神经网络根据神经元的功能分为若干层：输入层、隐含层和输出层。根据神经元之间连接的形式，可将神经网络细分为：简单的前向网络、具有反馈的前向网络和层内有互联的前向网络。

本节以最简单的前向神经网络——BP 网络为例进行介绍。

1．BP 神经网络的拓扑结构

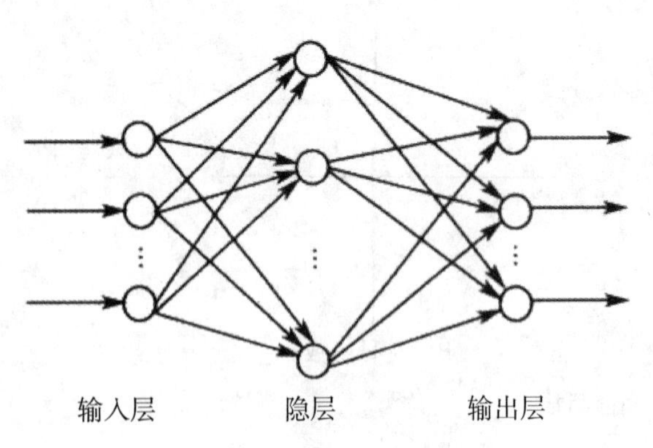

图 6-18 三层的 BP 神经网络

BP 神经网络是一种具有 3 层或 3 层以上的多层神经网络，每层都由若干个神经元组成，图 6-18 显示是一个 3 层的 BP 神经网络。

神经网络各层之间各个神经元实现全连接，即左边的每个神经元与右层的每个神经元都有连接。BP 神经网络按有监督学习方式进行训练，即采用训练样本进行训练时，每个训练样本对应的输出值是已知的。当一个训练样本和其对应的输出提供给网络后，神经元的激活值将从输入层经各隐含层向输出层传播，在输出层的各神经元输出对应输入模式的输出响应。按减少希望输出和实际输出误差原则，从输出层经各隐含层回到输入层，逐层修正个连接权值参数。由于这种修正过程是从输出到输入逐层进行的，所以称之为“误差逆传播算法”。随着这种误差逆传播训练不断进行，网络的输入模式响应的正确率也将不断提高。BP 神经网络包含隐含层，有相应的学习规则，因此具有对非线性模式的识别能力，有广泛的学习前景。

2．BP 神经网络训练

BP 神经网络设计时需要确定解决特定问题的网络的层数，每层神经元的个数、各个神经元的权值、阈值参数初始值以及学习速率等几方面参数。

网络的层数：增加神经网络的层数，可以降低误差，提高精度，但也使网络复杂化，从而使训练时间增加。

隐含层节点个数：网络训练精度的提高，可以通过采用一个隐含层，增加神经元个数的方法来获得。这比在结构上实现增加隐含层数简单，训练结果更依赖观察和调节。所以一般情况下优先考虑增加隐含层神经元数。

初始权值参数：由于系统是非线性的，初始值的选取对学习是否达到局部最小、是否能收敛以及训练时间长短有很大关系。初始值过大、过小都会影响学习速度，因此权值的初始值应该为均匀分布的小数经验值，一般初始值为（-1，1）之间的随机数。

学习速率：学习速率决定每次循环训练中所产生的权值变化量。高的学习速率可能导致系统的不稳定；但低的学习速率导致较长的学习时间，可能收敛很慢，不过能保证网络的误差值跳出误差表面的低谷而趋于最小误差值。一般倾向于选择较小的学习速率以保证系统的稳定性。学习速率的选取范围一般在 0.01 ～ 0.8。

为了使神经网络完成某项任务具有某种功能，必须采用训练样本确定网络的结构，并调整各层间连接权值和节点阈值，使样本的实际输出和期望输出之间的误差稳定在一个较小的范围内。在训练 BP 神经网络的算法中，误差反向传播算法是最有效、最常用的一种算法。3 层 BP 神经网络的学习过程主要由 4 部分组成：

第一步：将输入样本输入输入层，经隐含层，顺向传播至输出层。

第二步：输出误差由输出层经隐含层逆传播至输入层。

第三步：输入模式顺传播与误差逆传播的计算过程反复交替循环进行。

第四步：判定误差是否趋向极小值，是则结束学习过程，否则继续循环第二、三步。

三、BP 神经网络的实现

本节以 Weka 软件为例介绍如何采用神经网络实现对数据的自动分类。

1．数据准备

使用关联规则中使用过的数据集“breastcancer.csv”，采用神经网络实现对患者病情的诊断。该数据集包含 699 个患乳腺癌的患者的样本。分两类：良性肿瘤和恶性肿瘤。其中良性肿瘤 458 例，恶性肿瘤 241 例。每个样本包含 11 个属性特征：患者编号、块厚度、细胞大小均匀性、细胞形态均匀性、边缘黏附力、单上皮细胞尺寸、裸核、Bland 染色质、正常核仁、核分裂、肿瘤类别。

首先在 Explorer 模块中打开该数据集，可以看到该数据集包含了 11 个属性。第一个属性 ID 是患者编号，对诊断疾病类型没有参考价值，因此在训练神经网络时将其删除。选中第一个属性 ID，选择下面的 Remove 命令按钮将其删除。第 2 ~ 9 个属性对诊断疾病有价值，因此保持不变。最后一个属性 ClassLabel 为诊断的类别为良性肿瘤、恶性肿瘤。

在使用神经网络方法对数据进行分类时需要把已有数据进行划分，分为训练集（train_set），验证集（valid_set），测试集（test_set）3 个部分。训练集是用来训练神经网络的数据集，通过对训练样本的学习，确定神经网络的各个参数，从而建立神经网络模型。为了得到可靠的神经网络模型，验证集是独立于训练集的一部分样本，用来对训练集生成的神经网络模型进行评测，相对客观的判断这些神经网络对训练集之外的数据的符合程度。测试集就是完全不参与训练和验证的数据，仅用来评价测试效果的数据。这种划分数据的思想就称为交叉验证（Cross Validation）。用交叉验证的目的是为了得到可靠稳定的神经网络模型。10 折交叉验证（10-fold cross validation）就是常用的一种交叉检验方法。该方法将数据集分成 10 份，轮流将其中 9 份做训练 1 份做验证，10 次的结果的均值作为对算法精度的估计。Weka 软件的 Explorer 模块，在 Classify 选项卡，Test Options 面板可以对数据集的划分进行设置，本节采用 10 折交叉检验对数据进行划分，如图 6-19 所示。

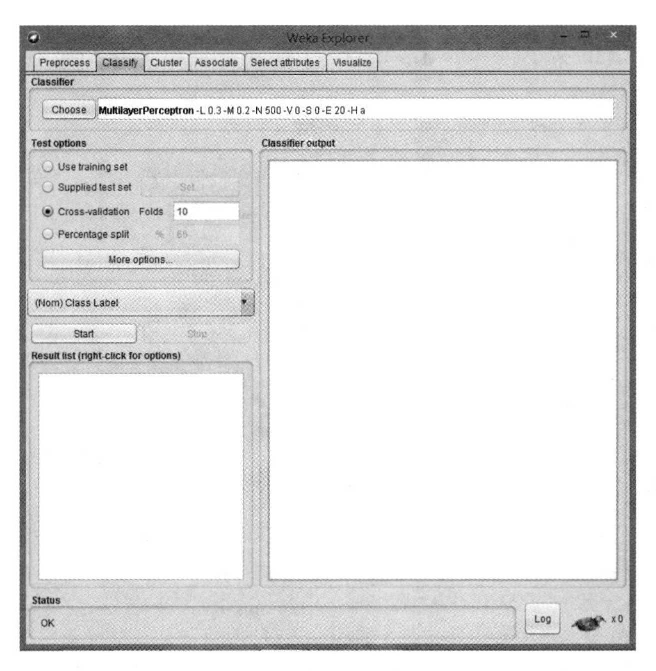

图 6-19　Classify 选项卡

2．BP 神经网络设计

BP（Back Propagation）神经网络，也叫多层前馈网络。BP 神经网络在 Weka 软件中就是由 Multilayer Perceptron 算法实现的。在 Weka 软件的 Explorer 模块，切换到 Classify 选项卡，单击 Choose 按钮，在弹出的菜单选择 weka → classifiers → functions → Multilayer Perceptron 确定分类方法为 BP 神经网络（图 6-20）。

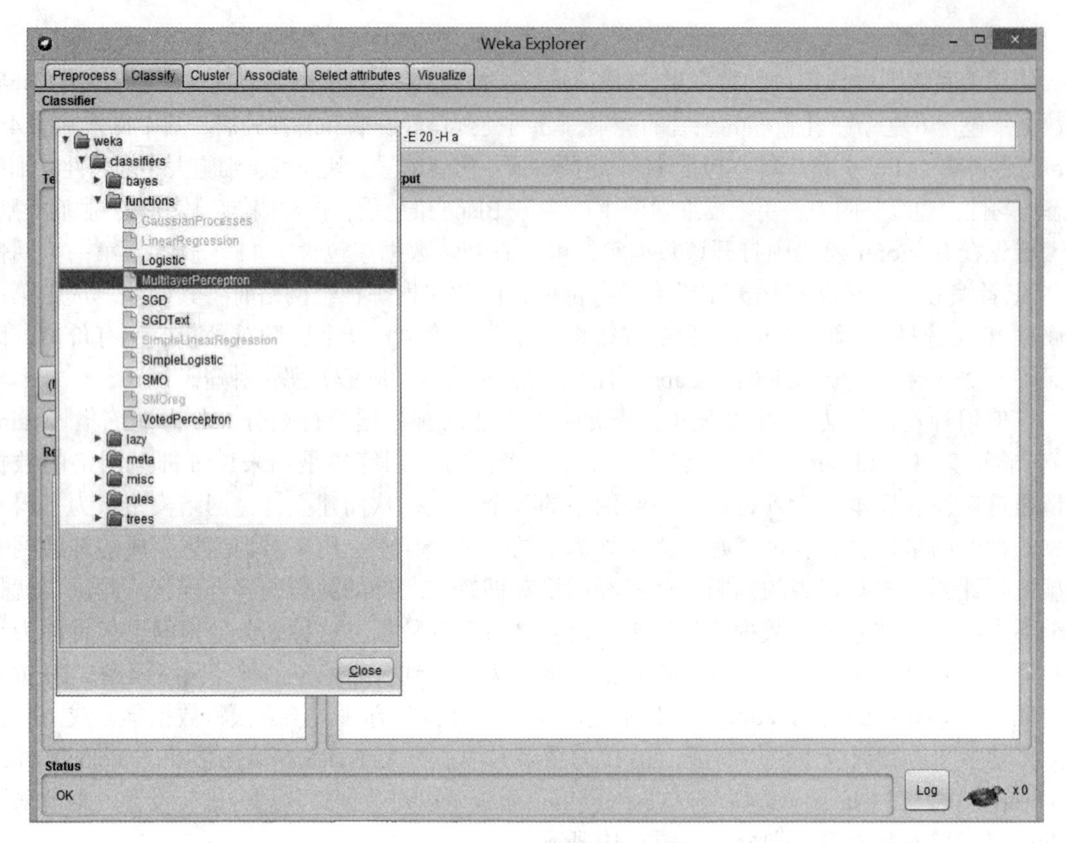

图 6-20　运行 BP 算法的菜单

单击 Choose 按钮后的文本框，弹出如图 6-21 所示的属性对话框。在该对话框设计神经网络的各个属性。

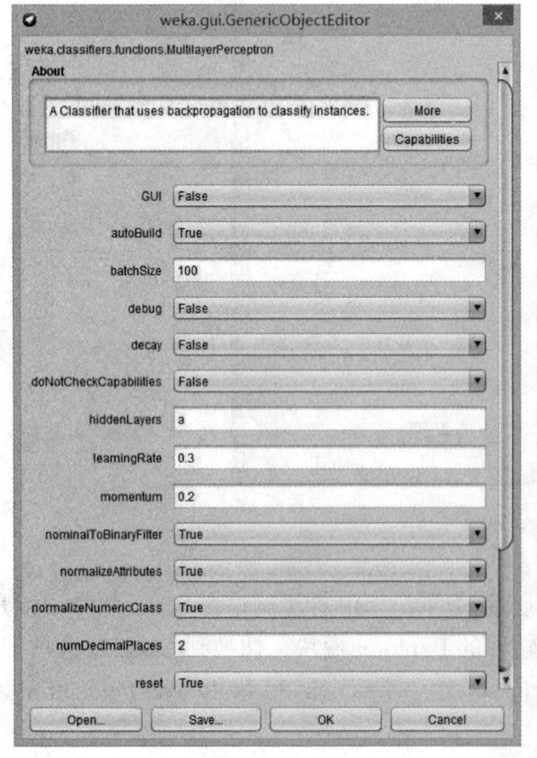

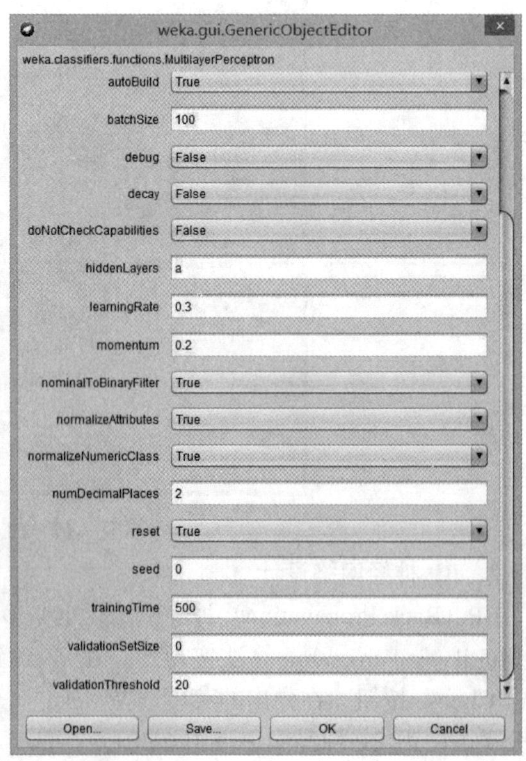

图 6-21　神经网络属性设置窗口

具体含义如下：

GUI：GUI 设置为 True 时，会在神经网络训练过程中弹出一个 GUI 界面。图 6-22 显示了一个神经网络训练的 GUI 窗口。图中左侧标签表示输入的属性特征，本例中为乳腺癌诊断依据的 9 个参数；中间三列节点表示隐含层；右侧一列节点表示输出层，右侧标签表示输出类别。GUI 窗口允许暂停神经网络训练过程，也可以做一些修改。窗口下方用户可以修改训练过程中的 Num of Epochs、Learning rate、Momentum 改变训练的速度和训练次数。

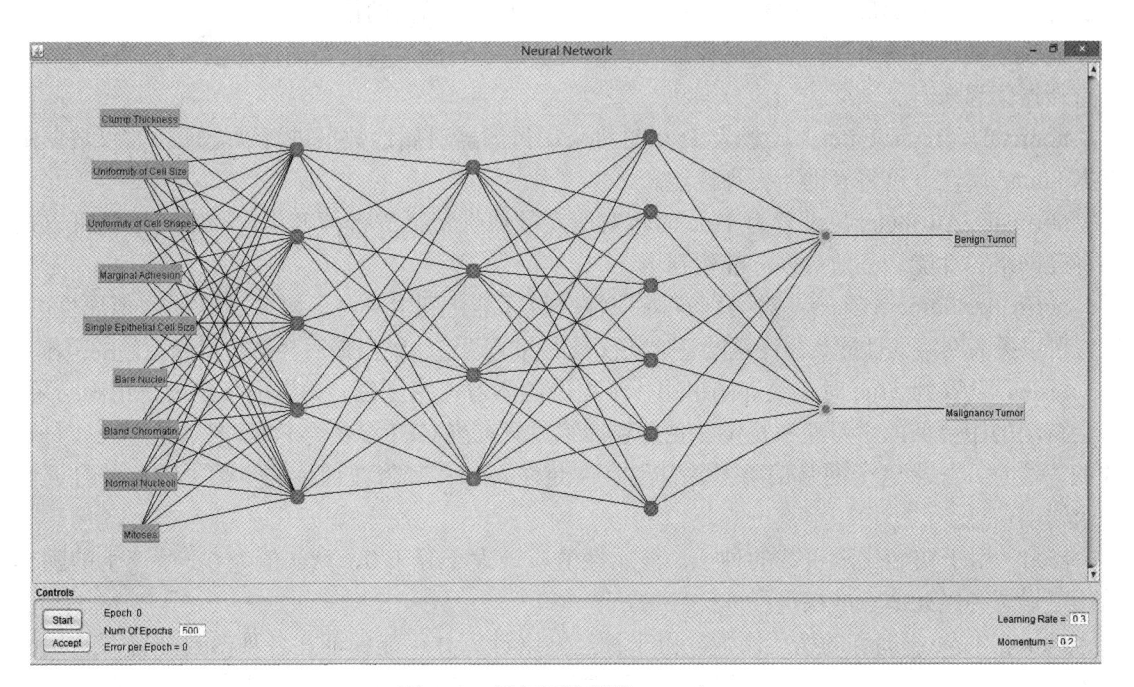

图 6-22　神经网络训练 GUI 窗口

在窗口中还可以修改神经网络的结构。常见的编辑操作如下：

（1）新建节点：鼠标左键单击空白处可添加新节点（节点将被自动选择以保证没有其他的节点被选择）。

（2）选择节点：鼠标左键单击某节点可选中该节点。

（3）连接节点：首先选择起始节点，然后单击另外一个节点或空白位置（这将创建一个新节点并与起始节点连接）。在连接后，节点的状态将保持不变。

（4）删除连接：选中连接中的一个节点，右键单击另一个节点，可以删除两个节点之间的连接。

（5）删除节点：在没有任何节点被选中的状态下，右键单击要删除的节点，可将该节点删除同时删除与其相连的连接。

（6）取消节点选择：左键单击该节点或者右键单击空白处可取消节点的选择。

GUI 设置为 False 时，训练过程没有交互，直接按默认参数训练，结束后输出训练结果。

autoBuild：添加网络中的连接和隐含层。

debug：设置为 True 时分类器将输出调试信息到控制台。

decay：降低学习的速率。其将初始的学习速率除以迭代决定当前的学习速率。这对于停止神经网络背离目标输出有帮助，也提高了网络的泛化能力。要注意的是衰退的学习速率不会显示在 GUI 中。如果学习速率在 GUI 中被改变，这将被视为初始的学习速率。

hiddenLayers：定义神经网络的隐含层。该参数是一个正整数的列表，数据之间用逗号隔开。列表中数据的个数表示隐含层的层数，列表中第 i 个数表示第 i 个隐含层的神经网络节点的个数。1 表示一个隐节点。0 表示没有隐含层。也可以使用通配符“i”、“o”、“t”、“a”表示。“i”表示输入层输入属性特征的个数；“o”表示输出层输出的类别的个数。“t”表示输入属性特征个数和输出类别个数的总和。“a”表示输入属性特征个数和输出类别个数的平均。即 a=（i+o）/2。该属性默认设置为“a”。

learningRate：神经网络的学习速率，值为 0 ~ 1，默认值为 0.3.

momentum：当更新 weights 时设置的动量，值为 0 ~ 1，默认为 0.2。BP 神经网络在批处理训练时会陷入局部最小，也就是说误差基本不变化，其返回的信号对权值调整很小，但是总误差还没达到设定的条件。这个时候加入一个动量因子有助于其反馈的误差信号使神经元的权值重新振荡起来。

nominalToBinaryFilter：设置为 True 时将采用过滤器对属性数据进行预处理。如果数据中有 Nominal 属性，这将有助于提高性能。

normalizeAttributes：设置为 True 时将对所有的属性特征进行标准化。标准化数据可以提高神经网络的性能。一般数据标准化到 -1 ~ 1。

normalizeNumericClass：对类别 class 属性进行标准化到 -1 ~ 1，如果 class 是数值属性的。这也可以提高网络的性能。需注意的是这仅仅是内部的调整，输出最后会被转换回原始的范围。

reset：设置为 True 时，允许网络用一个更低的学习速率复位。如果网络偏离了正确结果，将会自动的用更低的学习速率复位并且重新训练。只有当 GUI 设置为 False 时这个选项才是有效的。注意：如果这个网络偏离了并且没有被允许 reset，其将在训练的步骤失败，并且返回一个错误信息。

seed：用于初始化随机数的种子，该属性值应该大于等于 0，默认值为 0。所产生的随机数用于设置神经元节点的权重。

trainingTime：训练的迭代次数。由于神经网络计算并不能保证在各种参数配置下迭代结果收敛，当迭代结果不收敛时，允许最大的迭代次数。如果设置为 0，则网络只有在收敛情况下才停止训练。如果设置的是非 0，即使网络还没收敛，运行到指定训练次数时也会停止训练。因此设置这个属性非零能够较早终止神经网络的训练。

validationSetSize：用于终止训练的校验样本集占整个样本的百分比。值的范围是 0 ~ 100，默认值为 0。如果该参数设置为 0，则神经网络会一直训练直到达到指定的训练次数。

validationThreshold：用于终止网络训练的阈值。如果检验样本的误差达到该阈值则训练结束。

了解了神经网络方法各属性的含义，设置好了神经网络训练的各个参数。接下来我们采用神经网络对乳腺癌数据集进行神经网络的训练和测试。Weka 软件的 Explorer 模块，在 Classify 选项卡下，单击 Start 命令按钮开始训练。训练结束，输出神经网络相关参数并显示结果。分类结果如图 6-23 所示。

Weka 软件通过以下参数对 BP 分类结果进行评价。下面介绍其中常用的几种评价的参数。

（1）Correctly Classified Instances：正确分类样本数，分类正确率。正确分类样本数是采用神经网络进行分类的结果和样本实际的类别一致的样本数量，分类正确样本数除以总样本数就是分类正确率。分类正确率是衡量分类器最为常用的评价标准。采用神经网络对乳腺癌数据进行分类，699 个样本中 666 个样本被正确分类，33 个样本被错分。分类正确率为 95.279%，错误率为 4.721%。

（2）Incorrectly Classified Instance：错误分类样本数，分类错误率。错误分类样本数是采用神经网络进行分类的结果和样本实际的类别不一致的样本数量，错误分类样本数除以总样本数就是分类错误率。分类错误率和分类正确率是反比关系。

（3）Confusion Matrix：混淆矩阵，是一种特定的矩阵用来呈现算法性能的可视化效果，

```
Time taken to build model: 0.62 seconds

=== Stratified cross-validation ===
=== Summary ===

Correctly Classified Instances         666               95.279 %
Incorrectly Classified Instances        33                4.721 %
Kappa statistic                          0.8958
Mean absolute error                      0.0501
Root mean squared error                  0.197
Relative absolute error                 11.083  %
Root relative squared error             41.4507 %
Total Number of Instances              699

=== Detailed Accuracy By Class ===

                 TP Rate  FP Rate  Precision  Recall   F-Measure  MCC      ROC Area  PRC Area  Class
                 0.961    0.062    0.967      0.961    0.964      0.896    0.986     0.994     Benign Tumor
                 0.938    0.039    0.926      0.938    0.932      0.896    0.986     0.965     Malignancy Tumor
Weighted Avg.    0.953    0.054    0.953      0.953    0.953      0.896    0.986     0.984

=== Confusion Matrix ===

   a   b   <-- classified as
 440  18 |   a = Benign Tumor
  15 226 |   b = Malignancy Tumor
```

图 6-23　神经网络分类结果

通常是监督学习的评价标准。如果样本有 N 类，则混淆矩阵为 N×N 的矩阵，如表 6-2 所示。

表6-2　混淆矩阵

	实际类别	
预测类别	True Positive（*TP*）	False Positive（*FP*）
	False Negative（*FN*）	True Negative（*TN*）

本节乳腺癌数据有 2 类，因此混淆矩阵是 2×2 的矩阵。采用神经网络对乳腺癌的分类混淆矩阵如表 6-3 所示。

表6-3　2×2的混淆矩阵

		实际类别	
		Benign Tumor	Malignancy Tumor
BP 预测类别	Benign Tumor	440	15
	Malignancy Tumor	16	226

从混淆矩阵可以看出 458 个良性肿瘤的病例中有 440 例被正确分类为良性肿瘤，15 例被错误分类为恶性肿瘤；241 例恶性肿瘤中 226 例被正确分类，15 例被错分为良性肿瘤。从混淆矩阵可以很方便看出样本被分类的情况，因此经常采用混淆矩阵来评价分类的结果。

（4）TP Rate，真阳性率，也称为敏感性（sensitivity）表示的是所有正类中被分对的比例，衡量了分类器对正例的识别能力。公式表示如下：

$$\text{TP Rate} = \frac{TP}{TP+FN}$$

（5）FP Rate，假阳性率表示的是所有负例中被分为正例的比例。公式表示如下：

$$\text{FP Rate} = \frac{FP}{FP+TN}$$

（6）精度（*precision*）是精确性的度量，表示被分为正例的示例中实际为正例的比。公式表示如下：

$$precision = \frac{TP}{TP+FP}$$

（7）召回率（*recall*）：召回率是覆盖面的度量，度量有多个正例被分为正例，可以看到召回率与灵敏度是一样的。

$$recall = \frac{TP}{TP+FN}$$

（8）F-Measure：F 度量值是精确率和召回率的调和值，定义如下：

$$\text{F} - \text{Measure} = \frac{2}{1/precision + 1/recall}$$

（9）ROC Area：ROC 曲线面积。将 TP Rate 作为 Y 轴，FP Rate 作为 X 轴，画出 ROC 曲线。ROC 曲线与 X 坐标轴所围成的面积叫做 AUC 面积，这个面积也可以作为分类器的性能评价指标。面积越大，分类器性能越好。

（10）Kappa Statistic：评判分类器的分类结果与随机分类的差异度。$\kappa=1$ 的时候表明分类器的决策时完全与随机分类相异的（正面），$\kappa=0$ 时表明分类器的决策与随机分类相同（即分类器没有效果），$\kappa=-1$ 时表明分类器的决策比随机分类还要差。一般来说，Kappa 指标的结果是与分类器的 AUC 指标以及正确率成正相关的，所以 κ 越接近于 1 越好。

从整个分类的参数来看，采用神经网络对乳腺癌进行分类，效果还是很不错的。

（齐惠颖　王　静　王路漫）

课后习题

第一章　网络信息时代与计算机

一、选择题

1．计算机能够自动工作，主要是采用了（　　）。

A．二进制数值　B．存储程序控制　C．高度电子元件　D．程序设计语言

2．十六进制数 FF 相对应的十进制数是（　　）。

A．255　B．256　C．512　D．1616

3．(多选）中央处理器是由（　　）构成的。

A．运算器　B．存储器　C．控制器　D．输入 / 输出设备

4．计算机技术中，英文缩写 CPU 的中文译名是（　　）。

A．运算器　B．寄存器　C．中央处理器　D．控制器

5．在计算机硬件技术指标中，度量存储器空间大小的基本单位是（　　）。

A．字节（Byte）　B．二进位（bit）　C．字（Word）　D．字符（Char）

6．一个字符的标准 ASCII 码用（　　）位二进制位表示。

A．8　B．7　C．6　D．4

7．计算机存储器中，一个字节由（　　）位二进制位组成。

A．4　B．8　C．16　D．32

8．微型计算机中，运算器的基本功能是（　　）。

A．实现算术运算和逻辑运算　B．存储各种控制信息

C．控制各个部件协调一致的工作　D．保存各种控制状态

9．CPU 不能直接访问的存储器是（　　）。

A．ROM　B．RAM　C．外部存储器　D．Cache

10．RAM 存储的数据和信息在断电后（　　）。

A．完全丢失　B．部分丢失　C．不会丢失　D．不一定丢失

11．下列有关存储器读写速度的排列，正确的是（　　）。

A．RAM ＞ Cache ＞硬盘　B．硬盘＞ RAM ＞ Cache

C．Cache ＞硬盘＞ RAM　D．Cache ＞ RAM ＞硬盘

12. 在微机中，1GB 的准确值等于（　　）。

A．1024×1024B　B．1024KB　C．1024MB　D．1000×1000KB

13．国内流行的汉字系统中，一个汉字的机内码一般需占（　　）。

A．2 个字节　B．4 个字节　C．8 个字节　D．16 个字节

14. 存储 400 个 64×64 点阵汉字字形所需的存储容量是（　　）。

A．512KB　B．255KB　C．200KB　D．2048KB

15．计算机硬件能直接识别、执行的语言是（　　）。

A．汇编语言　B．机器语言　C．高级语言　D．C++ 语言

16．办公自动化是计算机的一项应用，按计算机的应用分类，它属于（　）

A．科学计算　B．实时控制　C．数据处理　D．辅助设计

17．某一速率为 100M 的交换机有 20 个端口，则每个端口的传输速率为（）

A．100M　B．10M　C．5M　D．2000M

18．OSI 标准是由谁制订的（　）

A．CCITT　B．IEEE　C．ECMA　D．ISO

19．局域网的硬件组成包括网络服务器、网络适配器、网络传输介质、网络连接部件和（　）

A．发送设备和接收设备　B．网络工作站

C．配套的插头和插座　D．代码转换设备

20．计算机网络的体系结构是指（　）

A．计算机网络的分层结构和协议的集合

B．计算机网络的连接形式

C．计算机网络的协议集合

D．由通信线路连接起来的网络系统

21．局域网是在小范围内组成的计算机网络，其范围一般是（　）

A．在 50 公里以内　B．在 100 百公里以内

C．在 20 公里以内　D．在 10 公里以内

22．以下网络拓扑结构中，具有一定集中控制功能的网络是（　）

A．总线型网络　B．环形网络　C．星形网络　D．全连接型网络

23. 下列域名中，属于教育机构的是（　）。

A．ftp.bta.net.cn　B．ftp.cnc.ac.cn

C．www.ioa.ac.cn　D．www.pku.edu.cn

24．www.cemet.edu.cn 是 Internet 上一台计算机的（　）。

A．IP 地址　B．主机域名　C．协议名称　D．命令

25. 电子邮件地址由两部分组成，其中 @ 符号后面的是（　）。

A．服务器名　B．用户名　C．协议名　D．主页名

26. 计算机网络通常按地理范围分为局域网、（　）。

A．广域网　B．国际网　C．对等网　D．城区网

27.Internet 采用（　）网络结构模式。

A．文件服务　B．数据库服务　C．浏览器 / 服务器　D．打印服务

二、思考题

1．从原理上讲一台通用电子计算机应有哪几部分组成？

2．计算机是如何工作的？

3．计算机存储器为何分内部存储和外部存储？

4．医疗数据有何特点？

5．计算机技术与通信技术结合对医疗卫生行业有何影响？

6．医学信息的编码标准有哪些？

7．欧洲和美国的医疗数据保护规则是什么？各有什么特点？

三、操作题

1．使用双绞线制作一条适用于主机和主机之间连接的网线。

2．使用两台计算机建立一个对等的局域网。

3．在电脑上设置 IP 地址，其中 IP:192.168.67.18，子网掩码：255.255.255.0，默认网关：192.168.67.254。

第二章　软件系统

一、选择题

1．计算机软件分系统软件和应用软件，其中处于系统软件核心地位的是（　　）。

A．数据库管理系统　　B．操作系统

C．程序语言系统　　D．网络通信软件

2．操作系统的主要功能是（　　）。

A．实现软硬转换　　B．管理所有软、硬件资源

C．把源程序转换为目标程序　　D．进行数据处理

3．下面是关于解释程序和编译程序的论述，其中正确的一条是（　　）。

A．编译程序和解释程序均能产生目标程序

B．编译程序和解释程序均不能产生目标程序

C．编译程序能产生目标程序而解释程序不能

D．编译程序不能产生目标程序而解释程序能

4．程序和软件的区别是（　　）。

A．程序价格便宜，而软件价格昂贵

B．程序是用户自己编写的，而软件是厂家提供的

C．程序是用高级语言编写的，而软件是由机器语言编写的

D．软件是程序以及开发、使用和维护所需要的所有文档的总称，程序只是软件的一部分

5．在 Windows 中，“剪贴板”是（　　）。

A．内存中的一块区域　　B．软盘上的一块区域

C．硬盘中的一块区域　　D．高速缓存中的一块区域

6．使用控制面板的“安装 / 删除程序”功能删除应用程序的主要好处是（　　）。

A．便于快速删除应用程序

B．便于知道安装了哪些应用程序

C．便于修改已安装的应用程序

D．便于删除应用程序及其在系统文件中的设置

7．在 Windows 中，执行删除某程序的快捷图标命令表示（　　）。

A．只删除了图标，没删除相关的程序

B．既删除了图标，又删除了有关的程序

C．该程序部分程序被破坏，不能正常运行

D．以上说法都不对

8．Windows 在不同驱动器之间移动文件的鼠标操作是（　　）。

A．Shift + 拖拽　　B．Ctrl + 拖拽　　C．Alt + 拖拽　　D．拖拽

9．在 Windows 中打开多个任务窗口后，按下 Alt + Tab 组合健，结果（　　）。

A．选中该窗口全部内容　　B．无任何反应

C．切换任务　　D．打开控制菜单

10．在本地磁盘上，仅查找所有扩展名为 .bmp 的文件，应在“查找”对话框“名称和位置”标签中的名称栏中输入（　　）。

A．*bmp　　B．*.Bmp　　C．bmp　　D．bmp.*

11．在 Windows 资源管理器窗口右窗格中，若已选定了所有文件，如果要取消其中几个文件的选取，应进行的操作是（　　）。

A．依次单击各个要取消选定的文件

B．按住 Shift 键，再依次单击各个要取消的文件

C．按住 Ctrl 键，再依次单击各个要取消的文件

D．依次右击各个要取消选定的文件

12．在 Windows 默认环境中，中英文输入法切换快捷键是（　　）。

A．Tab　　B．Ctrl + 空格　　C．Shift + 空格　　D．Ctrl + Tab

13．常使用剪贴板来复制或移动文件及文件夹，进行“粘贴”操作的快捷键是（　　）。

A．Ctrl+Y　　B．Ctrl+X　　C．Ctrl+C　　D．Ctrl+V

14．（多选）关于 Windows 的搜索功能，下面描述正确的是（　　）。

A．可以使用通配符“?”或“*”实现文件查找

B．可以查找网络上的计算机

C．可以查找网络上的文件

D．可以查找某一时间段的文件和文件夹

E．可以查找文件内容中包含某一词汇的文件

15．（多选）在 Windows 中，下列关于“任务栏”的叙述，正确的是（　　）。

A．可以将任务栏设置为自动隐藏

B．任务栏可以移动

C．通过任务栏上的按钮，可以实现窗口的切换

D．在任务栏上，只显示当前活动窗口名

16．（多选）关于快捷方式，叙述正确的为（　　）。

A．快捷方式是指向一个程序或文档的指针　　B．快捷方式是该对象本身

C．快捷方式包含了指向对象的信息　　D．快捷方式可以删除、复制和移动

二、操作题

（一）文件分类整理与归纳

1．在 C 盘根目录下建立一个新文件夹，取名为“我的新文件夹”，并为此文件夹在桌面建立快捷方式。

2．在“我的新文件夹”下再建子文件夹“LX”。

3．从本地机检索出 4 个文件类型为“txt”的文本文件，将它们复制到“LX”文件夹下。

（二）文件创建与文件的保存格式

1．截取当前屏幕显示内容，并分别用 bmp 和 jpg 两种图形格式保存在“我的新文件夹”下，图片文件名为“disk.bmp”和“disk.jpg”。操作完成后可查看两种格式的图片的详细信息，比较不同存储格式的图片文件的大小。

2．运行“附件”中“记事本”程序，键入正文“文件保存练习”，将其保存在“LX”文件夹下，文件名为“Myfile.txt”。

（三）提升工作效率

1．将“记事本”程序快捷方式“锁定”在任务栏。

2．运行 IE 浏览器，并执行以下操作：

（1）浏览北京大学医学部网页（www.bjmu.edu.cn）并将其添加到收藏夹中。

（2）保存网页中的任一图片到“我的新文件夹”下。

3．将“我的新文件夹”压缩成一个名为自己学号加姓名的压缩文件，即文件类型为 zip 压缩文件或 rar 压缩文件。

第三章 常用应用软件

第一节 文档编辑

一、选择题

1．Word 中，将插入点快速移至文档开始的组合键是（　　）。

A．Ctrl+PageUp　B．Ctrl+PageDown　C．Ctrl+Home　D．Ctrl+End

2．在 Word 编辑时，文字下面有红色波浪下划线表示（　　）。

A．已修改过的文档　B．对输入的确认

C．可能的拼写错误　D．可能的语法错误

3．在 Word 编辑状态下，当常用工具栏上的“剪切”和“复制”按钮呈浅灰色而不能被选择时，说明（　　）。

A．剪贴板上已经存放信息了　B．在文档中没有选定任何信息

C．选定的内容是图片　D．选定的文档内容太长，剪贴板放不下

4．在 Word 中，关于页眉和页脚的设置，下列叙述错误的是（　　）。

A．允许为文档的第一页设置不同的页眉和页脚

B．允许为文档的每一节设置不同的页眉和页脚

C．允许为偶数页和奇数页设置不同的页眉和页脚

D．允许在一个节中设置不同的页眉和页脚

5．在 Word 中，当前插入点在表格中某行的最后一个单元格后，按回车键后（　　）。

A．插入点所在的行增高　B．插入点所在的列加宽

C．在插入点下一行增加一行　D．光标移动到下一行首

6．在 Word 的编辑状态中，设置了标尺，可以同时显示水平标尺和垂直标尺的视图方式是（　　）。

A．普通视图　B．页面视图　C．大纲视图　D．全屏显示视图

7．在编辑 Word 文档时，输入的新字符总是覆盖了文档中已经输入的字符，（　　）。

A．原因是当前文档正处于在改写的编辑方式

B．原因是当前文档正处于在插入的编辑方式

C．连按两次 Insert 键，可防止覆盖发生

D．按 Delete 键可防止覆盖发生

8．使用格式刷操作正确的是（　　）。

A．单击格式刷，然后用鼠标选中模板文本后，再用鼠标选中要格式化的区域即可

B．用鼠标选中模板文本后，单击格式刷图标，再用鼠标选中要格式化的区域即可

C．用鼠标选中模板文本后，再用鼠标选中要格式化的区域，单击格式刷图标即可

D．用格式刷选中要格式化的区域，再用鼠标选中模板文件即可

9．在 Word 中，关于打印叙述错误的是（　　）。

A．打印预览是文档视图显示方法之一

B．预览的效果和打印出的文档效果匹配

C．无法对打印预览的文档编辑

D．在打印预览方式中可同时查看多页文档

10．在 Word 中，若想打印第 2 ～ 4 页以及第 8 页的内容，应当在打印对话框中的页码范围中输入（　　）。

A．2，4，8　　B．2-4，8　　C．2-4-8　　D．2，4-8

二、操作题

1．按照题目要求，完成如样张（附图 1）所给样式排版。

（1）将标题“长联欣赏”居中，格式设置为楷体三号字，加字符底纹“茶色，背景 2”，粉红色字（自定义颜色模式 RGB，红色：255，绿色：102，蓝色：204）。

（2）正文第一段格式设置为宋体五号字，加粗，倾斜，段前段后各 0.5 行。

（3）正文第二段格式为楷体五号字，并将正文第二段设置分栏，栏数为 2，栏宽相等。

（4）将正文第二段首字下沉 2 行，距正文 0 厘米，将最后一段内容右对齐。

（5）按照示例中的格式，在文章的下面制作一个表格。

（6）在表格的“总分”项目中，计算出相应的总分值。要求表格内容居中，整个表格居中。

（7）输入流行病一文，插入“流行病”字样的竖排文本框，设置文本框格式为四周型环绕，距正文 0.2 厘米，再加上黄色底纹和阴影如图。

（8）为最后两段添加项目符号。

（9）给“流行病”文本插入图片水印（图形任选），如附图 1。

2．从网上查找一篇与医学信息学相关的文章，按下列要求完成编辑排版操作。

（1）将各级标题按如下样式设计：

标题 1（粗宋体三号字（英字体 Times New Roman））

标题 2（粗宋体 4 号字（英字体 Times New Roman））

标题 3（粗宋体小 4 号字（英字体 Times New Roman）前空 2 格）

正文（5 号宋体）

（2）页面设置：选 A4 纸（21 厘米 ×29.7 厘米）；上页边距设定为 3 厘米、下页边距设定为 2.5 厘米；左、右页边距设定为 3.18 厘米；选择“指定行和字符网格”为：每页 38 行，每行 38 字。

（3）使用“引用”自动生成“目录”，首页为目录页。

（4）页眉页脚设置：奇偶页不同、首页不同等。奇数页眉为学号和姓名，偶数页眉为文章标题，首页无页眉；页脚为页码，均居中显示。

长联欣赏

五百里滇池，奔来眼底。披襟岸帻，喜茫茫空阔无边！看东骧神骏，西翥灵仪，北走蜿蜒，南翔缟素。高人韵士，何妨选胜登临。趁蟹屿螺州，梳裹就风鬟雾鬓；更苹天苇地，点缀些翠羽丹霞。莫辜负四周香稻，万顷晴沙，九夏芙蓉，三春杨柳。

数千年往事，注到心头。把酒凌虚，叹滚滚英雄谁在？想汉习楼船，唐标铁柱，宋挥玉斧，元跨革囊。伟烈丰功，费尽移山心力。尽珠帘画栋，卷不及暮雨朝云；便断碣残碑，都付与苍烟落照。只赢得几杵疏钟，半江渔火，两行秋雁，一枕清霜。

——选自《古今对联精选》

课程名称 / 姓名	生理	生化	病理	总分
田思雨	87	72	75	234
翁林	69	77	65	211
宁丽	90	88	82	260

流行病

特定疾病并非随机地分布于人群中，但在不同的亚群中有不同的频度，这一事实在流行病学的定义中是无可争辩的，通过调查疾病的不均匀分布及其影响因素，流行病学提供了疾病预防和控制的基础。

疾病发生危险因素的识别对于流行病学是基本的，原因如下：

- ❖ 预防疾病未来趋势的某些特征或许是有因果关系和可变的，因此介入和疾病预防是可以达到的目标。
- ❖ 即使是那些疾病危险的决定因素有固定的分布因此未来介入疾病的预防项目（如家族史和种族），也能帮助指导筛选项目。这种目标性筛选工作可使病人更早接受治疗，最大限度地减少疾病的危害作用。

附图 1　样张示意图

第二节　电子表格处理

一、选择题

1．在 Excel 中，将数据填入单元格时，默认的对齐方式是（　　）。

A．文字自动左对齐，数字自动右对齐　　B．文字自动右对齐，数字自动左对齐

C．文字与数字均自动左对齐　　D．文字与数字均自动右对齐

2．Excel 中，A1 单元格的内容是数值 -111，使用内在的“数值”格式设定该单元格之后，-111 也可以显示为（　　）。

A．111　　B．{111}　　C．（111）　　D．[111]

3．在 Excel 中，A1 单元格设定其数字格式为整数，当输入“33.51”时，显示为（　　）。

A．33.51　　B．33　　C．34　　D．Error

4．在 Excel 的单元格中，如要输入数字字符串 01082669900（电话号码）时，应输入（　　）。

A．01082669900　　B．=01082669900

C．01082669900’　　D．’01082669900

5．在 Excel 活动单元格中输入“=SUM(1,2,3)”并单击“√”按钮，则单元格显示的（　　）。

A．6　　B．3　　C．TRUE　　D．FALSE

6.（多选）在 Excel 2010 中，下列叙述正确的有（　　）。

A．Excel 2010 工作表中最多有 255 列

B．按快捷键 Ctrl+S 可以保存工作簿文件

C．按快捷键 F12 可以保存工作簿文件

D．对单元格内容的“删除”与“清除”操作是相同的

7.（多选）单击含有内容的单元格，将鼠标移动到该单元格的填充柄上，向下拖动填充柄到所需位置，所经过的单元格可能被填充的内容是（　　）。

A．相同的数值格式的数据内容

B．相同的时间格式的数据内容

C．日期格式的数据内容自动增 1 序列

D．具有增减可能的文本格式的数据内容自动增 1 序列

8．某区域由 A1,A2,A3,B1,B2,B3 六个单元格组成，下列不能表示该区域的是（　　）。

A．A1:B3　　B．A3:B1　　C．B3:A1　　D．A1:B1

9.（多选）在 Excel 中默认格式情况下，关于输入数据，下列说法正确的是（　　）。

A．字母、汉字可直接输入

B．如果输入文本格式的数字，则可先输入一个半角单引号

C．如果输入的首字符是单引号，则可先输入一个半角双引号

D．如果输入的数值超过 15 位，15 位后的数据将以“0”显示

10.（多选）在 Excel 中，下列输入方式可输入日期时间型数据的是（　　）。

A．2020/8/16　　B．9/5　　C．5-SEP　　D．SEP/5

11．在打印工作前就能看到实际打印效果的操作是（　　）。

A．仔细观察工作表　　B．页面布局视图　　C．按 F8 键　　D．分页预览

12．若在 Excel 的 A2 单元中输入“=8^2”，则显示结果为（　　）。

A．16　　B．64　　C．=8^2　　D．8^2

13.（多选）下列属于 Excel 单元格地址混合引用的是（　　）。

A．A5　　B．XFD$4　　C．$ABC100　　D．$E$5

14．在 Excel 工作表单元格中，输入下列表达式（　　）是错误的。

A．=（15-A1）/3　　B．=A2/C1　　C．SUM（A2:A4）/2　　D．=A2+A3+D4

15．在 Excel 中，将下列概念按由大到小的次序排列，正确的次序是（　　）。

A．工作表、单元格、工作簿　　B．工作表、工作簿、单元格

C．工作簿、单元格、工作表　　D．工作簿、工作表、单元格

16．Excel 2010 操作中，某公式中引用了一组单元格，它们是（C3:D7，A1:F1），该公式引用的单元格总数为（　　）。

A．4　　B．12　　C．16　　D．22

17．若在数值单元格中显示一连串的“###”符号，希望正常显示则需要（　　）。

A．重新输入数据　　B．调整单元格的宽度

C．删除这些符号　　D．删除该单元格

18．Excel 工作表中，某单元格数据为日期型“一九〇〇年一月十六日”，单击“编辑”菜单下“清除”选项的“格式”命令，单元格的内容为（　　）。

A．16　　B．17　　C．1916　　D．1917

19．在 Excel 2010 中，如果单元格 A5 的值是单元格 A1、A2、A3、A4 的平均值，则不正确的输入公式为（　　）。

A．=AVERAGE（A1:A4）　　B．=AVERAGE（A1，A2，A3，A4）

C．=（A1+A2+A3+A4）/4　　　　D．=AVERAGE（A1-A4）

20. 假设在 B1 单元格存储一公式为 A$5，将其复制到 D1 后，公式变为（　　）。

A．A$5　　　　B．D$5　　　　C．C$5　　　　D．D$1

21.（多选）在 Excel 工作表中存放了若干医院的检查项目及费用等数据有 300 条，A 列到 D 列分别对应“医院等级”“科室”“检查项目”“收费”等，利用公式统计三甲医院某科室（科室编号为 10）在检查项上的平均收费，正确的公式为（　　）。

A．=SUMIFS（D2:D301，A2:A301，" 三 甲 "，B2:B301，"10"）/COUNTIFS（A2:A301，" 三甲 "，B2:B301，"10"）

B．=SUMIF（D2:D301,A2:A301," 三甲 ",B2:B301,"10"）/COUNTIF（A2:A301," 三甲 "，B2:B301，"10"）

C．=AVERAGEIFS（D2:D301，A2:A301，" 三甲 "，B2:B301，"10"）

D．=AVERAGEIF（D2:D301，A2:A301，" 三甲 "，B2:B301，"10"）

22．Excel 工作表 F 列保存了 18 位身份证号码信息，为了保护个人隐私，需将身份证信息的第 9 到 12 位用“*”表示，以 F3 单元格为例，最优的操作方法是（　　）。

A．=MID（F3，1，8）+"****"+MID（F3，13，6）

B．=CONCATENATE（MID（F3，1，8），"****"，MID（F3，13，6））

C．=REPLACE（F3，9，4，"****"）

D．=MID（F3，9，4，"****"）

23．在 Excel 中，如果要在 Sheet1 的 A1 单元格内输入公式，引用 Sheet3 表中的 B1:C5 单元格区域，其正确的引用为（　　）。

A．Sheet3!B1:C5　　　　B．Sheet3（B1:C5）　　　　C．Sheet3 B1:C5　　　　D．B1:C5

二、填空题

1．Excel 2010 是__________软件，Excel 2010 工作簿文件的扩展名是__，工作簿默认包含张工作表。

2．默认情况下，在 Excel 单元格内的数值型数据靠__对齐、文字靠__对齐。

3．在 Excel 工具栏中有一个”Σ”自动求和按钮。它代表了_____函数。

4．在 Excel 单元格中，输入由数字组成的文本数据，应在数字前加_______。

5．已知 G3 中的数据为 D3 与 F3 中数据之积，若该单元格的引用为相对引用，则应向 G3 中输入 ____。

6．在 Excel 中，同一张工作表上的单元格引用有 3 种方法。如果 Cl 单元格内的公式是“=A$1+$Bl”，该公式对 Al 和 Bl 单元格的引用是 _____ 引用。

7．在 Excel 中，A9 单元格内容是数值 "1.2"，Al0 单元格内容是数值 "2.3"，在 A11 单元格输入公式 "=A9 ＞ Al0" 后，A11 单元格显示的是 _____。

8．D5 单元格中有公式 "=A5 ＋ $B$4"，删除第 3 行后，D4 中的公式是 _____。

9．对数据清单进行分类汇总前，必须对数据清单进行 _____ 操作。

10．在 Excel 中除了直接在单元格中编辑内容外，还可以使用_____进行编辑。

三、操作题

1．利用 Excel 对某医院住院部患者费用信息进行统计、分析。要求如下：

任务一：制作患者费用情况表格。

（1）在 Excel 2010 中新建一个工作簿，并向“Sheet1”工作表输入如附图 2 所示的内容。

	A	B	C	D	E	F	G	H	I	J	K
1	某医院住院部病人费用一览表										
2	制表日期:										
3	住院号	姓名	性别	入院日期	出院日期	病区	主治医师	病室	床位费	医疗费	总费用
4		李鸿	男	2013-1-26		皮肤科	黄熙	单人		400	
5		王斌	男	2013-2-7		内科	唐燕林	双人		580	
6		黄芳芳	女	2013-3-19		外科	赵佳一	三人及以上		1655.8	
7		周捷	男	2013-4-25		内科	莫晓宁	三人及以上		890.5	
8		曾燕妮	女	2013-5-22		外科	苏琳宁	单人		3720.2	
9		陈敏慧	女	2013-6-28		皮肤科	刘维红	双人		1498	
10		蒋艳艳	女	2013-7-15		外科	周子炎	单人		623.7	
11		李松柏	男	2013-8-9		内科	唐燕林	三人及以上		2560	
12		张英	女	2013-9-27		内科	莫晓宁	单人		557.6	
13		吴海鹏	男	2013-10-25		外科	赵佳一	双人		1200	

附图 2 工作表“Sheet1”录入内容

（2）对工作表“Sheet1”进行编辑和设置。

①标题“某医院住院部患者费用一览表”设置字体为华文行楷，字号 22 磅，加粗；按表格的实际宽度合并单元格并居中；浅灰色底纹；标题行高 30，表格中其他行行高为 25。

②“制表日期：”设置字体为华文行楷，字号 18 磅，加粗；按表格的实际宽度合并单元格，水平靠右对齐；在“制表日期：”后输入系统当前日期。

③表格中其他单元格设置字体为宋体，字号 11 磅；“医疗费”列的数据类型为数值型，保留两位小数；在“床位费”列前面插入一列“每日病床费”；表格中所有列设置为“自动调整列宽”。

④利用自动填充功能将“住院号”列的数据从“01301”开始，按“1”递增的规律编写，数据类型为文本型；将“出院日期”列的数据以月为递增单位填充为“2013-2-1”“2013-3-1”等。

⑤设置整个表格外边框线为黑色粗实线，内边框线为黑色细实线。

（3）将工作表 Sheet1 重命名为“费用清单”；工作表 Sheet2 重命名为“费用统计”，并输入如附图 3 所示的内容。

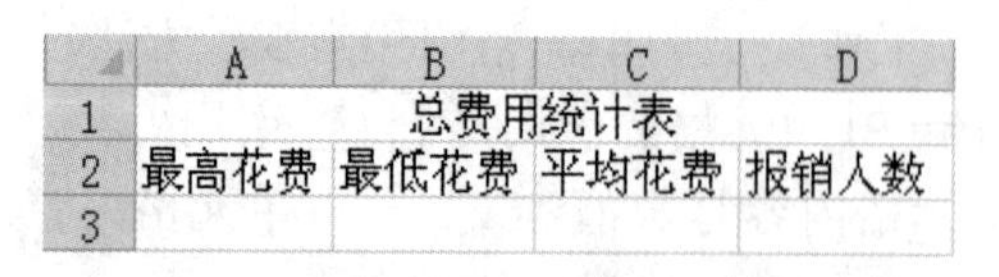

	A	B	C	D
1	总费用统计表			
2	最高花费	最低花费	平均花费	报销人数
3				

附图 3 工作表“费用统计”录入内容

任务二：对数据进行计算。

（1）计算工作表“费用清单”中的数据。

①根据“病室”填充“每日病床费”列的数据，两列之间的关系是：“单人”为“90”，“双人”为“45”，“三人及以上”为“15”。

②使用公式计算：

床位费 =（出院日期 - 入院日期）× 每日病床费

总费用 = 床位费 + 医疗费

“床位费”“总费用”列的数据类型为数值型、保留两位小数。

③将“总费用”列数据小于或等于 1000 的，用红色字体、加粗进行标注。

(2) 计算工作表“费用统计”中的数据。

使用函数计算所有患者的最高花费、最低花费和平均花费，并计算报销的人数（总费用>1000 的患者参加报销）。

任务三：对工作表“费用清单”的数据进行管理和分析。

(1) 删除“费用清单”工作表的第二行，即制表日期行。

(2) 简单排序：按照“医疗费”字段的值进行降序排列。

(3) 多条件排序：按照“病区”作为主关键字升序排列，再按“总费用”进行降序排列。

(4) 自动筛选：筛选出主治医师为“赵佳一”的女性患者的记录。

(5) 高级筛选：筛选出所有内科的女性患者或者外科的患者记录。

(6) 分类汇总：按病区汇总患者的床位费、医疗费以及总费用。

(7) 以“患者费用情况 .xls”为文件名保存工作簿。

2．用 Excel 生成如附图 4 所示的九九乘法表。

	A	B	C	D	E	F	G	H	I	J
1		1	2	3	4	5	6	7	8	9
2	1	1×1=1								
3	2	2×1=2	2×2=4							
4	3	3×1=3	3×2=6	3×3=9						
5	4	4×1=4	4×2=8	4×3=12	4×4=16					
6	5	5×1=5	5×2=10	5×3=15	5×4=20	5×5=25				
7	6	6×1=6	6×2=12	6×3=18	6×4=24	6×5=30	6×6=36			
8	7	7×1=7	7×2=14	7×3=21	7×4=28	7×5=35	7×6=42	7×7=49		
9	8	8×1=8	8×2=16	8×3=24	8×4=32	8×5=40	8×6=48	8×7=56	8×8=64	
10	9	9×1=9	9×2=18	9×3=27	9×4=36	9×5=45	9×6=54	9×7=63	9×8=72	9×9=81

附图 4　九九乘法表

3．在 Mybook1 中，建立“总评”工作附表，如附图 5 所示，完成对表中数据的各种统计。

	A	B	C	D	E	F
1	学生成绩表					
2	姓名	平时	期中	期末	总分	总评
3	王小平	80	87	90		
4	陈晓东	96	93	96		
5	陈明	76	65	76		
6	何伟明	95	86	90		
7	伍小东	63	70	69		
8	张三	80	82	77		
9	孙小虎	80	90	86		
10	李四	72	50	76		
11	赵曼	90	76	73		
12	白冰洁	86	91	87		
13	王舞	85	70	77		
14	优秀人数					
15	优秀率					
16	总评平均					
17		分数段	人数			
18		100-90				
19		80-89				
20		70-79				
21		60-69				
22		60分以下				

附图 5　“总评”工作表

(1) 总分的计算方法为：平时、期中为 30%，期末为 40%。

(2) 对总分成绩，统计优秀人数（85 分以上）、优秀率以及平均分。

(3) 总评的条件为：平均分大于等于 85 的评为“优秀”，在 85 到 60 之间评为“合格”，60 分以下评为“不及格”，使用 IF 函数填写。

(4) 使用频度函数 FREQUENCY，统计各分数段人数。

4．下表是 10 名糖尿病患者的血糖（mg/100ml）、胰岛素（mu/100ml）的测定数据。

胰岛素	15.2	15.7	11.9	14.0	19.8	16.2	17.0	10.3	5.9	18.7
血糖	220	221	221	217	151	200	188	240	283	163

创建工作表“散点图”，输入以上数据，试做出血糖对胰岛素的散点图和回归曲线，并计算出回归方程和决定系数（R2）。结果样张如附图 6 所示。

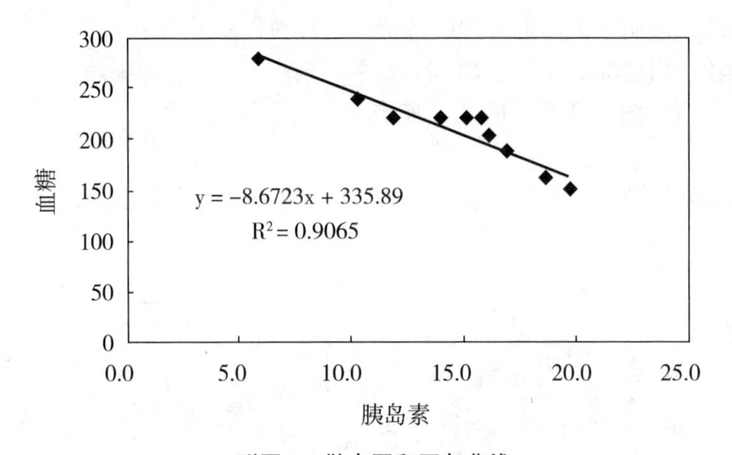

附图 6　散点图和回归曲线

5．附图 7 显示的是某季度患者的就诊数据，按下列要求建立 Excel 表。

(1) 删除表中的第 5 行记录；

(2) 利用公式计算合计；

(3) 将表格中的数据按“姓名”升序排列；

(4) 用姓名和合计两列数据生成三维簇状柱状图，以便能清楚地比较就诊费用情况。

	A	B	C	D	E	F	G
1	门诊号	姓　名	心内科	神内科	普外科	五官科	合　计
2	2008001	王　强	457.8	129.5	678.9	89.3	
3	2008002	于大鹏	432.0	90.3	1109.4	120.6	
4	2008003	周　彤	540.1	90.0	789.4	235.7	
5	2008004	程国力	577.2	102.6	543.0	168.6	
6	2008005	李　斌	562.0	115.7	589.5	231.5	
7	2008006	刘晓梅	641.0	126.0	390.9	621.2	
8	2008007	张梅珍	485.0	78.0	867.7	94.8	

附图 7　患者就诊数据

四、思考题

1．不同类型的数据在输入的时候分别需要注意什么问题？

2．如何隐藏和取消隐藏工作簿、工作表、行、列和单元格？

3．自动填充序列都有哪些情况？分别有哪些差别？

4．如何设置条件格式？
5．相对引用、绝对引用和混合引用的区别是什么？
6．如何创建并修改图表？
7．如何创建并修改迷你图？
8．在公式中如何使用函数？
9．如何对数据清单进行排序、筛选和分类汇总操作？
10．如何完成基本的合并计算和模拟分析？

第三节　幻灯片制作

一、选择题：

1．PowerPoint 2010 中演示文稿默认文件类型的扩展名是（　　）。
A．.ppsx　　B．.ppt　　C．.pps　　D．.pot
2．在“幻灯片浏览视图”模式下，不允许进行的操作是（　　）。
A．幻灯片的移动和复制　　B．在幻灯片中自定义动画效果
C．幻灯片删除　　D．幻灯片切换
3．在 PowerPoint 缺省状态下，按 F5 键后可实现的效果是（　　）。
A．幻灯片从第一张开始全屏放映
B．幻灯片从第一张开始窗口放映
C．幻灯片从当前页开始全屏放映
D．幻灯片从当前页开始窗口放映
4．在 Powerpoint 的普通视图中，使用“幻灯片放映”中的“隐藏幻灯片”后，被隐藏的幻灯片将会（　　）。
A．从文件中删除
B．仍然保存在文件中，但在幻灯片放映时不播放
C．在幻灯片放映时仍然可放映，但是幻灯片上的部分内容被隐藏
D．在普通视图的编辑状态中被隐藏
5．在演示文稿中，在插入超级链接中所链接的目标不能是（　　）。
A．另一个演示文稿　　B．同一演示文稿的某一张幻灯片
C．其他应用程序的文档　　D．幻灯片中的某个对象
6．幻灯片放映时可按（　　）键终止放映。
A．Ctrl+F4　　B．Esc　　C．Ctrl+Shift　　D．Ctrl+Enter
7．能够全屏显示的视图是（　）。
A．普通视图　　B．幻灯片浏览视图
C．幻灯片放映视图　　D．大纲视图
8．从当前幻灯片开始放映的快捷键是（　　）。
A．F5　　B．Shift+F5　　C．Ctrl+F5　　D．Alt+F5
9．母版实际上就是一种特殊的幻灯片。它用于设置演示文稿中每张幻灯片的预设格式，以下说法错误的是（　　）。
A．母版能控制演示文稿有一个统一的内容
B．母版能控制演示文稿有一个统一的颜色
C．母版能控制演示文稿有一个统一的字体

D．母版能控制演示文稿有一个统一的项目符号

10．PowerPoint 中，（　　）模式可以实现在其他视图中可实现的一切编辑功能。

A．普通视图　　B．大纲视图　　C．幻灯片视图　　D．幻灯片浏览视图

11．在 PowerPoint 中，“开始”功能选项卡中的（　　）命令可以用来改变某一幻灯片的布局。

A．段落　　B．幻灯片版式　　C．幻灯片配色方案　　D．绘图

12．（　　）是一种特殊的幻灯片，在其中可以定义整个演示文稿幻灯片的格式，统一演示文稿的整体外观。

A．大纲　　B．母版　　C．视图　　D．标尺

二、操作题

使用 PowerPoint 软件创建“毕业答辩演示文稿”，按下面步骤完成操作，效果如附图 8 所示。

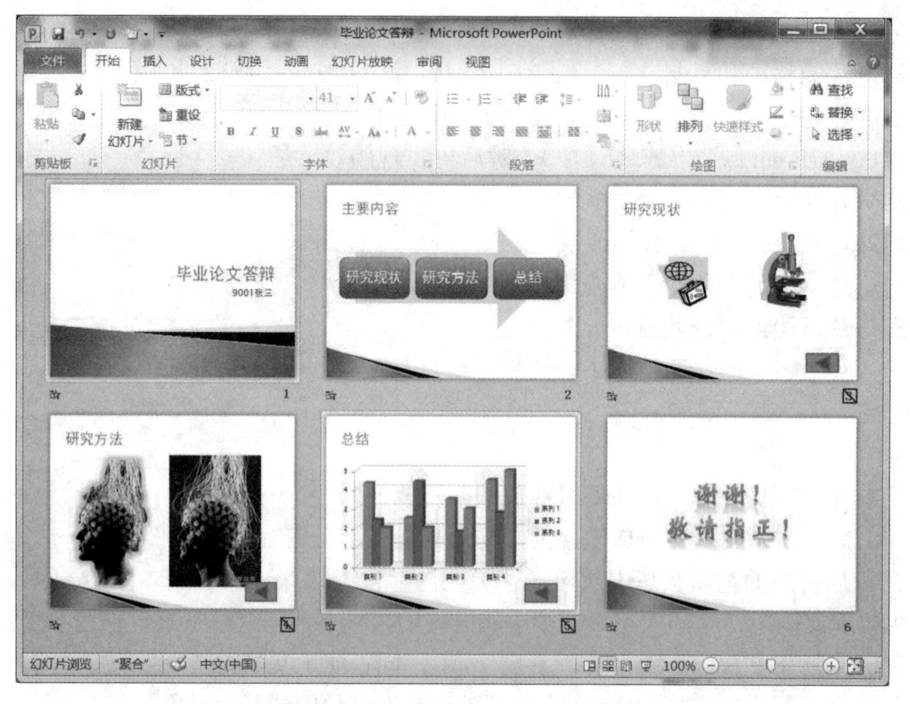

附图 8　毕业答辩演示文稿效果图

1．幻灯片建立

（1）打开 PowerPoint 软件，新建空白文稿，将第 1 张幻灯片的版式设置为“标题幻灯片”，在第 1 张幻灯片的主标题中输入标题“毕业论文答辩”，在副标题输入“学号及姓名”。

（2）将幻灯片设计设为“聚合”主题。

（3）在第 1 张幻灯片后面插入 5 张幻灯片，将第 2 ~ 5 张幻灯片的版式均设置为“标题和内容”，第 6 张幻灯片为空白页。在第 2 张幻灯片的标题中输入“主要内容”，在下面的内容中输入“研究现状”“研究方法”“总结”，并将文字字体设置为“楷体 _GB2312”字号设置为 28。

（4）在第 3 张幻灯片的标题中输入“研究现状”。从“剪贴画”中搜索到“地图”“科学”两类的图片分别插到幻灯片。

（5）在第 4 张幻灯片的标题中输入“研究方法”，插入“图片素材 2016.jpg”。

（6）在第 5 张幻灯片的标题中输入“总结”。插入图表，其中数据使用默认数据。

（7）在第 6 张幻灯片中插入艺术字“谢谢！敬请指正！”设置艺术字大小及样式如附图 8 所示。

2．效果处理

（1）设置所有幻灯片的切换效果为“库”。

（2）在第 2 张选中内容中所有的文字，转换成 SmartArt 图形（连续块状流程）（附图 9）。

（3）为第 2 张幻灯片中的文字“研究现状”“研究方法”“总结”创建超链接，分别链接到第 3、4、5 张幻灯片且要求每张幻灯片也都设有返回链接。

（4）在第 3 张幻灯片中的剪贴画图片调整其大小，图片样式设置为“矩形投影”，为该图片设置自定义动画效果，自行设定两图片的“进入”效果和“动作路径”。

（5）在第 4 张幻灯片中，选中插图的图片，复制图片，利用“图片工具”→“格式”，删除图片背景，并设置其“图片效果”→“发光变体”，如附图 10 所示。

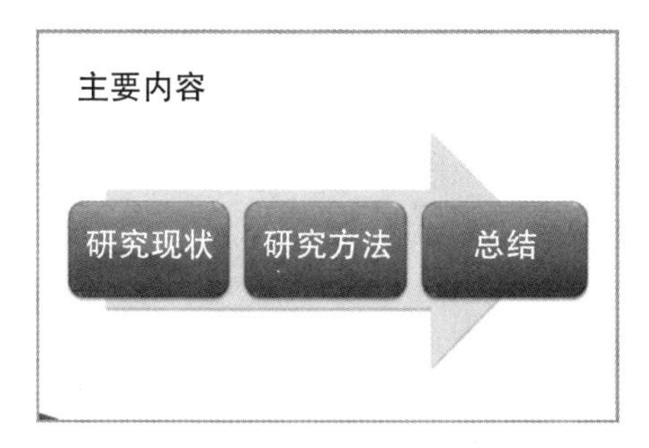

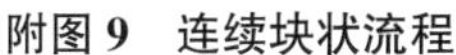

附图 9　连续块状流程

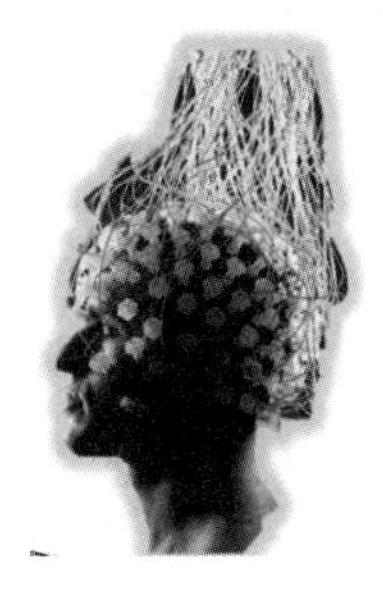
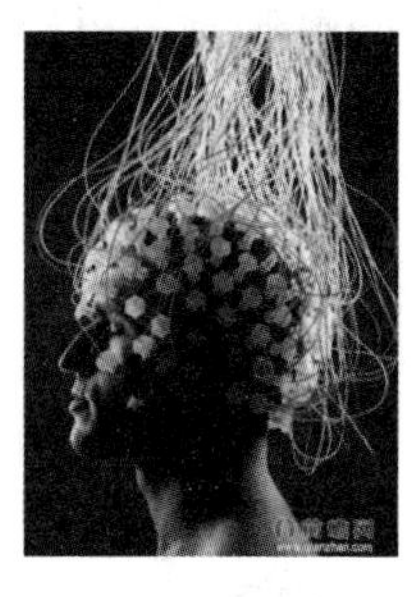

附图 10　效果图

（6）设置在第 5 张幻灯片数据图表动画“进入”效果为“擦除”，“效果选项”设为“按类别中的元素”隐藏幻灯片第 3、4、5 页。

（7）在第 6 张幻灯片中插入剪贴画音频，并隐藏声音图标，使幻灯片放映时不显示声音图标。

完成以上操作后以文件名“毕业答辩演示文稿 .pptx”进行保存。

第四节　图像处理 & 第五节　视频编辑

一、选择题

1．具有独立的分辨率，放大后不会造成边缘粗糙的图形是（　　）。

A．矢量图形　　B．位图图形　　C．点阵图形　　D．以上都不是

2．图像分辨率的单位是（　　）。

A．dpi　　B．ppi　　C．lpi　　D．pixel

3．Photoshop 图像的最小单位是（　　）。

A．像素　　B．位　　C．路径　　D．密度

4．Photoshop 是目前使用最广泛的专业（　　）处理软件。

A．动画　　B．图像　　C．音频　　D．多媒体

5．在 Photoshop 中，RGB 模式的图像有（　　）个颜色通道。

A．1　　B．2　　C．3　　D．4

6．在 Photoshop 中，下列哪种工具可以选择连续的单一或相似颜色的区域（　　）。

A．矩形选择工具　B．椭圆选择工具　C．魔术棒工具　D．套索工具

7．在色彩范围对话框中通过调整哪个值来调整颜色范围（　　）。

A．容差值　B．消除混合　C．羽化　D．模糊

8．在图层面板中，如何来显示或隐藏一个图层（　　）。

A．单击画笔图标　B．单击眼睛图标

C．单击链接图标　D．单击图层图标

9．下列哪种工具可以存储图像中的选区（　　）。

A．路径　B．画笔　C．图层　D．通道

10．可对影调进行最精确调整的是（　　）。

A．色阶　B．亮度 / 对比度　C．曲线　D．色彩平衡

11．关于选区和路径下面说法不正确的是（　　）。

A．选区和路径可以互相转变　B．选区和路径不可以互相转变

C．选区和路径都可以进行描边　D．选区和路径都可以被删除

12．将文字图层转变为普通图层的操作是（　　）。

A．栅格化图层　B．激活文字图层

C．选定文字图层　D．格式化图层

13．如何使用修复画笔工具在图像上取样（　　）。

A．Alt+ 单击取样位置　B．Ctrl+ 单击取样位置

C．Shift+ 单击取样位置　D．Tab+ 单击取样位置

14．用画笔画线的时候与什么键组合能准确画出水平线、垂直线和 45 度的斜线（　　）。

A．Shift　B．Ctrl　C．Alt　D．Ctrl+Alt

15．在 Photoshop 中，选择菜单中的修改命令是用来编辑已选定的选区，它没有提供以下了哪个功能（　　）。

A．扩边　B．扩展　C．收缩　D．羽化

16．在 Photoshop 中，自由变换的快捷键是（　　）。

A．Ctrl+T　B．Ctrl+H　C．Ctrl+X　D．Ctrl+C

17．位图图像的清晰度和（　　）因素有关。

A．色彩模式　B．图像大小

C．图像颜色的饱和度　D．分辨率

18．在会声会影中，区间的大小顺序（　　）。

A．时：分：秒：帧　B．帧：时：分：秒

C．时：分：帧：秒　D．时：帧：分：秒

19．下列叙述错误的是（　　）。

A．在会声会影中，可以导入视频、图片、音乐

B．在会声会影中，可以导入新的转场效果

C．在会声会影中，不能录音

D．在会声会影中，不能同时在视频轨上的两个素材间使用 2 个转场

20．在覆叠轨上怎么修改素材的对比度？（　　）

A．运用色度键　B．运用色彩校正

C．运用素材剪辑　D．运用素材分割

二、操作题

充分发挥个人的创造力和想象力，以会声会影为主要创作工具自行策划设计制作美观、时尚、有创意的视频作品。设计要求如下：

1．视频题目：大学校园生活。

2．作品具体内容包括：

□ 视频长度要求 1 ~ 2 分钟。

□ 至少包含图片、视频、音乐、动画等多媒体文件，并对素材进行细致的编辑与修剪。

□ 动画主题以自己构思为主，避免雷同。

□ 设计精彩片头。

□ 包含转场、滤镜、遮罩等效果，使用覆叠轨。

□ 要有片头片尾字幕，突出主题。如果有歌词字幕，字幕需要与声音同步。

□ 最后提交的文件格式不限，建议是 mpeg 格式。

3．评分标准

□ 创意（40%）：主题明确，设计思路清晰，创意新颖，不是简单的图片拼凑。

□ 技术（30%）：技术运用合理，表达通畅，节奏流畅。

□ 美感（30%）：动画形象细腻生动。场景设计有特色。作品风格和音乐的风格和谐统一，色彩运用合理，风格新颖，独特美感。能够处理好镜头的运动和场景的变换。

第四章　程序设计

一、填空题

1．Python 的变量名必须以______和______开头。

2．Python 的循环结构命令为______和______。

3．Python 的注释符为______。

4．Python 计算最大值的内置函数为______。

5．sum=0
```
for i in range（1，5，1）：
   sum+=i
```
最终 sum 的输出结果为______。

6．sum=0
```
i=0
for i in（1，2，3，4）：
   sum+=i
```
最终 sum 的输出结果为______。

7．循环结构中结束本次循环的命令为______；结束所有循环的命令为______。

8．列表属于______序列；元组属于______序列。

二、操作题

1．简单说明如何选择正确的 Python 版本。

2．使用 pip 命令安装 numpy、scipy 模块。

3．编写程序，运行后用户输入4位整数作为年份，判断其是否为闰年。如果年份能被400整除，则为闰年；如果年份能被4整除但不能被100整除也为闰年。

第五章　数据管理

一、选择题

1．实体是信息世界中的术语，与之对应的数据库术语为（　　）。
A．文件　B．数据库　C．字段　D．表记录
2．支持数据库各种操作的软件系统叫做（　　）。
A．命令系统　B．数据库系统　C．操作系统　D．数据库管理系统
3．关系数据库的构成层次是（　　）。
A．数据库管理系统→应用程序→表　B．数据表→数据→记录→字段
C．数据表→行→列→数据　D．数据库→数据表→记录→字段
4．在数据库中，建立索引的主要作用是（　　）。
A．节省存储空间　B．提高查询速度
C．建立数据之间的关系　D．防止数据丢失
5．在关系数据库中，唯一标识一条记录的一个或多个字段叫做（　　）。
A．主键　B．有效性规则　C．控件　D．关系
6．不是主键所该具有的特征是
A．每条记录的该字段或字段组合中有唯一值
B．该字段或字段组合从不为空或为Null，即始终包含值
C．值不会更改
D．可以是任意类型的数据
7．表的组成内容包括（　　）。
A．查询和字段　B．字段和记录　C．记录和窗体　D．报表和字段
8．下列关于Access中表的操作中描述正确的是（　　）。
A．在表“设计视图”下可以编辑记录
B．只能在表的最后添加记录
C．可以撤销删除记录的操作
D．在一个已有信息的表中添加新的字段，新字段将是空的，等待用户输入信息
9．在表设计视图中定义某一个字段的默认值的作用是（　　）。
A．当数据不符合有效性规则时所显示的信息
B．不允许字段的值超出某个范围
C．在未输入数值之前，系统自动提供数值
D．系统自动把小写字母转换成大写字母
10．日期型数据用什么符号括起来（　　）。
A．逗号　B．单引号　C．双引号　D．#
11．查询对象中的数据存放在（　　）。
A．表中　B．查询中　C．窗体中　D．报表中
12．在SQL SELECT语句中用于实现关系的选择运算的短语是（　　）。
A．FOR　B．WHILE　C．IF　D．WHERE

13．下列叙述中错误的是（　　）。

A．WHERE 子句是 SELECT 语句的必需元素

B．SELECT 子句始终出现在 FROM 子句的前面

C．FROM 子句不会列出要选择的字段

D．SELECT 子句可以使用聚合函数

14．在创建分组统计查询时，总计项应该选择（　　）。

A．Sum　　B．Count　　C．Group By　　D．Average

15．下列查询语句正确的是（　　）。

A．SELECT COUNT（[电子邮件地址]）＞ 2，公司 FROM 联系人；

B．SELECT COUNT（[电子邮件地址]），公司 FROM 联系人 GROUP BY 公司 HAVING COUNT（[电子邮件地址]）＞ 2；

C．SELECT COUNT（[电子邮件地址]），公司 FROM 联系人 WHERE COUNT（[电子邮件地址]）＞ 2；

D．SELECT COUNT（[电子邮件地址]），公司 FROM 联系人 GROUP BY COUNT（[电子邮件地址]）＞ 2；

16．假设有学生基本情况表 student（学号，姓名，院系等）和选课成绩表 score（学号，课程号，成绩等），查询每门成绩都在 90 分以上的学生名单，不能准确的实现该功能的语句是（　　）。

A．SELECT student. 姓名，student. 院系

FROM student

WHERE student. 学号 In（select score. 学号 from score GROUP BY score. 学号 having min（score. 成绩）＞ =90）；

B．SELECT student. 姓名，student. 学号，student. 院系

FROM student

WHERE student. 学号 In（select score.［学号］from score）and student. 学号 Not In（select score. 学号 from score where score. 成绩＜ 90）；

C．SELECT student. 姓名，student. 学号，student. 院系

FROM student

WHERE student. 学号 Not In（select score. 学号 from score where score. 成绩＜ 90）；

D．SELECT DISTINCT student. 姓名，student. 学号，student. 院系

FROM student，score

WHERE student. 学号 Not In（select score. 学号 from score where score. 成绩＜ 90）and student. 学号 =score. 学号；

17．下列叙述中，错误的是（　　）。

A．计算字段可以引用其他表或查询中的字段

B．与“备注”字段相比，“文本”字段所接受的字符数较少，范围在 0 到 255 之间

C．备注型可以输入大量文本和数字数据，还可以通过“显示列历史记录”来查看字段的历史记录

D．OLE 型字段和附件型字段都可以显示其他程序创建的文件中的数据

18．控件是窗体或报表的组成部分，可用于输入、编辑或显示数据。控件可分为（　　）。

A．绑定控件、未绑定控件或计算控件

B．输入控件、输出控件、可计算控件

C．报表控件、窗体控件

D．字段控件、自定义控件

19．打开查询的宏操作是（　　）。

A．OpenForm　　B．OpenQuery　　C．OpenTable　　D．OpenModule

20．在对控件 Command2 的单击事件编写嵌入宏命令如附图 11 所示，请解读其功能（　　）。

A．单击时控件 Text0 控件可显示

B．单击时控件 Text0 控件不可显示

C．单击时控件 Text0 控件呈灰色，其值为空

D．单击时控件 Text0 控件呈黑色，其值为 0

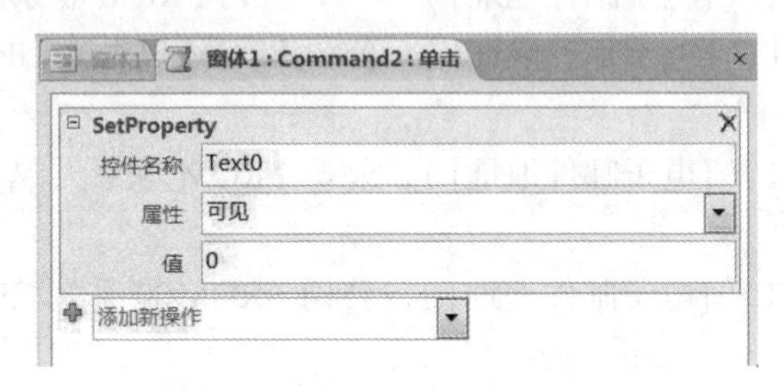

附图 11　Command2 的单击事件示意图

二、简答题

1．什么是数据库？什么是数据库管理系统？

2．什么是 E-R 图？它的功能是什么？

3．为什么要建立表之间的关系？举例说明“一对多”和“一对一”的含义。

4．什么是控件？ Access 常用的控件有哪些？

三、操作题

1．创建数据库 miniHIS 管理系统

miniHIS 包含 5 个表：药品信息表、患者基本信息表、门诊病历表、处方表和医生信息表。各表的逻辑结构分别设计如下（附表 1 ～附表 5）。

附表1　药品信息表的逻辑结构

字段名称	数据类型	字段大小	索引	说明
药品 ID	文本	10	是	药品的编号，主键
名称	文本	20	无	药品的名称，必填
类型	文本	10	无	药品的类型
剂型	文本	10	无	药品的剂型
规格	文本	20	无	药品的规格
单位	文本	5	无	药品的单位
数量	数字	长整型	无	药品的数量
单价	货币	小数位数 2	无	药品的单价
生产日期	日期 / 时间	短日期	无	药品的生产日期
过期日期	日期 / 时间	短日期	无	药品的过期日期
生产厂家	文本	30	无	
入库时间	日期 / 时间	短日期	无	

附表2 患者基本信息表的逻辑结构

字段名称	数据类型	字段大小	索引	说明
患者 ID	文本	12	是	患者的编号，主键
姓名	文本	10	无	患者的姓名
性别	文本	1	无	患者的性别
出生年月	日期 / 时间	短日期	无	患者的出生年月
照片	附件		无	患者的照片
日期	日期 / 时间	短日期	无	患者的注册日期
文化程度	文本	10	无	患者的文化程度
身份证号	文本	18	无	患者的身份证号
电话	文本	15	无	患者的电话
住址	文本	50	无	患者的住址

附表3 门诊病历表的逻辑结构

字段名称	数据类型	字段大小	索引	说明
患者 ID	文本	12	是	患者的编号，有索引（有重复）
姓名	文本	10	无	患者的姓名
就诊日期	日期 / 时间	短日期	无	患者的就诊日期
病情主诉	备注		无	医生的病情主诉
诊断	文本	30	无	医生开出的诊断
处方 ID	文本	8	无	处方的编号
医生 ID	文本	5	无	医生的编号

附表4 处方表的逻辑结构

字段名称	数据类型	字段大小	索引	说明
处方 ID	文本	8	是	处方的编号，有索引（有重复）
患者 ID	文本	12	有	患者的编号，有索引（有重复）
姓名	文本	10	有	有索引（有重复）
诊断	文本	30	无	医生开出的诊断
药品 ID	文本	10	有	有索引（有重复）
药品名称	文本	20	无	药品的名称
药品数量	数字	长整型	无	药品的数量
医生 ID	文本	5	无	医生的编号，有索引（有重复）
处方日期	日期 / 时间	短日期	无	开出处方的日期

附表5 医生信息简表的逻辑结构

字段名称	数据类型	字段大小	索引	说明
医生 ID	文本	5	是	医生的编号，主键
姓名	文本	10	无	医生的姓名
性别	文本	1	无	医生的性别（“查阅”：显示控件：组合框；行来源类型：值；行来源：主任医师；副主任医师；主治医师；住院医师；教授）
科室代码	文本	2	无	医生的科室代码
职称	文本	10	无	医生的职称
出生日期	日期 / 时间	短日期	无	医生的出生日期
专业特长	文本	30	无	医生的专业特长
参加工作时间	日期 / 时间	短日期	无	医生的参加工作日期
照片	附件			医生的照片
是否门诊	是 / 否		无	医生是否出诊
门诊时间	文本	20	无	医生的出诊时间

（1）启动 Microsoft Access2010，创建空数据库“miniHIS 系统 .accdb”。

（2）在数据库中创建 5 个数据表。

2．创建表间关系（附图 12）

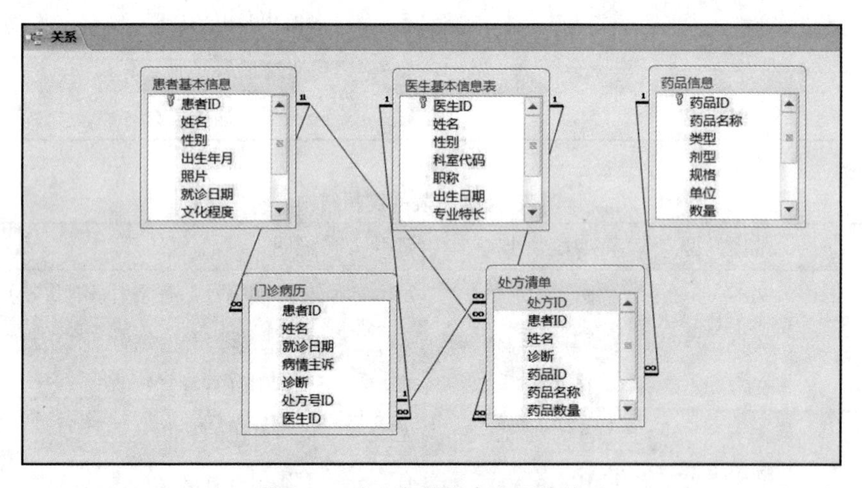

附图 12 建立各数据表之间的关系

3．创建查询

（1）显示每种药品的名称、类型和规格。

（2）查询每张处方的处方号、患者姓名、所开药品名称、数量和单价。

（3）查询职称为“主任医师”的医生的姓名、性别、职称、专业特长和门诊时间。

（4）查询就诊时间在“2005-11-01”到“2006-01-30”期间，由副主任医师诊治为“上感”的所有门诊病历记录。

（5）查询单价最高的前 3 位药品的名称、规格、数量、单价。

（6）查询单价大于 50 元的西药和单价小于 10 元的中成药的名称、类型、数量、单价。

（7）查询门诊病历中所有的“李”姓患者，显示姓名、就诊日期、诊断。

（8）查询门诊病历中被诊断为高血压、高血脂、慢性胃炎并且就诊日期在 2005 年 11 月 1 日到 2005 年 12 月 15 日患者的姓名、就诊日期和诊断结果。

（9）查询工龄已满 30 年的主任医师的姓名、性别、专长、工龄。

（10）查询所有药品中最高、最低的单价和药品总数。

（11）按类型分类，查询各类药品中最高、最低的单价和药品数。

（12）在药品信息表中能够查找不同类型的药品记录。

（13）查询不同就诊日期时段、不同医生开出的处方信息，包含患者姓名、就诊日期、诊断、药品名称、数量、医生姓名等字段。

（14）统计每位患者所开每种药品数量和总数量。

4．窗体和宏

（1）使用“窗体向导：纵栏表”，创建“医生基本信息”窗体。

（2）使用“其他窗体 - 分割窗体”，创建“门诊病历表”窗体。

（3）使用“其他窗体 - 数据表”，创建“药品信息表”窗体。

（4）使用“窗体设计”，创建药品查询窗体如附图 13 所示，当在输入药品名称后，单击“按名称查询”显示出该药品的信息；在输入药品类型后，单击“按类型查询”则显示这一类型的药品信息。

提示：创建一个窗体，使用控件向导分别创建文本框和命令按钮，使用命令按钮向导，“窗体操作”→“打开窗体”→选择“药品信息”窗体→选择“打开窗体并查找要显示的特定数据”项，指定所创建的文本框与药品信息表中的“药品名称”匹配，最后设置好按钮上的显示文本。

附图 13　药品查询窗体示意图

（5）基于“医生信息表”与“处方”表之间建立“一对多”的关系，创建主 / 子窗体，在窗体页眉中为窗体添加标题“医生信息一览表”，插入适当图片作为背景修饰，如附图 14 所示。

（6）创建一个窗体，通过药品名称对处方信息进行查询，如附图 15 所示。

（7）创建导航窗体如下，分别将操作题 3-（14）、4-（3）的结果在导航窗体上呈现出来（附图 16）。

（8）在“医生基本信息”窗体中，添加命令按钮，要求单击此按钮执行宏命令，将“医生基本信息”表中的数据转换成 Excel 文件。

提示：利用宏命令 ExportWithFormatting

（9）建立一个密码宏，用户名为“zs”，密码为“123”，输入正确后启动“导航窗体”窗体，如附图 17 所示。

提示：创建“登录”窗体，窗体上有 5 个控件：两个文本框和一个命令按钮，一个图片，一个矩形框；再创建“密码宏”，选择使用函数 if 条件宏，判断文本框中的接收用户名和密码，

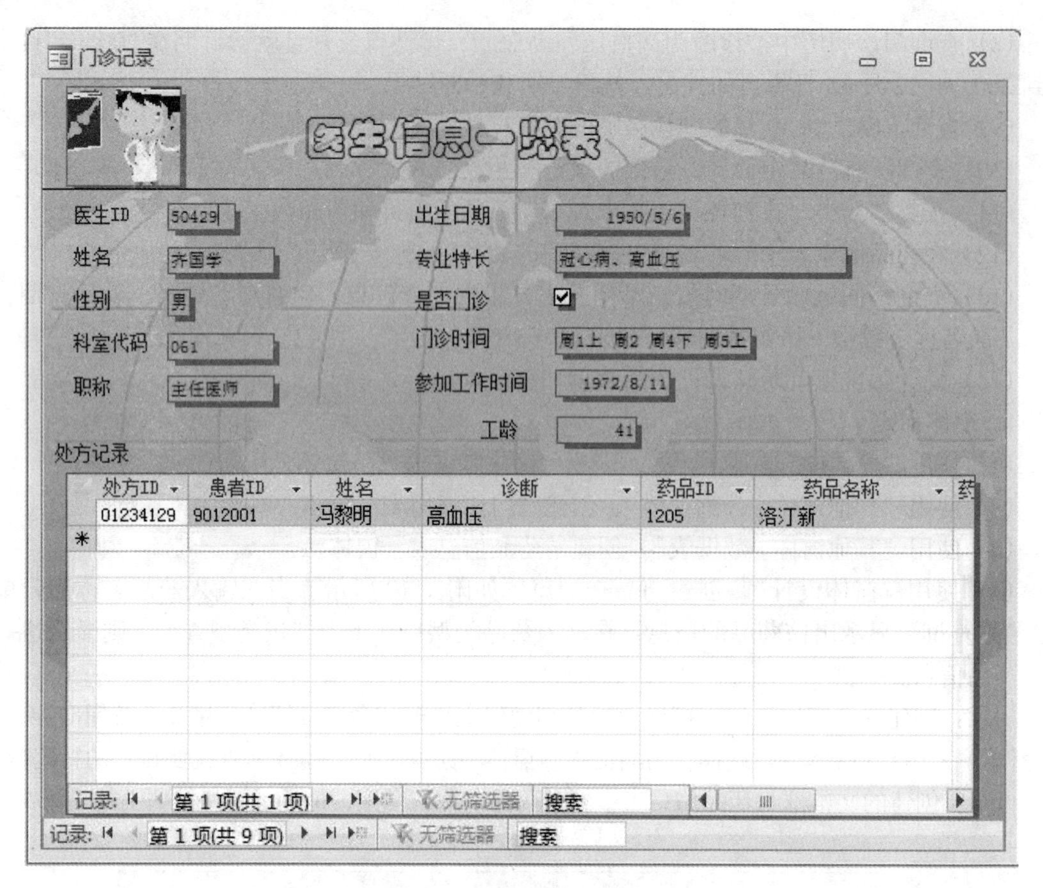

附图 14　医生信息一览表

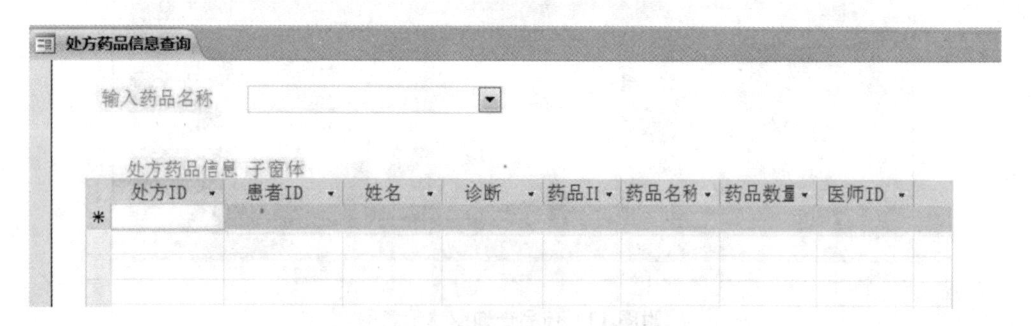

附图 15　通过药品名称对处方信息进行查询

当单击命令按钮时执行“密码宏”，判断用户名和密码都正确，则打开“导航窗体”窗体，同时关闭“登录”窗体；否则弹出消息框提示。如附图 17 所示。

（10）创建一个自动启动宏 autoexec。当打开数据库“miniHIS”系统时，自动启动“登录”窗体。

提示：宏 autoexec 的内容为：OpenForm 登录。

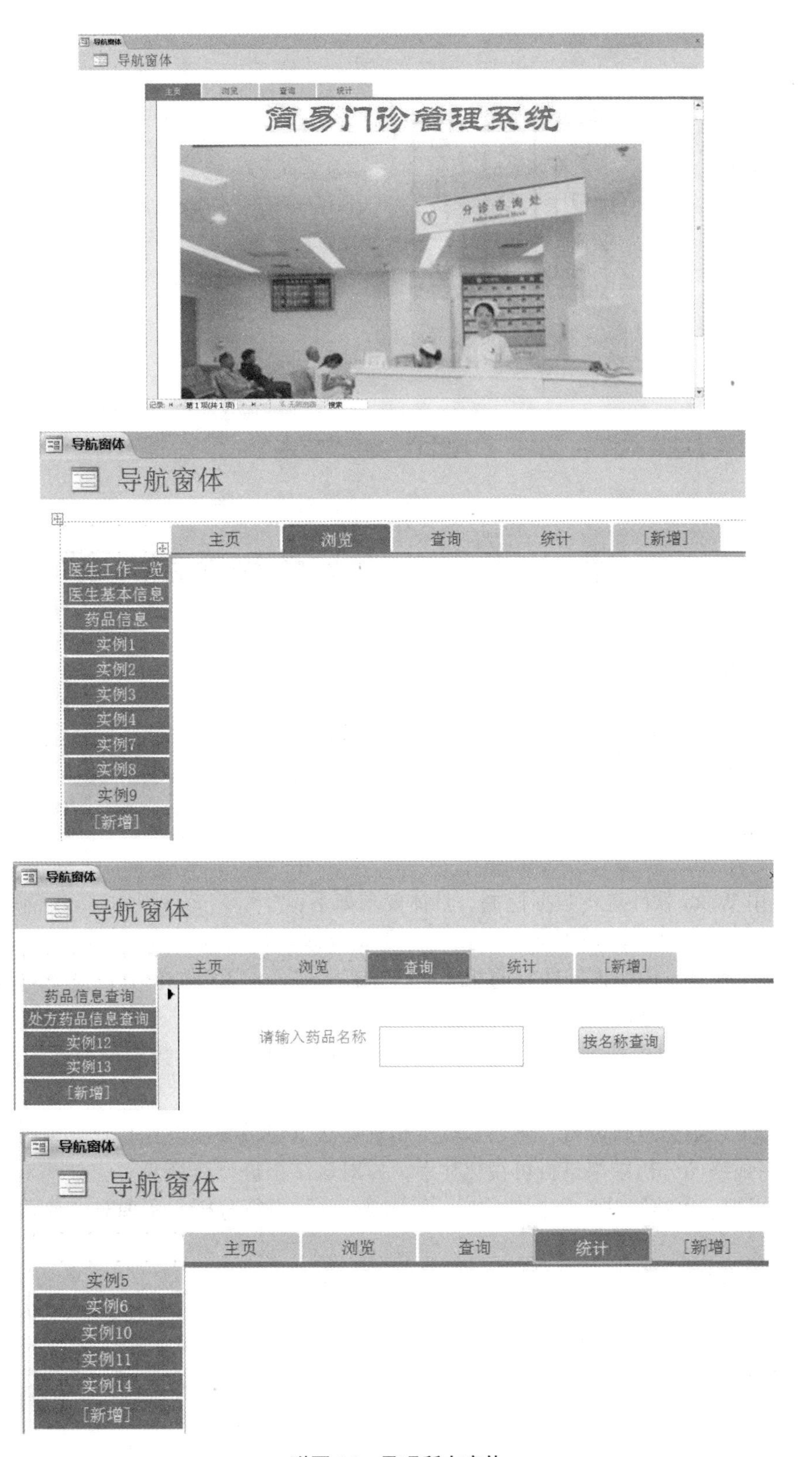

导航窗体
简易门诊管理系统
主页
浏览
查询
统计
[新增]
医生工作一览
医生基本信息
药品信息
实例1
实例2
实例3
实例4
实例7
实例8
实例9
药品信息查询
处方药品信息查询
实例12
实例13
请输入药品名称
按名称查询
实例5
实例6
实例10
实例11
实例14

附图 16 呈现所有窗体

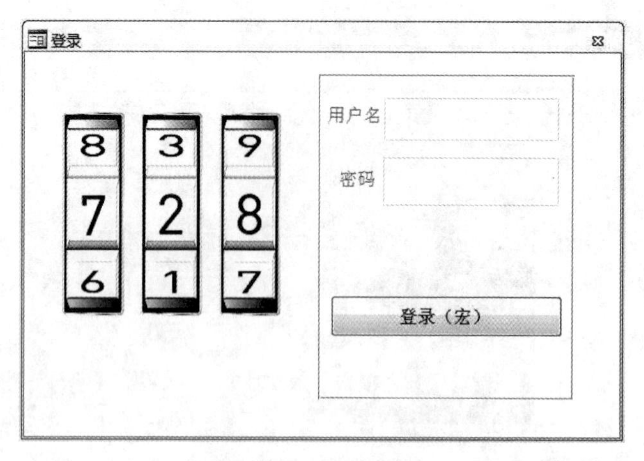

附图 17 密码宏窗体

第六章 医学大数据分析

一、填空题

1．人工神经网络是对______________的模拟和抽象，其由______________互相连接构成。

2．BP 神经网络包含 3 层：______________、______________，______________。

二、操作题

1．使用 Weka 软件进行数据挖掘。具体要求如下：

（1）搜索网上公开的数据或者个人已有研究数据，介绍数据的具体含义，提出合理的分析问题并说明意义，说明该问题目前相关的研究有哪些，别人是如何分析这个问题的，你的分析方法是什么（关联分析、聚类分析、分类分析等）。

（2）针对研究目标选取数据，并对该数据进行预处理，阐述数据预处理的目的及处理过程。

（3）对上述数据进行分析，阐述数据分析的算法（包括参数设置）及其实现步骤。

（4）将最终的分析结果进行可视化显示，并对该结果进行解释。

2．使用神经网络算法对数据集“breastcancer.csv”进行分析，实现对患者病情的诊断。

三、思考题

1．医学大数据的种类有哪些？

2．请阐述数据挖掘的基本过程及步骤。

3．什么是关联规则？ Apriori 关联规则算法有哪些缺陷？怎么改进？

4．什么是聚类分析？聚类分析有哪些主要应用？

参考书籍

1．郭永青，李祥生，黎小沛．计算机应用基础 第6版．北京：北京大学医学出版社，2013．12.
2．袁梅宇．数据挖掘与机器学习—WEKA应用技术与实践．北京：清华大学出版社，2016.
3．黄文等，五正林．数据挖掘：R语言实战．北京：电子工业出版社 2014.
4．韩家炜．数据挖掘：概念与技术（原书第3版）．北京：机械工业出版社，2012.
5．李涛．数码摄影后期高手之路．北京：人民邮电出版社，2016.
6．袁诗轩．会声会影X9全面精通：模板应用＋剪辑精修＋特效制作＋输出分享＋案例实战．北京：清华大学出版社，2017.

常用连接

1．HIPAA：https：//www.hhs.gov/answers/hipaa/index.html
2．Health Insurance Portability and Accountability Act：https：//en.wikipedia.org/wiki/Health_Insurance_Portability_and_Accountability_Act
3．GDPR Portal：https：//www.eugdpr.org/
4．weka：https://www.cs.waikato.ac.nz/ml/weka/
5．R：https：//www.r-project.org/
6．Rstudio：https：//www.rstudio.com/
7．rattle：https：//cran.r-project.org/web/packages/rattle/index.html
8．Simon_ 阿文的微博：http://weibo.com/simonstudio2